《化工过程强化关键技术丛书》编委会

编委会主任：

费维扬　清华大学，中国科学院院士

舒兴田　中国石油化工股份有限公司石油化工科学研究院，中国工程院院士

编委会副主任：

陈建峰　北京化工大学，中国工程院院士

张锁江　中国科学院过程工程研究所，中国科学院院士

刘有智　中北大学，教授

杨元一　中国化工学会，教授级高工

周伟斌　化学工业出版社，编审

U0390095

编委会执行副主任：

刘有智　中北大学，教授

编委会委员（以姓氏拼音为序）：

陈光文　中国科学院大连化学物理研究所，研究员

陈建峰　北京化工大学，中国工程院院士

陈文梅　四川大学，教授

程　易　清华大学，教授

初广文　北京化工大学，教授

褚良银　四川大学，教授

费维扬　清华大学，中国科学院院士

冯连芳　浙江大学，教授

巩金龙　天津大学，教授

贺高红　大连理工大学，教授

李小年　浙江工业大学，教授

李鑫钢　天津大学，教授

刘昌俊　天津大学，教授

刘洪来　华东理工大学，教授

刘有智　中北大学，教授

卢春喜　中国石油大学（北京），教授

路　勇　华东师范大学，教授

吕效平　南京工业大学，教授

吕永康　太原理工大学，教授

骆广生　清华大学，教授

马新宾　天津大学，教授

马学虎　大连理工大学，教授

彭金辉　昆明理工大学，中国工程院院士

任其龙　浙江大学，中国工程院院士

舒兴田　中国石油化工股份有限公司石油化工科学研究院，中国工程院院士

孙宏伟　国家自然科学基金委员会，研究员

孙丽丽　中国石化工程建设有限公司，中国工程院院士

汪华林　华东理工大学，教授

吴　青　中国海洋石油集团有限公司科技发展部，教授级高工

谢在库　中国石油化工集团公司科技开发部，中国科学院院士

邢华斌　浙江大学，教授

邢卫红　南京工业大学，教授

杨　超　中国科学院过程工程研究所，研究员

杨元一　中国化工学会，教授级高工

张金利　天津大学，教授

张锁江　中国科学院过程工程研究所，中国科学院院士

张正国　华南理工大学，教授

张志炳　南京大学，教授

周伟斌　化学工业出版社，编审

“十三五”国家重点出版物
出版规划项目

国家出版基金项目
NATIONAL PUBLICATION FOUNDATION

中国化工学会

化工过程强化关键技术丛书

中国化工学会 组织编写

蒸馏过程强化技术

Process Intensification of Distillation Technology

李鑫钢　高　鑫　漆志文　等编著

化学工业出版社

·北京·

内 容 提 要

《蒸馏过程强化技术》是《化工过程强化关键技术丛书》的一个分册。

蒸馏过程强化的目的是最大限度地提高单位体积设备的生产能力,从而缩小设备尺寸、简化工艺流程、降低投资成本和运行操作费用、减小污染排放以及提高过程的自动化程度。本书针对相对挥发度强化与气液传质过程强化两个关键,围绕蒸馏过程的热力学基本原理、动力学传质过程以及系统工程,以基础理论创新、关键技术突破和关键装备研究进展为主线,通过系统介绍蒸馏过程设备强化、引入质量分离剂以及引入能量分离剂的蒸馏强化过程等一系列典型关键技术,综述蒸馏过程强化领域的理论和应用成果。

全书共分为引入质量分离剂强化、引入能量分离剂强化、先进设备强化、先进控制强化四篇,内容包括:绪论,恒沸精馏过程强化,萃取蒸馏过程强化,反应精馏过程强化,微波场强化蒸馏,超重力场强化精馏,磁场、电场、超声场强化精馏,新型填料,新型塔板,高效气/液分布装置,分隔壁精馏塔,蒸馏过程的控制基础,强化蒸馏过程的控制方案等。

《蒸馏过程强化技术》可供化工、能源、电子、材料、环境、医药等专业领域的科研与工程技术人员阅读,也可供高等学校相关专业师生参考。

图书在版编目(CIP)数据

蒸馏过程强化技术/中国化工学会组织编写;李鑫钢等编著. —北京:化学工业出版社,2020.5
(化工过程强化关键技术丛书)
国家出版基金项目 "十三五"国家重点出版物出版规划项目
ISBN 978-7-122-36182-0

Ⅰ. ①蒸… Ⅱ. ①中… ②李… Ⅲ. ①蒸馏-化工过程 Ⅳ. ①TQ028.3

中国版本图书馆CIP数据核字(2020)第025118号

责任编辑:杜进祥 徐雅妮 丁建华 马泽林   装帧设计:关 飞
责任校对:王 静

出版发行:化学工业出版社(北京市东城区青年湖南街13号 邮政编码100011)
印 装:中煤(北京)印务有限公司
710mm×1000mm 1/16 印张28¼ 字数579千字 2020年8月北京第1版第1次印刷

购书咨询:010-64518888   售后服务:010-64518899
网 址:http://www.cip.com.cn
凡购买本书,如有缺损质量问题,本社销售中心负责调换。

定 价:199.00元   版权所有 违者必究

作者简介

李鑫钢，天津大学化工学院讲席教授/博士生导师，精馏技术国家工程研究中心主任。兼任中国化工学会化工过程强化专业委员会副主任委员，《化工进展》期刊副主编。主要从事传质与分离工程、化石能源高效清洁利用、化工品合成与分离、环境修复等领域基础研究和工程应用工作。主持包括国家重点研发计划、国家自然科学基金重点项目、教育部长江学者创新团队奖励计划等国家科研项目 20 余项，在国内外重要学术期刊发表论文 600 余篇，授权发明专利 100 余件，主编/参编学术专著 6 部。在产业化方面，针对过去我国关键分离装置技术水平低、能耗高、规模小、关键核心技术受制于人等突出问题，主持包括大型炼油、煤制油、煤制烯烃、乙烯裂解等过程精馏分离技术与节能强化项目 200 余项，从理论和实践上解决了精馏装置大型化的技术难题，使我国千万吨级炼油和百万吨级乙烯装置的关键分离技术实现突破，技术覆盖率达 60% 以上，多次创造国内最大直径塔器的研制记录并获大规模推广应用，累计经济效益上百亿元。曾获国家科技进步二等奖 1 项，国家技术发明二等奖 1 项，教育部十大科技进展、省部级科技奖励 20 余项，中国专利优秀奖，侯德榜化工科技成就奖等奖励。被评为全国优秀科技工作者、国务院特殊津贴专家、天津市"131"A 类领军人才、天津市首届杰出人才、中国化工学会会士（首批）等称号。

高鑫，天津大学化工学院副教授/博士生导师，精馏技术国家工程研究中心化工事业部部长，石油和化工行业催化蒸馏技术工程研究中心副主任。2011 年获天津大学博士学位，师从李鑫钢教授，曾到英国曼彻斯特大学做学术访问。主要从事化工分离过程强化领域的应用基础与工程化推广工作，广泛开

展微波外场、结构材料及反应精馏过程耦合强化等新型化工分离过程研究。以第一/通讯作者发表 SCI 论文 71 篇，获授权中国发明专利 16 件。作为第一完成人获中国石油和化学工业联合会科技进步二等奖 1 项、天津市科技进步三等奖 1 项。作为负责人主持国家重点研发计划项目课题、国家自然科学基金及产学研项目 20 余项。曾入选天津市创新人才推进计划"青年科技优秀人才"、天津市"131"创新型人才计划等。兼任国际学术期刊"Journal of Engineering Thermophysics"编委、"Frontiers in Chemistry"客座编辑等。

漆志文，华东理工大学特聘教授/博士生导师，获华东理工大学学士、硕士和博士学位。现为德国马普学会伙伴研究团队负责人，江苏省双创团队负责人，国际学术期刊"Chemical Engineering Science"副主编，中国化工学会化工过程强化专业委员会委员，中国化工学会离子液体专业委员会委员。曾于 1999 ~ 2005 年在德国马普学会复杂技术系统动力学研究所和加拿大滑铁卢大学工作；兼任上海交通大学兼职教授和科技部 863 计划项目首席专家。入选上海市浦江人才计划、德国马普学会 Max Planck Partner Group 计划、江苏省高层次双创人才和江苏省创新团队。主要研究溶剂强化过程和反应精馏技术，发展了基于多尺度模拟和优化的离子液体设计方法，针对特定分离和反应体系定向设计溶剂分子；开发了双效溶剂强化的长链酯合成反应萃取技术、天然混合物酚羟基产物缔合萃取提取技术，以及废溶剂回收及循环利用技术。发表 SCI 论文 105 篇，授权专利 18 件，获江苏省科学技术二等奖。

化学工业是国民经济的支柱产业，与我们的生产和生活密切相关。改革开放40年来，我国化学工业得到了长足的发展，但质量和效益有待提高，资源和环境备受关注。为了实现从化学工业大国向化学工业强国转变的目标，创新驱动推进产业转型升级至关重要。

"工程科学是推动人类进步的发动机，是产业革命、经济发展、社会进步的有力杠杆"。化学工程是一门重要的工程科学，化工过程强化又是其中的一个优先发展的领域，它灵活应用化学工程的理论和技术，创新工艺、设备，提高效率，节能减排、提质增效，推进化工的绿色、低碳、可持续发展。近年来，我国已在此领域取得一系列理论和工程化成果，对节能减排、降低能耗、提升本质安全等产生了巨大的影响，社会效益和经济效益显著，为践行"绿水青山就是金山银山"的理念和推进化工高质量发展做出了重要的贡献。

为推动化学工业和化学工程学科的发展，中国化工学会组织编写了这套《化工过程强化关键技术丛书》。各分册的主编来自清华大学、北京化工大学、中北大学等高校和中国科学院、中国石油化工集团公司等科研院所、企业，都是化工过程强化各领域的领军人才。丛书的编写以党的十九大精神为指引，以创新驱动推进我国化学工业可持续发展为目标，紧密围绕过程安全和环境友好等迫切需求，对化工过程强化的前沿技术以及关键技术进行了阐述，符合"中国制造2025"方针，符合"创新、协调、绿色、开放、共享"五大发展理念。丛书系统阐述了超重力反应、超重力分离、精馏强化、微化工、传热强化、萃取过程强化、膜过程强化、催化过程强化、聚合过程强化、反应器（装备）强化以及等离子体化工、微波化工、超声化工等一系列创新性强、关注度高、应用广泛的科技成果，多项关键技术已达到国际领先水平。丛书各分册从化工过程强化思路出发介绍原理、方法，突出应用，强调工程化，展现过程强化前后的对比效果，系统性强，资料新颖，图文并茂，反映了当前过程强化的最新科研成果和生产技术水平，有助于读者了解最新的过程强化理论和技术，对学术研究和工程化实施均有指导意义。

　　本套丛书的出版将为化工界提供一套综合性很强的参考书，希望能推进化工过程强化技术的推广和应用，为建设我国高效、绿色和安全的化学工业体系增砖添瓦。

中国科学院院士：

中国工程院院士：

　　众所周知，蒸馏过程是相对较成熟、传统的，同时也充满机遇与挑战的化工热分离技术。针对蒸馏过程本身开展可持续发展的相关技术升级显然十分必要。

　　化工过程强化理念作为国际化学工程领域的重要学科与优先发展方向之一，由于其在节能、降耗、环保、集约化等方面的优势而被众多研究者和工程师所关注。本书正是在《化工过程强化关键技术丛书》编委会的建议下，针对蒸馏领域中近年来出现的过程强化新技术、新方法以及新理念进行整理与编撰，以期为从事化工分离领域学习与研究的学者和工程师读者提供一个全面系统的介绍。由于蒸馏过程强化涉及的内容专业性较强、强化技术的多样性与复杂性，尽管国内外出版的关于蒸馏过程的书籍较多，但还没有针对蒸馏过程强化技术系统论述该领域的著作。正是基于此，本书特邀了致力于该领域研究与工程化实践的专家、学者参加本书的编撰工作。这本书体现了现代蒸馏过程强化技术领域的最新发展动态与趋势，将会对化工分离领域的发展产生具有里程碑意义的影响。

　　全书的核心围绕蒸馏过程的热力学基本原理、动力学传质过程以及系统工程三个层次的蒸馏过程强化的关键科学问题，以基础理论创新、关键技术突破和关键装备研究进展为干线，通过系统介绍蒸馏过程设备强化、引入质量分离剂以及引入能量分离剂的蒸馏强化过程等一系列蒸馏分离过程强化的典型关键技术，综述蒸馏过程强化领域的理论和应用成果，并展望该领域的未来研究方向和难点、重点。书中主要内容所涉及的研究领域与技术，具有研究活跃、创新性强、关注度高、应用广泛等特点以及重要的学术与应用价值。

　　本书由天津大学化工学院、精馏技术国家工程研究中心李鑫钢教授、高鑫副教授、李洪教授和华东理工大学漆志文教授共同草拟编写框架并统稿。基于近年来天津大学在蒸馏过程强化技术的基础研究工作与工程应用经验，结合华东理工大学、北京化工大学、福州大学、中国石油大学（华东）以及台湾大学等著名高校的科研工作者在蒸馏以及蒸馏过程强化相关领域的基础研究工作与工程实践，对蒸馏过程强化相关知识进行全面的介绍与阐述，为读者勾勒出蒸馏过程强化技术的先进概念与框架，帮助从事蒸馏相关研究的科研工作者以及工程师更加深入地理解蒸馏过程强化概念，拓宽其在工程实践中的应用范围。

本书由引入质量分离剂强化、引入能量分离剂强化、先进设备强化、先进控制强化的蒸馏过程四篇共 13 章组成，基本涵盖了目前已出现的蒸馏过程强化概念、技术与方法。第一章绪论是蒸馏过程强化技术概述，由李鑫钢教授和高鑫副教授共同撰写，重点阐述蒸馏过程强化技术的研究意义与目的，概述其发展历程与基础原理、内容与本质以及未来将要迎接的机遇与挑战。本书第一篇引入质量分离剂强化包括第二～四章，由华东理工大学的漆志文教授负责编写框架与统稿，主要介绍通过引入其他物质来实现普通精馏过程难以实现或需要消耗巨大能量来实现的分离过程的强化。第二章是恒沸精馏过程强化，由漆志文教授和胡旭涛博士负责撰写，重点介绍恒沸精馏的强化分离原理、发展历程、恒沸剂的选取以及主要的工程应用领域；第三章是萃取蒸馏过程强化，由北京化工大学的雷志刚教授负责撰写，重点介绍萃取蒸馏的强化分离原理、萃取剂的筛选，特别针对近年来兴起的离子液体作为萃取剂的绿色萃取蒸馏过程以及主要的工程应用范围进行介绍；第四章是反应精馏过程强化，由漆志文教授、福州大学邱挺教授、天津大学高鑫副教授以及孟莹博士共同负责撰写，重点介绍反应精馏的强化原理、发展历程、分类与研究现状、模型化以及工程化关键设备与主要应用领域。本书第二篇引入能量分离剂强化包括第五～七章，由高鑫副教授负责撰写，主要介绍通过引入外部能量场来实现普通蒸馏过程难以实现或需要消耗巨大能量来实现分离过程的强化。第五章是微波场强化蒸馏，重点介绍微波场强化蒸馏过程的原理、研究现状、关键设备以及潜在的应用领域；第六章是超重力场强化精馏，重点介绍超重力场强化精馏过程的原理、研究现状、关键设备以及潜在的应用领域；第七章是磁场、电场、超声场强化精馏，由于这些外场强化的蒸馏技术还很不成熟，且均处于实验室研究阶段，因此在这一章中分别简要介绍其强化原理与研究现状。本书第三篇先进设备强化包括第八～十一章，由天津大学李洪教授负责编写框架及部分章节撰写，主要介绍通过开发新型高效的气液传质设备来强化蒸馏过程。第八章是新型填料的介绍，由李洪教授和赵振宇博士负责撰写，第九章是新型塔板的介绍，由大津大学从海峰博士负责撰写，这两章内容重点介绍各类填料型/塔板型气液传质设备的发展历程、强化分离原理，阐述未来的发展趋势，为相关领域的科研工作者开发新型填料/塔板提供参考；第十章是高效气/液分布装置的介绍，由李洪教授和王瑞博士负责撰写，重点介绍气/液分布装置的发展历程、强化原理以及未来的发展趋势；第十一章是分隔壁精馏塔的介绍，由中国石油大学（华东）孙兰义教授负责撰写，重点介绍多组分分离时分隔壁精馏塔的强化原理、研究现状、发展态势以及主要的设备类型与工程应用领域。本书第四篇先进控制强化包括第十二、十三章，由台湾大学钱义隆教授负责编写框架及部分章节撰写，主要介绍通过先进控制结构来强化蒸馏过程。第十二章是蒸馏过程的控制基础介绍，由台湾大学钱义隆教授、余柏毅博士共同撰写，重点介绍蒸馏过程控制的基础理论与原则、PID控制策略以及基本的控制方法；第十三章是强化蒸馏过程的控制方案介绍，由钱义隆教授、余柏毅博士共同撰写，重点介绍各类强化蒸馏过程的控制架构以及应用实例。本书编撰人员以严谨的态度、精益求精的精神，尽可能为本书的读者贡献一部内容系统、翔实的蒸馏过程强化书籍。

　　河北工业大学李春利教授对本书编撰工作提出了宝贵的意见和建议。同时，天津大学化工学院刘心爽、吴传汇、赵悦、庞传睿、张春雨、舒畅、赵思达、陈颢、那健、耿雪丽、周昊等为本书的编撰、校验工作也做出了努力和贡献。在此，向他们致以由衷的敬意和感谢！另外，本书有幸入选国家出版基金项目、"十三五"国家重点出版物出版规划项目《化工过程强化关键技术丛书》，要特别感谢中国化工学会及化学工业出版社的信任与大力支持。本书涉及内容也受到国家自然科学基金重点项目"绿色蒸馏过程基础理论研究（No. 21336007）"、面上项目"微波场强化蒸发分离共沸物的机理与过程研究（No. 21878219）"、面上项目"基于多孔介质催化填料的反应精馏过程耦合调控与优化（No. 21776202）"、青年项目"微波场对汽液相平衡及传质过程的作用机理研究（No. 21306128）"，国家科技部重点研发计划项目"煤基甲醇制燃料及化学品新技术（No. 2018YFB0604900）"，天津市科委科技支撑重点项目"基于多孔介质强化的新型高效传质元件的开发及应用研究（No. 15ZCZDGX00330）"等项目的资助，以及中石油、中石化、神华集团等相关机构与企事业单位的大力支撑，在此一并致谢。

　　限于编著者的学识和能力，本书定会有诸多不足之处，恳请相关专家学者不吝指正，希望不当之处在再版时予以修订。

编著者

2020 年 5 月

目 录

第二篇 引入能量分离剂强化 / 157

第五章 微波场强化蒸馏 / 159

第六章 超重力场强化精馏 / 175

第九章　新型塔板　/ 255

第四篇　先进控制强化 / 341

第十二章　蒸馏过程的控制基础 / 343

第十三章　强化蒸馏过程的控制方案　/ 365

第一章

绪论

第一节 蒸馏过程基本原理

　　蒸馏属于一种热力学的分离方法，作为当今最主要的化工分离手段，在化学工业中占有重要地位。分离原理是根据混合物中各组分挥发性的差异而将组分分离的气液传质分离过程，挥发度较高的物质在气相中的浓度高于液相中的浓度，故借助于多次的部分汽化及部分冷凝，达到轻重组分分离之目的[1]。蒸馏过程是在蒸馏塔内进行气液相的接触分离，蒸馏塔内装有提供气液两相逐级接触的塔板，或连续接触的填料。

　　蒸馏过程可以连续操作。待分离的原料经过预热达到一定温度后进入塔的中部。由于重力，液体在塔内自上而下流动，并且由于压力差，气相则自下而上流动，气液两相在塔板或填料上接触。液体到达塔釜后，有一部分被连续引出成为塔釜产品，另一部分经再沸器加热汽化后返回塔中作为气相回流。蒸汽到达塔顶后一般被全部冷凝，一部分冷凝液作为塔顶产品连续引出，另一部分作为液相回流返回塔中。由于挥发度不同，液相中的轻组分转入气相，而气相中的重组分则进入液相，即在两相中发生物质的传递。其结果是在塔顶主要得到轻组分，在塔釜主要得到重组分，使轻、重组分得以分离。

　　通过气液两相接触达到热力学平衡的塔板称为"理论塔板"或"平衡塔板"，研究蒸馏过程，需要依照气液两相在理论塔板上达到的热力学平衡组成及衡算关系来建立由物料衡算、热量衡算、相平衡以及摩尔分数加和所构成的数学模型。汽液平衡组成就是在一定的温度和压力下，气液两相达到热力学平衡状态时的组成。汽液平衡组成及混合物的焓性质，可以由热力学方法求得。

第二节　蒸馏过程强化的意义与目的

一、蒸馏过程强化的意义

　　随着能源、环境、医药以及新材料等领域的不断发展与兴起，传统的化工单元操作技术，如蒸馏、结晶、吸收等，如何更好地服务于各新兴行业及产业的生产过程，已成为传统化学工程领域发展急需面对的问题。特别是蒸馏过程，其能耗大、数量多、规模大的特点使其在化工厂的设备投资、占地面积和操作费用中占有很高的比例，在目前工业分离任务中仍然承担重要作用。蒸馏过程操作简单、原理普及率高，可直接获得较高纯度的目标产物，应用范围广泛，化工分离过程中 70% 以上采用蒸馏技术。同时蒸馏过程也存在较大缺点与不足，如设备庞大、能量利用效率低、对于相对挥发度较低或存在恒沸（共沸）的体系分离困难等[2]。

　　蒸馏过程能耗高、余热量大，系统中动量、热量和质量传递推动力越大，则系统能量损失越大。在化学工业和炼油工业的节能改造过程中，蒸馏过程节能所创造的经济效益居各装置之首。蒸馏过程强化技术和工艺的不断发展，对于节约设备投资、减少能源消耗、降低生产成本和保护环境具有十分重要的意义。

二、蒸馏过程强化的目的

　　蒸馏过程强化的目的可大致归纳为以下几点[3]。

1. 节省能耗

　　石油和化学工业中，蒸馏过程的能耗相对较高，一般占化工流程工业的 15%～50%，如美国蒸馏耗能约占化工行业的 17.6%，有些国家占 25%～40%；另一方面化工流程工业中蒸馏塔器投资很大，一般约占总投资的 20% 左右，有的甚至高达 50%[4]。因此开展蒸馏过程的节能对我国工业生产能耗的降低具有重大的推动作用，也是蒸馏过程强化技术的首要任务。

2. 减少污染排放

　　在工业行业中，石化行业废水排放量排名第二、COD 排放量排名第三，氨氮、石油类、氰化物排名第一，挥发酚排名第二[5]。由此可知石化行业是我国废水污染物排放特别是有毒污染物排放的重点行业。其污染物减排对于水环境质量改善具有重要意义。而精馏技术作为一种分离提纯的常用手段，可以为石化行业降低污染物排放提供必要的手段。因此，进一步开展蒸馏过程的强化技术为石化行业减排工作势在必行。

3. 提高效率

精馏过程是以一定比例的气液逆向接触为基础的，了解气液相之间各因素的形成及发展规律，能够帮助人们更好地认识气液之间的传质传热过程，并对其实施定向定量强化措施。目前，气液相界面密度分布、更新速率以及气液停留时间分布被认为是影响传质传热过程三个最主要的因素。气液相界面密度体现气液相之间接触机会的多少，越多越均匀的接触则会增加气液之间传质传热通量；气液相界面更新是维持传质传热动力梯度的基础，快速的气液相界面更新能够使传质传热速率维持在相对较高的水平，并且能够降低气液相内浓度温度不均匀度，降低传质传热阻力；停留时间分布是气液间充分传质传热的保障，保证气液之间能够有足够长的时间进行接触，可以使传质传热过程进行得比较完全，提高传质传热总量，均匀的停留时间分布亦有利于降低气液相内浓度及温度的返混，提高传质传热效率。通过定量分析三种因素对气液间传质传热过程的影响，并进行关联用以指导精馏塔提高效率，进而可以建立精馏过程传质传热效率强化的理论体系。

4. 提高过程的自动化程度

现代工厂控制管理已经不是单纯的生产过程控制，而是包括了各类管理的广义的控制。控制管理系统不仅谋求工艺过程或单元设备的局部优化，而且涉及将企业所有活动组合在一起的总体优化，因此控制管理系统的水平和质量直接关系到生产运行的质量。实现控制系统的主要设备是多级工厂网络中的各类计算机群和微处理器化的仪器仪表和辅助设备，工厂控制系统中的各类通用和专用软件可根据需要实现不同层次的控制管理。集散控制系统（DCS）将管理、操作、控制、开发和维护功能融为一体；专家系统作为一种高级的先进控制策略，在生产开停工、产率管理、异常诊断、质量控制等方面起到了优化控制的作用；国外崛起的 TFA（总工厂自动化）和 CM（计算机一体化）系统，综合生产过程控制层、数据处理及工厂管理层、企业决策层以实现总体优化。

5. 提升生产能力

精馏过程中的气液相负荷是衡量精馏塔生产能力的重要指标。在板式精馏塔内，塔板同时兼具气液相接触和气体分布功能：气体从塔板下通过板上开孔进行分布并进入板上液层与错流或逆流液体进行传质传热过程，脱离液层后上升至上一层塔板重复上述过程；液体则在完成传质传热过程后通过降液管或板孔（错流或穿流型塔板）进入下一层塔板。在填料塔内，填料对流经其表面的液体进行铺展，气体则在通道内曲折上升从而与液体进行接触并完成传质传热过程。在了解传统塔内件在生产能力提升方面的设计瓶颈后，突破原有设计思想的局限，摒除原有相对粗犷经验式的设计方式，从主体结构形式创新到微观结构设置及调整，实现精馏过程生产能力的提升是蒸馏过程强化的重要目的。

第三节　蒸馏过程强化的内容与本质

　　本书针对相对挥发度强化与气液传质过程强化两个基础理论问题，从强化机理、研究现状及典型实例等角度出发，系统介绍了恒沸蒸馏、萃取蒸馏及反应蒸馏这三类典型的引入质量分离剂的蒸馏强化过程；并系统介绍了微波场、超重力场、磁场、电场及超声场作用下典型的引入能量分离剂的蒸馏强化过程。最后从改进蒸馏塔设备元件（新型填料、新型塔板）及蒸馏塔设备结构（分隔壁精馏塔）的角度出发，综述了基于先进设备强化的蒸馏过程，以期为广大读者提供参考与借鉴。

　　蒸馏过程强化的目的是为最大限度地提高单位体积设备的生产能力，从而缩小设备尺寸、简化工艺流程路线、降低投资成本和运行操作费用。目前，蒸馏过程强化主要包括以下几个方面。

1. 改进设备结构

　　通过改进设备结构，改善两相流动和传递过程。近30年来，高效塔板、规整填料和散装填料的发明层出不穷，塔内件的优化匹配也引起重视，它们的性能不断优化，它们的应用显著减小了设备的尺寸，大大降低了能耗[6]。

2. 引入质量分离剂

　　引入质量分离剂（包括催化剂、反应组分、吸附剂、有机活性组分、无机电解质等）的各种耦合蒸馏技术，添加的质量分离剂可改变混合物中目标组分与其他组分的物理化学性质。包括萃取精馏、恒沸精馏、加盐精馏、加盐萃取精馏、反应精馏、吸附精馏、加剂蒸馏技术等。

　　其中，反应精馏是一种日益得到工业界重视的耦合蒸馏技术[6]。反应精馏可分为均相反应精馏（包括催化和非催化反应精馏）和非均相催化反应精馏。非均相催化反应精馏过程由于催化剂分离简单、反应易于终止，比均相反应精馏在工程中应用更普遍。根据应用范围可将反应精馏分为催化反应促进分离和精馏促进反应的两个催化精馏过程。1981年美国化学研究特许公司首先将反应精馏应用于醚化过程，经过多年发展，反应精馏技术在醚化反应、酯化反应、水解反应和加成反应中得到广泛应用。借助计算机模拟手段，反应精馏的研究应用范围得到进一步扩大。

　　此外，加剂蒸馏技术是一种经济、方便强化蒸馏的方法，特别是在原油蒸馏过程中的应用得到广泛重视。随着石油资源的不断开采，原油重质化严重影响常减压蒸馏的拔出率，人们试图找到一种能对原油体系进行活化的物质，通过对原油进行活化提高拔出率。基于"石油分散体系"理论，加剂蒸馏技术最早由苏联在20世纪80年代实现工业应用。与国外相比，我国的加剂蒸馏技术起步较晚，但在20世纪后10年取得突出成绩，如大庆石油学院研制出用催化裂化回炼油和微量的酚调配而成的复合活化添加剂，强化大庆重油减压蒸馏过程，使减压馏分净增3.71%～4.91%。目前，加剂蒸馏研究重点也从以往利用活化剂强化原油蒸馏提高蜡油收率逐渐向提高经济价值更高的汽油、柴油的收率过渡，中国石油大学采用FE系列活化剂强化大庆原油常减压蒸馏可较大幅度地提高直馏柴油的收率，加剂实沸点蒸馏实验结果表明，汽油和轻质馏分油的总收率提高幅度不大，但柴油的收率提高幅度高达2.0%。现在已应用的原油强化蒸馏活化剂主要有以下几类：芳香烃浓缩物、表面活性物质、复合活化剂、合成高分子和低分子醇等小分子化合物。

3. 引入能量分离剂[7]

能量分离剂包括磁场、电场和激光等，利用外场能量与体系内目标组分相互作用，提高组分之间的相对挥发度，甚至改变一种或几种组分的化学形态，实现目标组分的分离。其显著优点是没有向体系中引入添加物，不给后续分离造成困难。

4. 先进控制过程

一方面节能需要操作控制，通过仪表加强计量工作，做好生产现场的能量衡算和用能分析，为节能提供基本条件；系统在节能改造后，设备之间、物流之间关联紧密，操作弹性下降，使得操作控制成为必需；在生产过程中，各种参数的波动是不可避免的，若对生产进行即时优化，将能取得很大的节能效果。计算机使得这种优化控制成为可能。另一方面是通过操作控制实现节能强化，如准确控制工艺参数，保证产品质量合格但又不过剩，以减少过程能量消耗。控制节能强化投资小、潜力大、效果好，目前尚未引起足够的重视，但以后会大有发展。

第四节　蒸馏过程强化的机遇与挑战

蒸馏作为化学工程领域中能耗高、投资大、占地广的分离技术，其新型过程强化技术的开发及发展是我国化学工业技术向低能耗、低物耗、低排放变革的必由之路。

近年来，我国蒸馏过程强化领域的理论研究与应用已取得了重大的进展，已逐步趋近于欧美国家，达到世界先进水平。但在一些前沿领域的探索性工作还有待加强，不仅要着手于现在，还要着眼于未来。相信随着我国科技水平的不断发展与进步，在学术界与工业界的共同努力下，我国蒸馏过程强化领域会得到飞速发展，我国化学工业领域会迈上一个新的技术水平，从而实现我国国民经济的可持续发展战略目标。

虽然目前在节能减排的号召下，对精馏过程中各种节能和强化的机理及应用进行了广泛的研究，取得了一定研究成果，但是我国化工行业技术整体工艺流程仍多为国外引进，长期以来缺乏自主知识产权的技术，虽然流程有一些改进，但能耗高的问题一直未得到根本的解决。在设备强化方面，经过多年的研究与发展取得了丰富的研究成果，但目前为止，这种发展已趋近成熟，从新材料、新理论的研究缺乏重要创新与突破。为了进一步大幅度降低精馏过程能耗，需要摒弃固有设计和研究思路，提出创新精馏过程节能与强化新工艺和技术。

目前精馏过程的研究主要集中在以下四个方面：

（1）精馏过程的基础理论研究 精馏过程是以一定比例的气液逆向接触为基础的，了解气液相之间各因素的形成及发展规律，能够帮助人们更好地认识气液之间的传质传热过程，并对其实施定向定量强化措施。目前，气液相界面密度分布、更新速率以及气液停留时间分布被认为是影响传质传热过程三个最主要的因素。气液相界面密度体现气液相之间接触机会的多少，越多越均匀的接触则会增加气液之间传质传热通量；气液相界面更新是维持传质传热动力梯度的基础，快速的气液相界面更新能够使传质传热速率维持在相对较高的水平，并且能够降低气液相内浓度、温度不均匀度，降低传质传热阻力；停留时间分布是气液间充分传质传热的保障，保证气液之间能够有足够长的时间进行接触可以使传质传热过程进行得比较完全，提高传质传热总量，均匀的停留时间分布亦有利于降低气液相内浓度及温度的返混，提高传质传热效率。通过定量分析三种因素对气液间传质传热过程的影响，并进行关联用以指导塔内件设计，从而建立精馏过程传质传热强化理论。

（2）精馏过程的工业化放大技术研究 精馏过程中的气液逆向接触过程是在精馏塔中进行的，而接触的环境是由塔内件创造的。在板式精馏塔内，塔板同时兼具气液相接触和气体分布功能：气体从塔板下通过板上开孔进行分布并进入板上液层与错流或逆流液体进行传质传热过程，脱离液层后上升至上一层塔板重复上述过程；液体则在完成传质传热过程后通过降液管或板孔（错流或穿流型塔板）进入下一层塔板。理想的精馏塔板应具有效率高、压降低和通量大的特点，而目前商用的塔板都不能很好地兼顾所有的优点。在填料塔内，填料对流经其表面的液体进行铺展，气体则在通道内曲折上升从而与液体进行接触并完成传质传热过程。相对于板式塔，填料塔在效率和通量上均有了一定的提升，同时能够在较低的压力降下操作生产。然而，填料塔的性能优劣很大程度上取决于气液初始分布的均匀性，同时，填料塔需要设置液体再分布器以弥补填料较差的自分布性能。在了解普通塔内件的设计瓶颈后，结合精馏过程传质传热强化理论基础，突破原有设计思想的局限，摒除原有相对粗犷经验式的设计方式，从主体结构形式创新到微观结构设置及调整，实现塔内件的多尺度定向工业放大设计。

（3）精馏过程的节能技术研究　精馏过程是一种热力学效率很低的分离单元操作，从塔釜输入的热量大部分是从冷凝器移出，为的就是创造气液逆向流动的环境。精馏塔的热力学效率由操作条件决定，塔内件的改良对于精馏塔热力学效率提升极其有限。基于能量集成思想的内外部热耦合设计优化能够有效提升精馏过程的热力学效率。目前，内外部能量集成方法主要有三种：第一是分离序列优化及设备集成，目的为减少或避免流程中分离任务的重复和返混，适用于多组分分离过程，最具代表性的是分隔壁精馏塔技术；第二是精馏塔内能量集成设计优化，利用朗肯循环原理，通过压缩机使塔内或塔间出现压差，从而使精馏塔塔顶与塔釜间出现逆向温差并进行换热，适用于沸点相差较近物系的分离过程，代表性的技术有热泵精馏、多效精馏、热耦合精馏技术等；最后是流程热交换网络设计优化，利用夹点技术，将整个或局部流程内的冷热流股进行综合能量集成设计，可以对工艺流程进行最大限度的节能设计，但这种技术适用条件比较苛刻，考虑因素较多。内外部能量集成设计优化一直是化工学者比较关注的研究课题，也一直在不断的发展过程中，尤其是分隔壁精馏塔技术和塔内热耦合技术，被认为是最有工业应用价值的精馏过程能量集成技术。

（4）精馏过程强化研究　化工过程强化技术以节能、降耗、环保、集约化为目标，可有效解决化工过程中"高能耗、高污染和高物耗"的问题。由此可见，将过程强化概念应用到精馏过程，开展精馏过程的强化技术研究，对于弥补上述不足，满足新兴产业的需求十分必要。精馏过程强化的目的是在总生产能力不变的情况下，最大限度地提高单位体积设备的生产能力，从而缩小设备尺寸、简化工艺流程、降低初期投资成本和运行操作费用、减小污染排放以及提高过程的自动化程度。近几十年，精馏过程强化的基础理论、关键技术及关键装备均取得了巨大进步。同时，精馏过程强化技术的发展空间依旧广阔，需要更大的突破及发展。

参考文献

[1] 李鑫钢等. 蒸馏过程节能与强化技术 [M]. 北京：化学工业出版社，2011.

[2] 李洪，孟莹，李鑫钢，高鑫. 蒸馏过程强化技术研究进展 [J]. 化工进展，2018, 37(4): 1212-1228.

[3] 从海峰，李洪，高鑫，李鑫钢. 蒸馏技术在石油炼制工业中的发展与展望 [J]. 石油学报（石油加工），2015, 31(2): 315-324.

[4] 李萱，李洪，高鑫，李鑫钢. 热耦合精馏工艺的模拟 [J]. 化工进展，2016, 35(1): 48-56.

[5] 刘巧钰，李洪，高鑫，李鑫钢. 泡沫碳化硅波纹规整填料内的液体流动特性 [J]. 化工学

报 , 2016, 67(8): 3340-3346.

[6] 高鑫 , 赵悦 , 李洪 , 李鑫钢 . 反应精馏过程耦合强化技术基础与应用研究述评 [J]. 化工学报 , 2018, 69(1): 218-238.

[7] 李洪 , 崔俊杰 , 李鑫钢 , 高鑫 . 微波场强化化工分离过程研究进展 [J]. 化工进展 , 2016, 35(12): 3735-3745.

第一篇

引入质量分离剂强化

第二章

恒沸精馏过程强化

第一节　恒沸精馏的强化原理

恒沸精馏是指在被分离的液体混合物中加入恒沸剂（也称共沸剂、夹带剂），与体系中至少一个组分形成具有最低（或最高）恒沸物，增大混合物组分间的相对挥发度来实现分离[1,2]。在精馏时，形成的恒沸物从塔顶（塔釜）采出，塔釜（塔顶）得到较纯产品，最后将恒沸剂与组分分离。工业上把这种操作称为恒沸精馏，也称共沸精馏[3,4]。

恒沸精馏技术的过程强化体现在对特殊体系的分离以及节能分离过程能耗两个方面。恒沸精馏主要用于组分相对挥发度接近 1 或等于 1 的混合物分离[5,6]，恒沸物可以从塔顶或塔釜采出。通常情况下，加入恒沸剂形成最低恒沸物，从塔顶蒸出，因而恒沸精馏消耗的能量主要是汽化恒沸剂的热量和输送物料的电能，耗能较多[7]。

工业中典型的恒沸精馏应用实例是无水酒精的制备。水和乙醇能形成具有恒沸点的混合物，无法采用普通精馏方法获得高纯乙醇。在乙醇和水的溶液中加入恒沸组分苯，则可形成不同的恒沸物，其中乙醇、苯和水所组成的三组分为沸点 64.84℃的最低恒沸物。当精馏温度在 64.85℃时，此三元恒沸物首先被蒸出；进一步升温至 68.25℃，乙醇与苯的二元恒沸物被蒸出；继续升温，苯与水的二元恒沸物和乙醇与水的二元恒沸物先后蒸出。这些恒沸物把水从塔顶带出，在塔釜可以获得无水酒精[8]。

恒沸现象指某一溶液在一定压力下进行汽化时，平衡的气、液相组成相等，液体从出现第一个气泡开始到蒸发完为止温度始终不变。

处于恒沸现象的液体混合物称为恒沸物。恒沸物分为最低恒沸物与最高恒沸物两种[9]，如图2-1所示：

若溶液的蒸气压对理想溶液产生最大正偏差，即$\gamma > 1$，则形成最低恒沸物；

若溶液的蒸气压对理想溶液产生最大负偏差，即$\gamma < 1$，则形成最高恒沸物。

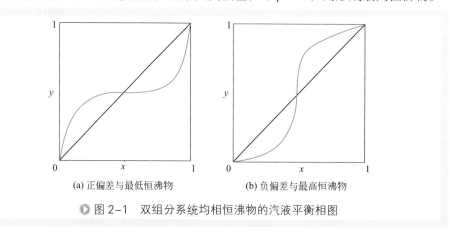

(a) 正偏差与最低恒沸物   (b) 负偏差与最高恒沸物

图2-1 双组分系统均相恒沸物的汽液平衡相图

由于溶液与理想溶液的正偏差大，互溶性会降低，形成最低恒沸物的组分在液相中彼此不能完全互溶，导致液相分为两相，此时的恒沸物称为非均相恒沸物。二元非均相恒沸物都具有最低恒沸点。对于均相和非均相恒沸物，往往需要采用不同的恒沸精馏流程。

系统压力对恒沸物的组成和温度均有较大影响[10]。当压力变化到一定程度，恒沸点甚至会消失。对于最低沸点恒沸物，如图2-2所示，压力升高时，恒沸物中摩

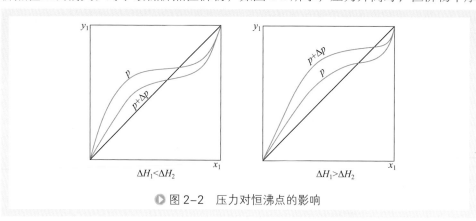

$\Delta H_1 < \Delta H_2$ $\Delta H_1 > \Delta H_2$

图2-2 压力对恒沸点的影响

尔汽化潜热大的组分组成增大，反之亦然。

<h2>第三节　恒沸剂的选择</h2>

对于恒沸精馏，恒沸剂的选择非常关键。一般需考虑以下原则[11,12]：

① 恒沸剂必须与待分离混合物中至少一组分形成最低恒沸物，这是最基本的原则。

② 形成的恒沸物，其沸点温度与被分离组分沸点间的差别愈大，恒沸精馏越容易进行。一般温差大于 10℃为宜。

③ 形成的恒沸物中恒沸剂分率越小越好，且汽化潜热应小，以减少恒沸剂用量，节省恒沸精馏塔以及再生塔的能耗。

④ 形成的恒沸物最好是非均相，便于通过分层方法分离和回收恒沸剂。

⑤ 恒沸剂要求无毒，无腐蚀，热稳定性好，价廉易得。

<h2>第四节　恒沸精馏流程</h2>

根据恒沸剂与待分离混合物组分形成的恒沸物的互溶情况，恒沸精馏的流程也不同。下面主要介绍加入恒沸剂和不加恒沸剂两种条件下的恒沸精馏流程。不加恒沸剂时，可分为设有倾析器的二元非均相恒沸精馏流程和变压恒沸精馏流程。加入恒沸剂时，分为均相恒沸精馏和非均相恒沸精馏两种情况；此流程一般包括恒沸精馏塔和恒沸剂回收塔。

一、不加恒沸剂

1. 二元非均相恒沸精馏

若二元组分溶液形成低沸点非均相恒沸物，在恒沸组成下溶液可分为两个具有一定互溶度的液层，在精馏塔顶得到的恒沸物分层，变成两个组成不同的液相，两液相组成偏离恒沸组成，此类混合物的分离无须加入第三组分而只要用两个塔联合操作，便可获得两个纯组分。如果料液组成在两相区内，则可将原料加入塔顶分层器，经分层后分别进入两个塔的塔顶进行精馏[13]。其原理及在典型体系丁醇-水分离中的应用如图 2-3 所示[14]。

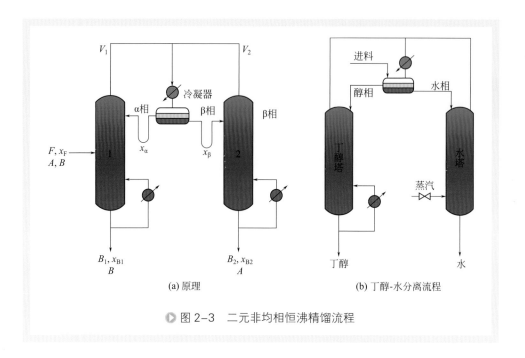

(a) 原理　　　　　　　　　　　(b) 丁醇-水分离流程

◐ 图 2-3　二元非均相恒沸精馏流程

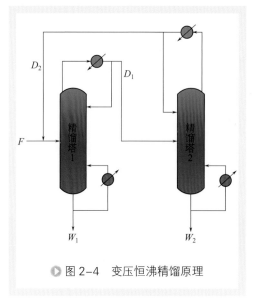

◐ 图 2-4　变压恒沸精馏原理

2. 变压恒沸精馏

当压力变化能显著影响恒沸物的组成和温度，可采用两不同压力操作的双塔流程，实现二元恒沸物完全分离。变压恒沸精馏的原理如图 2-4 所示。

二、加恒沸剂

大部分情况下，恒沸精馏需要加入恒沸剂，其原理如图 2-5 所示。恒沸剂可能与原溶液的组分形成一个或两个恒沸物，也可能形成多元恒沸物。此外，恒沸物分为均相和非均相。通常，会形成最低恒沸物，从塔顶蒸出。

以典型恒沸精馏过程乙醇-水恒沸物为例，加入夹带剂苯，溶液形成了苯-水-乙醇的三组分非均相低沸点恒沸物，恒沸点为 64.9℃，其组成摩尔分数为：苯 0.539，乙醇 0.228，水 0.223。恒沸精馏流程如图 2-6 所示，在恒沸精馏塔中部加入接近恒沸组成的乙醇-水溶液，塔顶加入苯。三组分恒沸物从塔顶蒸出，经全凝后在倾析器中分层；其中，苯相作为夹带剂回流入恒沸精馏塔，循环使用；水相进入苯回收塔，回收其中的苯；塔釜得到高纯的无水乙醇产品。苯回收塔的塔顶所得的恒沸物并入恒沸精馏塔的倾析器，塔底为低浓度乙醇水溶液，进入乙醇回收塔，回收其中的乙醇，塔釜废水排出[15]。

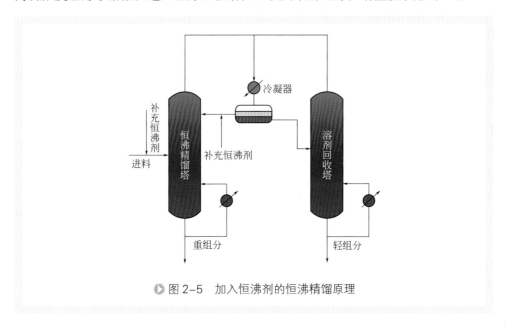

▶ 图 2-5　加入恒沸剂的恒沸精馏原理

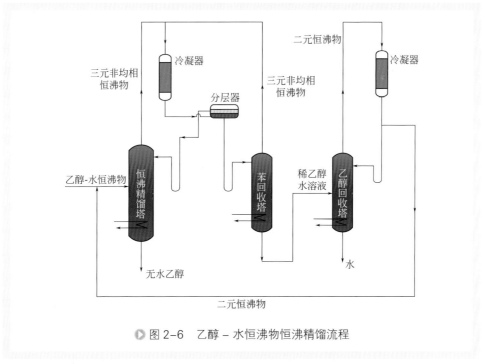

▶ 图 2-6　乙醇－水恒沸物恒沸精馏流程

恒沸精馏在工业中的应用非常广泛，表 2-1 列出了典型的应用实例[16]。

表2-1　恒沸精馏的典型应用实例

应用	分离	夹带剂（质量分离剂）
醋酸的回收[17, 18]	醋酸 - 水混合物	乙酸乙酯，乙酸丁酯，乙酸异丙酯
对苯二甲酸溶剂的回收[18, 19]	醋酸 - 水混合物	乙酸乙酯，乙酸丁酯，乙酸异丙酯，对二甲苯
高纯酯的制备[11, 13]	水 - 酯混合物	醇，对二甲苯，正庚烷，烃类，甲基环戊烷
四氢呋喃的纯化[20]	四氢呋喃 - 水恒沸物	正戊烷
丙酮的纯化[21]	丙酮 - 水混合物	甲苯，苯
1,1,1,2-四氟乙烷的纯化[22]	1,1,1,2- 四氟乙烷与氟化氢混合物	系统中存在的组分
全氟乙烯的回收（干冷溶剂）[7]	全氟乙烯与残余物	水
醇类脱水[23-25]	乙醇 - 水混合物 正丙醇 - 水混合物 异丙醇 - 水混合物	异丙醚，异辛烷，苯
（生物）乙醇脱水[26]	乙醇 - 水恒沸物	苯，环己烷，正戊烷，己烷，正庚烷，异辛烷
C_9 分离[27]	1,3,5- 三甲苯 /1- 甲基 -2-乙苯	乙二醇，二甘醇
乙腈的生产[28]	乙腈 - 水的恒沸物	己胺，乙酸丁酯
烃类的回收[29]	辛烯 - 含氧组分	二元夹带剂（乙醇 / 水）
	丙酮 - 正庚烷混合物	甲苯
	异丙醇 - 甲苯混合物	丙酮
脂肪酶催化合成糖脂肪酸酯中副产物的去除[30]	脂肪酸 - 水 脂肪酸甲酯 - 甲醇	甲乙酮，丙酮
纳米 Al_2O_3-$2SiO_2$ 粉的合成[31]	Al_2O_3-$2SiO_2$ 粉脱水	正丁醇
纳米晶 YSZ（钇稳定的氧化锆）粉的合成[32]	YSZ 粉脱水	聚乙二醇

以下以醇类脱水、酸类脱水和酯类生产介绍恒沸精馏的应用。

一、乙醇脱水

恒沸精馏应用于醇脱水已经有悠久的历史，而且应用至今。乙醇作为一种和水相似的含羟基的组分，同时也是一种有机物，它与水表现出类似的物性，从而形成共沸[13]。当正戊烷作为夹带剂时，其工艺流程如图2-7所示。

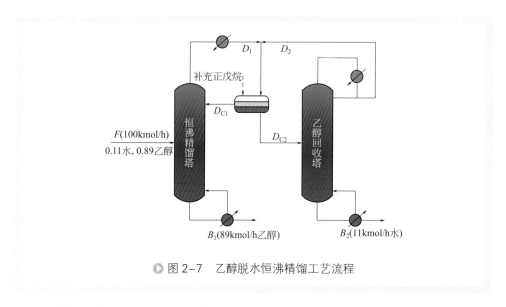

图 2-7　乙醇脱水恒沸精馏工艺流程

在恒沸精馏塔中，引入正戊烷作为恒沸剂，可以形成恒沸点在33.5℃三元恒沸物，从而可以把沸点为78.43℃的乙醇分离开来。恒沸精馏塔塔底产品是乙醇 B_1，塔顶为恒沸流股 D_1，与循环流股 D_2 进入分相器，分为有机相与水相。此非均相恒沸物形成了两个液相，正戊烷富含相 D_{C1} 返回到恒沸精馏塔；水相 D_{C2} 被送到乙醇回收塔，该塔塔底为水，塔顶得到的水与乙醇二元恒沸物 D_2，返回到恒沸精馏塔。

在恒沸精馏塔的设计与控制过程中，需要关注灵敏板。在该塔板附近，可能会出现温度或者组成的突变，因此建立恰当的数学模型十分必要。关于恒沸精馏塔数学模型的建立可参考其他专著[7]。

二、醋酸脱水

醋酸脱水是恒沸精馏在芳香酸生产中最常见的工业应用之一，如对苯二甲酸生产过程需要高纯度的醋酸[33]。该生产过程包含两个主要的步骤：对二甲苯被催化氧化生成粗对苯二甲酸的氧化过程，然后是对苯二甲酸的纯化获得高纯对苯二甲酸的过程。醋酸作为溶剂存在于氧化反应器中，同时也有利于反应本身，但是必须从氧化产生的水中分离出来。

醋酸溶剂的回收和循环利用对对苯二甲酸生产过程的高效和经济运行至关重

要，酸的损失都不利于生产的经济性，因为需要补充溶剂或增加废水处理成本。而在水和醋酸混合物中，高浓度水会导致夹点，回收纯酸困难。对苯二甲酸工艺中的常规醋酸回收装置由两个吸收塔（低压和高压）和一个酸脱水塔组成，寻找适合的夹带剂比较困难[18]，通过常规精馏分离需要 70 ~ 80 个塔板。采用恒沸精馏技术，常见的恒沸剂是醋酸正丁酯，它与水部分互溶，从而形成非均相恒沸物（恒沸点为 90.23℃），再送至脱水塔。二元恒沸物与水从塔顶出料，塔底得到醋酸产品。非均相恒沸物在冷凝时形成两个相，有机相循环回到脱水塔，水相被送入汽提塔，水在汽提塔中作为塔底产物被除去，然后相对少量的夹带剂作为恒沸剂循环回到脱水塔中去。与常规精馏塔相比，恒沸物汽化热较低，恒沸精馏可节省 34% 的能耗，在水中排放的醋酸损失可以减少 40%。值得注意的是，类似的恒沸精馏工艺也用于醋酸的生产、丁烷或石脑油催化液相氧化和乙醛氧化[11,13]。

三、酯类生产

醇与羧酸可通过酯化反应生成酯，其收率通常受化学平衡限制，因此可以去除至少一种产物来获得更高的转化率，这也是反应精馏的基本原理。反应精馏对于低碳酯的合成非常实用，但用于生产长碳链酯时，经典的反应精馏流程需要进一步强化，此时往往需要加入夹带剂在恒沸精馏中去除水，一般采用芳香族和脂肪族碳氢化合物作为夹带剂。

例如，酯类（如乙酸异丁酯、乙酸正丁酯和乙酸异戊酯）可以用壬烷、甲基环戊烷或其他各种碳氢化合物等夹带剂。此外，恒沸精馏还可用于酶法纯化由肉豆蔻酸制备的肉豆蔻酸异丙酯和脂肪酶制备的异丙醇[11,13]。

第六节　恒沸精馏与萃取精馏的比较

对于待分离混合物组分间的相对挥发度接近于 1 或形成恒沸物的体系，采用普通精馏方法或者不可能，或者不经济和不实际，这时常采用特殊精馏。特殊精馏可分为恒沸精馏、萃取精馏、分子蒸馏、反应精馏、加盐精馏、吸附精馏和膜精馏等[10]。

在特殊精馏中，恒沸精馏和萃取精馏基本原理相似，都是通过加入质量分离剂，来改变组分间的相互作用，增大组分的挥发度差异，实现精馏分离[34,35]。因此，在选用恒沸精馏和萃取精馏时，需要区别二者的异同点。

恒沸精馏和萃取精馏的区别在于[36,37]：

① 萃取精馏的萃取剂不必与分离体系中的某组分形成恒沸物，只是要求其蒸

气压远小于混合物的蒸气压；而恒沸精馏中加入的恒沸剂必须与原溶液中的一个或几个组分形成恒沸物，因此萃取剂的选用范围比恒沸剂宽。

② 恒沸精馏中恒沸剂以气态从塔顶出料，消耗的潜热较多，而萃取精馏中萃取剂基本不发生相变，且从塔釜出料，因此恒沸精馏的能耗一般比萃取精馏大；萃取精馏中萃取剂从塔釜出料，萃取剂不发生相变，塔釜加热蒸汽的消耗比恒沸精馏少。

③ 萃取精馏适用于从塔顶蒸出较多产品和从塔釜排出较少产品的体系；而恒沸精馏适用于从塔顶蒸出较少产品和从塔釜排出较多产品的体系。

④ 在同样压力下，恒沸精馏的操作温度通常比萃取精馏低，故恒沸精馏更适用于分离热敏性物料。

⑤ 恒沸精馏可连续或间歇操作，萃取精馏一般只能连续操作。

表2-2比较了四种精馏过程，其中数字1、2和3分别表示它们适合的低、中、高程度。目前已广泛应用于工业中，选择合适的精馏工艺取决于具体的分离任务和经济考虑[16]。

表2-2　四种精馏过程的比较

项目	常规精馏	分子蒸馏	恒沸精馏	萃取精馏
能量消耗	2	1	3	2
产品规模	3	1	3	3
投资费用	1	3	2	2
操作复杂性	3	1	2	2

与其他特殊精馏过程相比，恒沸精馏的缺点是塔径较大（加入恒沸剂后蒸汽体积增大），能耗较高，控制较复杂。虽然恒沸精馏比萃取精馏消耗更多的能量，但在实际操作中容易得到高纯度的产品[38]。因此，通常也将恒沸精馏与萃取精馏结合使用。例如，对于异丙醇与水的分离，首先通过萃取精馏，从萃取塔的顶部得到纯度高于98.0%（质量分数）的异丙醇。然后在恒沸精馏塔中进一步纯化，得到纯度大于99.5%（质量分数）的异丙醇。

────── 参考文献 ──────

[1] Kockmann N. History of distillation//Andrzej G, Eva S. Distillation: Fundamentals and Principles[M]. Academic Press, 2014.

[2] Widagdo S, Seider W D. Azeotropic distillation[J]. AIChE Journal, 1996, 42(1): 96-130.

[3] Arlt W. Azeotropic Distillation[M]. In Distillation: Equipment and Processes, Elsevier Inc, 2014.

[4] Ewell R H, Harrison J M, Berg L. Azeotropic distillation[J]. Industrial and Engineering

Chemistry, 1944, 36(10): 871-875.

[5] Doherty M F, Knapp J P. Distillation, azeotropic and extractive//Kirk Othmer. Kirk-Othmer Encyclopedia of Chemical Technology[M]. New York: Wiley, 2004.

[6] Lei Z G. Azeotropic distillation[J]. Reference Module in Chemistry, Molecular Sciences and Chemical Engineering, 2017: 1-13.

[7] Li J, Lei Z G, Ding Z, et al. Azeotropic distillation: a review of mathematical models[J]. Separation and Purification Reviews, 2005, 34(1): 87-129.

[8] Chianese A. Ethanol dehydration by azeotropic distillation with a mixed-solvent entrainer[J]. Chemical Engineering Journal, 1990, 43(2): 59-65.

[9] 胡英 . 物理化学 [M]. 第 6 版 . 北京 : 高等教育出版社 , 2014.

[10] Lei Z, Chen B, Ding Z. Special Distillation Processes[M]. Amsterdam: Elsevier BV, 2005.

[11] Lee F M, Wytcherley R W. Azeotropic distillation//Encyclopedia of Separation Science[M]. Elsevier Inc, 2000: 990-995.

[12] Julka V, Chiplunkar M, O'Young L. Selecting entrainers for azeotropic distillation[J]. Chemical Engineering Progress, 2009, 105(3): 47-53.

[13] Kiss A A. Azeotropic distillation[J]. Reference Module in Chemistry, Molecular Sciences and Chemical Engineering, 2013.

[14] Luyben W L. Control of the heterogeneous azeotropic n-butanol/water distillation system[J]. Energy and Fuels, 2008, 22(6): 4249-4258.

[15] Laird T. Advanced distillation technologies: design, control and applications[J]. Organic Process Research and Development, 2013, 17(8): 1074-1074.

[16] Lei Z G, Chen B. Distillation//Separation and Purification Technologies in Biorefineries[M]. United Kingdom: John Wiley and Sons Ltd, 2013.

[17] Chien I L, Zeng K L, Chao H Y, et al. Design and control of acetic acid dehydration system via heterogeneous azeotropic distillation[J]. Chemical Engineering Science, 2004, 59(21): 4547-4567.

[18] Lei Z G, Li C Y, Li Y X, et al. Separation of acetic acid and water by complex extractive distillation[J]. Separation and Purification Technology, 2004, 36(2): 131-138.

[19] Wang S J, Huang K. Design and control of acetic acid dehydration system via heterogeneous azeotropic distillation using p-xylene as an entrainer[J]. Chemical Engineering and Processing: Process Intensification, 2012, 60(8): 65-76.

[20] Lybarger H M, Greene H L. Separation of water, methyl ethyl ketone, and tetrahydrofuran mixtures[J]. Advances in Chemistry, 1974, 115: 148-158.

[21] Knapp J P, Doherty M F. Thermal integration of homogeneous azeotropic distillation sequences[J]. AIChE Journal, 2010, 36(7): 969-984.

[22] Satoshi K, Satoshi K, Yoshinori T, et al. Production of 1,1,1-trifluoro-2-chloroethane and/or

1,1,1,2-tetrafluoroethane[J]. 1996.

[23] Gomis V, Pedraza R, Francés O, et al. Dehydration of ethanol using azeotropic distillation with isooctane[J]. Industrial and Engineering Chemistry Research, 2007, 46(13): 4572-4576.

[24] Pienaar C, Schwarz C E, Knoetze J H, et al. Vapor-liquid-liquid equilibria measurements for the dehydration of ethanol, isopropanol, and n-propanol via azeotropic distillation using DIPE and isooctane as entrainers[J]. Journal of Chemical and Engineering Data, 2013, 58(3): 537-550.

[25] Cho J, Jeon J K. Optimization study on the azeotropic distillation process for isopropyl alcohol dehydration[J]. Korean Journal of Chemical Engineering, 2006, 23(1): 1-7.

[26] KISS A A, Suszwalak D. Enhanced bioethanol dehydration by extractive and azeotropic distillation in dividing-wall columns[J]. Separation and Purification Technology, 2012, 42(42): 566-572.

[27] Fu J, Liu X, Fu D. Study on vapor liquid equilibrium for C_9 separation by azeotropic distillation[J]. China Petroleum Processing and Petrochemical Technology, 2012, 14(1): 80-86.

[28] Ruiz R A, Borda B N, Alexander L R, et al. Control of an azeotropic distillation process to acetonitrile production[J]. Computer Aided Chemical Engineering, 2011, 29(2): 833-838.

[29] Laina S, Lauri K, Brian C, et al. Handbook of Radioactivity Analysis: Azeotropic Mixture[M]. Third edition. Massachusetts: Academic Press, 2012: 625-693.

[30] Cao L, Fischer A, Bornscheuer U T, et al. Lipase-catalyzed solid phase synthesis of sugar fatty acid esters[J]. Biocatalysis, 1999, 14(4): 269-283.

[31] Zheng G J, Cui X M, Zhang W P, et al. Preparation of nano-sized Al_2O_3-$2SiO_2$ powder by sol-gel plus azeotropic distillation method[J]. Particuology, 2012, 10(1): 42-45.

[32] Yao H C, Wang X W, Dong H, et al. Synthesis and characteristics of nanocrystalline YSZ powder by polyethylene glycol assisted coprecipitation combined with azeotropic-distillation process and its electrical conductivity[J]. Ceramics International, 2011, 37(8): 3153-3160.

[33] Huang X, Zhong W, Du W, et al. Thermodynamic analysis and process simulation of an industrial acetic acid dehydration system via heterogeneous azeotropic distillation[J]. Industrial and Engineering Chemistry Research, 2013, 52(8): 2944-2957.

[34] 陈敏恒, 丛德滋, 方图南. 化工原理 (下册)[M]. 第3版. 北京: 化学工业出版社, 2000: 88-89.

[35] Hoffman E J. Azeotropic and Extractive Distillation[M]. New York: Interscience Publishers, 1964.

[36] Perry R H. Azeotropic and extractive distillation[J]. Journal of the American Chemical

Society, 1965, 87(9): 2079-2079.

[37] Leslie R T, Kuehner E C, Chem A. Distillation analysis[J]. Analytical Chemistry, 1962, 26(1): 720-723.

[38] Doherty M F, Caldarola G A. Design and synthesis of homogeneous azeotropic distillations. 3. The sequencing of columns for azeotropic and extractive distillations[J]. Industrial and Engineering Chemistry Fundamentals, 1985, 24(4): 474-485.

第三章

萃取蒸馏过程强化

第一节 萃取蒸馏的强化原理

萃取蒸馏是化工中重要的特殊蒸馏分离方法之一，适用于分离沸点相近或形成共沸物的混合物。由于共沸（恒沸）蒸馏共沸剂用量大，且需汽化后进入共沸蒸馏塔塔顶，因此其能耗一般比萃取蒸馏大，在许多应用场合已被萃取蒸馏所代替。萃取蒸馏一方面增加了被分离组分之间的相对挥发度，另一方面带来的缺点是溶剂比大、生产能力低、能耗高（相对于液液萃取）。众所周知，分离剂是萃取蒸馏的核心技术；平衡分离过程的本质是相对挥发度或选择性。一般地说，分离剂的选择性（或被分离组分之间的相对挥发度）越大，年度总生产成本就越低，如图 3-1 所示。这是因为选择性越大，操作回流比（操作费用）和塔板数（设备费用）可选取较低。相对挥发度（分离因子）α_{ij} 和选择度 S_{ij} 的定义如下：

$$\alpha_{ij} = \frac{\gamma_i p_i^0}{\gamma_j p_j^0} \tag{3-1}$$

$$S_{ij} = \frac{\gamma_i}{\gamma_j} \tag{3-2}$$

式中，γ_i 和 γ_j 分别是组分 i 和 j 的活度系数；p_i^0 和 p_j^0 分别是组分 i 和 j 的饱和蒸气压。

在萃取蒸馏中，分离剂、溶剂、萃取剂和夹带剂等术语代表相同的意义。

萃取剂选择的首要原则是应尽可能地增大轻组分对重组分的相对挥发度。根据萃取蒸馏条件的不同，在选择萃取剂的时候，往往需要考虑很多因素。一般应包括以下几点[1]：

① 萃取剂的选择性和溶解度；

② 萃取剂在被分离组分中的溶解度；

③ 萃取蒸馏过程中溶剂对塔设备的腐蚀性；

④ 萃取剂易回收；

⑤ 萃取剂与被分离组分不形成共沸物；

⑥ 萃取剂的热稳定性和化学稳定性；

⑦ 萃取剂的来源和价格。

其中萃取剂的选择性和溶解度（溶解度有时会显著影响选择性）是最重要的选择依据。

高选择性的萃取剂一般具备以下特点：①适合的萃取剂一般与被分离组分的极性相似。常见有机化合物的极性大小顺序排序为：烃→醚→醛→酮→酯→醇→二醇→（水）。为了能将重关键组分的挥发度降到最低，所选择的萃取剂应该与重关键组分在极性上相似。②氢键的作用要远远大于被分离组分间的极性作用（即萃取蒸馏的氢键原理）。氢键是由一个供电子的原子与一个缺少电子的原子即活性氢原子相接触而形成的，氢键强度是由氢原子配位的供电子原子的性质决定的。

高选择性的萃取剂，能够降低年操作费用。从图 3-1 可以看出，随着选择性的增加，年总生产成本逐渐降低。

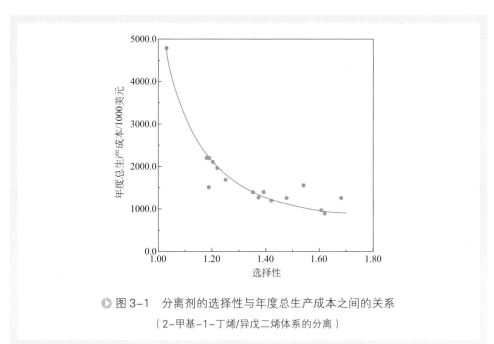

▶ 图 3-1　分离剂的选择性与年度总生产成本之间的关系

（2-甲基-1-丁烯/异戊二烯体系的分离）

萃取蒸馏过程一般是由萃取蒸馏塔和溶剂回收塔组成的双塔流程。通常情下，一个合适萃取蒸馏工艺流程不仅能够提高生产能力和充分地发挥设备的潜力，而且还能够降低能耗、节约成本。由此可见，萃取蒸馏过程的成功实现离不开一个好的流程设计。

典型的萃取蒸馏流程如图 3-2 所示。该萃取蒸馏流程由一个萃取蒸馏塔和一个溶剂回收塔组成。原料混合物从萃取蒸馏塔中部进入，而萃取剂从塔上部加入。为了尽可能地增加萃取剂与原料液的接触时间，萃取剂进料位置一定要在原料液进料位置之上。但是为了防止萃取剂夹带到塔顶污染产品，萃取剂进料位置要与塔顶之间保持有若干块塔板。在萃取蒸馏塔塔顶得到轻组分，重组分和萃取剂由塔釜流出，进入溶剂回收塔。溶剂回收塔的塔顶得到重组分，塔底得到萃取剂，萃取剂经过与原料换热和进一步冷却，可循环使用。

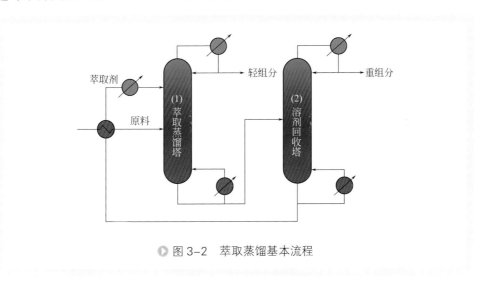

● 图 3-2　萃取蒸馏基本流程

合适的操作参数选择决定着萃取蒸馏的成功实现。大量的实验及模拟结果表明 [2]：

① 选择合适的原料液和萃取剂的进料位置和进料温度。通常来说，萃取剂进料位置越靠近塔顶，与原料液的接触时间就越长，原料分离效果就越好。但当萃取剂进料位置太靠近塔顶时，会有部分萃取剂夹带到产品中，反而会降低产品纯度。原料进料位置应该低于萃取剂的进料位置。

② 萃取蒸馏的原料液一般以饱和蒸气压的进料状态加入塔内；若为泡点进料，精馏段和提馏段应使用不同的相平衡数据计算。

③ 萃取蒸馏一般不适用于间歇操作，必须连续加入萃取剂。

④ 萃取蒸馏过程存在一个最合适的回流比，回流比不宜过大，否则萃取剂在塔板液相含量过低不利于原料的分离。

⑤ 对于萃取蒸馏多组分混合液时，当原料液中两两组分间的相对挥发度差别较大时，可按相对挥发度递减的顺序进行萃取蒸馏流程排序。

⑥ 对于萃取蒸馏分离多组分混合液时，最后分离产品纯度要求较高的产品。

对于多组分分离，萃取蒸馏的流程设计非常重要。一个好的萃取蒸馏工艺流程，不仅能耗可以降低，而且能够充分发挥设备的潜力，提高生产能力。以工业上炼油厂催化裂化及乙烯裂解装置副产碳四（C_4）馏分的分离为例来说明萃取蒸馏的流程安排及其优化[3]。

C_4馏分是指含有四个碳原子的烃类，包括 1,3-丁二烯、正丁烯（1-丁烯、顺-2-丁烯和反-2-丁烯）、异丁烯、正丁烷、异丁烷等。其中用处最多的是 1,3-丁二烯、正丁烯和异丁烯。由于C_4馏分的沸点相近，一般采用萃取蒸馏的方法进行分离。其分离机理是：烷烃没有饱和键，烯烃有双键，二烯烃有共轭双键，炔烃有叁键。所以烷烃分子没有流动的电子云，烯烃分子上的一对电子具有可流动性，二烯烃分子上的两对电子具有更大的流动性，炔烃分子叁键上的两对电子具有很大的流动性，因此当加入极性溶剂时与它们的吸引力不同。电荷的流动性愈大，和极性分子的吸引力也就愈大。因此，极性溶剂对烃类挥发性的增加程度是不同的，可以表示为：烷烃＞烯烃＞二烯烃＞炔烃。所以对C_4馏分的萃取蒸馏，丁烷将成为最轻组分，随后是丁烯和丁二烯，炔烃为最重组分，从而能够将它们有效地分开。以乙腈（ACN）为分离剂，按照萃取蒸馏双塔流程的模式，应该采用萃取蒸馏塔（1）-溶剂回收塔（2）-萃取蒸馏塔（3）-溶剂回收塔（4）的常规思路进行分离，其流程如图 3-3 所示。

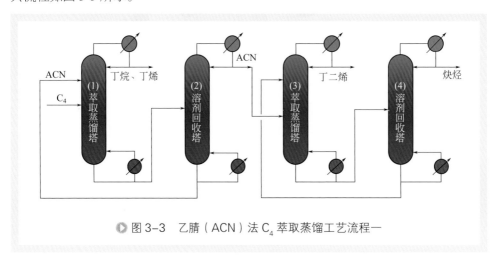

▶ 图3-3　乙腈（ACN）法C_4萃取蒸馏工艺流程一

该流程是最早开发和应用的。但是存在的缺点是塔数多，设备投资大；丁二烯反复汽化和冷凝，能耗较大。在两个萃取蒸馏塔之间设置溶剂回收塔（2），作用是使富含丁二烯的C_4组分与萃取剂 ACN 完全分离。但是这并没有必要，因为在二萃塔中仍然需要用到萃取剂，因此可以将溶剂回收塔（2）去掉，采用萃取蒸馏塔（1）-萃取蒸馏塔（3）-溶剂回收塔（4）的流程二（如图 3-4 所示）进行分离，使流程一得到简化。

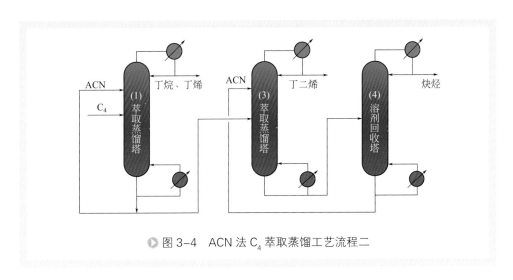

▶ 图 3-4　ACN 法 C$_4$ 萃取蒸馏工艺流程二

　　如果从减少流程二中第二个萃取蒸馏塔内液相负荷的角度来考虑，可以对流程二继续进行优化 [4]，如图 3-5 所示。第一个萃取蒸馏塔侧线气相采出进入二萃塔，从而达到减少液相负荷、提高生产能力的目的。

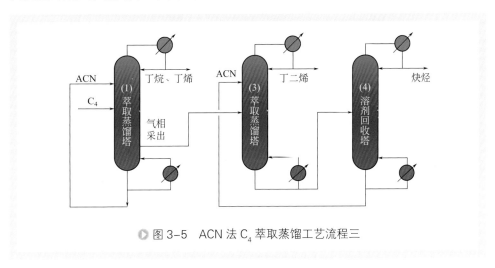

▶ 图 3-5　ACN 法 C$_4$ 萃取蒸馏工艺流程三

第二节　萃取蒸馏与其他分离过程组合

　　萃取蒸馏相比于恒沸蒸馏来说有低能耗、萃取剂选择灵活等优点。但是，萃取蒸馏也有自身的缺点。例如，萃取蒸馏没有恒沸蒸馏得到的产品纯度高，这是因为从溶剂回收塔循环的萃取剂或多或少会携带部分杂质，这会影响分离的效果。另外，相较于液液萃取来说，萃取蒸馏需要消耗更多的能量。因此，将萃取蒸馏与其他分离过程（例如：恒沸蒸馏、液液萃取等）组合强化是可行的。

一、萃取蒸馏与恒沸蒸馏组合

萃取蒸馏比恒沸蒸馏能耗更低，但难以达到高产品纯度。恒沸蒸馏正好与之相反，虽然能得到较高纯度的产品，但是能耗更多。因此，将萃取蒸馏和恒沸蒸馏组合，能够克服各自的缺点，发挥各自的优点。以异丙醇（IPA）和水的分离为例来说明萃取蒸馏与恒沸蒸馏组合的优势[5]。组合分离流程如图 3-6 所示，塔（1）、塔（2）、塔（3）和塔（4）分别是萃取蒸馏塔、溶剂回收塔（回收萃取蒸馏塔溶剂）、恒沸蒸馏塔、溶剂回收塔（回收恒沸蒸馏溶剂）。流程设计的原则是：首先用萃取蒸馏技术低能耗地得到粗 IPA，然后用恒沸蒸馏技术得到高纯度异丙醇产品。萃取蒸馏和恒沸蒸馏的顺序不能随意颠倒，否则增大能耗。

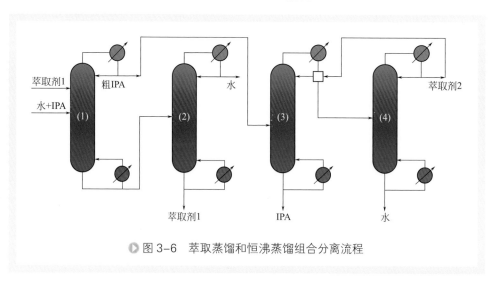

▶ 图 3-6　萃取蒸馏和恒沸蒸馏组合分离流程

图 3-6 所示的异丙醇和水的组合分离流程，能耗高于单一的萃取蒸馏流程，但是低于单一的恒沸蒸馏流程。因此，萃取蒸馏和恒沸蒸馏组合强化适用于需要获得高纯度产品的分离要求。例如在工业中分离醋酸和水，醋酸中水含量要求低于 $20\mu g/g$ 时。

二、萃取蒸馏与液液萃取组合

萃取蒸馏和液液萃取组合分离，被成功应用于汽油加氢裂解回收苯和甲苯[6]。首先，苯和甲苯的混合物被分成两部分，一部分是富含苯的混合物，另一部分是富含甲苯的混合物。然后，富含苯的混合物使用萃取蒸馏进行分离，富含甲苯的混合物使用液液萃取进行分离。萃取蒸馏和液液萃取的萃取剂都是环丁砜。

为什么要用萃取蒸馏分离富含苯的混合物？富含苯的混合物的沸点低于富含甲苯的混合物，因此富含苯的混合物与萃取剂的沸点相差较大，有利于萃取剂的回收。然而，富含甲苯的混合物与萃取剂的沸点相差较小，这与萃取剂的选择标准不符合。所以，采用液液萃取分离富含甲苯的混合物是合理的。

国内扬子石化公司芳烃厂采用了萃取蒸馏和液液萃取组合分离回收苯和甲苯，年处理量达 360kt。所得到的苯产品的凝固点为 5.48℃，其中环丁砜和非芳烃的含量分别小于 0.5μg/g 和 1000μg/g。另外苯和甲苯的回收率分别为 99.9% 和 99.1%。这说明采用萃取蒸馏和液液萃取组合分离回收汽油加氢裂解中的苯和甲苯是非常有效的。

第三节 萃取蒸馏种类与研究现状

一、溶盐萃取蒸馏

1. 介绍

按分离剂类型，早期的萃取蒸馏分为两类：溶盐萃取蒸馏和溶剂萃取蒸馏。溶盐萃取蒸馏是以固体盐作为分离剂。由于盐的极性很强，一般能较大幅度地提高被分离组分之间的相对挥发度。虽然离子液体也是一种盐类，但本节并不讨论离子液体。离子液体将单独作为一种萃取剂在本章其他部分进行介绍。

溶盐萃取蒸馏的理论是盐效应，分离过程能够实现的重要基础是盐效应汽液平衡。Furter 在 1960 年提出了关联盐效应数据的方法即 Setschenow 方程。在该方程中，盐对二元溶液汽液平衡关系作用的大小采用体系加盐前后两组分相对挥发度的比值来表示[7]：

$$\lg \frac{c_0}{c} = k_s c_s \tag{3-3}$$

式中，c_0、c 分别表示无盐和含盐时的溶解度；c_s 是盐的含量；k_s 是盐效应参数。当 $c_0 > c$（$k_s > 0$）时代表盐析效应，当 $c_0 < c$（$k_s < 0$）时代表盐溶效应。

2. 溶盐萃取蒸馏流程

溶盐萃取蒸馏流程与图 3-2 的普通溶剂萃取蒸馏流程不完全相同，盐并不是通

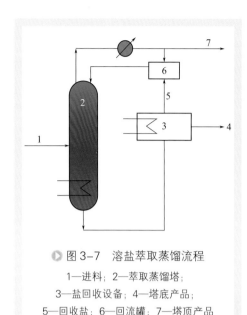

图3-7 溶盐萃取蒸馏流程

1—进料；2—萃取蒸馏塔；
3—盐回收设备；4—塔底产品；
5—回收盐；6—回流罐；7—塔顶产品

过蒸馏塔回收的。事实上，任何一个萃取蒸馏过程都包含一个萃取蒸馏塔和一个溶剂回收设备，只是溶剂回收设备并不一定是蒸馏塔。

典型的溶盐萃取蒸馏流程如图3-7所示。固体盐从塔顶加入萃取蒸馏塔，因为盐不会挥发，盐只会存在于液相。固体盐的回收不同于普通液体溶剂，只需要全部或者部分干燥即可。

3. 应用实例1——分离乙醇和水

无水乙醇是生产许多化学品和中间体的重要的化工原料。尤其近些年，乙醇被当成清洁燃料，这提高了它的全球需求量。然而，乙醇和水会生成共沸物，通过普通精馏无法得到高纯度的乙醇。

溶盐萃取蒸馏已被成功应用于分离乙醇和水体系。1992年Furter用醋酸钾和醋酸萃取蒸馏乙醇和水，在塔顶得到了99.8%的乙醇产品[8]。段占庭[9]研究了不同固体盐对乙醇-水体系相对挥发度的影响，实验结果如表3-1所示。

表3-1 用固体盐和液体溶剂萃取剂对乙醇和水相对挥发度的影响

序号	萃取剂	相对挥发度
1	无	1.01
2	乙二醇	1.85
3	饱和 $CaCl_2$	3.13
4	醋酸钾	4.05
5	乙二醇 + NaCl	2.31
6	乙二醇 + $CaCl_2$	2.56
7	乙二醇 + $SrCl_2$	2.60
8	乙二醇 + $AlCl_3$	4.15
9	乙二醇 + KNO_3	1.90
10	乙二醇 + $Cu(NO_3)_2$	2.35
11	乙二醇 + $Al(NO_3)_3$	2.87
12	乙二醇 + CH_3COOK	2.40
13	乙二醇 + K_2CO_3	2.60

从表 3-1 可以看出，盐对相对挥发度的影响顺序如下：$AlCl_3 > CaCl_2 > NaCl$；$Al(NO_3)_3 > Cu(NO_3)_2 > KNO_3$。这说明金属离子的价态越高盐效应越强。此外，阴离子的影响顺序是：$Ac^- > Cl^- > NO_3^-$。

4. 应用实例2——分离异丙醇和水

工业上一般用苯作为恒沸剂恒沸蒸馏异丙醇和水，但日本的 IHI(Ishikawajima-Harima Heavy Industries)公司开发了一种溶盐萃取蒸馏分离异丙醇和水的方法，萃取剂是氯化钙。IHI 公司宣称年生产 7300t 异丙醇的投资和能耗分别只有恒沸蒸馏的 56% 和 45%[10]。

5. 应用实例3——分离硝酸和水

1957 年 Hercules 采用了溶盐萃取蒸馏分离硝酸和水，萃取剂是硝酸镁[10]。结果表明采用这种方法比用硫酸萃取蒸馏节约总投资和操作费用。

6. 溶盐萃取蒸馏的优点和缺点

在溶解度允许的体系中，溶盐萃取蒸馏有很大的优势。在溶液热力学环境中固体盐的离子相对于液体分子能产生更大的影响，不仅能影响混合物分子间的相互作用力，而且影响选择性的程度。这说明溶盐萃取蒸馏具有很好的分离效果，使萃取剂用量少于常规液体萃取剂。萃取剂用量的减少能带来更大的处理能力和更少的能耗。另外，固体盐的非挥发性不影响产品纯度，也不会被操作工人吸入肺部。

然而在工业生产中，盐的溶解、回收和运输较为困难给实际生产带来不便。另外，盐可能会堵塞、腐蚀生产设备等一系列问题制约了盐在萃取蒸馏中的应用。这些缺点导致了溶盐萃取蒸馏在工业中并没有被广泛地应用。

二、溶剂萃取蒸馏

溶剂萃取蒸馏和溶盐萃取蒸馏类似，由于溶解度的限制，某些体系只能加入溶剂作为萃取剂进行萃取蒸馏。

应用实例——分离醋酸和水

溶剂萃取蒸馏的应用有很多，本节将介绍一个特殊的溶剂萃取蒸馏的应用——反应萃取蒸馏（或络合萃取蒸馏）分离醋酸和水，在萃取蒸馏中包含反应过程。

醋酸是一种重要的化工原材料，但是在醋酸中往往含有一部分水。在工业生产中需要高纯度的醋酸，所以分离醋酸和水十分必要。目前为止，有三种分离醋酸和水的方法：普通蒸馏、恒沸蒸馏和萃取蒸馏。普通蒸馏虽然简单、易于操作，但是能耗非常大，需要的塔板数非常多。恒沸蒸馏所需塔板数虽然比普通蒸馏少，但是恒沸剂用量非常大且在塔内溶剂需汽化，这导致大量的能耗。然而，萃取蒸馏的萃取剂不需要被汽化，能耗比恒沸蒸馏小。因此，萃取蒸馏是分离醋酸和水的最佳方法。文献中用来分离醋酸和水的萃取剂有：环丁砜、己二腈、壬酸、庚酸、异佛尔酮、叔癸酸、乙酰苯、硝基苯等。研究表明醋酸或者水与这些萃取剂的作用力主要是范德华力和氢键力。

最近，Lei 等[11,12] 提出了一种新型复杂萃取蒸馏分离醋酸和水的方法，萃取剂是三丁胺。三丁胺会与醋酸发生可逆反应，反应如下：

$$HAc + R_3N \rightleftharpoons R_3N \cdot HAc \qquad (3\text{-}4)$$

$$HAc + R_3N \rightleftharpoons R_3NH^+ \cdot {}^-OOCH_3 \qquad (3\text{-}5)$$

式中，HAc、R_3N 和 $R_3NH^+ \cdot {}^-OOCH_3$ 分别表示醋酸、三丁胺和反应生成的盐。该反应是可逆反应，在萃取蒸馏塔中主要发生正反应，在溶剂回收塔中主要发生逆反应。这种分离方法不同于普通的萃取蒸馏，弱酸（醋酸）和弱碱（三丁胺）会发生可逆反应，因此该分离方法被称为反应萃取蒸馏。

通过红外光谱可确认在萃取蒸馏过程中会产生新物质 $R_3NH^+ \cdot {}^-OOCH_3$。醋酸和三丁胺混合物的红外光谱图中在 $1550 \sim 1600cm^{-1}$ 范围内有新特征峰出现。这表明醋酸和三丁胺发生了化学反应。另外，通过质谱分析进一步确认是可逆反应。用质谱分析 10%（质量分数）醋酸和 90%（质量分数）三丁胺的混合溶液，结果发现仅出现醋酸和三丁胺的色谱峰。

通过水（1）+ 醋酸（2）+ 三丁胺（3）的汽液平衡实验，考察三丁胺萃取剂的分离效果。图 3-8 是脱溶剂基的 x-y 图。由图可知，三丁胺萃取剂明显提高了水对醋酸的相对挥发度。这是由于三丁胺与醋酸发生可逆化学反应，使三丁胺与醋酸之间的相互作用力大于三丁胺与水。因此，在萃取蒸馏塔中，塔顶得到水，塔底得到三丁胺与醋酸的混合物。

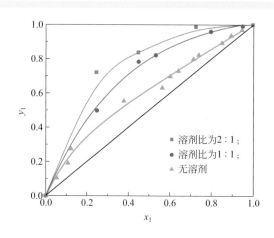

● 图 3-8　水（1）+ 醋酸（2）+ 三丁胺（3）三元体系在 101.3kPa 下的汽液平衡数据

通过分析反应体系可知，在反应中新基团 R_3NH^+ 产生，旧基团 OH^- 消失。这个反应是放热反应，反应热为 $-2.17kJ/mol$。另外，25℃时醋酸和三丁胺的电离常数分别为 4.76 和 10.87。因此，可推算出 25℃时的反应平衡常数。

$$K_p = \frac{C_{salt}^2}{C_{HAc}C_{R_3N}} = \exp(-4.628 + \frac{261.01}{T}) \tag{3-6}$$

式中，K_p 为反应平衡常数；C_{salt}、C_{HAc} 和 C_{R_3N} 分别是盐、醋酸和三丁胺的浓度。

在萃取蒸馏操作条件下，反应平衡常数很小（约 0.02）。表明该反应是可逆反应，且三丁胺与醋酸的化学反应很弱。

根据反应机理，为了保证反应萃取蒸馏过程的实施，应遵循下列原则：

① 反应是可逆反应，反应产物（$R_3NH^+ \cdot {}^-OOCH_3$）可看作是携带被分离物质的载体。

② 其中一个反应物（醋酸）是低沸点组分，使得萃取剂（三丁胺）容易再生和循环使用。

③ 萃取剂和被分离物之间没有其他的副反应，否则将导致分离过程复杂化，需要额外的设备。

水、醋酸和三丁胺体系符合上述要求，因此，采用反应萃取蒸馏分离水和醋酸是合理的。同时反应萃取蒸馏的思想还可以进一步推广到其他石化行业的酸 - 水和碱 - 水体系，因此在方法论上具有普遍意义。

三、混合溶剂萃取蒸馏

相比单一溶剂来说，混合溶剂作为萃取剂是复杂且令人感兴趣的。然而，在大多数情况下，混合溶剂的数量只有两个。溶剂混合的目的有两种：一是增加分离能力；二是降低混合物的沸点。

1. 增加分离能力

众所周知，选择合适的萃取剂是萃取蒸馏技术的关键。其中，萃取剂的相对挥发度是最重要的选择标准。提高萃取剂的分离能力就意味着提高被分离组分之间的相对挥发度。换言之，对于基准萃取剂，通过加入合适的添加剂制成混合萃取剂来提高相对挥发度，并降低溶剂比和萃取蒸馏塔的热负荷。

大量研究表明，在基准萃取剂中添加少量物质能够提高分离能力。例如：在乙腈（ACN）中添加少量水，能够提高 C_4 馏分间的相对挥发度（见表 3-2）[13]。表 3-2 中下标 1～13 分别代表正丁烷、异丁烷、异丁烯、丁烯、反式丁烯、丙二烯、顺丁烯、1,3-丁二烯、1,2-丁二烯、甲基乙炔、1-丁炔、2-丁炔和乙烯基乙炔。100%、80% 和 70% 分别表示溶剂在混合物中的质量分数。可以看出，ACN 中添加少量的水，可以提高 1,3-丁二烯作为重组分体系的相对挥发度（α_{18}、α_{28}、α_{38}、

α_{48}、α_{58}、α_{68} 和 α_{78} ），而降低 1,3- 丁二烯作为轻组分体系中的相对挥发度（ α_{98} 、 $\alpha_{10,8}$ 、 $\alpha_{11,8}$ 、 $\alpha_{12,8}$ 和 $\alpha_{13,8}$ ）。因此，含水的 ACN 能够增强分离能力。然而，ACN 容易水解是混合萃取剂分离 C_4 馏分的缺点。ACN 的水解会腐蚀塔板和增加操作难度。从这个角度来说，水可能不是最好的添加剂。

表3-2　50℃时C_4对1,3-丁二烯的相对挥发度

相对挥发度	ACN			ACN + 5%（质量分数）水			ACN + 10%（质量分数）水		
	100%	80%	70%	100%	80%	70%	100%	80%	70%
α_{18}	3.01	2.63	2.42	3.46	2.94	2.66	3.64	3.11	2.75
α_{28}	4.19	3.66	3.37	4.95	4.11	3.72	5.4	4.35	3.82
α_{38}	1.92	1.79	1.72	2.01	1.84	1.75	2.09	1.89	1.78
α_{48}	1.92	1.79	1.72	2.01	1.84	1.75	2.09	1.89	1.78
α_{58}	1.59	1.48	1.42	1.59	1.54	1.46	1.78	1.58	1.49
α_{68}	2.09	2.14	2.17	1.97	2.04	2.08	1.88	1.97	2.02
α_{78}	1.45	1.35	1.3	1.48	1.36	1.3	1.51	1.37	1.3
α_{88}	1.00	1.00	1.00	1.00	1.00	1.00	1.00	1.00	1.00
α_{98}	0.73	0.72	0.71	0.75	0.73	0.72	0.76	0.74	0.73
$\alpha_{10,8}$	1	1.09	1.16	0.95	1.06	1.13	0.9	1.05	1.12
$\alpha_{11,8}$	0.48	0.5	0.51	0.46	0.48	0.49	0.44	0.46	0.48
$\alpha_{12,8}$	0.3	0.3	0.31	0.28	0.29	0.29	0.27	0.28	0.29
$\alpha_{13,8}$	0.39	0.41	0.43	0.36	0.4	0.41	0.34	0.38	0.4

表 3-3 和表 3-4 分别是采用混合萃取剂提高环戊烷（1）/2,2-二甲基丁烷（2）和正戊烷（1）/戊烯（2）分离能力的例子。表 3-3 中 NMP、CHOL 和 NMEP 分别是 N- 甲基吡咯烷酮、环己醇和 N- 巯基 -2- 吡咯烷酮的简称。

表3-3　在不同混合溶剂中环戊烷（1）/2,2-二甲基丁烷（2）的相对挥发度

序号	溶剂比	混合溶剂	α_{12}
1	3：1	NMEP	1.28
2	3：1	A：NMEP+CHOL	1.4
3	3：1	B：NMEP+CHOL	1.42
4	3：1	C：NMEP+NMP	1.32
5	5：1	NMEP	1.48
6	5：1	CHOL	1.32
7	5：1	NMP	1.37
8	5：1	A：NMEP+CHOL	1.64
9	5：1	B：NMEP+CHOL	1.57

序号	溶剂比	混合溶剂	α_{12}
10	5∶1	C∶NMEP+NMP	1.54
11	7∶1	NMEP	1.71
12	7∶1	CHOL	1.26
13	7∶1	NMP	1.33
14	7∶1	A∶NMEP+CHOL	1.7
15	7∶1	B∶NMEP+CHOL	1.64
16	7∶1	C∶NMEP+NMP	1.74

表3-4　混合溶剂对正戊烷（1）/戊稀（2）的选择性影响

序号	混合溶剂		浓度	S_{12}
	A	B	B 的体积分数 /%	
1	2- 甲氧基乙醇	硝基甲烷	0	1.69
2	2- 甲氧基乙醇	硝基甲烷	5	1.7
3	2- 甲氧基乙醇	硝基甲烷	100	2.49
4	吡啶	丁内酯	0	1.6
5	吡啶	丁内酯	32.1	1.79
6	吡啶	丁内酯	100	2.17
7	甲基乙基甲酮	丁内酯	0	1.62
8	甲基乙基甲酮	丁内酯	50	1.79
9	甲基乙基甲酮	丁内酯	100	2.17

2．降低沸点

一般来说，萃取剂的沸点应高于被分离组分，这是为了能有效地回收萃取剂。通常在溶剂回收塔塔底需要把溶剂加热到常压下的沸点，这会带来较高的能耗。如果溶剂回收塔减压蒸馏，真空度也不宜太高，这受限于塔顶冷凝水的温度。因此，可行的方法是在萃取剂中加入合适的添加剂使其沸点降低。当然，混合萃取剂的温度应低于单一萃取剂，高于被分离组分。表 3-5 是在萃取剂中加入添加剂降低沸点的例子。

表3-5　用混合溶剂降低沸点实例

序号	体系	混合萃取剂
1	C_4 组分	ACN+ 水
2	芳烃和非芳烃	NMP+ 水
3	苯和非芳烃	NMP+ 添加剂

然而，萃取剂沸点的降低会带来另外一个问题，就是分离能力的下降。实际上，有时萃取剂沸点的降低导致分离能力反而上升。表 3-5 中在 ACN 中加入水，在降低了萃取剂沸点的同时提高了分离能力。在其他时候，虽然混合萃取剂的分离能力会下降但是并不明显。这是由于温度的下降有利于提高混合萃取剂的分离能力。温度对选择性的影响如下式：

$$\frac{d(\lg S_{12}^0)}{d(1/T)} = \frac{L_1^0 - L_2^0}{2.303R} \tag{3-7}$$

式中，L_i^0 是无限稀释条件下 i 组分的偏摩尔溶解热；T 是热力学温度，K；R 是气体常数 [8.314J/（mol·K）]。

由式（3-7）可知，$\lg S_{12}^0$ 正比于热力学温度的倒数。这说明，虽然混合萃取剂的分离能力比单一萃取剂稍弱，但是相对较低的沸点一定程度上抵消了分离能力的下降，使得混合萃取剂的分离能力下降并不明显。这也是为什么很多研究人员愿意通过降低沸点来改进萃取剂。

3．液体溶剂萃取蒸馏的优点和缺点

在大多数情况下，用常规液体溶剂作为萃取剂进行萃取蒸馏的时候，溶剂比通常比较大，高达 5 ~ 8。例如，工业应用 N,N- 二甲基甲酰胺（DMF）或者乙腈（ACN）萃取蒸馏 C_4 馏分，溶剂比为 7 ~ 8。高溶剂比带来高能耗。然而，在溶解度允许的条件下，加固体盐的分离效果要优于液体溶剂，而且溶剂比也要小得多。那为什么工业上广泛应用液体溶剂而不是固体盐呢？如前所述，固体盐的溶解、回收和运输困难制约了它的发展。总的来说，液体溶剂作为萃取剂的优点（易于操作）大于其缺点（溶剂比大、能耗高），使之在工业上广泛应用。

四、加盐萃取蒸馏

溶盐萃取蒸馏是以固体盐作为分离剂。由于盐的极性很强，一般能够较大幅度地提高被分离组分之间的相对挥发度。但是由于固体盐的溶解、回收和输送较为困难，以及盐结晶会引起堵塞、腐蚀等问题，因而限制了它在工业上的应用。溶剂萃取蒸馏是以液体有机或无机溶剂（非离子液体）作为分离剂，不存在固体盐带来的结晶、回收和输送等问题，所以在工业上应用广泛。

分析和综合溶剂萃取蒸馏和溶盐萃取蒸馏的优缺点，利用溶盐萃取剂效果强的优点以及利用液体溶剂可循环回收、工业上易于实现的优点，形成了一种新的萃取蒸馏方法即加盐萃取蒸馏。以混合溶剂作为分离剂，即液体溶剂为主分离剂、固体盐为助分离剂，避免了固体盐的回收和输送等问题。

1．采用加盐萃取蒸馏分离极性体系

以乙二醇加盐萃取蒸馏分离醇水为例，图 3-9 表示了溶剂加盐对乙醇（1）/ 水

（2）、异丙醇（1）/水（2）和叔丁醇（1）/水（2）三种醇水体系相平衡的影响。溶剂加盐提高醇水相对挥发度的效果十分明显。利用公式（3-1）计算得出，在恒沸点处乙醇对水的相对挥发度为2.56，异丙醇对水为2.67，叔丁醇对水为2.68。溶剂加盐的作用机理是基于溶剂和盐对醇水分子的双重作用，且作用力大小不同。

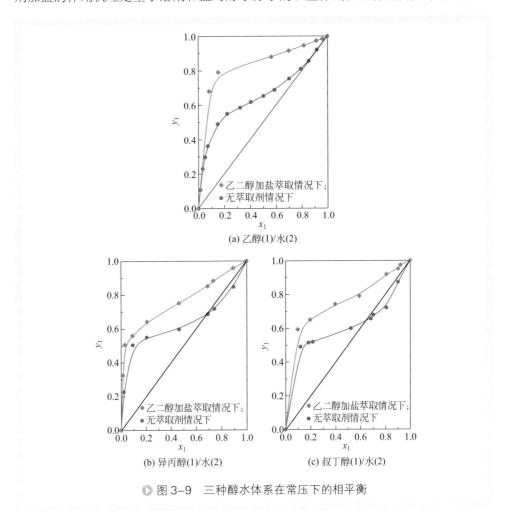

(a) 乙醇(1)/水(2)

(b) 异丙醇(1)/水(2)　　　　　(c) 叔丁醇(1)/水(2)

▶ 图 3-9　三种醇水体系在常压下的相平衡

采用乙二醇加盐萃取蒸馏生产无水乙醇技术已在工业上广泛应用[14]。产品无水乙醇达到国内优级品标准。与国外乙二醇萃取蒸馏方法对比，加盐后溶剂比降低4～5倍，塔高降低3～4倍，因而节约了操作费用，减少了设备投资，节能效果十分明显。

2. 采用加盐萃取蒸馏分离非极性体系

对分离非极性体系，本节以 C_4 馏分分离为例[15-17]来加以说明。分别以乙腈（ACN）和 N,N-二甲基甲酰胺（DMF）为主分离剂，利用气提法实验装置测定 C_4

无限稀释时的相对挥发度，结果发现加入少量盐（NaSCN 或 KSCN）就能较大幅度地提高 ACN 和 DMF 的分离能力（如图 3-10 和图 3-11 所示）。对 DMF 分离剂进行优化，加盐是一个有效的策略，且盐浓度在 5% ~ 15% 比较合适。利用中等压力汽液平衡实验装置测定 C_4 在有限浓度时的相对挥发度，结果进一步证实了加盐 DMF 分离 C_4 的效果比单独的 DMF 强，如图 3-12 和图 3-13 所示。

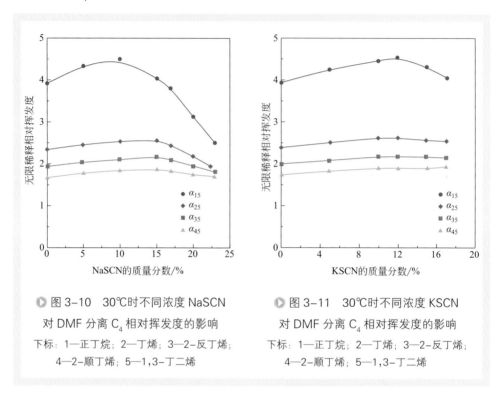

▶ 图 3-10　30℃时不同浓度 NaSCN 对 DMF 分离 C_4 相对挥发度的影响

下标：1—正丁烷；2—丁烯；3—2-反丁烯；
4—2-顺丁烯；5—1,3-丁二烯

▶ 图 3-11　30℃时不同浓度 KSCN 对 DMF 分离 C_4 相对挥发度的影响

下标：1—正丁烷；2—丁烯；3—2-反丁烯；
4—2-顺丁烯；5—1,3-丁二烯

将相平衡模型代入萃取蒸馏分离丁烯 / 丁二烯的平衡级数学模型之中[18]，求解蒸馏塔的 MESH 方程（M 质量平衡方程、E 相平衡方程、S 总平衡方程和 H 焓平衡方程）。计算结果表明采用加盐 DMF 相比单独的 DMF，第一萃取蒸馏系统总冷凝器热负荷、再沸器热负荷和压缩机负荷分别降低 7.53%、9.46% 和 37.0%。

由此，可将加盐萃取蒸馏的思想推广到分离非极性体系，而不仅仅限于原有的分离醇水溶液。如果采用溶剂萃取蒸馏的方法分离非极性体系，那么溶剂加盐为提高分离能力提供了一条可以借鉴的思路；如果分离除醇水以外的极性体系，可以设想采用溶剂加盐的方式可能仍然是可行的。另一方面，由于在主分离剂基础上进行加盐优化，易于工业实现。此外，石油化工中有一大类沸点相近的烃的萃取蒸馏分离，如丁烷-丁烯、丁烯-丁二烯、戊烯-异戊二烯、己烯-正己烷、乙苯-苯乙烯、苯-环己烷、甲基环己烷-甲基正庚烷-甲基己烷等。因此加盐萃取蒸馏分离非极性体系具有广阔的应用前景和较强的实用性。

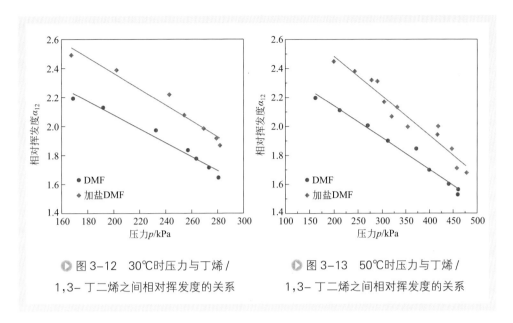

● 图 3-12　30℃时压力与丁烯 /　　　　　● 图 3-13　50℃时压力与丁烯 /
1,3- 丁二烯之间相对挥发度的关系　　　　1,3- 丁二烯之间相对挥发度的关系

　　例如，将含 10% 的异丙醇和水的混合物分离成接近纯的异丙醇和水。以加盐乙二醇为分离剂，设计一个三塔流程，实现该物系的分离［异丙醇的沸点 82.4℃；水的沸点 100℃；异丙醇和水的二元共沸温度 80.3℃，共沸组成含 87.4%（质量分数）异丙醇］。

　　设计的三塔流程如图 3-14 所示。第一个塔是普通蒸馏塔，其作用是将稀醇水溶液提纯到近恒沸组成；第二个塔是萃取蒸馏塔，从上到下依次由溶剂回收段、蒸馏段和提馏段所组成，其作用是在固体盐和液体溶剂的双重作用下使之跨越恒沸组

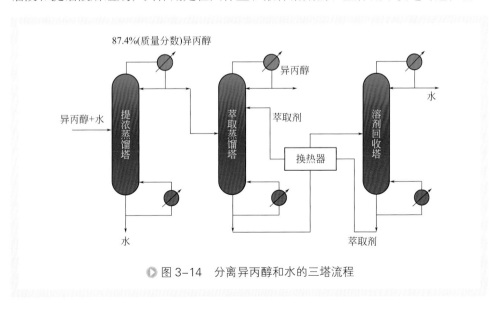

● 图 3-14　分离异丙醇和水的三塔流程

成，塔顶得到异丙醇产品；第三个塔是溶剂回收塔，用于分离萃取剂和水，塔釜出来的萃取剂循环使用。

近年来在新开发的分离技术中，各种分离方法之间的结合日益受到重视，对萃取蒸馏亦如此。例如分离醇水溶液如果采用萃取蒸馏与恒沸蒸馏结合，就可以较好地发挥出萃取蒸馏能耗低、产品纯度高的优点。具体地说，首先利用萃取蒸馏得到纯度较高的醇溶液，然后经过恒沸蒸馏制得高纯度的醇产品，这种方法比单独的萃取蒸馏或恒沸蒸馏流程从能耗和操作控制难易等方面考虑都要好。

3．加盐萃取蒸馏的优缺点

如上所述，加盐萃取蒸馏结合了液体溶剂易操作和固体盐分离能力强的优点。不管是对极性体系或者非极性体系，加盐萃取蒸馏都是可行的。然而，许多固体盐对设备有腐蚀性，而且在高温下容易分解。在某些被分离体系中，可选取的盐种类少，而且需进行经济核算，在生产中加盐的好处应超过盐本身的价格。另一方面，实际过程中在液体溶剂中加入盐的含量较低，所以盐所发挥的作用有限。此外，液体溶剂是挥发性的，不可避免地会污染萃取蒸馏塔的顶部产物。因此，需要进一步探索一种新的萃取剂来避免加盐的缺陷。

五、离子液体萃取蒸馏

1．离子液体分离过程强化

离子液体是室温下完全由有机阳离子和阴离子组成的熔融盐，由于其具有不挥发、热稳定性好、无毒等特点，成为对环境友好的绿色溶剂。目前，离子液体已成为绿色化学化工领域的研究热点，包括蒸馏、吸收、萃取等[19]。2003年北京化工大学雷志刚团队首次在国际期刊 Separation & Purification Reviews（2003，32：121-213）上提出了采用离子液体作为萃取蒸馏的新型分离剂并给出了实验证实——即离子液体萃取蒸馏新技术[20]。离子液体是一种在低温下呈液体状态的盐类物质。因此，采用离子液体作为分离剂，兼具固体盐的高选择性和液体溶剂易操作的优点。自此，国际上关于离子液体萃取蒸馏新技术的研究迅速展开，并得到了国内外学者对该新技术创新性的广泛引证认可[21]。

离子液体是从传统的高温熔盐演变而来的，但是与常规的离子化合物有很大的不同。常规的离子化合物只有在高温下才能变成液态，而离子液体在室温附近很宽的温度范围内均为液态，有些离子液体的凝固点甚至可以达到 -96℃。这是因为与固体无机盐相比，离子液体的对称性比较低，且阳离子上的电荷或者阴离子上的电荷通过离域在整个阳离子或阴离子上分布，导致离子液体在较低的温度下才能固化。因此，离子液体可在室温、甚至低于室温的条件下呈液体状态，而固体无机盐一般则不能，因而克服了固体盐在工业上带来的结晶、回收和输送等问题，这是离子液体为什么近年来受到关注的主要原因之一。

与普通有机溶剂（包括水）相比，离子液体具有非挥发性，因而易于与被分离组分简单蒸馏分离并循环使用，无分离剂损失，不会影响塔顶产品质量。因此离子液体分离剂可以广泛地应用于食品、医药等行业，而当采用传统的非离子液体溶剂作为分离剂时，塔顶产品易受污染。

离子液体种类和数目繁多，改变阳离子-阴离子的不同组合，可以设计出不同的离子液体。常见的阳离子类型有烷基季铵阳离子［NR_xH_{4-x}］$^+$、烷基季鏻阳离子［PR_xH_{4-x}］$^+$、1,3-二烷基取代的咪唑阳离子或称 N,N'-二烷基取代的咪唑阳离子［R^1R_3im］$^+$、N-烷基取代的吡啶阳离子［RPy］$^+$，如图 3-15 所示。其中最常见的是 N,N'-二烷基咪唑阳离子，因为这种类型的离子液体具有低熔点、高热稳定和化学稳定性的优点。常见的阴离子有［PF_6］$^-$、［BF_4］$^-$、［SbF_6］$^-$、［CF_3SO_3］$^-$、［$CuCl_2$］$^-$、［$AlCl_4$］$^-$、［$AlBr_4$］$^-$、［AlI_4］$^-$、［$AlCl_3Et$］$^-$、［NO_3］$^-$、［NO_2］$^-$ 和［SO_4］$^{2-}$ 等。

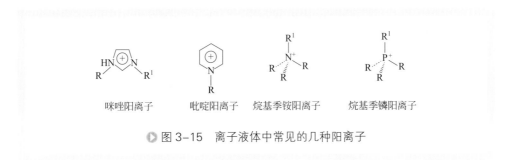

咪唑阳离子　　　吡啶阳离子　　　烷基季铵阳离子　　　烷基季鏻阳离子

▶ 图 3-15　离子液体中常见的几种阳离子

离子液体萃取蒸馏新技术既适用于分离极性体系，又适用于分离非极性体系。这里需指出的是离子液体分离剂不仅包括单一离子液体，还包括离子液体（高选择性）+传统有机溶剂（高溶解性）的复合分离剂以及离子液体（易操作）+固体盐（高选择性）的复合分离剂。

2. 离子液体萃取蒸馏分离乙酸乙酯-乙醇混合物

以工业上常见而重要的能形成共沸物的乙酸乙酯/乙醇体系分离为例，利用改进的 Othmer 釜测定了含离子液体［$EMIM$］$^+$［BF_4］$^-$（1-乙基-3-甲基咪唑四氟硼酸盐）的等压汽液平衡数据。图 3-16 表明，加入离子液体后的汽液平衡线偏离了乙酸乙酯/乙醇二组分物系原有的汽液平衡线。离子液体含量越大，汽液平衡线偏离程度越大。

离子液体体现出盐效应，使乙酸乙酯（1）对乙醇（2）的相对挥发度发生了改变，消除了它们的共沸点。离子液体含量越大，盐效应越明显。在离子液体的作用下，乙酸乙酯体现为轻组分，而乙醇体现为重组分。这是因为离子液体与极性大、分子体积小的乙醇分子之间的相互作用（盐溶作用）强于离子液体与乙酸乙酯分子之间的相互作用（盐析作用），从而增大了乙酸乙酯对乙醇的相对挥发度。

比较三种离子液体 1- 乙基 -3- 甲基咪唑四氟硼酸盐（$[EMIM]^+[BF_4]^-$）、1- 丁基 -3- 甲基咪唑四氟硼酸盐（$[BMIM]^+[BF_4]^-$）和 1- 辛基 -3- 甲基咪唑四氟硼酸盐（$[OMIM]^+[BF_4]^-$）对乙酸乙酯（1）/乙醇（2）体系的分离能力（乙酸乙酯的液相摩尔分数为 0.60，脱离子液体基），如图 3-17 所示。

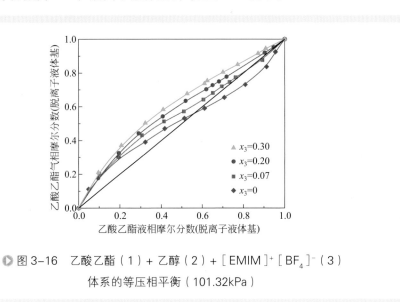

▶ 图 3-16　乙酸乙酯（1）+ 乙醇（2）+ $[EMIM]^+[BF_4]^-$（3）
体系的等压相平衡（101.32kPa）

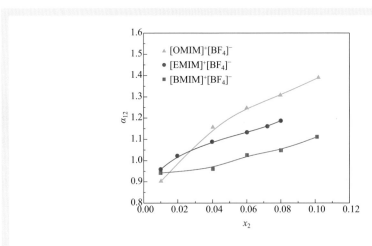

▶ 图 3-17　不同离子液体浓度下乙酸乙酯（1）对乙醇（2）的相对挥发度

在低离子液体浓度下，分离能力大小顺序为：$[EMIM]^+[BF_4]^- > [BMIM]^+$
$[BF_4]^- > [OMIM]^+[BF_4]^-$；而在高离子液体浓度下，分离能力大小顺序变为
$[OMIM]^+[BF_4]^- > [EMIM]^+[BF_4]^- > [BMIM]^+[BF_4]^-$。这是由于随着离
子液体在体系中摩尔分数的增加，体系的互溶性逐渐变弱，会出现液液分层现象，
对提高相对挥发度不利。离子液体的溶解能力大小顺序为：$[OMIM]^+[BF_4]^- >$
$[BMIM]^+[BF_4]^- > [EMIM]^+[BF_4]^-$。

为比较在达到同样分离要求的条件下（塔顶乙酸乙酯摩尔分数99.6%）三种离
子液体萃取蒸馏的能耗，设计并优化了如图3-18所示的工艺流程。分离过程由萃
取蒸馏塔、闪蒸罐和换热器所组成。

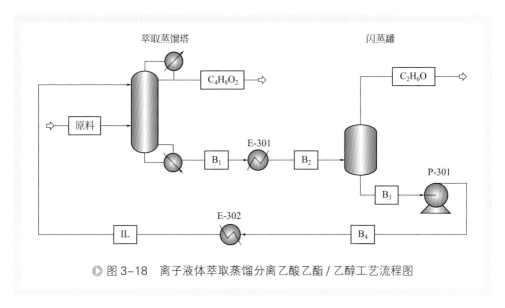

> 图3-18 离子液体萃取蒸馏分离乙酸乙酯/乙醇工艺流程图

原料经换热后以饱和液体状态进入萃取蒸馏塔中，塔顶得到高纯度的乙酸乙
酯（$C_4H_8O_2$），塔底出料（B_1）为离子液体、乙醇（C_2H_6O）和少量乙酸乙酯的混
合物，经换热器（E-301）后进入闪蒸罐中进行气液分离，闪蒸罐底部回收的离子
液体，通过泵P-301、换热器E-302后返回萃取蒸馏塔循环使用。图中的B_1、B_2
为温度不同的同一物流，B_3、B_4为压力不同的同一物流。优化后的模拟结果见
表3-6。

由表3-6可知，在蒸馏操作条件下，离子液体分离能力的大小顺序为：
$[OMIM]^+[BF_4]^- > [EMIM]^+[BF_4]^- > [BMIM]^+[BF_4]^-$。与之对应，在达到同
样分离要求的条件下，溶剂比，即进入萃取蒸馏塔的离子液体与原料摩尔流率（流
量）之比的大小顺序为：$[OMIM]^+[BF_4]^- < [EMIM]^+[BF_4]^- < [BMIM]^+[BF_4]^-$。
然而萃取蒸馏过程的能耗除了与溶剂比有关之外，还与比热容有关，其大小顺序为：
$[OMIM]^+[BF_4]^- > [BMIM]^+[BF_4]^- > [EMIM]^+[BF_4]^-$。因此，最终的能

耗大小顺序为：$[EMIM]^+[BF_4]^- < [OMIM]^+[BF_4]^- < [BMIM]^+[BF_4]^-$。从节能的角度考虑，应优先选择的离子液体为$[EMIM]^+[BF_4]^-$。

表3-6　三种离子液体萃取蒸馏分离乙酸乙酯/乙醇的设计和操作条件

项目	$[EMIM]^+[BF_4]^-$	$[BMIM]^+[BF_4]^-$	$[OMIM]^+[BF_4]^-$
萃取剂流率/(kmol/h)	157	211	106
萃取蒸馏塔			
理论板数	40	40	40
回流比（摩尔比）	1.30	1.30	1.30
塔顶采出率/(kmol/h)	140	140	140
操作压力/atm	1	1	1
乙酸乙酯纯度（摩尔分数）/%	99.60	99.59	99.60
塔底温度/K	389.67	405.85	412.81
塔顶温度/K	350.20	350.20	350.20
再沸器热负荷/kW	2912.27	3123.13	2971.56
闪蒸罐			
操作压力/bar	0.09	0.08	0.09
操作温度/K	423.15	423.15	463.15
热负荷/kW	123.27	302.47	137.26
换热器E-301			
操作温度/K	423.15	423.15	463.15
操作压力/atm	0.1	0.1	0.1
热负荷/kW	472.09	289.87	489.48
换热器E-302			
操作压力/atm	1.20	1.20	1.20
操作温度/K	348.15	348.15	348.15
热负荷/kW	85.96	132.39	163.22
总热负荷/kW	3593.59	3847.86	3761.52

注：1atm = 101325Pa；1bar = 100000Pa。

3. 离子液体萃取蒸馏分离烷烃–烯烃混合物

选取非极性体系己烷/己烯作为烷烃/烯烃的代表，利用顶空进样气相色谱相平衡实验装置[22]测定了在313.15K和333.15K、相同浓度条件下，各种离子液体中己烷（1）对己烯（2）的选择度，如图3-19所示。合成和收集了41种离子液体，结果表明选择度最高的离子液体是［C_8MIM］$^+$［BTA］$^-$，在333.15K时其分离能力与常规有机溶剂N-甲基吡咯烷酮（NMP）相当。但是当NMP作为分离剂时，在有水或无水条件下易水解或分解，从而造成分离剂损失，后处理过程复杂；由于其挥发性强于离子液体，因而分离剂易夹带损失，并影响塔顶产品质量。

液相中离子液体与非极性组分并不是完全互溶，从而影响离子液体的分离能力和分离过程能耗。为了全面、系统地认识离子液体分离非极性体系的规律，选取了己烯/己烷/［C_8MIM］$^+$［BTA］$^-$体系，测定了在不同离子液体和非极性组分浓度条件下，从液液互溶区过渡到液液分层区时选择度的变化规律如图3-20所示。图中表明，随着混合物中非极性组分浓度的增加，选择度是降低的趋势。在液液互溶区，选择度降低速度缓慢，但是由互溶区过渡到液液分层区时，选择度降低速度加快。

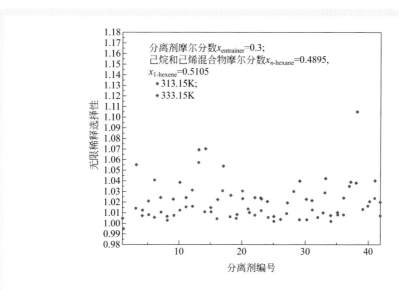

▶ 图3-19　313.15K和333.15K时以41种离子液体和NMP（编号2）为分离剂时己烷（1）对己烯（2）的选择度

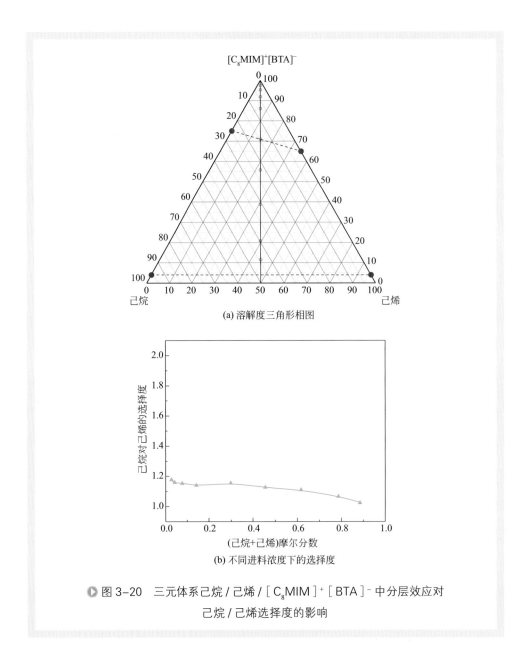

(a) 溶解度三角形相图

(b) 不同进料浓度下的选择度

▷ 图3-20　三元体系己烷/己烯/［C_8MIM］⁺［BTA］⁻中分层效应对
己烷/己烯选择度的影响

第四节　萃取蒸馏的预测型分子热力学理论体系

　　预测型分子热力学理论是指如果已知混合物中各组分的分子结构和组成，就可对其热力学性质（如活度系数、亨利常数、扩散系数等）进行预测。预测型分子热力学理论的科学价值在于：解答分离过程的本质问题即分离剂的分子结构与分离性能之间的对应关系，为分离剂筛选及特殊蒸馏过程模型化提供强有力的理论支撑。围绕蒸馏、吸收、萃取等分离过程中最优分离剂的快速筛选，分四个层次展开叙述：小分子溶剂体系、溶剂-无机盐体系、溶剂-聚合物体系和溶剂-离子液体体系的预测型分子热力学。

一、小分子溶剂体系的预测型分子热力学模型

对于小分子溶剂体系的分子热力学定量理论模型包括：早期的 Pierotti-Deal-Derr 模型 [23]、Weimer-Prausnitz 模型 [24]，以及随后的 UNIFAC 及其改进模型 [25,26]、MOSCED 和 SPACE 模型 [27]、DISQUAC 模型 [22]、GCEOS 模型 [28] 等。定性理论模型包括 Prausnitz-Anderson 理论 [29] 等。定量理论模型用于分离剂的计算机辅助分子设计，以快速筛选分离剂，减少实验工作量。也可用于特殊蒸馏的平衡级和非平衡级模型中相平衡计算，以及 Maxwell-Stefan 方程扩散系数和传质速率的计算。定性理论模型用于最优分离剂分子结构的定性分析。

1. 原始UNIFAC模型

在分离过程相平衡计算中，常要确定液相活度系数 γ_i，以进一步推算相平衡常数 K_i 和相对挥发度 α_{ij}。液相活度系数模型的建立是基于过量吉布斯自由能，其关系如下：

$$\left[\frac{\partial(nG^{E})}{\partial n_i}\right]_{T,p,n_j} = RT\ln\gamma_i \qquad (3\text{-}8)$$

式中，G^{E} 为过量吉布斯自由能；n 为总物质的量；n_i 为组分 i 的物质的量；R 为理想气体常数；T 为热力学温度；γ_i 为活度系数。

$$n = \sum_i n_i \qquad (3\text{-}9)$$

式中，n 为总物质的量；n_i 为组分 i 的物质的量。

原始的 UNIFAC 模型由 Fredenslund 等 [30] 研究者于 1975 年提出，结合了基团概念和 UNIQUAC 模型的思想，该模型适用于无限稀释溶液和有限浓度下活度系数的计算。其特点是只需要知道混合物中各组分的分子结构和有关的官能团参数，就可以预测体系的活度系数。该模型将活度系数表示成两部分：一是组合活度系数 $\ln\gamma_i^{C}$，反映分子大小和形状的影响；另一部分是剩余活度系数 $\ln\gamma_i^{R}$，反映分子间相互作用能的影响。

$$\ln\gamma_i = \ln\gamma_i^{C} + \ln\gamma_i^{R} \qquad (3\text{-}10)$$

（1）组合活度系数

$$\ln \gamma_i^C = 1 - V_i + \ln V_i - 5q_i \left[1 - \frac{V_i}{F_i} + \ln(\frac{V_i}{F_i}) \right] \qquad (3\text{-}11)$$

$$F_i = \frac{q_i}{\sum\limits_j q_j x_j}; \quad V_i = \frac{r_i}{\sum\limits_j r_j x_j} \qquad (3\text{-}12)$$

式中，F_i和V_i分别为混合物中i组分的表面积参数和体积参数；q_i和r_i为对应的纯组分参数，可分别由组成该组分基团的表面积和体积参数Q_k和R_k加和求得。

$$q_i = \sum_k v_k^{(i)} Q_k; \quad r_i = \sum_k v_k^{(i)} R_k \qquad (3\text{-}13)$$

式中，$v_k^{(i)}$是组分i中基团k的数目。基团的体积和表面积参数R_k和Q_k通常可按各官能团的Van der Waals分子表面积A_k和分子体积V_k数据由式（3-14）求得，基团参数也可查表。

$$Q_k = \frac{A_k}{2.5 \times 10^9}; \quad R_k = \frac{V_k}{15.17} \qquad (3\text{-}14)$$

（2）剩余活度系数

$$\ln \gamma_i^R = \sum_k v_k^{(i)} \left[\ln \Gamma_k - \ln \Gamma_k^{(i)} \right] \qquad (3\text{-}15)$$

式中，Γ_k为基团k的剩余活度系数；$\Gamma_k^{(i)}$为标准态下纯组分i中基团k的剩余活度系数。Γ_k可按下式进行计算：

$$\ln \Gamma_k = Q_k \left[1 - \ln(\sum_m \theta_m \psi_{mk}) - \sum_m (\theta_m \psi_{km} / \sum_n \theta_n \psi_{nm}) \right] \qquad (3\text{-}16)$$

$$\theta_m = \frac{Q_m X_m}{\sum\limits_n Q_n X_n}; \quad X_m = \frac{\sum\limits_i v_m^{(i)} x_i}{\sum\limits_i \sum\limits_k v_k^{(i)} x_i} \qquad (3\text{-}17)$$

式中，θ_m和X_m分别是基团m在混合物中的面积分数和摩尔分数。

$$\psi_{nm} = \exp[-(a_{nm}/T)] \qquad (3\text{-}18)$$

式中，a_{nm}表征了基团m与n之间的相互作用，单位是K，且$a_{nm} \neq a_{mn}$。

式（3-17）和式（3-18）同样也适用于求解$\ln \Gamma_k^{(i)}$，此时θ_m和X_m分别是基团m在纯组分中的面积和摩尔分数。对于纯组分，$\ln \Gamma_k = \ln \Gamma_k^{(i)}$。也就是说，当$x_i \to 1$，$\gamma_i^R \to 1$；同时$\gamma_i^C \to 1$，所以$\gamma_i \to 1$。

2. 改进UNIFAC模型

改进UNIFAC模型的活度系数计算方法如同原始的UNIFAC模型一样，也是由组合项和剩余项两部分加和所构成，如式（3-10）所示。但组合活度系数部分的表达式进行了如下改进，以适用于分子尺寸相差较大的组分所组成的混合物。

$$\ln \gamma_i^C = 1 - V_i' + \ln V_i' - 5q_i \left[1 - \frac{V_i}{F_i} + \ln\left(\frac{V_i}{F_i}\right) \right] \qquad (3\text{-}19)$$

参数 V_i' 可利用各官能团相对的 Van der Waals 体积参数 R_k 通过式（3-20）求得。

$$V_i' = \frac{r_i^{3/4}}{\sum_j x_j r_j^{3/4}} \qquad (3-20)$$

其他参数的计算方法与原始的 UNIFAC 模型一致，即

$$V_i = \frac{r_i}{\sum_j r_j x_j} \qquad (3-21)$$

$$r_i = \sum_k v_k^{(i)} R_k \qquad (3-22)$$

$$F_i = \frac{q_i}{\sum_j q_j x_j} \qquad (3-23)$$

$$q_i = \sum_k v_k^{(i)} Q_k \qquad (3-24)$$

剩余部分对活度系数的贡献如式（3-16）和式（3-17）。但是与原始的 UNIFAC 模型相比，相互作用参数 ψ_{nm} 变为对温度依赖的参数：

$$\psi_{nm} = \exp(-\frac{a_{nm} + b_{nm}T + c_{nm}T^2}{T}) \qquad (3-25)$$

因此，为计算液相活度系数，必须首先确定 R_k、Q_k、a_{nm}、b_{nm}、c_{nm}、a_{mn}、b_{mn} 和 c_{mn}，这些参数可查表获得。其中，改进 UNIFAC 模型中的 R_k 和 Q_k 数值不同于原始 UNIFAC 模型。总体上看，改进 UNIFAC 模型的预测准确性要优于原始 UNIFAC 模型。由于改进 UNIFAC 模型参数在不断地扩充，有代替原始 UNIFAC 模型的趋势。目前的改进 UNIFAC 模型的研究进展情况可参考网址：http://unifac.ddbst.de/。

3. 基于 γ^∞ 的 UNIFAC 模型

因为该 UNIFAC 模型适用于溶质无限稀释时的情形，所以称为基于 γ^∞ 的 UNIFAC 模型（γ^∞-Based UNIFAC Model），也称为端值法 -UNIFAC 模型。

提出基于 γ^∞ 的 UNIFAC 模型是出于对传统模型的计算精度和应用范围的改进，其计算结果可以看作是对现有汽液平衡和液液平衡数据的补充。与原始的 UNIFAC 模型相比，只是基团相互作用参数不同，R_k 和 Q_k 数值均相同，具体参数也可查表[31]。

应用以上三种 UNIFAC 模型（原始模型、改进模型和基于 γ^∞ 的模型）估算丁烷和 1- 丁烯在 N,N- 二甲基甲酰胺（DMF）无限稀释溶液中的液相活度系数，结果如图 3-21 所示。可见改进的 UNIFAC 模型与实验结果[14]吻合最好，平均相对偏差 ARD 为 3.06%。原始 UNIFAC 模型和基于 γ^∞ 的 UNIFAC 模型的平均相对偏差分别为 11.84% 和 17.17%。

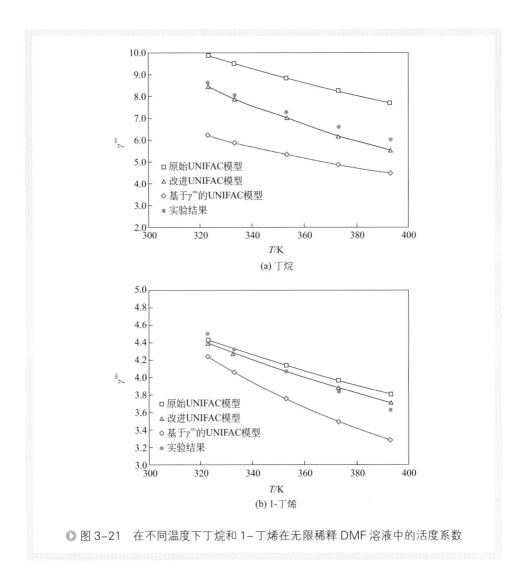

图 3-21　在不同温度下丁烷和 1-丁烯在无限稀释 DMF 溶液中的活度系数

4．计算机辅助分子设计

　　计算机辅助分子设计（CAMD）的研究和应用非常活跃，可用于液体溶剂及无机盐的分子设计[32,33]。一般特殊蒸馏过程的分子设计通常是借助 UNIFAC 基团贡献法来实现。UNIFAC 基团贡献法是计算机辅助分子设计的重要工具。分子设计的实质就是通过预选一定结构的基团，按照某种规律组合成分子，并对分子依目标性质进行筛选。当小分子溶剂作为分离过程的溶剂（或分离剂）时，数目众多。如果单凭实验从中挑出最佳的符合某一分离体系的溶剂，将是十分烦琐的。分子设计的目的是在众多的有机物（包括水）中缩小搜索范围，尽量通过减少实验工作量找到最优的分离剂。

具体到分子设计的计算过程，有两个难点需要解决。一是基团如何组合成分子，二是计算的准确性。对于前者，可以通过文献上介绍的一些方法处理基团在数学上的排列组合问题；对于后者，计算分子的目标性质时，一般是基于 UNIFAC 划分的基团，通过基团参数按照一定方式加和来实现，因此要收集广泛的基团参数。计算准确性在很大程度上依赖于基团参数的可靠性。但是基团参数并不是对每一种物质都能保证准确，所以采取的解决办法是建立一套强有力的物性数据库，只有物性数据库中没有的显性质，才采用基团贡献法计算。计算机辅助分子设计的计算机算法如图 3-22 所示。

▶ 图 3-22 CAMD 的计算机算法

以乙腈（ACN）法萃取蒸馏分离丁烯和丁二烯为例，拟在基础溶剂 ACN 给定的情况下加入添加物（即助溶剂），对之进行分子设计 [34]。设计条件如下：

① 预选基团种类 10（种）；

② 分子基团数目 2 ～ 6（个）；

③ 最大摩尔质量 150；

④ 最低沸点 323.15K；

⑤ 最高沸点 503.15K；

⑥ 设计温度 303.15K；

⑦ 最低无限稀释相对挥发度 1.35；

⑧ 助溶剂浓度 10%（质量分数）；

⑨ 轻重关键组分分别为 2- 丁烯（1）和 1,3- 丁二烯（2）。

设计结果如表 3-7 所示。

表3-7　分子设计应用于ACN法萃取蒸馏分离丁烯和丁二烯的设计结果

| 编号 | 分子结构 | 摩尔质量 /（g/mol） | 沸点 /K | 相对挥发度 α | 选择度 S | | 溶解能力 SP | 共沸判断 |
					1 与溶剂	2 与溶剂		
1	H_2O	18.0	373.2	1.66	2.16	0.38	无	无
2	$2CH_2CN$	80.0	495.3	1.51	1.97	0.37	无	无
3	CH_2OHCH_2CN	71.0	462.5	1.46	1.91	0.36	无	无
4	$CH_3C_3H_6CH_2COOH$	116.0	399.2	1.46	1.90	0.40	无	无
5	$CH_3CH_2CH_2CHO$	72.0	352.8	1.45	1.89	0.40	无	无
6	$2CH_2NH_2$	60.0	390.4	1.44	1.88	0.38	无	无
7	$CH_2OHCH_2NH_2$	61.0	443.5	1.42	1.85	0.36	无	无
8	CH_3OH	32.0	337.8	1.42	1.86	0.38	无	无
9	CH_3CH_2OH	46.0	351.5	1.39	1.81	0.39	无	无

表 3-7 是将所期望的分子（包括脂肪烃、芳香烃、脂肪芳香烃和分子基团）按相对挥发度大小排序后得到的，其中某些分子已在文献中报道过。但是对于助溶剂还必须考虑到其他的性质，如沸点、化学稳定性、水解性等。经过综合考虑后，认为编号 1，4，5，6，9 的有机溶剂（包括水）有可能是所要寻找的助溶剂。同时也说明在有机溶剂（包括水）中，以加水的方式提高 ACN 对 C_4 选择性效果最为明显，这与国内 ACN 法以水作为助溶剂相吻合。这些助溶剂能否真正提高 C_4 组分之间的相对挥发度，还必须通过实验进行验证。

二、含小分子无机盐体系的预测型分子热力学模型

常见的理论模型包括：基于改进 UNIFAC 的 Kikic 模型 [35]、Achard 模型 [36]、Yan 模型 [37]，以及定标粒子理论（scaled particle theory）[38] 等。它们可用于以小分子无机盐为分离剂时的分子结构筛选。其中定标粒子理论从热力学和统计力学出发

进行理论推导，物理意义明确；能用容易找到的分子参数计算盐效应常数，使用起来很方便；其公式及处理方法不仅对室温下的气体溶质，而且对室温下为液体的溶质也仍能适用。特别是近年来定标粒子理论的研究有较大的进展。胡英等[39]在计算分子的软球作用项时提出了近程有序、远程无序的分子热力学模型。李以圭等[40,41]在此基础上导出了计算软球作用项k_α和硬球作用项k_β的数学表达式，并提出了估算非电解质大分子的硬球直径σ_1的两种方法。谢文惠等[42]又提出了计算离子偶极力的新方法，用于极性非电解质分子也取得了成功。所以采用定标粒子理论的方法来处理含小分子无机盐体系的盐效应问题，不仅理论发展的前景，也有广泛的应用前景，是一个值得重视和开拓的热力学领域。

（1）定标粒子理论推导

设有一三元体系：溶剂、盐和非电解质，令c和γ为非电解质在溶剂中的浓度和活度系数，c_s为盐的浓度。如果不存在化学反应，$\lg\gamma$最普适的公式为c_s和c的幂级数：

$$\lg\gamma = k_s c_s + k_s' c_s^2 + k_s'' c_s^3 + \cdots + kc + k'c^2 + k''c^3 + \cdots \tag{3-26}$$

若c_s和c均较小，可以只保留线性项：

$$\lg\gamma = k_s c_s + kc \tag{3-27}$$

式中，k_s（k_s'，$k_s''\cdots$）为盐效应常数；k（k'，$k''\cdots$）为非电解质与非电解质之间的相互作用系数。

在纯溶剂中，$c_s = 0$，$c = c_0$，所以

$$\lg\gamma_0 = kc_0 \tag{3-28}$$

当纯的非电解质和它的饱和溶液成平衡时，无论是在纯溶剂还是盐溶液中，非电解质的化学位或活度是相等的，即：

$$c\gamma = c_0\gamma_0 \tag{3-29}$$

$$\lg\frac{\gamma}{\gamma_0} = \lg\frac{c_0}{c} = k_s c_s + k(c - c_0) \tag{3-30}$$

当c和c_0都很小时，$k(c - c_0) \approx 0$，$\gamma_0 \approx 1$（非电解质活度系数以无限稀释为参考态），上式即简化为：

$$\lg\gamma = \lg\frac{c_0}{c} = k_s c_s \tag{3-31}$$

上式具有Setschenow公式的形式，但是物理意义不一样，Setschenow公式是适用于含盐水溶液的经验公式，且在相当大的非电解质浓度范围内成立。而上式是适用于水溶液和非水溶液的理论推导公式，且非电解质浓度很低。

对溶剂的筛选和评价，一个重要的状态是非电解质溶质无限稀释。含小分子无机盐体系的混合物可以看成是由溶剂、盐、非电解质溶质A、非电解质溶质B组成。但是当溶质A和溶质B处于无限稀释状态时，溶质B对于由溶剂-盐-非电解质溶质A所组成的三元体系没有影响，同样溶质A对于由溶剂-盐-非电解质溶

质 B 所组成的三元体系也没有影响。因此，虽然定标粒子理论目前大多情况用于三元体系，但是对于非电解质溶质无限稀释状态，可以将三元体系的推导过程应用于多元体系，同时也使问题的处理变得更容易一些。

根据定标粒子理论基本方程的建立过程，要求在加盐前后保持恒温以及溶质的分压一定。据此进行如下推导。

如果体系由溶剂、浓度很低的非电解质溶质 1 和溶质 2 组成。其中溶质 1 和溶质 2 的液相组成分别是 x_{01}，x_{02}（浓度 c_{01}，c_{02}）；气相组成分别是 y_{01}，y_{02}；气相分压分别是 p_{01}，p_{02}；体系总压为 p_0；非电解质溶质 1 为易挥发组分。往体系中加入一定量的盐，保持温度以及溶质气相分压 p_{01}，p_{02} 一定。这时溶质 1 和溶质 2 的液相组成分别是 x_1，x_2（浓度 c_1，c_2）；气相组成分别是 y_1，y_1；气相分压分别是 $p_1 = p_{01}$，$p_2 = p_{02}$；体系总压为 p。

$$\frac{c_{01}/c_1}{c_{02}/c_2} = \frac{x_{01}/x_1}{x_{02}/x_2} = \frac{y_{02}x_{01}}{y_{01}x_{02}}\frac{y_1/x_1}{y_2/x_2} = \frac{y_{01}y_2}{y_{02}y_1}\frac{\alpha_s}{\alpha} = \frac{p_{01}p_2}{p_{02}p_1} = \frac{\alpha_s}{\alpha} \qquad (3\text{-}32)$$

由式（3-31）可知，

$$\lg\frac{c_{01}}{c_1} = k_{s1}c_s \qquad (3\text{-}33)$$

$$\lg\frac{c_{02}}{c_2} = k_{s2}c_s \qquad (3\text{-}34)$$

因此

$$\frac{\alpha_s}{\alpha} = 10^{(k_{s1}-k_{s2})c_s} \qquad (3\text{-}35)$$

式中，α 为无盐时的相对挥发度；α_s 为加盐后的相对挥发度。

当非电解质溶质 1 和溶质 2 处于无限稀释时，有：

$$\frac{\alpha_s^\infty}{\alpha^\infty} = 10^{(k_{s1}-k_{s2})c_s} \qquad (3\text{-}36)$$

利用定标粒子理论导出了无限稀释相对挥发度和 k_s 之间的关系。式（3-36）的右边表示微观量，左边表示宏观量，因此使微观和宏观建立起了一座桥梁。即使有时限于定标粒子理论的发展水平定量计算得到的 k_s 不太准确，但是可以应用溶液理论的一般知识定性判断 k_{s1} 和 k_{s2} 的大小，从而判断加盐对提高相对挥发度是否有利。由式（3-36）可以看出：在盐浓度不是太高时，如果 $k_{s1} > k_{s2}$，那么加盐就一定能够提高被分离组分无限稀释时的相对挥发度，且 $k_{s1} - k_{s2}$ 越大，加盐提高相对挥发度的效果就越明显。

由溶剂、非电解质溶质 1 和溶质 2 组成的体系，α^∞ 可用一般的蒸气压方程和液相活度系数方程求得。按式（3-36），求取 α_s^∞ 关键在于计算 k_s。k_s 的计算可根据定标粒子理论盐效应常数的求解过程来实现。

式（3-33）或式（3-34）对 C_s 微分求导，得：

$$\lim_{c_s \to 0} \lg \frac{c_0}{c} = k_s c_s$$

$$-\left(\frac{\partial \lg c}{\partial c_s}\right) = k_s = \left[\frac{\partial(\bar{g}_{h1}/2.3kT)}{\partial c_s}\right]_{c_s \to 0} + \left[\frac{\partial(\bar{g}_{s1}/2.3kT)}{\partial c_s}\right]_{c_s \to 0} + \left[\frac{\partial(\ln \sum_{j=1}^{m} \rho_j)}{2.3\partial c_s}\right]_{c_s \to 0}$$

$$= k_\alpha + k_\beta + k_\gamma \tag{3-37}$$

式中，$\bar{g}_{h1}$ 和 $\bar{g}_{s1}$ 为溶质在溶液中的偏分子自由能；$\bar{g}_{h1}$ 为在溶液中形成足以容纳非电解质分子的空腔时的自由能变化；$\bar{g}_{s1}$ 为将非电解质引入空腔中时的自由能变化；ρ 为分子数密度；k_γ、k_β、k_α 分别为分子数密度项、软球作用项、硬球作用项对盐效应常数 k_s 的贡献。

（2）应用实例——DMF 法萃取蒸馏分离 C_4 组分

以 N,N-二甲基甲酰胺（DMF）萃取蒸馏分离 C_4 为例来说明定标粒子理论在含小分子无机盐体系中的应用[43]，所研究的体系是 DMF、盐 NaSCN（在 DMF 中 NaSCN 的质量分数为 10%）和 C_4。下标 1，2，3，4，5 分别代表不同的非电解质 C_4 组分。按照定标粒子理论盐效应求解方法，推导出的盐效应常数 k_α，k_β，k_γ 和 k_s 的计算表达式如下：

$$k_\gamma = 0.0673 - 4.34 \times 10^{-4} \varphi \tag{3-38}$$

$$k_\beta = -1.707 \times 10^{14} \left(\frac{\varepsilon_1^*}{k}\right)^{1/2} \times \left[\alpha_3^{3/4} z_3^{1/4} \frac{(\sigma_1 + \sigma_3)^3}{\sigma_3^3} + \alpha_4^{3/4} z_4^{1/4} \frac{(\sigma_1 + \sigma_4)^3}{\sigma_4^3}\right] +$$
$$\frac{1}{8} \times 1.168 \times 10^{17} \left(\frac{\varepsilon_2^*}{k}\right)^{1/2} \left(\frac{\varepsilon_1^*}{k}\right)^{1/2} \varphi(\sigma_1 + \sigma_2)^3 + 3.78 \times 10^{-2} \frac{\varphi \alpha_1}{(\sigma_1 + \sigma_2)^3} \tag{3-39}$$

$$k_\alpha = 3.09 \times 10^{20}(\sigma_3^3 + \sigma_4^3) - 5.47 \times 10^{-4} \varphi + \sigma_1[9.27 \times 10^{20}(\sigma_3^3 + \sigma_4^3) +$$
$$2.26 \times 10^{28}(\sigma_3^3 + \sigma_4^3) - 7.17 \times 10^4 \varphi] + \sigma_1^2[9.27 \times 10^{20}(\sigma_3 + \sigma_4) +$$
$$6.78 \times 10^{28}(\sigma_3^3 + \sigma_4^3) + 2.09 \times 10^{36}(\sigma_3^3 + \sigma_4^3) - 6.64 \times 10^{12}\varphi] \tag{3-40}$$

式中，σ 是分子或离子的直径，cm；α 是极化率，cm^3；φ 是盐在无限稀释状态下的摩尔体积，mL/mol。

极化率 α 由 Langevin-Debye 公式求出，对同种分子（或离子）能量参数 ε^* 可采用 Mavroyannis-Stephen 公式进行计算。计算所需的分子和离子参数可查相关文献[44,45]，由此得到温度为 303.15K 和 323.15K 时 C_4 的盐效应常数列于表 3-8。进一步根据式（3-36）得到的无限稀释相对挥发度计算值与实验值比较列于表 3-9。

表3-8　盐效应常数 k_s 计算结果

项目		k_γ	k_β	k_α	k_s
$T = 303.15K$	正丁烷（1）	0.0523	−0.1057	0.5490	0.4956
	正丁烯（2）	0.0523	−0.1089	0.5310	0.4744

项目		k_γ	k_β	k_α	k_s
$T=303.15K$	2-反丁烯（3）	0.0523	−0.1117	0.5274	0.4680
	2-顺丁烯（4）	0.0523	−0.1097	0.5203	0.4629
	丁二烯（5）	0.0523	−0.1115	0.5115	0.4523
$T=323.15K$	正丁烷（1）	0.0523	−0.0992	0.5490	0.5022
	正丁烯（2）	0.0523	−0.1022	0.5310	0.4811
	2-反丁烯（3）	0.0523	−0.1048	0.5274	0.4750
	2-顺丁烯（4）	0.0523	−0.1029	0.5203	0.4697
	丁二烯（5）	0.0523	−0.1046	0.5115	0.4593

表3-9　无限稀释相对挥发度计算值与实验值的比较（$T_1=303.15K$ 和 $T_2=323.15K$）

项目	α_{15}^∞		α_{25}^∞		α_{35}^∞		α_{45}^∞	
	T_1	T_2	T_1	T_2	T_1	T_2	T_1	T_2
计算值	4.43	3.75	2.50	2.26	2.05	1.87	1.74	1.66
实测值	4.53	3.73	2.55	2.28	2.11	1.94	1.85	1.76
相对误差 /%	2.21	0.54	1.96	0.88	2.84	3.61	5.95	5.68

由此可知，无限稀释相对挥发度的计算值与实验值吻合良好，说明用定标粒子理论预测小分子无机盐分离能力的准确性。由定标粒子理论算出的 k_s 顺序是：$k_{s1} > k_{s2} > k_{s3} > k_{s4} > k_{s5}$（由于烷烃和烯烃电子云流动性不同所致），说明根据定标粒子理论计算出的 k_s 值是合理的。

三、含聚合物体系的预测型分子热力学模型

理论模型分为活度系数模型（如 UNIFAC-FV[46]，Entropic-FV[47]，FH/Hansen[48]，GK-FV[49] 等）和状态方程模型（如 PSRK[50]，GC-Flory EOS[51]，GCLF EOS[52, 53] 等）两种。但状态方程模型能描述压力对相体积的影响规律，其中 GCLF EOS（基团贡献格子流体状态方程）应用较为广泛，只需要聚合物的分子结构和溶剂的功能基团就可以对体系的重要热力学性质进行预测。特别在苛刻的条件下（如高压、低温等）很难进行实验时，预测型热力学模型显得尤为重要。对 GCLF EOS 模型，建立了较完备的基团参数表，用于以聚合物为分离剂时的分子结构筛选以及聚合物加工时热力学性质调控等。

1. GCLF EOS模型介绍

GCLF EOS 模型是基于 Panayiotou-Vera 状态方程建立的，方程形式如下：

$$\frac{\widetilde{p}}{\widetilde{T}} = \ln\left(\frac{\widetilde{v}}{\widetilde{v}-1}\right) + \frac{z}{2}\ln\left(\frac{\widetilde{v}+q/r-1}{\widetilde{v}}\right) - \frac{\theta^2}{\widetilde{T}} \tag{3-41}$$

式中，$\widetilde{p}$、$\widetilde{T}$ 和 $\widetilde{v}$ 分别是对比压力、温度和摩尔体积。定义如下：

$$\widetilde{p} = \frac{p}{p^*}, \quad \widetilde{T} = \frac{T}{T^*}, \quad \widetilde{v} = \frac{v}{v^*}, \quad \theta = \frac{q/r}{\widetilde{v}+q/r-1} \tag{3-42}$$

$$P^* = \frac{z\varepsilon^*}{2v_h}, \quad T^* = \frac{z\varepsilon^*}{2R}, \quad v^* = v_h r \tag{3-43}$$

$$zq = (z-2)r+2 \tag{3-44}$$

式中，q 是表面积参数；r 是一个分子所占有的格子位数；z 是配位数 $z=10$；R 是通用气体常数，$R=8.314\text{J}/(\text{mol}\cdot\text{K})$；$v_h$ 代表一个格子位的体积（$9.75\times10^{-3}\text{m}^3/\text{kmol}$）；$p^*$、$T^*$ 和 v^* 都是尺度参数。

GCLF EOS 模型含有两个可调参数：分子相互作用能 ε^* 和分子参考体积 v^*。一旦这两个参数确定，式（3-41）中其余参数可通过式（3-42）～式（3-44）得到。因此，在给定温度和压力下，体系的对比体积由式（3-41）求得。

对纯组分，相同分子间的相互作用能 ε_i^* 通过如下混合规则计算：

$$\varepsilon_i^* = \sum_k \sum_m \Theta_k^{(i)} \Theta_m^{(i)} (e_{kk}e_{mm})^{1/2} \tag{3-45}$$

式中，e_{kk} 是相同基团 k 间的相互作用能：

$$e_{kk} = e_{0,k} + e_{1,k}\left(\frac{T}{T_0}\right) + e_{2,k}\left(\frac{T}{T_0}\right)^2 \tag{3-46}$$

式中，T 是体系温度，K；T_0 任意地设置为 273.15K。基团表面积分数 $\Theta_k^{(i)}$ 的表达式为：

$$\Theta_k^{(i)} = \frac{n_k^{(i)} Q_k}{\sum\limits_n n_n^{(i)} Q_n} \tag{3-47}$$

式中，$n_k^{(i)}$ 是组分 i 中基团 k 的个数，与 UNIFAC 模型类似，Q_k 是基团 k 的无量纲表面积参数。采用如下混合规则，分子参考体积 v_i^* 由基团参考体积参数 R_k 获得：

$$v_i^* = \sum_k n_k^{(i)} R_k \tag{3-48}$$

R_k 由下式求得：

$$R_k = \frac{1}{10^3}\left[R_{0,k} + R_{1,k}\left(\frac{T}{T_0}\right) + R_{2,k}\left(\frac{T}{T_0}\right)^2\right] \tag{3-49}$$

对二元混合物，式（3-42）的基本形式不变，因而求解过程如同纯组分。但引入了如下混合规则：

$$\varepsilon^* = \overline{\theta}_1 \varepsilon_{11} + \overline{\theta}_2 \varepsilon_{22} - \overline{\theta}_1 \overline{\theta}_2 \dot{\varGamma}_{12} \Delta \varepsilon, \quad \Delta \varepsilon = \varepsilon_{11} + \varepsilon_{22} - 2\varepsilon_{12} \quad (3-50)$$

$$\varepsilon_{12} = (\varepsilon_{11} \varepsilon_{22})^{1/2} (1 - k_{12}) \quad (3-51)$$

$$\varepsilon_{ii} = \sum_k \sum_m \varTheta_k^{(i)} \varTheta_m^{(i)} (e_{kk} e_{mm})^{1/2} \quad (3-52)$$

$$k_{12} = \sum_m \sum_n \varTheta_m^{(M)} \varTheta_n^{(M)} a_{mn} \quad (3-53)$$

$$v^* = \sum x_i v_i^* \quad (3-54)$$

$$\varTheta_k^{(i)} = \frac{n_k^i Q_k}{\sum_p n_p^{(i)} Q_p}, \quad \varTheta_k^{(M)} = \frac{\sum_i n_k^{(i)} Q_k}{\sum_p \sum_i n_p^{(i)} Q_p} \quad (3-55)$$

式中，a_{mn}是基团二元相互作用参数；$\varTheta_k^{(i)}$和$\varTheta_k^{(M)}$分别是基团k在纯组分i和混合物中的表面积分数，$\dot{\varGamma}_{12}$是分子1和2间的非随机参数。似化学方法给出了非随机参数间的如下关系：

$$\frac{\dot{\varGamma}_{11} \dot{\varGamma}_{22}}{\dot{\varGamma}_{12}^2} = \exp(\theta \frac{\Delta \varepsilon}{RT}) \quad (3-56)$$

其余参数按下式计算：

$$r = \sum x_i r_i, \quad q = \sum x_i q_i, \quad \theta = \sum \theta_i \quad (3-57)$$

$$r_i = v_h^* / v_h, \quad z q_i = (z - 2) r_i + 2 \quad (3-58)$$

$$\theta_i = \frac{z q_i N_i}{z(N_h + \sum q_j N_j)} = \frac{q_i N_i}{N_h + qN} = \frac{q_i / r_i}{\widetilde{v}_i / r_i - r_i + q_i} \quad (3-59)$$

$$\overline{\theta}_i = \frac{z q_i N_i}{z \sum q_j N_j} = \frac{q_i N_i}{qN} = \frac{x_i q_i}{q} \quad (3-60)$$

$$\overline{\theta}_1 \dot{\varGamma}_{11} + \overline{\theta}_2 \dot{\varGamma}_{12} = \overline{\theta}_2 \dot{\varGamma}_{22} + \overline{\theta}_1 \dot{\varGamma}_{12} = 1 \quad (3-61)$$

式中，$\overline{\theta}_i$是组分i不考虑空穴的分子表面积分数；N_i为分子i的数量；N_h为晶格中空的总数。

此外，GCLF EOS 模型还能够给出组分 i 在混合物中基于质量分数的活度系数（WFAC）表达式：

$$\ln \varOmega_i = \ln \frac{a_i}{w_i} = \ln \varphi_i - \ln w_i + \ln \frac{\widetilde{v}_i}{\widetilde{v}} + q_i \ln(\frac{\widetilde{v}}{\widetilde{v} - 1} \frac{\widetilde{v}_i - 1}{\widetilde{v}_i}) + q_i(\frac{2\theta_{i,p} - \theta}{\widetilde{T}_i} - \frac{\theta}{\widetilde{T}}) + \frac{z q_i}{2} \ln \dot{\varGamma}_i \quad (3-62)$$

$$\varphi_i = \frac{x_i v_i^*}{\sum_j x_j v_j^*} = \frac{x_i r_i}{\sum_j x_j r_j} \quad (3-63)$$

式中，下标i代表纯组分i；w_i和φ_i分别是组分i在混合物中的质量和体积分数；$\theta_{i,p}$是在与混合物相同的温度和压力下纯组分i的表面积分数。基于重量分数的活度系数

Ω_i适用于混合物中溶剂（如聚合物、离子液体等）与被分离组分之间的分子量相差较大的情况。在这种情况下，传统的基于摩尔分数的活度系数的表达方式使用起来不方便。

为了求解以上方程，基团参数（$e_{0,k}$，$e_{1,k}$，$e_{2,k}$，$R_{0,k}$，$R_{1,k}$，$R_{2,k}$，a_{mn}）需事先给定。目前的 GCLF EOS 模型的基团参数状况如图 3-23 所示。

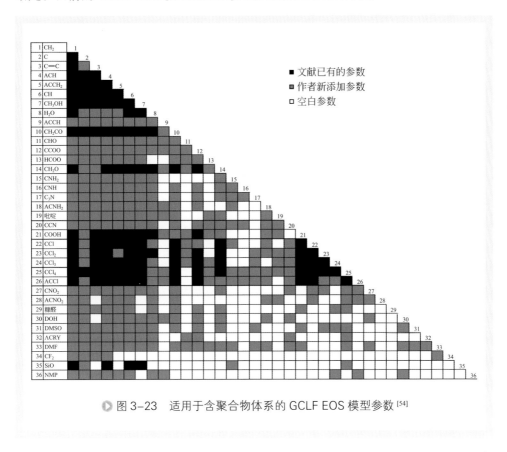

■ 文献已有的参数
■ 作者新添加参数
□ 空白参数

▶ 图 3-23　适用于含聚合物体系的 GCLF EOS 模型参数 [54]

采用不同的理论模型（如 UNIFAC-FV，Entropic-FV，GK-FV，GCLF EOS 和 UNIFAC-ZM）针对非极性、极性溶剂 - 聚合物体系（苯 - 聚异丁烯体系和丙醇 - 聚乙酸乙烯酯体系），计算了溶剂的活度并与实验结果进行了对比。

苯 - 聚异丁烯体系在温度为 313.2K 时的计算值如图 3-24 所示。由图可见，对于非极性溶剂 - 聚合物五种理论模型的计算值都与实验结果很接近，其中 GK-FV 模型预测性最好。丙醇 - 聚乙酸乙烯酯体系在温度为 353.2K 时的计算值如图 3-25 所示。由图可以看出，对于极性溶剂 - 聚合物体系的预测情况远不如非极性溶剂好，五种理论模型的计算值都与实验结果有一定的偏差，其中 GCLF EOS 模型和 Entropic-FV 模型偏差最小，而 UNIFAC-ZM 模型预测结果最差。

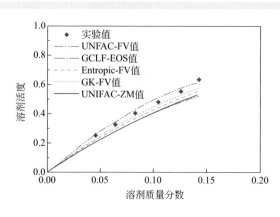

◉ 图 3-24　苯 – 聚异丁烯体系中溶剂活度随质量分数的变化关系

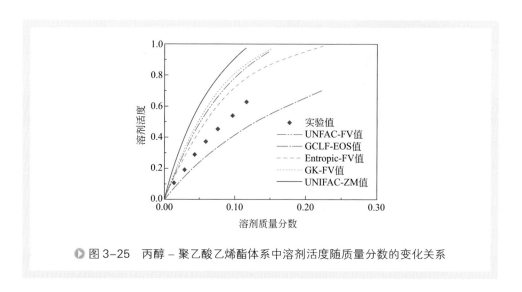

◉ 图 3-25　丙醇 – 聚乙酸乙烯酯体系中溶剂活度随质量分数的变化关系

2. 应用实例1——GCLF EOS 模型预测气体在聚合物中的溶解度

在聚合物发泡加工过程中，常通过调控 CO_2 气体在聚合物中的溶解度来控制成型聚合物的热导率（导热系数）、重量和抗冲击性等物理性质。因此准确地预测 CO_2 气体在聚合物中的溶解度对促进聚合物发泡加工技术至关重要。

图 3-26 表示用 GCLF EOS 模型预测 CO_2 气体在无定形聚丙烯（PP）中低于熔点 T_m 时的溶解度。当温度较低时，溶解度等温线呈"S"形；当温度较高时，等温线呈水平。当压力较低（< 10MPa）时，溶解度随温度升高而降低；而当压力较高（> 10MPa）时，溶解度随温度的变化关系较复杂，这是由于聚合物样品的结晶度随体系的温度和压力变化所致。

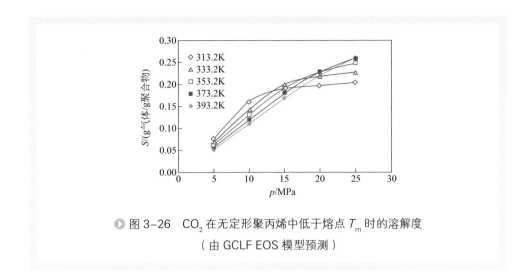

图 3-26　CO_2 在无定形聚丙烯中低于熔点 T_m 时的溶解度

（由 GCLF EOS 模型预测）

3. 应用实例2——GCLF EOS模型预测聚合物的结晶度

利用 GCLF EOS 模型能够有效地预测处于橡胶态的聚合物在有或无气体存在条件下的结晶度。橡胶态的聚合物在有气体存在条件下的结晶度是一个重要的物理量，但是目前无实验手段直接测定。在聚合物加工成型过程中结晶度可以用来推测聚合物和气体分子之间的相互作用以及解释在不同温度和压力下溶解度、溶胀度的变化规律。其计算式为：

$$X_m = 1 - \frac{S^{exp}}{S^{cal}(X_m = 0)}$$

（3-64）

式中，X_m 为洁净度；S^{exp} 为实验溶解度；S^{cal} 为计算溶解度。式（3-64）是基于气体在聚合物中溶解度的贡献主要来自于无定形区域，而晶体区域几乎对溶解度没有贡献的假设。

有 CO_2 存在条件下聚丙烯结晶度随温度的变化如图 3-27 所示。当压力一定的情况下，随温度的增加，无定形聚丙烯的结晶度开始基本保持水平，但当温度升高到 373.2K 附近时，结晶度迅速下降。这是因为溶解的 CO_2 能显著降低聚丙烯的熔点 T_m。另一方面，当温度一定的情况下，在较高压力下（10MPa）的结晶度要高于在较低压力下（5MPa）的结晶度。这是因为静压效应以及溶解的 CO_2 能诱导聚丙烯结晶。

4. 应用实例3——GCLF EOS模型预测聚合物的比容

采用 GCLF EOS 模型得到了聚乙酸乙烯酯（PVAc）、聚四氢呋喃（PTHF）、聚苯乙烯 - 丙烯腈（丙烯腈质量分数为 3%，SAN3）和聚乙烯 - 乙酸乙烯酯（乙酸乙烯酯质量分数为 18%，EVA18）四种聚合物的比容，并将计算值与 Tait 方程[55]计算值进行对比。如图 3-28 所示，GCLF EOS 模型和 Tait 方程所得的计算结果互相吻合，平均相对偏差（ARD）小于 5%。

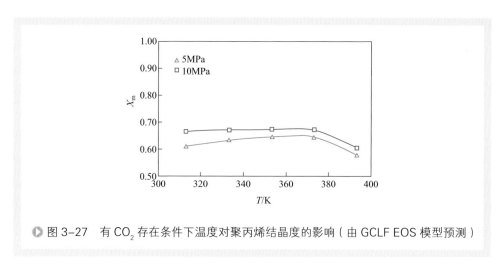

图3-27 有CO₂存在条件下温度对聚丙烯结晶度的影响（由GCLF EOS模型预测）

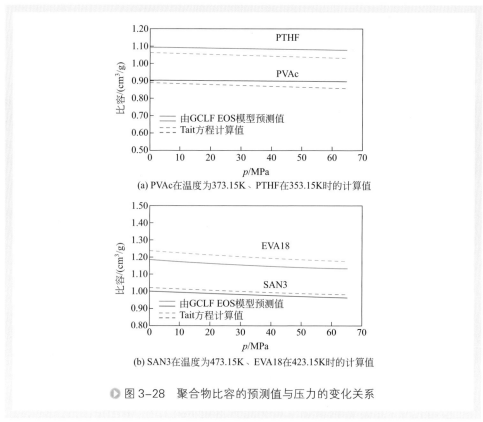

(a) PVAc在温度为373.15K、PTHF在353.15K时的计算值

(b) SAN3在温度为473.15K、EVA18在423.15K时的计算值

图3-28 聚合物比容的预测值与压力的变化关系

四、含离子液体体系的预测型分子热力学模型

含离子液体体系的预测型分子热力学主要理论模型采用近10年来发展起来

的基于量子化学原理的 COSMO-RS（Conductor-like Screening Model for Real Solvents）模型以及简单实用的 UNIFAC-Lei 模型。利用 COSMO-RS 和 UNIFAC-Lei 模型探讨离子液体的分子结构与分离性能之间的对应关系，结果发现：对于分离非极性体系，最优的离子液体分子结构特征是：体积小、无支链、阴离子电荷中心有屏蔽效应；对于分离极性体系，最优的离子液体分子结构特征是分子体积小、无支链、阴离子电荷中心无刚性屏蔽效应。计算结果与实验结果定性趋势一致，相互印证。

1. COSMO–RS 模型

COSMO-RS 模型是从 COSMO（Conductor-like Screening Model）模型基础上扩展而来的。在 COSMO 模型中，假定环绕溶质周围的分子是理想电导体，利用密度泛函理论计算溶质分子的几何结构及其溶质表面的屏蔽电荷密度。而在 COSMO-RS 模型中，将溶质和溶剂分子的表面都分成若干个部分，因而有相对于表面积的屏蔽电荷密度分布。屏蔽电荷就代表了分子之间的静电相互作用，使之能从统计机理计算组分的化学位和活度系数。其计算步骤是：第一步，利用半经验的 PM3 法对离子液体的分子构象进行分析；第二步，利用密度泛函理论的单点算法计算结构稳定的分子构象的能量，并对稳定的分子构象进行几何优化，形成 COSMO 文件；第三步，采用 COSMO-RS 统计热力学模型计算溶液的热力学性质。其计算程序框图如图 3-29 所示。

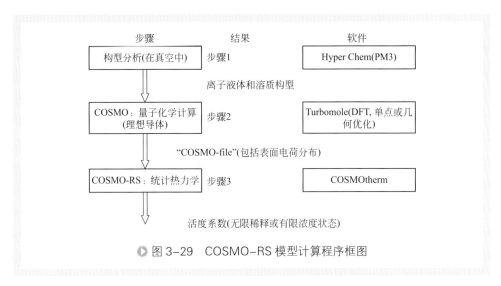

⏵ 图 3–29　COSMO–RS 模型计算程序框图

另一方面，该模型还可以从分子移入电导体的能量推算组分蒸气压。因此，COSMO-RS 模型可以计算各种热力学数据。

特别是，2014 年北京化工大学雷志刚团队研发的离子液体 COSMO-RS 模型已"借船下海"、嵌入国际著名商用软件 ADF（Amsterdam Density Functional）之中，填补了该软件的空白。编写了相应的用户操作指南，使普通化学工程师能很方便地使用申请人的预测型热力学研究成果。理论成果在软件上已实现了商业化运行。2018 年，雷志刚团队将离子液体 COSMO-RS 模型（2014 版）进行了更新，内容包括以雷志刚名字命名的 COSMO-RS-Lei 2018 模型作为一个独立的软件模块供用户使用、优化模型参数以及编写了新的用户操作指南，使之更好地为普通化学工程师服务 [56]。截至 2018 年 12 月，国内外学者使用雷志刚团队研发的离子液体 COSMO-RS 模型（ADF 版本）所引申出的创新成果发表在 12 篇高水平国际期刊上。ADF 软件中 COSMO-RS-Lei 2018 模型的操作界面如图 3-30 所示（详见 https://www.scm.com/doc/Tutorials/COSMO-RS/Ionic_Liquids.html）。这是该软件系统中唯一的由本土工作的中国学者提供的化工热力学模型。

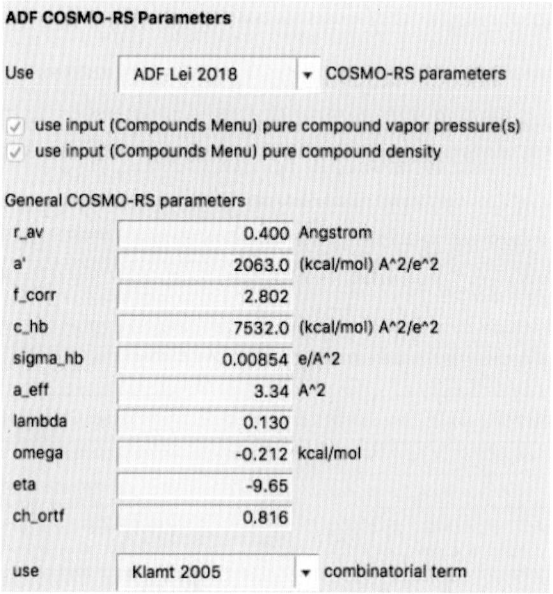

● 图 3-30　ADF 软件中以雷志刚名字命名的 ADF COSMO-RS-Lei 2018 模型的操作界面（独立模块）

2. UNIFAC-Lei 模型

活度系数法也可用来预测吸收相平衡和气体溶解度，在高压时需与其他状态方程（如 PR，SRK 等）组合使用。如前所述，目前应用最广泛的预测活度系数的方法是 UNIFAC 及其改进型模型。但是，近年来离子液体作为化工过程分离剂已成为研究热点，因此有必要建立适用于离子液体的 UNIFAC-Lei 模型以用于过程设计。

例如，预测在等温条件下甲醇 - 离子液体和乙醇 - 离子液体体系的 p（压力）$-x$

（组成）关系。选取温度 $T = 353K$，离子液体为［EMIM］［BTI］和［HMIM］［BTI］。

$$f_i^0 \gamma_i x_i = p \hat{\phi}_i^{\mathrm{V}} y_i \tag{3-65}$$

式中，x_i、y_i、f_i^0、γ_i、$\hat{\phi}_i^{\mathrm{V}}$分别是组分$i$的液相摩尔分数、气相摩尔分数、逸度、活度系数、逸度系数，p为总压。

根据式（3-65），在低压下近似，$\hat{\phi}_i^{\mathrm{V}} = 1$，$f_i^0 = p_i^0$，并假定由于非挥发性离子液体在气相中不出现，可得

$$p = p_i^0 \gamma_i x_i \tag{3-66}$$

式中，p为总压；p_i^0、γ_i、x_i分别是组分i的饱和蒸气压、活度系数、液相摩尔分数。

活度系数是温度和组成的函数，给定温度和任一液相组成，可利用含离子液体体系的 UNIFAC-Lei 模型计算活度系数，再由式（3-66）预测体系的蒸气压；反之，已知体系在某一温度下的蒸气压，也可预测溶质的液相组成（即溶解度），但须用 UNIFAC-Lei 模型进行迭代求解。

利用含离子液体体系的 UNIFAC-Lei 模型预测甲醇 +［EMIM］［BTI］、甲醇 +［HMIM］［BTI］、乙醇 +［EMIM］［BTI］和乙醇 +［HMIM］［BTI］体系的 p（压力）-x（液相组成）关系见图 3-31。将预测结果与实验值对比，蒸气压的相对偏差分别为 3.73%、1.81%、3.77% 和 6.37%。这说明了 UNIFAC-Lei 模型的准确性和可靠性。

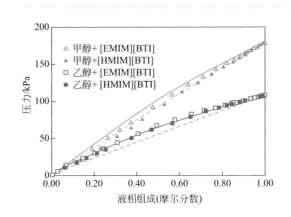

◗ 图 3-31　甲醇和乙醇在 353K 时在离子液体中的溶解度
实线和虚线代表计算值；点代表实验值

当前含离子液体体系的 UNIFAC-Lei 模型的基团参数状况如图 3-32 所示，方程形式与原 UNIFAC 模型保持一致。与 COSMO-RS 模型相比，UNIFAC-Lei 模型简单实用，且能为广大化学工程师所接受，特别是能嵌入现代大型化工模拟软件（如 Pro Ⅱ、Aspen Plus）之中，可对分离塔进行严格的平衡级和非平衡级模型内外迭代计算。

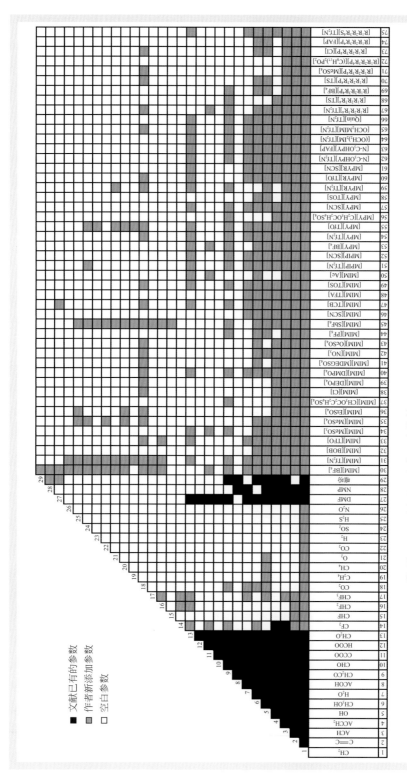

▲ 图 3-32 适用于含离子液体体系的 UNIFAC-Lei 模型的基团参数 [57-65]

Legend:
- ■ 文献已有的参数
- ▨ 作者新添加参数
- □ 空白参数

五、离子液体分离剂的构效关系

（1）分离非极性体系

选取非极性体系己烷/己烯作为烷烃/烯烃的代表。利用 COSMO-RS 热力学模型，将系统考察在相同阳离子的情况下，阴离子对分离能力的影响，在相同阴离子的情况下，阳离子对分离能力的影响，以及基团分支效应的影响。评价分离剂效果的体系参考状态是被分离组分无限稀释。图 3-33 和图 3-34 表明，对于分离非极性体系，最优的离子液体分子结构是：体积小、分支基团少、阴离子电荷中心有屏蔽效应。

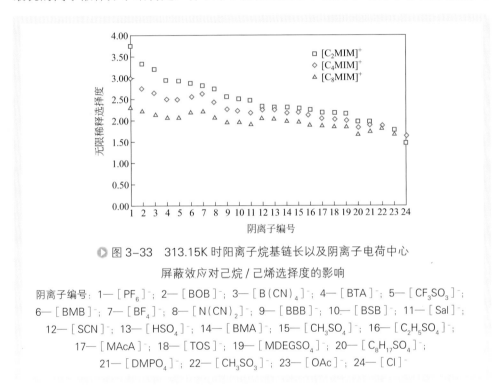

▶ 图 3-33　313.15K 时阳离子烷基链长以及阴离子电荷中心
屏蔽效应对己烷/己烯选择度的影响

阴离子编号：1—[PF$_6$]$^-$；2—[BOB]$^-$；3—[B(CN)$_4$]$^-$；4—[BTA]$^-$；5—[CF$_3$SO$_3$]$^-$；6—[BMB]$^-$；7—[BF$_4$]$^-$；8—[N(CN)$_2$]$^-$；9—[BBB]$^-$；10—[BSB]$^-$；11—[Sal]$^-$；12—[SCN]$^-$；13—[HSO$_4$]$^-$；14—[BMA]$^-$；15—[CH$_3$SO$_4$]$^-$；16—[C$_2$H$_5$SO$_4$]$^-$；17—[MAcA]$^-$；18—[TOS]$^-$；19—[MDEGSO$_4$]$^-$；20—[C$_8$H$_{17}$SO$_4$]$^-$；21—[DMPO$_4$]$^-$；22—[CH$_3$SO$_3$]$^-$；23—[OAc]$^-$；24—[Cl]$^-$

在此基础上，将 COSMO-RS 和 UNIFAC-Lei 模型计算结果进行对照。UNIFAC-Lei 模型计算的目标体系是己烷/苯（分离机理与己烷/己烯体系一致），计算结果如图 3-35 所示。在相同的阴离子情况下，选择度大小顺序为：[EMIM][BTI] > [BMIM][BTI] > [HMIM][BTI] > [OMIM][BTI]；[EMIM][BF$_4$] > [BMIM][BF$_4$] > [HMIM][BF$_4$] > [OMIM][BF$_4$]。因此，增加阳离子上烷基链长对增大选择度不利。在相同的阳离子情况下，选择度大小顺序为：[OMIM][BF$_4$] > [OMIM][BTI] > [OMIM][Cl]；[MMIM][CH$_3$OC$_2$H$_4$SO$_4$] > [MMIM][CH$_3$SO$_4$]。因此，电荷中心有屏蔽效应的阴离子（如 [BTI]$^-$、[PF$_6$]$^-$、[BF$_4$]$^-$ 等）对增大选择度有利，电荷中心无屏蔽效应的阴离子（如 [Cl]$^-$、[CH$_3$SO$_4$]$^-$ 等）对增大选择度不利。由此可知，COSMO-RS 和 UNIFAC-Lei 模型所得到的结果一致，相互印证。

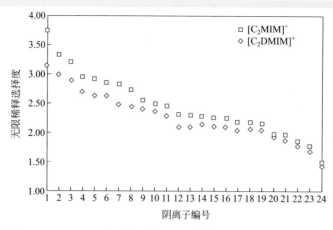

▶ 图 3-34 313.15K 时阳离子基团分支效应对己烷/己烯选择度的影响

阴离子编号：1—[PF$_6$]$^-$；2—[BOB]$^-$；3—[B(CN)$_4$]$^-$；4—[BTA]$^-$；5—[CF$_3$SO$_3$]$^-$；
6—[BMB]$^-$；7—[BF$_4$]$^-$；8—[N(CN)$_2$]$^-$；9—[BBB]$^-$；10—[BSB]$^-$；11—[Sal]$^-$；
12—[SCN]$^-$；13—[HSO$_4$]$^-$；14—[BMA]$^-$；15—[CH$_3$SO$_4$]$^-$；16—[C$_2$H$_5$SO$_4$]$^-$；
17—[MAcA]$^-$；18—[TOS]$^-$；19—[MDEGSO$_4$]$^-$；20—[C$_8$H$_{17}$SO$_4$]$^-$；
21—[DMPO$_4$]$^-$；22—[CH$_3$SO$_3$]$^-$；23—[OAc]$^-$；24—[Cl]$^-$

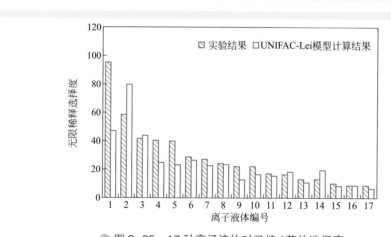

▶ 图 3-35 17 种离子液体对己烷/苯的选择度

离子液体编号：1—[EMIM][SCN]；2—[EMIM][BF$_4$]；3—[MMIM][CH$_3$OC$_2$H$_4$SO$_4$]；
4—[BMIM][BF$_4$]；5—[BMPY][BF$_4$]；6—[EPY][BTI]；7—[BMIM][CF$_3$SO$_3$]；
8—[EMIM][BTI]；9—[HMIM][BF$_4$]；10—[HMIM][PF$_6$]；11—[BMIM][BTI]；
12—[MMIM][CH$_3$SO$_4$]；13—[HMIM][BTI]；14—[PY][C$_2$H$_5$OC$_2$H$_4$SO$_4$]；
15—[OMIM][BF$_4$]；16—[OMIM][BTI]；17—[OMIM][Cl]

（2）分离极性体系

选取工业上常见而重要的乙醇-水体系。对于分离极性体系，盐效应强的离子液体具有的分子结构特征是分子体积小、无支链、阴离子电荷中心无刚性屏蔽效

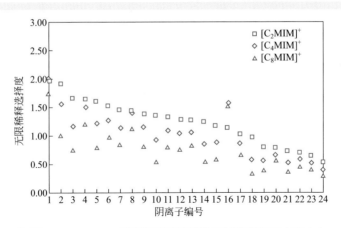

▶ 图 3-36　353.15K 时阳离子烷基链长以及阴离子电荷中心
屏蔽效应对乙醇 / 水选择度的影响

阴离子编号：1—[OAc]$^-$；2—[HSO$_4$]$^-$；3—[N(CN)$_2$]$^-$；4—[DMPO$_4$]$^-$；5—[SCN]$^-$；
6—[MAcA]$^-$；7—[Sal]$^-$；8—[CH$_3$SO$_3$]$^-$；9—[CH$_3$SO$_4$]$^-$；10—[BF$_4$]$^-$；11—[BMA]$^-$；
12—[C$_2$H$_5$SO$_4$]$^-$；13—[TOS]$^-$；14—[CF$_3$SO$_3$]$^-$；15—[BMB]$^-$；16—[Cl]$^-$；
17—[MDEGSO$_4$]$^-$；18—[PF$_6$]$^-$；19—[BOB]$^-$；20—[C$_8$H$_{17}$SO$_4$]$^-$；
21—[B(CN)$_4$]$^-$；22—[BSB]$^-$；23—[BBB]$^-$；24—[BTA]$^-$

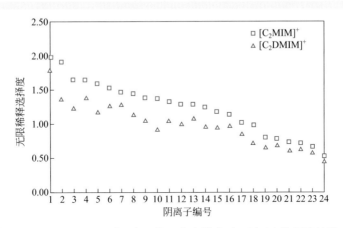

▶ 图 3-37　353.15K 时阳离子基团分支效应对乙醇 / 水选择度的影响

阴离子编号：1—[OAc]$^-$；2—[HSO$_4$]$^-$；3—[N(CN)$_2$]$^-$；4—[DMPO$_4$]$^-$；5—[SCN]$^-$；
6—[MAcA]$^-$；7—[Sal]$^-$；8—[CH$_3$SO$_3$]$^-$；9—[CH$_3$SO$_4$]$^-$；10—[BF$_4$]$^-$；11—[BMA]$^-$；
12—[C$_2$H$_5$SO$_4$]$^-$；13—[TOS]$^-$；14—[CF$_3$SO$_3$]$^-$；15—[BMB]$^-$；16—[Cl]$^-$；
17—[MDEGSO$_4$]$^-$；18—[PF$_6$]$^-$；19—[BOB]$^-$；20—[C$_8$H$_{17}$SO$_4$]$^-$；
21—[B(CN)$_4$]$^-$；22—[BSB]$^-$；23—[BBB]$^-$；24—[BTA]$^-$

应，如图3-36和图3-37所示。此外，将实验结果与COSMO-RS预测型分子热力学模型计算结果对比，如图3-38和图3-39所示。由此可知，实验值与计算值在选择度的变化趋势上吻合一致。也就是说，预测型分子热力学模型可以应用于离子液体分离剂的快速筛选，以减少实验工作量。

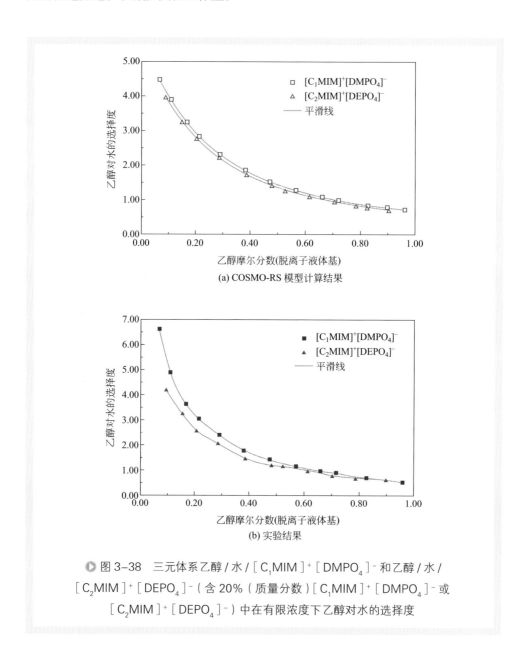

图 3–38　三元体系乙醇 / 水 / [C_1MIM]$^+$ [DMPO$_4$]$^-$ 和乙醇 / 水 / [C_2MIM]$^+$ [DEPO$_4$]$^-$（含 20%（质量分数）[C_1MIM]$^+$ [DMPO$_4$]$^-$ 或 [C_2MIM]$^+$ [DEPO$_4$]$^-$）中在有限浓度下乙醇对水的选择度

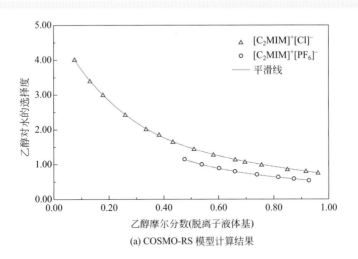

(a) COSMO-RS 模型计算结果

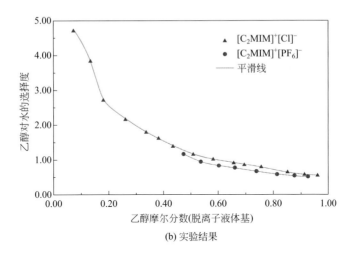

(b) 实验结果

▶ 图 3-39 三元体系乙醇 / 水 / $[C_2MIM]^+[Cl]^-$ 和乙醇 / 水 /
$[C_2MIM]^+[PF_6]^-$（含 20%（质量分数）$[C_2MIM]^+[Cl]^-$
或 $[C_2MIM]^+[PF_6]^-$）中在有限浓度下乙醇对水的选择度

第五节 萃取蒸馏的应用实例

一、萃取蒸馏理论成果的应用——预测型热力学理论体系构建

分离剂筛选是特殊分离过程强化的关键科学问题。化工分离过程的分离剂种类和数目众多，如果仅凭实验挑选出最佳的符合某一体系的分离剂，其工作量将是十分繁琐的，因此发展预测型分子热力学理论其意义不言而喻。北京化工大学雷志刚团队建立了一套迄今为止最为系统、完整的适用于化工中大多数物系的预测型分子热力学理论体系，如图 3-40 所示。

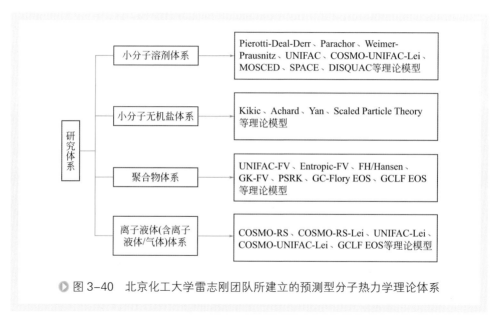

图 3-40　北京化工大学雷志刚团队所建立的预测型分子热力学理论体系

在国际影响力方面，近几年来国内外许多学者都持续、直接、正面地使用了北京化工大学雷志刚团队所建立的离子液体 UNIFAC-Lei 模型及模型参数，主要用于化工领域中的分离剂筛选、过程设计、物性参数预测等研究方向。截至 2018 年 12 月，所引申出的 70 篇创新成果论文发表在高水平国际期刊上（不包括中文核心期刊），使之成为真正有创新的、得到广泛的引证认可的科技成果。例如，国际著名化工专家 R. Gani[66, 67] 将雷志刚团队所建立的 UNIFAC-Lei 模型应用于计算机辅助分子设计（CAMD）及过程模拟，所筛选出的离子液体分离性能优于已报道文献。

二、萃取蒸馏的工业应用

萃取蒸馏工业应用很广泛，主要用于两方面：一是沸点相近的烃的分离如丁烷-丁烯、丁烯-丁二烯、戊烯-异戊二烯、己烯-正己烷、乙苯-苯乙烯以及苯-环己烷、甲基环己烷-甲基正庚烷-甲基己烷等。例如最典型的丁烯与丁二烯分离，两者沸点相差只有2℃，相对挥发度只有1.03，用普通精馏需要很多塔板，在加入溶剂（乙腈+20%水）时，相对挥发度增加到1.67，因而容易分离。二是有共沸点的混合物分离，典型的有：丙酮-甲醇、甲乙酮-仲丁酮、乙醇-醋酸乙酯、丙酮-乙醚以及乙醇、醋酸等有机水溶液，还有某些含有少量烃或水的有机物的分离。

以工业上常见而重要的能形成共沸物的乙醇/水体系萃取蒸馏为例，当使用三种不同的分离剂（传统液体溶剂、传统液体溶剂+无机盐、离子液体）时分离性能的对比见表3-10。由表可知，在同样的操作条件和相同的乙醇产品纯度、产量下，流程的冷凝器和再沸器的热负荷的顺序是：流程B＜流程A＜流程C。对于离子液体来说，烷基链长度越短，能量消耗越小。总的来说，传统液体溶剂+无机盐作为萃取剂萃取蒸馏的效果好于其他萃取剂。但是，如果进料的乙醇浓度较低，应先通过普通蒸馏法首先将乙醇浓度浓缩到85%（质量分数）以上，以减少萃取蒸馏中萃取剂的用量。

表3-10 不同萃取剂的流程能耗对比

项目	液体溶剂（流程A）	液体溶剂+无机盐（流程B）	离子液体（流程C）	
萃取剂	乙二醇（EG）	乙二醇+CaCl$_2$	$[C_2MIM]^+[BF_4]^-$	$[C_4MIM]^+[BF_4]^-$
乙醇纯度（摩尔分数）/%	99.70	99.70	99.70	99.70
乙醇流量/（kmol/h）	89.2	89.2	89.2	89.2
冷凝器热负荷/kW	1188.7	1122.2	1591.9	1640.1
再沸器热负荷/kW	1882.4	1809.3	2213.0	2353.5

更进一步地，表3-11对比了4种蒸馏技术（普通蒸馏、分子蒸馏、恒沸蒸馏和萃取蒸馏）的分离性能。其中，数字1、2和3分别代表三个程度：低、中和高。

同普通蒸馏一样，萃取蒸馏易于工业实践。在普通蒸馏不能完成的分离场合，应该优先考虑萃取蒸馏，然后才是其他的特殊蒸馏方式和分离方法。因此研究萃取蒸馏具有较强的实用性，其研究成果（甚至包括离子液体萃取蒸馏技术）容易工业实施，这是某些新兴的分离方法所不具有的优点。

表3-11 四种蒸馏方法的对比

项目	普通蒸馏	分子蒸馏	恒沸蒸馏	萃取蒸馏
能耗	2	1	3	2
生产能力	3	1	3	3
投资	1	3	2	2
操作复杂程度	3	1	2	2

在预测型热力学理论体系方面，其科学价值在于解答分离过程的关键科学问题即分离剂的分子结构与分离性能之间的对应关系，为分离剂筛选及特殊蒸馏与特殊吸收过程模型化提供强有力的理论支持。虽然近几年来北京化工大学雷志刚团队建立了一套针对离子液体物系的预测型分子热力学理论体系，且乐为广大化学工程师所接受，但是依然存在如下不足：

① 离子液体 UNIFAC-Lei 模型是建立在有限实验数据基础之上的，这导致当前的离子液体 UNIFAC 模型参数表中还有相当多的模型参数缺乏（如图 3-32 所示）。然而，离子液体 UNIFAC-Lei 模型是一个开放、可更新的预测型热力学模型，必须不断积累相平衡数据，逐步填充模型参数表中的空位。

② COSMO-RS 模型是一种基于量化计算的 Apriori 方法（关联分析算法），但包含 21 个模型参数（其中 3 个为可调参数）。一旦这些参数确定，不需要任何预先给定的实验数据就可以对含离子液体体系的热力学性质进行预测。但是，其预测准确性通常不如离子液体 UNIFAC-Lei 模型，有时仅能预测出定性趋势而非准确的定量结果，究其原因主要是 COSMO-RS 模型的可调参数来自于回归普通溶剂体系的热力学实验数据。然而，离子液体在溶液中所处的微观热力学环境完全不同于普通溶剂分子，体现出独特的氢键网络结构（或 nano-segregated structures）。因此，离子液体 COSMO-RS 模型的可调参数必须重新进行修订。

③ 2018 年提出了新的 COSMO-UNIFAC 预测型分子热力学模型，即利用 COSMO-RS 模型的先验性特征，将其计算值作为"虚拟实验数据"来关联所需的 UNIFAC 模型参数，因而新模型兼具 COSMO-RS 和 UNIFAC 模型各自的优点，且"1+1 ≥ 2"。但是，该模型目前仅应用于普通溶剂体系，还未进一步扩充至含离子液体体系。

④ 当前的预测型分子热力学模型仅聚焦在含普通离子液体和功能化离子液体（TSIL）体系，而不包括聚合离子液体（PILs）和类似离子液体的低共熔溶剂（DESs）。事实上文献已报道了大量的含聚合离子液体体系和含低共熔溶剂体系的基础热力学数据。因此，预测型分子热力学模型的适用体系还必须进一步扩充。

参考文献

[1] 刘家祺. 分离过程 (第二版)[M]. 北京 : 化学工业出版社 , 2001.

[2] Sundaram S, Evans L B. Shortcut procedure for simulating batch distillation operations[J]. Ind Eng Chem Res, 1993, 32: 511-518.

[3] 刘家祺. 烃与 DMF 物系 UNIFAC 参数的修订和应用 [J]. 化学工程 , 1995, 23: 7-12.

[4] Gani R, Nielsen B, Fredenslund A. A group contribution apporoach to computer-aided molecular design. AIChE J, 1991, 37: 1318-1332.

[5] 雷志刚 , 周荣琪 , 段占庭等 . 利用 PRO/ II 和塔板设计软件开发异丙醇工艺 [J]. 计算机与应用化学 , 1999, 16: 265-267.

[6] 王净依 , 田龙胜 , 唐文成等 . 环丁砜抽提蒸馏 - 液液抽提组合工艺的工业应用 [J]. 石油炼制与化工 , 2002, 33: 19-22.

[7] Johnson A I, Furter W F. Salt effect in vapor-liquid equilibrium, part II [J]. Can J Chem Eng, 2015, 38: 78-87.

[8] Furter W F. Extractive distillation by salt effect[J]. Chem Eng Commun, 1992, 116: 35-40.

[9] 段占庭 , 雷良恒 , 周荣琪等 . 加盐萃取精馏的研究 (I)——用乙二醇加醋酸钾制取无水乙醇 [J]. 石油化工 , 1980(06): 22-25.

[10] Furter W F. Production of fuel-grade ethanol by extractive distillation employing the salt effect[J]. Sep Purif Methods, 1993, 22: 1-21.

[11] Lei Z, Li C, Chen B. Behaviour of tributylamine as entrainer for the separation of water and acetic acid with reactive extractive distillation[J]. Chinese J Chem Eng, 2003, 11: 515-519.

[12] Lei Z, Li C, Li Y, Chen B. Separation of acetic acid and water by complex extractive distillation[J]. Sep Purif Technol, 2004, 36(2): 131-138.

[13] Lu H. Computer calculation of extractive distillation for C_4, CAN and water[J]. J Chem Eng, China, 2000, 3: 1-15.

[14] Lei Z, Wang H, Zhou R, Duan Z. Process improvement on separating C_4 by extractive distillation[J]. Chem Eng J, 2002, 87: 379-386.

[15] Huang H J, Ramaswamy S, Tschirner U W, Ramarao B V. A review of separation technologies in current and future biorefineries[J]. Sep Purif Technol, 2008, 62: 1-21.

[16] Jork C, Seiler M, Beste Y A, Arlt W. Influence of ionic liquids on the phase behavior of aqueous azeotropic systems[J]. J Chem Eng Data, 2004, 49: 852-857.

[17] Dietz M L. Ionic liquids as extraction solvents: Where do we stand?[J]. Sep Sci Technol, 2006, 41: 2047-2063.

[18] Sun X, Luo H, Dai S. Ionic liquids-based extraction: a promising strategy for the advanced nuclear fuel cycle[J]. Chem Rev, 2012, 112: 2100-2128.

[19] Lei Z, Chen B, Koo Y M, MacFarlane D R. Introduction: Ionic liquids[J]. Chem Rev, 2017,

117: 6633-6635.

[20] Zhigang Lei, Chengyue Li, Biaohua chen. extractive distillation: A review[J]. Sep Purif Methods, 2003, 32: 121-213.

[21] Lei Z, Dai C, Zhu J, et al. Extractive distillation with ionic liquids: A review[J]. AIChE J, 2014, 60: 3312-3329.

[22] Lei Z, Arlt W, Wasserscheid P. Separation of 1-hexene and *n*-hexane with ionic liquids[J]. Fluid Phase Equilibr, 2006, 241(1-2): 290-299.

[23] Pierotti R A. A scaled particle theory of aqueous and nonaqueous solutions[J]. Chem Rev, 1976, 76, 717-726.

[24] Diwekar U M, Madhavan K P. Multi component, batch distillation operations[J]. Ind Eng Chem Res, 1991, 30: 713-718.

[25] Barolo M, Guarise G B. Maximum fractionation by distillation of systems with constant relative 20volatilities[J]. Ind Eng Chem Res, 1994, 33: 139-143.

[26] Berg L. Selecting the agent for distillation processes[J]. Chem Eng Prog, 1969, 65: 52-57.

[27] Berg L. Separation of benzene and toluene from close boiling nonaromatics by extractive distillation[J]. AIChE J, 1983, 29: 961-966.

[28] Barba D, Brandani V, Giacomo G D. Hyperazeotropic ethanol salted-out by extractive distillation. Theoretical evaluation and experimental check[J]. Chem Eng Sci, 1985, 40: 2287-2292.

[29] Furter W F. Extractive distillation by salt effect[J]. Chem Eng Commun, 1992, 116: 35-40.

[30] Fredenslund A, Jones, R L, Prausnitz J M. Prausnitz J M. Group - contribution estimation of activity coefficients in nonideal liquid mixtures[J]. AIChE, 1975, 21(6): 1086-1099.

[31] Lei Z, Chen B, Li C, Liu H. Predictive molecular thermodynamic models for liquid solvents, solid salts, polymers, and ionic liquids[J]. Chem Rev, 2008, 108: 1419-1455.

[32] Lei Z, Wang H, Zhou R, Duan Z. Solvent improvement for separating C_4 with ACN[J]. Comput Chem Eng, 2002, 26: 1213-1221.

[33] Rafiqul, Gani, Bjarne,et al. A group contribution approach to computer-aided molecular design[J]. AIChE J, 1991, 37(9), 1318-1332.

[34] Enomoto M, Kawauchi I. Acetonitrile as an extractive distillation solvent far separation of isoprene[J]. Chem Eng, 1971, 35(4):437-442.

[35] Kuramochi H, Maeda K, Kato S, et al. Application of UNIFAC models for prediction of vapor-liquid and liquid-liquid equilibria relevant to separation and purification processes of crude biodiesel fuel[J]. Fuel, 2009, 88(8):1472-1477.

[36] Achard C, Dussap C G, Gros J B. Representation of vapour-liquid equilibria in water-alcohol-electrolyte mixtures with a modified UNIFAC group-contribution method[J]. Fluid Phase Equilibria, 1994, 98: 71-89.

[37] Jakob A, Grensemann H, Lohmann J, et al. Further development of modified UNIFAC (Dortmund): Revision and extension 5[J]. Ind Eng Chem Res, 2006, 45:7924-7933.

[38] Marciniak A. Influence of cation and anion structure of the ionic liquid on extraction processes based on activity coefficients at infinite dilution [J]. Fluid Phase Equilib, 2010, 294: 213-233.

[39] 蔡钧, 刘洪来, 胡英. 无盐聚电解质溶液的分子热力学模型 [J]. 高等学校化学学报, 2000(01): 130-132.

[40] 李继定, 李以圭, 陆九芳, 滕藤. 新的分子热力学模型及其应用（Ⅰ）——一种新的分子径向分布函数表达式的提出及其检验 [J]. 化工学报, 1990(01): 58-65.

[41] 刘文彬, 李以圭, 陆九芳, 徐琨. 基于微扰理论和平均球近似的强电解质水溶液分子热力学模型 [J]. 化工学报, 1997(06): 645-652.

[42] Pereiro AB, Araújo JMM, Esperança JMSS, Marrucho IM, Rebelo LPN. Ionic liquids in separations of azeotropic systems-A review[J]. J Chem Thermodyn, 2012, 46: 2-28.

[43] Meindersma GW, Quijada-Maldonado E, Aelmans TAM, Hernandez JPG, de Haan AB. Ionic liquid in extractive disillation of ethanol/water: from laboratory to pilot plant//Visser AE, Bridges NJ, Rogers RD. Ionic liquids: science and applications[C]. Washington DC: American Chemical Society, ACS Symposium Series, 2012: 239-257.

[44] 刘家祺. 分离过程 [M]. 第 2 版. 北京: 化学工业出版社, 2001.

[45] 黄子卿. 电解质溶液理论导论（修订版）[M]. 北京: 科学出版社, 1983.

[46] 李以圭. 金属溶剂萃取热力学 [M]. 北京: 清华大学出版社, 1983.

[47] Pierotti R A. A scaled particle theory of aqueous and nonaqueous solutions[J]. Chem Rev, 1976, 76: 717-726.

[48] 胡英, 徐英年, Prausnitz J M. 气体溶解度的分子热力学（Ⅰ）——气体在非极性溶剂中的 Henry 常数 [J]. 化工学报, 1987, 38: 22-38.

[49] 汤义平, 李总成, 李以圭. 微扰理论的应用研究（Ⅰ）——水 - 正丁醇二元体系热力学计算 [J]. 化工学报, 1992, 8: 760-766.

[50] 汤义平, 李总成, 李以圭. 微扰理论的应用研究（Ⅱ）——水 - 正丁醇 -MX 三元体系液液平衡的计算 [J]. 化工学报, 1992, 43: 691-698.

[51] 姬泓巍, 谢文蕙. 邻、间、对位二甲苯在盐的水溶液中活度系数的研究 [J]. 物理化学学报, 1987, 3: 146-154.

[52] Furter W F. Correlation and prediction of salt effect in VLE[J]. Adv ChemSer, 1976, 155: 26-35.

[53] Tan T C. Model for prediction the effect of dissolved salt on the vapor-liquid equilibrium of solvent mixtures[J]. Chem Eng Rev Des, 1987, 65: 355-366.

[54] Glugla P G, Sax S M. VLE of salt containing system: A corralation of vapor pressure depression and a prediction of multcomponent[J]. AIChE J, 1985, 31: 1911-1914.

[55] 段占廷, 雷良恒, 周荣琪. 加盐萃取精馏的研究 (Ⅰ)——用乙二醇醋酸钾制取无水乙醇 [J]. 石油化工, 1980, 9: 350-355.

[56] Han J, Dai C, Yu G, Lei Z. Parameterization of COSMO-RS model for ionic liquids [DB/OL]. [2019-10-1]. Green Energy & Environment [2018-1-1]. https: //doi. org/10. 1016/j. gee. 2018. 01. 001.

[57] Han J, Dai C, Zhigang L, et al. Gas drying with ionic liquids[J]. AIChE J, 2018, 64: 606–619.

[58] Hansen H K, Rasmussen P, Fredenslund A. Vapor-liquid equilibria by UNIFAC group contribution. 5. Revision and extension[J]. Ind Eng Chem Res, 1991, 30: 2352-2355.

[59] Wittig R, Jürgen Lohmann A, Gmehling J. Vapor-liquid equilibria by UNIFAC group contribution 6. Revision and extension[J]. Ind Eng Chem Res, 2015, 42: 183-188.

[60] Nocon G, Weidlich U, Gmehling J. Prediction of gas solubilities by a modified UNIFAC-equation[J]. Fluid Phase Equilib, 1983, 13: 381-392.

[61] Dong L, Zheng D, Wu X. Working pair selection of compression and absorption hybrid cycles through predicting the activity coefficients of hydrofluorocarbon + ionic liquid systems by the UNIFAC model[J]. Ind Eng Chem Res, 2012, 51: 741-4747.

[62] Dai C, Wei W, Lei Z. Absorption of CO_2, with methanol and ionic liquid mixture at low temperatures[J]. Fluid Phase Equilib, 2015, 391: 9-17.

[63] Dai C, Dong Y, Han J. Separation of benzene and thiophene with a mixture of N-methyl-2-pyrrolidinone(NMP) and ionic liquid as the entrainer[J]. Fluid Phase Equilib, 2015, 388: 142-150.

[64] Han J, Lei Z, Dong Y. Process intensification on the separation of benzene and thiophene by extractive distillation[J]. AIChE J, 2015, 61: 4470-4480.

[65] Dong Y, Dai C, Lei Z. Extractive distillation of methylal/methanol mixture using the mixture of dimethylformamide(DMF) and ionic liquid as entrainers[J]. Fuel, 2018, 216: 503-512.

[66] Roughton B C, Christian B, White J, et al. Simultaneous design of ionic liquid entrainers and energy efficient azeotropic separation processes[J]. Comput Chem Eng, 2012, 42: 248-262.

[67] Roughton B C, White J, Camarda K V, et al. Simultaneous design of ionic liquids and azeotropic separation processes[J]. Comput Aided Chem Eng, 2011, 29: 1578-1582.

第四章

反应精馏过程强化

第一节 反应精馏技术的发展历程

　　反应和分离是化工生产的两大重要过程，在传统的化工观念中，它们分别在两类相互独立的设备中完成。化学反应一般在各式反应器中进行，反应器出口的混合物包括未转化的反应物、生成物与副产物，有时还有催化剂或溶剂。为得到高纯度的产品，须在后续的各类分离设备中对此混合物进行处理，其中主要的单元操作是精馏分离。将化学反应与精馏分离两种操作耦合在同一个设备中，便产生了反应精馏（reactive distillation，RD）的概念。

　　关于反应精馏的研究最早可以追溯到 1921 年 Backhaus 对均相催化酯化反应的专利报道 [1]。在此后近 40 年的时间里，对反应精馏的研究工作主要围绕板式塔中的均相反应和特定体系的工艺开发展开。从 20 世纪 60 年代起，随着催化技术的发展，反应精馏技术被逐步应用于非均相反应体系 [2]；新型塔器的开发，进一步拓展了反应精馏技术的应用领域。20 世纪 80 年代，由美国 Eastman 公司首先开发并成功实施的非均相乙酸甲酯反应精馏工艺，极大地节约了设备投资和生产操作成本，成为反应精馏技术应用的经典案例 [3]；此后非均相反应精馏技术被成功应用于甲基叔丁基醚（methyl *tert*-butyl ether，MTBE）的大规模工业生产，解决了原有油品抗爆添加剂的铅污染问题，MTBE 也因此一度成为发展最快的化学品 [4]。反应精馏在乙酸甲酯和 MTBE 两个大宗化学品生产过程中获得的巨大成功，标志着这项技术在工业应用方面逐步趋于成熟。

　　虽然反应精馏技术的研究与应用取得重大突破并且推动了现代工业的发展，但不可否认的是在面对诸多复杂过程和工业难题时，反应精馏不总是高效和有利可图的，甚至在某些特定的体系和工况下，反应精馏是不可行的。作为一种高度耦合的过程强化技术，反应精馏符合高效、节能、环保的可持续发展理念。为了使反应精馏适用的反应类型更多，应用领域更广，节能降耗的效果更显著以及经济效益最大化，研究人员将更多的科研精力投入到新型塔器、内构件、催化剂和装填料方式的开发中，此类基础研究不仅关乎一个反应精馏塔的结构和功能，还决定了其最终的分离效能和反应结果，是从过程开发到小试、中试，并最终实现工业化的重要保障。

进入 21 世纪，随着反应精馏理论的不断创新以及基础研究的日臻完善，着眼于全局的过程开发成为反应精馏技术研究和应用的核心。其中，开发合适的软件或工具用于反应精馏的概念设计和过程开发，使得反应精馏技术在特定体系中的可行性验证与相应结果的预测更加准确、方便和快捷，是反应精馏技术重要的发展方向。由于反应过程与分离过程在一个塔器内同时发生并相互作用，反应精馏过程的静态和动态操作特性会变得十分复杂。因此，建立准确精简的过程模型，通过模拟计算研究静态和动态条件下体系的变化规律，并结合实际，制定安全可靠的过程控制方法，已经成为反应精馏研究领域内最为重要的课题之一。此外，为确保反应精馏过程的连续运行并保证产品的质量，在建立的过程模型基础之上实现对体系多稳态现象的预测与分析也是反应精馏过程开发的重点。

在诸多反应分离技术中（如：反应精馏、反应吸收、反应萃取、反应吸附、反应结晶和反应膜分离等），反应精馏技术是最为成熟和能大规模生产的过程强化技术，已经广泛应用于化工生产过程，尤其是在酯化和醚化过程中的应用更是取得了令人瞩目的成果。虽然将反应与分离过程耦合的概念不再新颖，但是对反应精馏过程的设计研究和操作优化从未间断，而且对反应精馏技术的研究也更加多元化。据不完全统计[5]，1970 ～ 1999 年期间，被 EI 收录的论文共计 562 篇，发布的专利共计 571 件。实际上全球每年发表的各种形式的论文著作和专利的数量远不止此。图 4-1

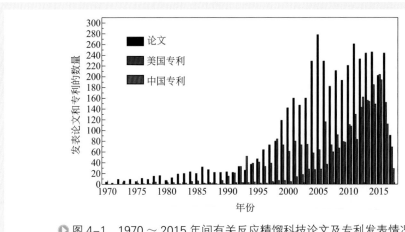

▶ 图 4-1　1970 ～ 2015 年间有关反应精馏科技论文及专利发表情况

展示了1970~2015年，该研究领域内被收录的科技论文发表数目和专利申请数量，在超过40年的时间里，对反应精馏的研究和将反应精馏技术应用于工业生产的热度不减，为此发表的论文和专利数量整体上呈逐年增长的趋势，最近几年更是持续高位运行，保持了良好的发展势头。

第二节　反应精馏过程强化的原理及特点

一、反应精馏过程原理

反应精馏是一种高度耦合的过程强化技术，反应与分离在一个塔器内同时进行，二者相互影响又相互促进。其利用反应物与生成物间相对挥发度的差异，通过精馏作用使反应物在反应区间形成对反应有利的浓度及温度分布，并及时将产物从反应区间移出，实现生成物与未转化的反应物间的原位分离。不仅打破了反应的化学平衡，使反应正向进行，还能精简后续工艺，提高分离效率。反应精馏过程原理如图4-2所示，一般包含精馏段、反应段和提馏段三部分。精馏段主要作用为回收重组分反应物；提馏段主要作用是分离轻组分反应物。轻、重组分反应物分别从反应段的底部与顶部进入，在反应段内生成产物，轻组分和重组分生成物分别从塔顶和塔底出料。对于设计合理的反应精馏塔，反应物在反应段内被完全反应掉，塔顶和塔底分别得到高纯度的产品。

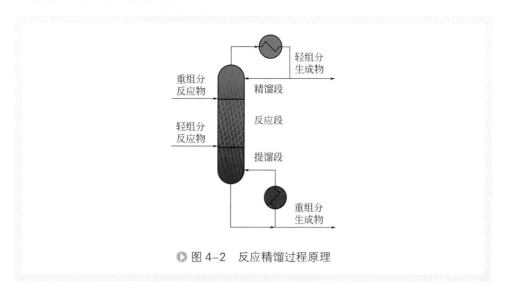

◉ 图4-2　反应精馏过程原理

二、反应精馏过程特点

相较于传统精馏，反应精馏技术具有以下主要特点：

① 化学反应与精馏分离两种操作完全耦合。催化剂装填在精馏塔中，化学反应发生在液相，反应物与生成物原位分离。

② 反应段装载填料，能提供气液两相接触面积，因而也具有分离功能。

③ 塔内压力、温度和组成由相平衡确定。这与传统精馏相同，因此化学反应的优化条件（温度和浓度）和精馏作用所形成的条件要匹配才能发挥反应精馏的耦合作用。

④ 塔内组分浓度分布主要由操作条件来调节，进料的影响小。精馏塔具有物质分离能力，因此反应精馏塔可采用低浓度反应物进料，通过精馏作用和过程调控使得塔内形成高浓度的反应物分布。

⑤ 反应热得以原位利用，持续为体系供能。

⑥ 催化剂寿命长。现在的反应精馏过程，一般采用固体催化剂。在非均相反应中，固体催化剂往往因活性中心被副产物覆盖而失活。而在反应精馏塔中，精馏作用极大地减少了副产物的生成，从而使催化剂的寿命显著延长。

三、传递与反应过程

精馏段与提馏段无反应发生，传递过程与传统的精馏塔无异。而反应区域除了提供反应发生的场所，还具有原位分离的功能，因此反应段具有复杂的传递和反应过程。由于均相或非均相催化剂与化学反应的存在，反应区域内汽液平衡、气液传质、内扩散（非均相催化剂）和反应动力学相互影响，图 4-3 是针对实际反应精馏塔内均相催化反应和非均相催化反应构建的两种多相传递和反应过程模型。模型均以双膜理论为基础，认为只有在气膜与液膜界面达到汽液平衡，而各相主体浓度与温度均一。相界面存在热量与质量传递，传递速率除了受温度、压力、体系物性、组成及流体力学等因素的影响外，还受反应速率的影响。反应速率不同，对传递过程的影响也不同。以均相反应为例，根据反应速率不同，可分为慢反应型、快反应型和瞬时反应型反应精馏。

慢反应型反应精馏是指反应精馏过程中反应速率非常慢，反应主要在液相主体中进行，在液膜内的反应量几乎可以忽略不计，因此可以忽略化学反应对传递速率的影响，传递过程按无反应的多组分传递过程计算，传质方程与普通精馏的传质方程相同。典型的慢反应过程为月桂酸和 2-乙基己醇在硫酸化氧化锆催化剂作用下生成脂肪酸酯和水。传统的反应过程中，在 353K 下经 100h，该反应转化率才可达到 99% 以上。Omota 等 [6] 提出的脂肪酸酯的慢反应型反应精馏工艺为 n（月桂酸）∶ n（2-乙基己醇）= 1∶1 进入反应精馏塔进行反应，塔顶配备分相器采出反应生成的水，塔釜采出物随后进入低压精馏塔中进行二次分离，可获得纯度为 99.9% 的脂肪酸酯。

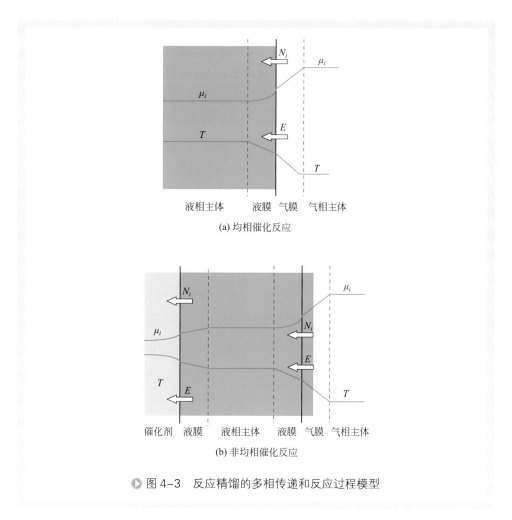

(a) 均相催化反应

(b) 非均相催化反应

● 图 4-3　反应精馏的多相传递和反应过程模型

　　而在瞬时反应型反应精馏过程中，反应于液膜内进行，反应速率极快，短时间内液相中均达反应平衡状态，此时，液膜中组分间的浓度差为一个常数。此类反应精馏塔内传质过程受气膜控制，液相阻力可以忽略不计，但其液相中的物质组成必须满足化学平衡常数计算式。典型的瞬时反应型反应精馏过程为环氧乙烷水合制乙二醇。在何文军等[7]提出的环氧乙烷水合反应精馏工艺中，反应精馏塔具有 10 ～ 25 块理论板，反应段上设置一个水进料口和至少 1 个从下往上分布的环氧乙烷进料口，在反应物水和环氧乙烷的进料摩尔比为 1.05 ～ 10，反应温度为 150 ～ 185℃，操作压力为 0.7 ～ 1.0MPa，塔顶全回流的工艺参数下进行操作，液相空速为 10h^{-1}，乙二醇的反应选择性可达 95%。

对于应用反应精馏的大部分体系，是介于慢反应和瞬时反应之间的快反应类型，多相间的传递与反应必须综合考虑。此类反应精馏包括以下两种情况：反应在液相主体中进行，并延伸到了液膜中，在与相界面无穷小的距离时反应完成；反应同样延伸到了液膜中，但在与相界面无穷小的距离时反应仍未完成。在研究此类反应精馏的传递过程时，需通过液膜内部的反应 - 扩散方程获得液膜中各组分浓度与扩散路径的关系。典型的快反应型反应精馏过程如 Kolah 等 [8] 提出的甲醛和甲醇进行缩合制备甲缩醛的反应精馏工艺。研究结果表明，当反应精馏塔内反应物 n（甲醇）：n（甲醛）= 6：1，反应温度为 346K 的条件下，仅需 1h 反应转化率就可达到 99% 以上。

四、强化过程优势与限制

反应精馏技术能够简化传统工艺、降低能耗，使得生产过程更加绿色环保，产品更具竞争力。下面通过一个可逆反应 $A + B \rightleftharpoons C + D$ 示例来阐述反应精馏技术相较于传统"先反应后精馏"工艺的优势。C 或者 D 是目标产物，四个物质沸点由小到大的顺序是 A < C < D < B。实现该过程的传统工艺是如图 4-4（a）所示的反应器与精馏塔串联工艺。反应物 A 和 B 在反应器内达到反应平衡后，进入一系列精馏塔分离得到纯的生成物 C 和 D，未反应的反应物 A 和 B 循环进入反应器继续反应。事实上，如果体系内有共沸物的存在，反应器后的精馏塔序列会更加复杂。图 4-4（b）是实现该过程的反应精馏方案，与传统工艺相比，反应精馏技术具有诸多突出优点：

① 简化传统工艺。以一个反应精馏塔代替了一个反应器和多个精馏塔，极大地节约了基础投资和操作成本。

② 打破化学平衡，提高反应转化率。对于此可逆反应过程，精馏作用使得生成物 C 和 D 被及时移出反应区间，系统远离化学平衡状态，促使反应正向移动，最终 A 或 B 的转化率将远超其平衡转化率。

③ 提高产品的选择性。由于生成物 C 和 D 的及时移除，其在反应区域停留时间较短且瞬时浓度较低，有利于抑制副反应，减少副产物的生成。

④ 充分利用反应热。A 与 B 反应产生的热量被直接用来加热液体而迅速消耗，既可避免反应过程出现"热点"温度或者"飞温"现象，又节省了塔釜再沸器的加热负荷。

⑤ 突破精馏边界线的限制，提高精馏效率。若 A 和 B 是沸点极为接近或者存在共沸物的混合物体系，采用普通精馏工艺难以分离，采用恒沸精馏或者萃取精馏工艺也难以找到合适的夹带剂或萃取剂，可选取具有高度选择性的反应夹带剂与体系中某一物质发生化学反应，通过反应精馏技术实现 A 与 B 的分离。

然而反应精馏塔中反应过程与分离过程的高度耦合性致使反应精馏技术的应用受到一定程度的限制：

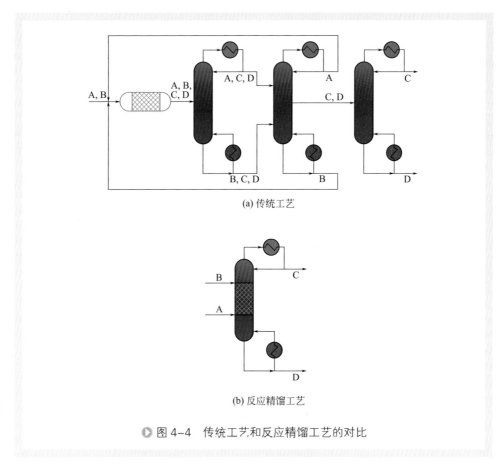

图 4-4　传统工艺和反应精馏工艺的对比

① 反应物和生成物相对挥发度的限制。反应物和产物间的相对挥发度差异是反应物汇聚及生成物移出的动力，因此反应精馏不适用于反应物与生成物沸点接近或形成共沸物的体系。

② 停留时间的限制。为了满足分离时高相界面积的要求，反应精馏塔中的催化剂装填量和液相持液量不宜过大，加之反应精馏塔中反应区域空间和反应段内反应物停留时间有限，因此，反应精馏技术不适用于速率较慢的反应过程。

③ 过程条件的匹配限制。由于反应过程和精馏过程在同一设备内同时发生，两者温度、压力与组成等条件需匹配，特别是反应的最佳温度和相平衡所决定的温度要匹配，以及对反应有利的组成与精馏作用所形成的浓度分布要匹配。

为了使反应精馏塔中反应与分离过程条件匹配，对于不同的反应体系，根据塔内气液浓度和温度的分布情况以及反应的具体需求，反应段位置不尽相同。如图 4-5（a）～（e）所示，在不同的反应体系中，反应段分别位于反应精馏塔的上、中、下，甚至整个塔段。除此之外，针对停留时间限制和过程条件匹配限制，Schoenmakers 和 Buehler[9] 提出了在精馏塔外配置反应器的背包式反应精馏概念。

如图 4-5（f）所示，外置反应器的形式、体积、操作条件等可以根据要求调节，使反应和分离在各自的最佳条件下操作，既保留了传统反应精馏耦合技术的优势又克服了其缺点。

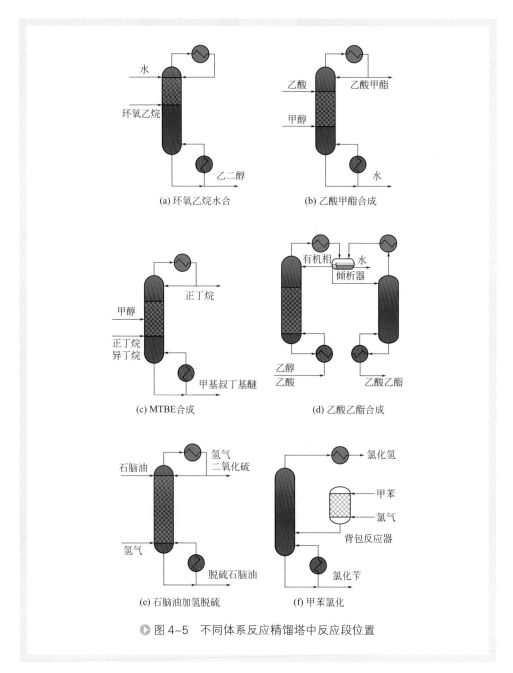

(a) 环氧乙烷水合

(b) 乙酸甲酯合成

(c) MTBE合成

(d) 乙酸乙酯合成

(e) 石脑油加氢脱硫

(f) 甲苯氯化

图 4-5　不同体系反应精馏塔中反应段位置

反应精馏的典型应用

反应精馏的典型应用主要可分为精馏型反应精馏和反应型反应精馏[10]。精馏型反应精馏目的在于分离，多用于反应物回收和产品提纯；反应型反应精馏则注重反应过程，旨在提高反应的转化率与选择性以及增加反应热的利用率。

一、精馏型反应精馏

精馏型反应精馏过程以精馏为主，反应为辅，多用于产品的回收和提纯及共沸物体系和同分异构体混合物的分离。对于传统的难分离体系，一般通过引入反应夹带剂与混合物中目标物选择性地反应，生成中间产物来进行分离，再将该中间产物分解为原来的目标产物。

1．产品回收和提纯

反应精馏是一种高效的化学品回收和提纯的分离手段。在纤维素酯、对苯二甲酸、对苯二甲酸二甲酯生产及乙酰化和硝化的过程中，会产生大量的低浓度乙酸，传统的回收工艺如恒沸精馏以及液液萃取精馏等能耗较高，而利用反应精馏技术通过乙酸和甲醇的酯化反应回收其中的乙酸是个典型的应用。Neumann 和 Sasson[11]以离子交换树脂作为催化剂，以拉西环为填料，首次进行了反应精馏过程实验验证。由于采用了酸性离子交换树脂催化剂，因此无需考虑催化剂对设备的腐蚀作用，从而大大降低了设备成本，使得 84% 的乙酸通过乙酸甲酯的方式得以回收。在产品提纯方面，反应精馏可以应用于苯酚的提纯工艺。苯酚是聚碳酯级双酚 A 生产的重要原料，在生产工艺中杂质主要为羰基化合物诸如丙酮和亚异丙基丙酮等。杂质的含量必须从 $3 \times 10^{-3}\%$（质量分数）级降低至 $1 \times 10^{-5}\%$（质量分数）以下，通过反应精馏技术可以实现这一要求[12]。

2．共沸物和同分异构体的分离

对于极难分离的共沸物体系和同分异构体混合物，反应精馏技术是非常有效的分离和提纯手段。通过引入反应夹带剂，使其和特定组分发生快速的可逆反应，从而增大欲分离组分的相对挥发度而达到分离的目的，可用于工业废水中原料的回收和化学产品的提纯。表 4-1 是采用反应精馏分离过程的典型物系[13]。

表4-1 反应精馏分离过程的典型物系

目的	体系特点	分离物系	夹带剂
反应物回收	产生共沸物	环己二胺 + 水	己二酸
		乙酸 + 水	丁醇

目的	体系特点	分离物系	夹带剂
反应物回收	产生共沸物	丙酮 + 水	乙二醇钠
		乙醇 + 异丙醇	吡啶
		乙醇 + 叔丁醇	己二胺
产物提纯	互为同分异构体	对二甲苯 + 间二甲苯	对二甲苯钠
		2,6- 二甲酚 + 对甲酚	二乙醇胺
		2,3- 二氯苯胺 + 3,4- 二氯苯胺	硫酸
		3- 甲基吡啶 + 4- 甲基吡啶	三氟乙酸

在此过程中，反应夹带剂的选择是分离成功与否的关键，它必须严格满足以下三点：

① 具有高选择性，只与物系中某一组分进行反应；

② 发生的反应必须可逆，不影响精馏分离效果，不破坏产品质量；

③ 与物系存在显著的相对挥发度差异，便于后续的分离和回收。

精馏型反应精馏局限于共沸或同分异构体系的分离，且反应夹带剂的选择困难，应用较为狭窄。

二、反应型反应精馏

反应精馏适用于多种类型的反应，如连串反应、可逆反应，但更多应用于转化率受到化学平衡限制的反应体系。相比于精馏型反应精馏，反应型反应精馏具有更广泛的应用，已有非常多的工业应用案例[14]。

以下针对反应精馏在酯化反应、酯交换反应、醚化反应、歧化反应、缩合反应、烷基化反应、加氢反应、水合反应、酯类水解反应、羰基化反应和聚合反应中的应用做重点介绍。

1. 酯化反应

酯类是重要的有机原料中间体，广泛应用于纺织、香料和医药等行业，下游产品主要有羧酸、酸酐、烯酯和酰胺等。该产品通常由酸与醇的酯化反应制备，如式（4-1）所示。酯化反应一般是可逆放热反应，受到化学平衡的限制，单程转化率不高，且体系中可能存在多种共沸物，传统的生产工艺十分复杂，需要多个反应器和精馏塔。采用反应精馏技术进行酯化反应是反应精馏最早的工业应用之一，它能有效地提高转化率并简化反应和分离流程。

$$\text{HO}\!-\!\overset{O}{\underset{\|}{C}}\!-\! + \text{HO}\!-\!\diagup\diagup \rightleftharpoons \diagup\!-\!O\!-\!\overset{O}{\underset{\|}{C}}\!-\! + \underset{\text{H}}{\text{O}}\!-\!\text{H} \qquad\qquad (4\text{-}1)$$

酸　　　　醇　　　　酯　　　　水

高纯度乙酸甲酯（methyl acetate，MeOAc）是羰基化生产乙酸酐的重要原料和聚酯产品的重要中间体，年消耗量大。工业上主要是通过乙酸（acetic acid，HOAc 或 HAc）和甲醇（methanol，MeOH）的酯化反应生产乙酸甲酯。传统的乙酸甲酯制备工艺，采用均相强酸催化剂。由于受到化学平衡的限制，反应物转化率偏低，为提高酸转化率常使用过量的甲醇。反应后，体系中存在液液分相现象，并形成乙酸甲酯 - 甲醇和乙酸甲酯 - 水等低沸点共沸物，后续的分离极为繁琐，且能耗高。

1984 年美国 Eastman 公司[3]首次开发并成功应用乙酸甲酯均相反应精馏技术，如图 4-6（a）、（b）所示。用一个反应精馏塔代替了传统工艺中的一个反应器和九个分离单元，流程简单，极大降低了操作费用。该工艺采用浓硫酸为催化剂，反应

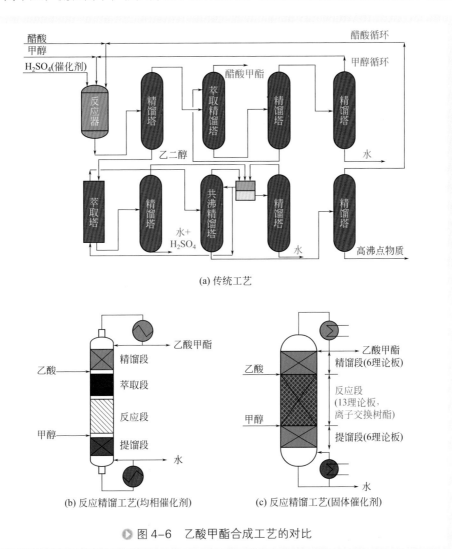

(a) 传统工艺

(b) 反应精馏工艺（均相催化剂）

(c) 反应精馏工艺（固体催化剂）

▶ 图 4-6　乙酸甲酯合成工艺的对比

精馏塔从上到下可分为四个部分：精馏段、萃取段、反应段和提馏段。乙酸、液体酸催化剂和甲醇分别从萃取段上部、反应段上部和反应段下部进料。在反应段内，逆向流动的乙酸和甲醇在液体酸催化剂的作用下发生酯化反应以生成乙酸甲酯。含乙酸甲酯的共沸物离开反应段后进入萃取段并在乙酸的萃取下，得到乙酸甲酯粗品，而后通过精馏段提纯乙酸甲酯；提馏段则是用于水中甲醇的回收。在该反应精馏塔内，乙酸既作为酯化反应的反应物，又作为萃取剂分离乙酸甲酯和甲醇或水形成的共沸物。该反应精馏工艺中原料甲醇和乙酸的进料比接近化学反应计量系数1:1，无需后续分离流程。该装置生产能力为180kt/a，反应物转化率可达99.8%以上，塔顶产物为纯度大于99.5%的乙酸甲酯产品，塔底为水和硫酸混合物。在改进的反应精馏工艺中，采用固体强酸离子交换树脂作为催化剂［图4-6(c)］，不随产品流出，减少了对环境的污染。

Huss 等[15]同样提出了乙酸甲酯均相反应精馏工艺，工艺选用硫酸为均相反应催化剂，反应精馏塔共有43块塔板，反应物乙酸和甲醇分别从精馏塔第3和第39块塔板进料，催化剂从第10块塔板进料，塔顶回流比为1.9，反应转化率可达99%以上，产品纯度可达98.50%，其工艺流程中结构和操作参数及相关反应结果如图4-7所示。此类均相反应精馏工艺需考虑催化剂扩散、再生及对设备的腐蚀等问题；产物中也会混入少量催化剂，造成催化剂的损失以及后续分离过程及设备结构复杂。

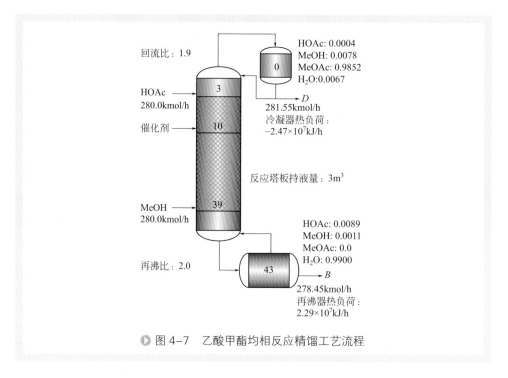

● 图4-7　乙酸甲酯均相反应精馏工艺流程

相比于液体强酸催化剂，强酸性阳离子交换树脂具有反应条件温和、催化剂易于固载等优点。随着全球对化工过程绿色化要求的不断提高，采用强酸性阳离子交换树脂代替液体酸，通过非均相反应精馏技术催化甲醇和乙酸酯化生成乙酸甲酯反应已然成为一种趋势[16-18]。Pöpken 等[19]分别以基于 Amberlyst 15 的 Multipk 和 Katapak-S 催化填料，代替 Eastman 工艺中的液体酸催化剂，均取得了良好的效果。Bessling 等[20]通过聚合的方法直接把催化活性基团固载在商业多孔玻璃环填料上，其在乙酸甲酯合成的反应精馏工艺中也同样展现出了优异的性能。Gòrak 等[21]提出了乙酸甲酯非均相反应精馏工艺实验，实验选取固体酸颗粒催化剂与其自主研发的 Multipak 填料为反应精馏内构件，反应精馏塔精馏段、反应段、提馏段的填料高度分别为 1m、2m、1m。实验结果显示，回流比为 0.99 时，乙酸的转化率为 80.6%，塔顶乙酸甲酯的产品纯度为 88.1%。

2. 酯交换反应

酯交换反应也是一类生产酯的重要反应，在催化剂的催化下，酯与醇/酸/酯（不同的酯）生成新酯和新醇/酸/酯。由于酯交换过程中不涉及水并且最终产物附加值较高，因此它被视作比酯化和酯类水解更有利的替代反应。与酯化反应类似，酯交换反应也是可逆反应，受化学平衡限制，转化率不高。反应精馏技术已被应用于多种酯的酯交换生产过程以提高反应转化率和减少副产物的生成。

$$\text{草酸二甲酯} + \text{苯酚} \longrightarrow \text{草酸甲酯苯基酯} + \text{CH}_3\text{OH (甲醇)} \tag{4-2}$$

$$2 \times \text{草酸甲酯苯基酯} \rightleftharpoons \text{草酸二苯酯} + \text{草酸二甲酯} \tag{4-3}$$

传统草酸二苯酯的生产过程存在多种弊端。反应采用价格高昂的碳酸二芳酯作为起始原料，增加了生产成本。反应过程中会产生一定量的副产物，反应后续分离困难。此外，酯交换反应速率低，生产效率不高。Nishihira 等[22]采用非均相反应精馏技术成功制得了草酸二苯酯，如图 4-8 所示。该工艺由两个反应精馏塔构成，在第一个反应精馏塔内反应原料苯酚和草酸二甲酯进行酯交换反应得到中间产物草酸甲酯苯基酯和甲醇[如反应式（4-2）]；塔釜采出的草酸甲酯苯基酯进入第二个反应精馏塔发生歧化反应[如反应式（4-3）]，在塔顶得到纯度较高的草酸二甲酯可循环利用，作为酯交换塔的进料，歧化塔的塔釜得到高纯度的草酸二苯酯。此工艺以廉价的有机化合物为原料，降低了生产成本，而且反应精馏工艺有效抑制了副反应的发生，产品质量明显提升。

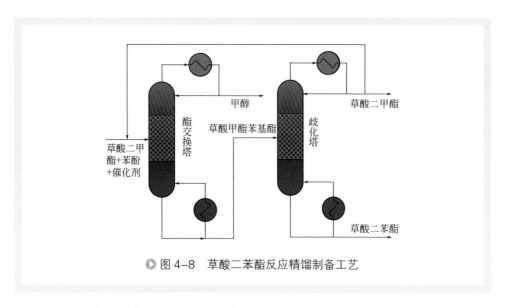

图 4-8　草酸二苯酯反应精馏制备工艺

此外，酯交换反应精馏过程还可以应用于高分子量酯的合成。Schaerfl 等 [23] 开发的酯交换反应精馏过程以低碳烷烃单体和醇类或多羟基化合物作为原料，成功制备了具有多种取代基的羟基肉桂酸酯。与现有的间歇工艺过程相比，产品质量和产量都有显著提高。

3．醚化反应

20 世纪 70 年代末，由于需要消除含铅油品添加剂对空气的污染，可替代醚类油品添加剂如 MTBE、乙基叔丁基醚（ethyl *tert*-butyl ether，ETBE）及叔戊基甲基醚（*tert*-amyl methyl ether，TAME）的需求量迅速增加。全世界醚类汽油添加剂基本通过反应精馏技术生产，主要是利用反应精馏技术来打破化学平衡限制，实现烯烃原料的完全转化。该过程一般利用石油炼制催化裂化过程和石油化工蒸汽裂解制乙烯过程副产物中的 C_4 或 C_5 馏分，分别与甲醇和乙醇进行醚化反应。

下面以 MTBE 为例，介绍反应精馏技术在醚化反应中的应用。MTBE 可提高汽油的辛烷值、有效降低尾气中 CO 等有害气体的含量，且其燃烧热比甲醇高，是高辛烷值含氧汽油的理想调和剂。MTBE 反应精馏制备工艺如图 4-9 所示，在反应精馏塔前设置预反应器。该反应精馏塔由三部分组成，反应段装填固体催化剂位于塔的中间段，顶部精馏段用于分离惰性气体和多余的甲醇，底部提馏段脱除MTBE。尽管甲醇的沸点（64.7℃）比 MTBE（55.2℃）高，但是甲醇和异丁烯会形成低沸点的共沸物，使得甲醇富集于提馏段上部，MTBE 为塔底唯一的产物。

Ralph 等 [24] 在前人确定 MTBE 反应精馏工艺可行性的基础上，提出了 MTBE反应精馏工艺全过程，并通过模拟得到该工艺的操作参数，如图 4-10 所示。该过程中，MTBE 反应精馏过程共需 17 块理论板，其中第 4 到第 11 块理论板为反应精馏段，反应物甲醇和丁烯分别从反应精馏段的上部和底部进料，在操作压力为1.1MPa、回流比为7时，反应精馏工艺转化率可达为91.4%，塔釜可以采出高纯度 MTBE。

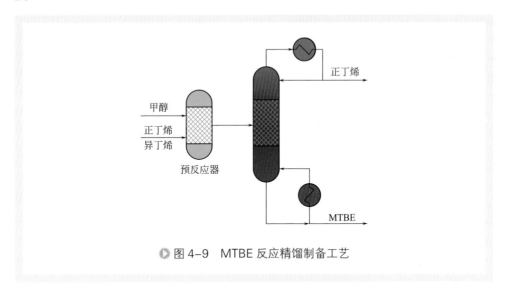

● 图 4-9　MTBE 反应精馏制备工艺

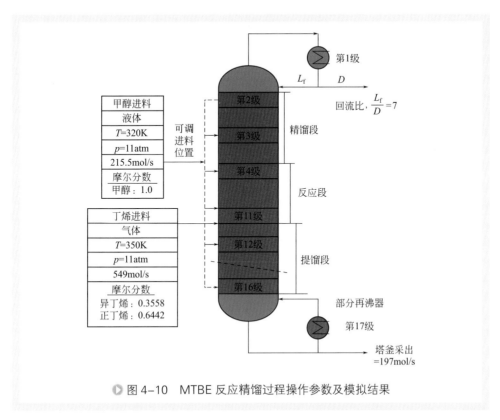

● 图 4-10　MTBE 反应精馏过程操作参数及模拟结果

美国 CR&L 公司率先将这一技术工业化，在休斯敦建成日产 222.6m³ MTBE 的工业生产装置，异丁烯转化率高于 99.9%，比固定床提高 3% ～ 4%[25]。我国 MTBE 的生产工艺主要采用齐鲁石化的专有反应精馏技术，该公司在上海高桥拥有生产能力为 40kt/a 的 MTBE 装置。

然而 MTBE 会污染地下水且难以降解，2003 年后美国和欧洲各国纷纷立法禁止向汽油中添加 MTBE。生产厂家陆续开发其他醚化产品，ETBE、TAME 和二异丙醚（DIPE）均是 MTBE 良好的替代品。

4. 歧化反应

烯烃等有机化合物的歧化反应一般是在固定床、流化床或是釜式搅拌反应器中进行，反应采用铝基催化剂，反应器出料进入一系列的精馏塔完成后续分离，得到最终的反应产物和未反应物。采用反应精馏技术简化歧化反应工艺流程的可行性已经在相关文献中得到证实[26]，其中存在的主要问题是催化剂很容易失活，极大地制约了此类工艺的大规模工业化。但最新的研究表明，持续或间歇地向反应体系中加入铝的化合物可以防止催化剂失活并显著延长催化剂的使用寿命。

富集 2- 丁烯的 C_4 烯烃混合物与乙烯歧化生成丙烯的反应精馏工艺如图 4-11 所示，反应发生在反应精馏塔装填铝基催化剂的反应段。乙烯和 C_4 烯烃混合物分别从塔釜和塔顶进料，铝的化合物作为稳定剂与 C_4 烯烃混合物一同持续地加入反应精馏塔。塔顶得到产物丙烯和未反应的乙烯混合物，可进入后续的精馏塔进行分离，分离得到的乙烯作为反应精馏塔的进料循环使用；塔釜出料进入辅助精馏塔分离得到未反应的 C_4 烯烃和其他重组分副产物。

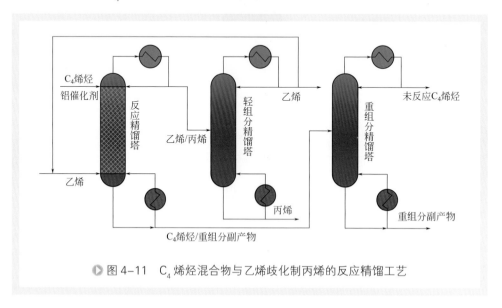

▶ 图 4-11　C_4 烯烃混合物与乙烯歧化制丙烯的反应精馏工艺

反应精馏塔的合理运用简化了工艺流程，降低了设备投资和能耗成本。类似地，反应精馏分别在 1- 丁烯与 2- 丁烯歧化以及 2- 戊烯歧化的反应过程中得以成功应用[27]。由于及时移除产物，打破了化学平衡的限制，歧化反应的转化率得到提高。

5. 缩合反应

醛和酮的缩合反应是反应精馏技术的典型应用。受到反应平衡的限制，反应转化率低，反应后的母液含有大量未反应的醛和酮，造成环境的污染和原料的浪费。为提高反应转化率，并回收未转化的醛酮类物质，反应精馏技术脱颖而出。以甲醇和甲醛生成甲缩醛的反应过程为例，反应精馏工艺如图4-12所示，甲醛水溶液从塔上部加入，工业甲醇从塔下部加入，塔顶得到高浓度的甲缩醛和未转化的甲醇，塔底采出水。Kolah 等[8]的研究结果表明，传统工艺在进料比 n（甲醇）：n（甲醛）= 6∶1 时，甲醛的转化率只有 85%；而反应精馏技术在进料比为 n（甲醇）：n（甲醛）= 3∶1 时，转化率已经高达 99%。天津大学[28]开发了制备甲缩醛的反应精馏技术，利用阳离子交换树脂催化剂，考察了回流比、进料速率、进料组成和催化剂等对产品的影响，设计出了两种不同的工艺流程，甲醛的转化率可达 99.8%，塔顶采出甲缩醛的浓度为 99.1%。华东理工大学[29]也开发出反应精馏工艺，将离子交换树脂催化剂做成波纹催化填料，塔顶可得到 99% 的甲缩醛。

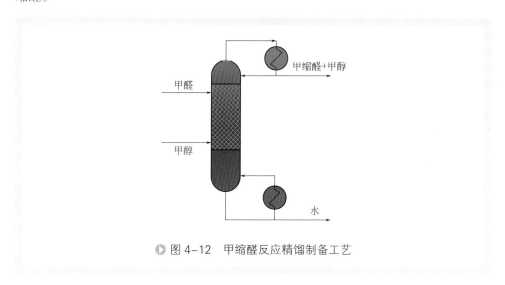

▶ 图 4-12　甲缩醛反应精馏制备工艺

6. 烷基化反应

乙苯和异丙苯是两种重要的苯的衍生物，全球每年有将近 75% 的石油苯用于与烯烃发生烷基化反应生产这两种产品。在反应器内发生化学反应，产物停留时间长，会发生连串的副反应，影响反应选择性。除此之外，大量的反应热无法及时移除，致使反应体系会出现"热点"温度或者"飞温"现象。事实证明反应精馏技术可用于苯的烷基化过程，并能最大程度避免上述问题。

美国 CDTech 公司成功开发了生产乙苯的反应精馏工艺，现有 2 套工业生产装置，总生产能力约为 850kt/a。图 4-13 是此反应精馏工艺示意图，乙烯与苯的烷基化反应精馏塔分为两段，上部反应段装填特殊设计的捆扎包，内装 Y 形分子筛，下部提馏段安装塔板。乙烯从反应段底部进料，苯从回流罐进入塔内。反应精馏及时移除生成的乙苯，降低反应段生成物的浓度，使乙烯转化率显著提升，并避免副反应的发生，乙苯选择性超过 99.5%。过程的特点是反应温度受到泡点温度制约，避免反应段"热点"的生成；乙烯在塔内液相中含量低于 0.3%，同时产物乙苯及时从反应区域移去，极大地抑制了副反应，减少副产物的生成，提高了催化剂寿命；苯和乙烯的进料比由传统反应工艺的 4 ～ 10 降低至 1.5 ～ 2，苯在反应精馏塔内的循环量大大减少，节约了原料和能耗；反应热也得以充分利用[30]。同时，CDTech 公司还开发了与之相似的异丙苯反应精馏工艺并成功投入工业生产。

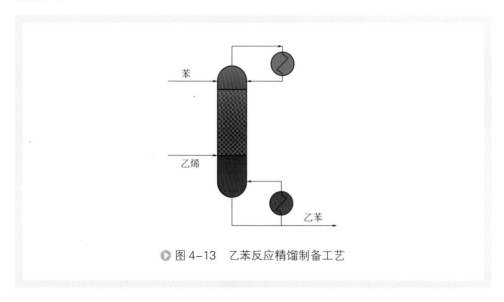

▶ 图 4-13　乙苯反应精馏制备工艺

7.　加氢反应

加氢反应是典型的含不凝性气体的复杂化工过程。氢气在液相中溶解度低，不利于液相化学反应。反应精馏技术整体上气液逆流传质与反应的特点有利于氢气和反应物的充分接触；反应热被汽化过程迅速移走从而避免了"热点"或"飞温"现象，反应温度容易控制；催化剂表面气相与液相的连续流动冲刷了表面的积炭，催化剂寿命较长。近年来，加氢精制、加氢脱硫和加氢裂化等反应精馏技术实现了工业化。

CDTech 开发了全馏分催化汽油加氢精制脱硫的反应精馏工艺[31]。该高效催化汽油精制脱硫组合工艺如图 4-14 所示，包含加氢精制和加氢脱硫两个反应精馏塔。各馏分催化汽油在塔压为 0.5MPa 的精制塔内分离，塔顶采出轻汽油，塔底得到的中、重汽油含硫量高，通入脱硫塔中处理。脱硫塔塔压为 1.7MPa，中、重汽油塔中部进料，氢气则由底部引入，塔顶冷凝后得到氢气和硫化氢等不凝性气体及中质油，塔底出料为低硫重汽油。此过程脱硫率可达 99.5% 以上，精制后催化汽油中硫含量低于 $1 \times 10^{-5}\%$（质量分数），且加氢反应对硫化物有高度的选择性，辛烷值损失率极低。相较于固定床反应器中发生的加氢脱硫，反应精馏工艺的氢气消耗明显降低；催化剂寿命也提高至 5 年以上。此外，加氢反应精馏技术也是脱除汽油中有机苯和烷基化产物中烯烃 / 二烯烃等杂质的有效方法。

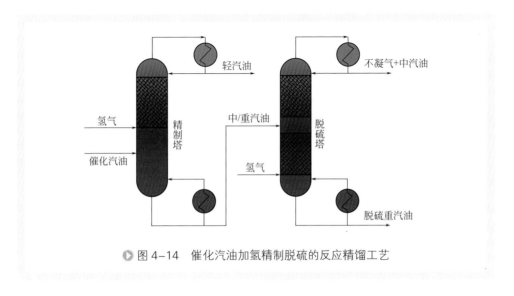

◗ 图 4-14　催化汽油加氢精制脱硫的反应精馏工艺

8. 水合反应

反应精馏技术可以应用于环氧化物及烯烃水合反应生成相应醇的过程[32]。传统环氧化物水合过程中，醇类产物会进一步与环氧化物反应，为抑制副反应发生，通常采用高水比，不仅消耗大量水使醇类产物夹带损失增大，还让后续的分离负担加重。反应精馏技术则可解决这一问题。由于环氧化物具有高挥发度，反应精馏塔液相中环氧化物浓度很低，副反应难以发生，因而不需要采用高水比。除此之外，环氧化物水合是强放热反应，反应精馏可利用此反应热来加热塔内液相，降低再沸器的负荷。环氧丙烷水解制丙二醇是典型的环氧化物水合反应。传统工艺中，水与环氧丙烷的投料比为 15 ～ 20，反应热无法有效利用，过程能耗高。华东理工大学与湖南化工设计院共同开发了生产丙二醇的反应精馏新工艺[33]，水与环氧丙烷的投料比降至 1.5 ～ 3，反应选择性由原来的 85% 提高到 93%，反应热得以充分利用，能耗大幅下降。此工艺已在云南玉溪天山化工有限公司建成投产，年产丙二醇 6000t。

反应精馏亦可用于烯烃水合，大多数情况下，醇类产物作为重组分，在全回流的条件下在塔底得到。典型的烯烃水合反应精馏过程是叔丁醇生产工艺。叔丁醇与水的沸点分别为 82℃ 和 100℃，能形成二元最低共沸物，因此叔丁醇由塔底采出，水以轻组分形式返回反应区；过程不需要过量水，就可使平衡移动，提高异丁烯转化率。该过程的特点是在塔内建立液泛反应区，气相为分散相，通过改善液相与催化剂的接触情况，促进传质。

此外，较为特殊的是环己烯水合制环己醇的反应精馏过程。直接水合法不适用于环己烯的水合，这是由于体系三种物质在常压下的沸点顺序为：环己烯（82.9℃）＜水（100℃）＜环己醇（161.1℃）。为在塔底得到高纯度的环己醇，不能使用适用于体系的液体催化剂（难挥发性酸，如硫酸等）；当选用固体催化剂（沸石分子筛、离子交换树脂等）时，环己烯和水分相，油相与水相间存在传质阻力，限制了水合反应的发生。而且环己烯进料中常混有高含量的环己烷（80.1℃），反应不彻底使后续环己烷和环己烯的分离困难。

针对以上问题，研究者提出了以甲酸作为反应夹带剂来间接强化环己烯水合反应精馏过程的概念[34]。如图 4-15 所示，环己烯先和甲酸生成中间产物甲酸环己酯，再经由水解反应生成目标产物环己醇。根据这一思路，整个反应精馏工艺流程包括如图 4-16 所示两个反应精馏塔。第一个反应精馏塔为酯化塔，甲酸和环己烯生成中间产物甲酸环己酯，从塔底出料，而塔顶则分离得到高纯度的原料中的惰性物质环己烷。甲酸和环己烯的反应速率很快，因此利用甲酸作为反应夹带剂大幅提高了总的反应速率。第二个反应精馏塔为水解塔，将甲酸环己酯进行水解反应，塔底得到目标产物环己醇，而甲酸从塔顶出料，再回流到酯化塔循环利用。在此过程中，中间产物甲酸环己酯和甲酸均停留在体系内，分相影响降低，环己烯转化率得到显著提升，进料中环己烯和环己烷得以完全分离。此间接水合路线还适用于其他 $C_5 \sim C_8$ 烯烃（如环戊烯）的水合。

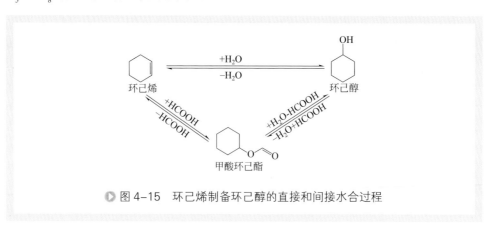

▶ 图 4-15　环己烯制备环己醇的直接和间接水合过程

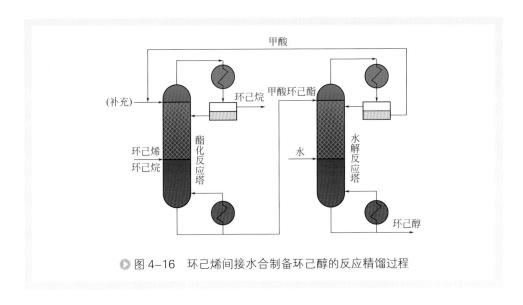

▶ 图4-16 环己烯间接水合制备环己醇的反应精馏过程

9. 酯类水解反应

工业生产过程中产生的低浓度酯溶液一般通过水解反应回收利用，但酯水解反应的平衡常数一般较小、单程转化率较低，并且水解液为酸 - 醇 - 酯 - 水及其共沸物组成的复杂混合物，后续分离需要多个特殊精馏和普通精馏装置才能得到纯组分。大量未水解的酯需循环进行反应，加上复杂的分离流程，使得设备投资大、能耗高。采用反应精馏技术后，可以极大简化工艺流程和降低能耗。

Fuchigami[35] 开发了基于反应精馏的乙酸甲酯水解工艺，如图4-17所示。该工艺利用阳离子交换树脂作为催化剂，利用聚乙烯粉末将催化剂规整为颗粒小球，直接装填于塔内。水和乙酸甲酯分别从塔顶上方和反应段下方进入反应精馏塔，整个

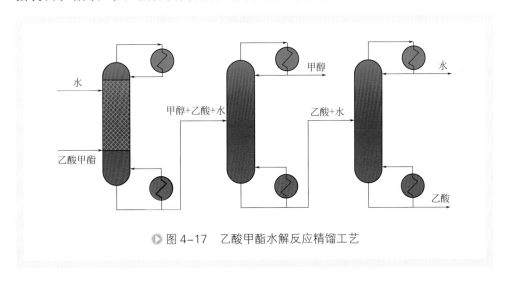

▶ 图4-17 乙酸甲酯水解反应精馏工艺

塔采用全回流的操作模式以确保乙酸甲酯完全转化。塔底组分（水、甲醇和乙酸）通过之后的两个精馏塔得到完全分离。乙酸甲酯的转化率达到99%，节能约50%。在我国，由福州大学[36]开发的乙酸甲酯水解反应精馏工艺较大程度地克服了传统工艺的弊端。该工艺以磺酸钠型阳离子交换树脂为催化剂，在保持原分离流程不变的条件下，低浓度的乙酸甲酯生产残液的水解率提高到57%，能耗降低约28%。并在1m直径工业试验塔长期正常运转的基础上，建成了与20kt/a聚乙烯醇生产相配套的乙酸甲酯水解反应精馏装置。

10. 羰基化反应

乙酸作为一种重要的工业原料、溶剂和中间体可以通过甲醇的羰基化制备。较为传统的制备方式是在釜式搅拌反应器均相催化的反应介质中，加入第Ⅷ副族金属化合物（多用铑和铱元素的化合物）与卤化物前驱体形成的催化体系，催化甲醇与一氧化碳反应生成乙酸。卤化氢的生成和均相体系乙酸的分离增加了生产过程的能耗和基础投资。

Voss[37]在反应精馏塔中完成了甲醇的羰基化并制得高纯度的乙酸，如图4-18所示。一氧化碳和氧化卤化氢的氧化剂从反应段底部进料，塔顶得到未反应的一氧化碳和其他不凝性气体，塔釜则得到产物乙酸。由于采用了反应精馏技术，多个操作单元和设备（釜式搅拌反应器、闪蒸罐、轻组分精馏塔、除水塔、吸收塔和相应的泵等）得到简化。反应放出大量的反应热在反应精馏塔的热量回收装置中得以收集和再利用。此外，由于反应精馏过程不再涉及闪蒸过程，催化剂的毒化及损失得以有效避免。而且由于体系引入了氧化剂，反应精馏工艺不再有卤化氢的累积，从而对水不再像传统工艺一样敏感，反应效果和操作弹性都得到了明显提升。

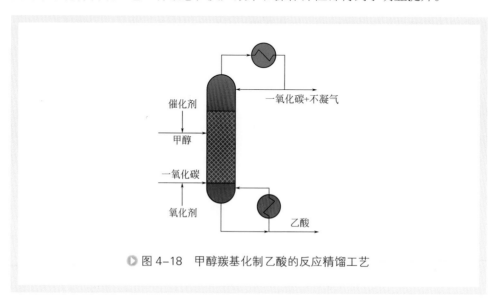

图 4-18　甲醇羰基化制乙酸的反应精馏工艺

11．聚合反应

在传统的工艺过程中，聚酰胺（尼龙 6）是由氨基腈直接水解聚合成生成。但部分聚合中间体会阻碍高分子量产物的形成，并对聚酰胺的质量产生负面影响。反应中生成的氨气会残留在聚合物产品上难以完全除净。此外，传统工艺采用单相溶液进行水解和预聚，这就要求操作压力要足够高从而能够将易挥发性物质，特别是氨气保留在溶液中。Leemann 等 [38] 成功地将反应精馏技术应用于聚酰胺的合成过程中。如图 4-19 所示，该工艺不再采用基于布朗斯特酸的催化剂，氨气与水蒸气同低分子量的化合物一起从塔顶采出，而高分子量的聚酰胺在塔釜得到。此外，采用多级反应精馏塔制备尼龙 6 的工艺节省了多余的反应停留时间，消除了后续繁琐的提纯步骤。

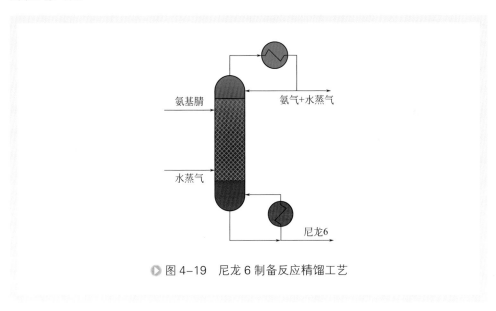

● 图 4-19　尼龙 6 制备反应精馏工艺

第四节　反应精馏过程模型

反应精馏技术耦合了化学反应与精馏分离两种单元，操作条件微小的变化可能引起过程系统不可预料的影响，仅凭经验难以掌握其规律，在反应精馏过程设计、放大、操作及控制方案选择的过程中存在较大难度。反应精馏过程的模拟与分析，不仅可以预测实验结果，还能系统地研究各操作变量的影响规律及其相互关系，因此在反应精馏技术的开发中特别重要。

随着计算机技术的迅速发展，过程模拟已经成为提升反应精馏工艺经济性、操作弹性和安全性的主要手段，为反应精馏应用过程中的开发、设计和操作优化提供了可靠的理论基础。其中，过程模型是模拟计算、参数优化和过程控制的基础和关键。相对于普通精馏过程的数学模型，反应精馏过程模型加入了反应动力学模型，以描述化学反应进行的方向与程度。目前，根据对反应精馏塔中传质和传热情况的不同基本假设，产生了两种较为成熟的反应精馏过程模型：平衡级模型和非平衡级模型。表4-2列出了反应精馏平衡级模型与非平衡级模型的基本假设。在此基础上，二者可进一步细分为稳态模型与动态模型；稳态模型可用于过程可行性分析与设计优化，而动态模拟对过程的开停车和操作控制提供指导。

表4-2　反应精馏平衡级模型与非平衡级模型的基本假设[39]

平衡级模型	非平衡级模型
气液两相主体间达到相平衡	气液两相界面间达到相平衡
不考虑气相和液相间传递阻力	考虑气相和液相间的传递阻力
气液两相的温度均一	气液两相的温度不同
化学反应只发生在液相	化学反应只发生在液相（固相）

一、平衡级模型

平衡级模型（equilibrium stage model，EQ 模型）是用于描述反应精馏过程最基本和常用的数学模型。最初对 EQ 模型的研究多是基于稳态，而 EQ 动态模型的建立为实际反应精馏过程动态变化的模拟分析打下了坚实的基础。图 4-20（a）所示一个平衡级示意图，完整的过程被模拟为多个平衡级串联排布的结果 [图 4-20（b）]。

1. 模型方程

描述 EQ 模型的方程简称 M-E-S-H 方程，M-E-S-H 是不同类型方程的首字母缩写。以下是动态条件下的 EQ 模型。

M 方程为物料衡算方程。总物料衡算方程为：

$$\frac{\mathrm{d}U_j}{\mathrm{d}t} = V_{j+1} + L_{j-1} + F_j - (1 + r_j^{\mathrm{v}})V_j - (1 + r_j^{\mathrm{L}})L_j + \sum_{m=1}^{r}\sum_{i=1}^{c} v_{i,m}R_{m,j}\varepsilon_j \quad (4\text{-}4)$$

式中，U_j 为 j 级上的持液量，在大多数情况下，U_j 为液相的持液量，高压下才考虑增加气相的持液量；V_j、L_j、F_j 分别为 j 级上的气相流率、液相流率和进料流率。组分的物料衡算（忽略气相的持液量）为：

$$\frac{\mathrm{d}U_j x_{i,j}}{\mathrm{d}t} = V_{j+1}y_{i,j+1} + L_{j-1}x_{i,j-1} + F_j z_{i,j} - (1 + r_j^{\mathrm{v}})V_j y_{i,j} - (1 + r_j^{\mathrm{L}})L_j x_{i,j} + \sum_{i=1}^{c} v_{i,m}R_{m,j}\varepsilon_j$$

$$(4\text{-}5)$$

式中，$x_{i,j}$，$y_{i,j}$，$z_{i,j}$分别是j级上组分i的液相、气相和进料组成；r_j是j级侧线流S和塔内物流的比值：

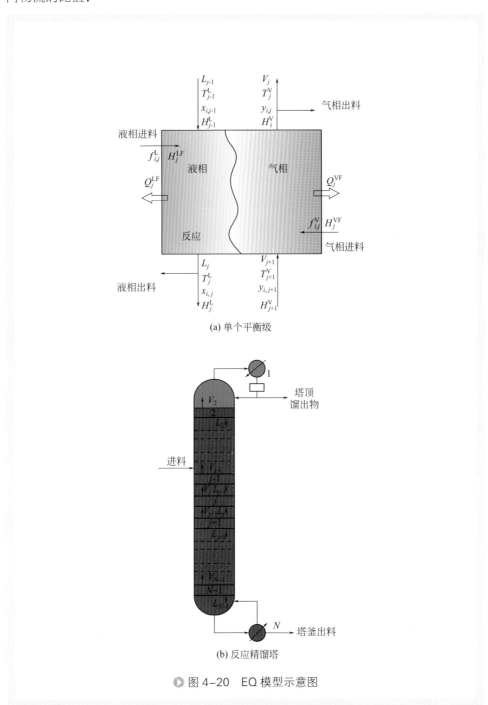

(a) 单个平衡级

(b) 反应精馏塔

◉ 图 4-20　EQ 模型示意图

$$r_j^V = S_j^V / V_j \qquad r_j^L = S_j^L / L_j \qquad\qquad (4\text{-}6)$$

$v_{i,m}$为反应m中组分i的计量系数；ε_j为j级的反应体积；$R_{m,j}$为j级中反应m的反应速率。

E方程为相平衡方程：

$$y_{i,j} = K_{i,j} x_{i,j} \qquad\qquad (4\text{-}7)$$

式中，$K_{i,j}$为j级组分i的汽液平衡常数。

S方程为加和方程：

$$\sum_{i=1}^{c} x_{i,j} = \sum_{i=1}^{c} y_{i,j} = 1 \qquad\qquad (4\text{-}8)$$

H方程为能量衡算方程：

$$\frac{\mathrm{d} U_j H_j}{\mathrm{d} t} = V_{j+1} H_{j+1}^V + L_{j-1} H_{j-1}^L + F_j H_j^F - (1 + r_j^V) V_j H_j^V - (1 + r_j^L) L_j H_j^L - Q_j \qquad (4\text{-}9)$$

式中，H_j代表j级某相的焓，方程左边焓值代表该级的总焓值，通常情况下为液相的焓；Q_j为j级的外加能量。

需要注意的是，如果焓是基准态的焓值，能量衡算方程无需考虑反应热项。在稳态条件下，上述方程中时间的导数均为0。

此外，塔中压降为：

$$p_j - p_{j-1} - (\Delta p_{j-1}) = 0 \qquad\qquad (4\text{-}10)$$

式中，p_j为j级的压力；Δp_{j-1}是从第j级到$j-1$级的压降。

与普通精馏相似，上述数学模型中塔内每块塔板均视为理论板，并未考虑传质速率、板上气液两相混合情况和非理想流动以及板间返混的影响。尽管平衡级模型计算简便，精度较高，但其计算结果并不能反映反应精馏塔内运行的实际情况。由于平衡级模型假定塔内的每一个平衡级上离开的气、液相均达到相平衡组成，然而实际的反应精馏过程中每一级并不处于相平衡状态。为了弥补这一偏差，该模型引入了级效率或等板高度的概念。板效率的定义有很多种，其中默弗里板效率E_j^{MV}最为常用，它的定义如下：

$$E_j^{MV} = \frac{\bar{y}_{iL} - y_{iE}}{y_i^* - y_{iE}} \qquad\qquad (4\text{-}11)$$

式中，$\bar{y}_{iL}$为气相组分i离开塔板j的实际摩尔分数；y_{iE}为气相组分i进入塔板j的实际摩尔分数；y_i^*为平衡条件下的气相组分i离开塔板j的摩尔分数。对于含有3种及3种以上组分的反应精馏体系而言，各组分的默弗里板效率各不相同，可以大于1或小于0。在填料塔的模拟中，利用等板高度（HETP）的概念将填料塔的模拟转换为筛板塔。由于默弗里板效率和等板高度影响因素众多，通常由实验测量获得经验关联式，难以提出一个普遍适用的、准确的默弗里板效率和等板高度计算模型，这使得EQ模型模拟结果的可靠性大受影响。因此，一般只在反应精馏过程开发的初级阶段适合选用EQ模型进行过程的初步设计与模拟。

2. 计算方法

EQ反应精馏模型与普通精馏相比，只是增加了反应项，然而正是由于反应项的介入，使得模型方程的非线性程度显著提高，计算复杂且难以收敛。为此，多种算法得以开发。常用的算法有逐级计算法、方程解离法（又称三对角矩阵法）、松弛法、同时校正法（又称Newton-Raphson法）等。

（1）逐级计算法 在采用逐级计算法计算EQ模型的过程中，逐步增加非平衡级的数目，以前一次的收敛解作为初值，直到迭代结果不发生明显变化为止。这种方法既可用于操作型计算，也可用于设计型计算，不要求估算级效率或等板高度。计算结果的准确度也较高，因而具有通用性。但该法需多次重复计算，因此计算量较大。

（2）方程解离法 方程解离法适用于物系偏离理想性不远、化学反应级数不大于一级且转化率不高的反应精馏过程，其缺点是当初值设置不好或物系的溶液非理想程度强、化学反应级数大于一级且转化率高的时候，致使计算不稳定或不能完全收敛，甚至发散。另外，该法不能用于反应精馏塔的设计型计算。

（3）松弛法 松弛法是利用非稳态方程来确定稳态解的一种方法。它利用欧拉反差式代替了动态模型方程中组分物料衡算式左边残差对时间的导数。优点在于适合用于非理想性较强的体系，对迭代变量初值要求低，初始迭代收敛速度快，稳定性好。缺点在于迭代的次数较多且后期迭代速度较慢。

（4）同时校正法 同时校正法是求解非理想溶液物系反应精馏过程模型方程的重要方法之一，能适用于反应级数大于一级的体系，具有应用范围广、收敛速度快等优点。该法需要着重注意的是过量校正问题，求解必须加以阻尼，以防振荡发散，同时，初值设置也是难点，此法在收敛区域内为二次收敛，但当所设初值偏离收敛域时，则迭代难以进入收敛域或收敛于别的不合理区。

3. 模拟软件和平台

上述计算方法可被集成于模拟软件或直接在相应平台中对EQ模型进行求解和计算。例如，Aspen Plus和PRO/Ⅱ可用于反应精馏EQ模型的静态模拟，而Aspen Dynamics、HYSYS、SPEEDUP、ASCEND和gPROMS等计算平台可用于反应精馏EQ模型的动态模拟。

其中，Aspen Plus的"RADFRAC"是反应精馏过程模拟最常用的模块之一，它是典型的基于EQ模型的求解算法，适用于包括平衡反应精馏、速率控制反应精馏、固定转化率反应精馏和电解质反应精馏在内的多种反应精馏过程的严格模拟计算[40]。RADFRAC模块允许设置任意级数、中间再沸器和冷凝器、液-液分相器、中段循环。要求至少一股进料，一股气相或液相塔顶产品，一股液相塔底产品。塔顶可以出一股水，每一级进料物流的数量没有限制，但每一级至多只能有三股侧线产品（一股气相，两股液相），可设置任意数量的虚拟产品流。反应精馏塔级数是由冷凝器开始从上向下进行编号，到再沸器为止（如果没有冷凝器则从顶部第一级开始）。

在采用 Aspen Plus 对反应精馏进行模拟和设计时需要考虑的一个重要的因素就是塔的操作压力。与普通精馏塔相比，压力对于反应精馏塔的影响要大得多。无论是对于模拟过程还是实际操作来说，设定的操作压力会关系到反应精馏塔内温度分布，从而同时影响塔内的反应和分离；两者间往往存在此消彼长的竞争关系，低压有助于分离，但由于低压情况下温度低会降低反应速率（反之亦然），需要根据具体的限制条件和产品要求进行权衡，选择最适宜的塔压。在确定塔内操作压力的同时，可以根据指定产品的质量与反应的转化率对反应精馏塔的结构及操作参数进行优化，可以调整和优化的变量有：反应段的持液量、反应段的理论板数、反应物的进料位置、精馏段的理论板数、提馏段的理论板数、回流比以及再沸器的热负荷等。值得注意的是，持液量是反应精馏塔的一个关键参数，每块板上反应速率的大小与持液量有着直接的关系。优化后得到的持液量需要结合塔径，检验其是否合理。

运用 Aspen Plus 模拟反应精馏塔的步骤如下：

① 建立反应精馏 RADFRAC 模块流程，并输入相关参数。

② 在"Reactions"页面下创建新的化学反应对象，选择"REAC-DIST"，将其属性定义为反应精馏。

③ 确定反应类型，然后输入反应方程式和反应物与生成物的化学计量系数，特定情况下输入动力学相关指数或指定反应转化率。默认的反应类型有：采用动力学描述的反应、处于平衡态的反应和指定转化率的反应。

④ 选择塔内进行的反应，并指定反应段的位置。

⑤ 基于灵敏度分析及相关模拟结果优化反应精馏塔结构及操作参数，并验证其合理性。

二、非平衡级模型

由于 EQ 模型中默弗里板效率和等板高度大都通过经验式关联，很难提出一个普遍适用的准确模型，使得其可靠性受到影响。针对 EQ 模型的缺点，Krishnamurthy 和 Taylor[41] 于 1985 年提出非平衡级模型（non-equilibrium stage model，NEQ 模型）。这种模型是以双膜理论为基础，结合气相和液相内多组分传质模型，将相内质量和能量传递方程与相界面上的相平衡方程结合，在 M-E-S-H 方程的基础上引入质量、能量传递速率方程，形成 M-E-S-H-R 方程，从而避免了板效率和等板高度的计算。

1．模型方程

反应精馏的非平衡级模型根据所用的催化剂不同（均相和非均相催化剂）又有所区别。

（1）均相反应 对于均相催化剂而言，由于体系只存在气液两相，而反应只发生在液相。所以根据双膜理论，组分先通过气相主体进入气相膜，再进入液相膜，最后从液相膜进入液相主体。在液相膜和液相主体中，都伴有反应的发生。均相反应的 NEQ 模型如图 4-21 所示。

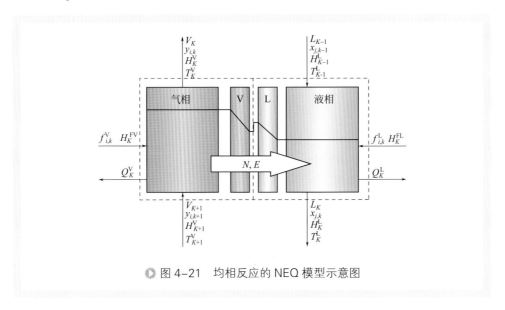

◉ 图 4-21 均相反应的 NEQ 模型示意图

描述均相 NEQ 模型方程包括：气液相物料平衡方程、能量守恒方程、气液相传质通量方程、相界面汽液平衡方程、气液相归一化方程，以及汽液平衡常数、气液相传质传热系数方程[42]等。

NEQ 级代表塔板的一个层或填料塔的一段。动态条件下，气相和液相组分的物料衡算方程为：

$$\frac{\mathrm{d}U_{i,j}^{\mathrm{V}}}{\mathrm{d}t} = V_j y_{i,j} - V_{j+1} y_{i,j+1} - f_{i,j}^{\mathrm{V}} + N_{i,j}^{\mathrm{V}} \tag{4-12}$$

$$\frac{\mathrm{d}U_{i,j}^{\mathrm{L}}}{\mathrm{d}t} = L_j x_{i,j} - L_{j-1} x_{i,j-1} - f_{i,j}^{\mathrm{L}} - N_{i,j}^{\mathrm{L}} - \sum_{i=1}^{c} v_{i,m} R_{m,j} \varepsilon_j \tag{4-13}$$

式中，$U_{i,j}$，$N_{i,j}$ 和 $f_{i,j}$ 分别为 j 级组分 i 的持液量、界面质量传递速率和测线出料速率。在气-液界面有连续方程：

$$N_i^{\mathrm{V}}\big|_{\mathrm{I}} = N_i^{\mathrm{L}}\big|_{\mathrm{I}} \tag{4-14}$$

气相和液相的焓衡算方程为：

$$\frac{\mathrm{d}U_j^{\mathrm{V}} H_j^{\mathrm{V}}}{\mathrm{d}t} = V_j H_j^{\mathrm{V}} - V_{j+1} H_{j+1}^{\mathrm{V}} - F_j^{\mathrm{V}} H_j^{\mathrm{VF}} + E_j^{\mathrm{V}} + Q_j^{\mathrm{V}} \tag{4-15}$$

$$\frac{\mathrm{d}U_j^{\mathrm{L}} H_j^{\mathrm{L}}}{\mathrm{d}t} = L_j H_j^{\mathrm{L}} - L_{j-1} H_{j-1}^{\mathrm{L}} - F_j^{\mathrm{L}} H_j^{\mathrm{LF}} - E_j^{\mathrm{L}} + Q_j^{\mathrm{L}} \tag{4-16}$$

式中，E_j 为 j 级界面能量传递速率，等于能量通量和净界面面积的乘积。界面能量传递速率的连续行方程为：

$$E^{\mathrm{V}}|_{\mathrm{I}} = E^{\mathrm{L}}|_{\mathrm{I}} \tag{4-17}$$

在稳态条件下，上述方程中对时间的导数均为 0。对多组分系统，质量传递的最基本的方法是使用 Maxwell-Stefan 理论[43]，气相和液相中分别为：

$$\frac{y_i}{RT^{\mathrm{V}}} \frac{\partial \mu_i^{\mathrm{V}}}{\partial z} = \sum_{k=1}^{c} \frac{y_i N_k^{\mathrm{V}} - y_k N_i^{\mathrm{V}}}{c_t^{\mathrm{V}} D_{i,k}^{\mathrm{V}}} \tag{4-18}$$

$$\frac{x_i}{RT^{\mathrm{L}}} \frac{\partial \mu_i^{\mathrm{L}}}{\partial z} = \sum_{k=1}^{c} \frac{x_i N_k^{\mathrm{L}} - x_k N_i^{\mathrm{L}}}{c_t^{\mathrm{L}} D_{i,k}^{\mathrm{L}}} \tag{4-19}$$

式中，$D_{i,k}$ 为某相内组分 i-k 间的 Maxwell-Stefan 扩散系数。

式（4-18）和式（4-19）中，只有 $c-1$ 个独立方程；两相中最后一个组分的摩尔分数可由归一化方程得到。

能量传递速率方程为：

$$E_j^{\mathrm{L}} = -h_j^{\mathrm{L}} a \frac{\partial T^{\mathrm{L}}}{\partial \eta} + \sum_{k=1}^{c} N_{i,j}^{\mathrm{L}} H_{i,j}^{\mathrm{L}} \tag{4-20}$$

其中传导和对流传热对能量传递的贡献如下：

$$E_j^{\mathrm{L}} = -\lambda_j^{\mathrm{L}} \frac{\partial T^{\mathrm{L}}}{\partial \eta} + \sum_{k=1}^{c} N_{i,j}^{\mathrm{L}} H_{i,j}^{\mathrm{L}} \tag{4-21}$$

$N_{i,j}$ 可由如下修正的 Maxwell-Stefan 方程计算得到：

$$\frac{x_{i,j}}{RT_j} \frac{\partial \mu_{i,j}^{\mathrm{L}}}{\partial \eta} = \sum_{k=1}^{c} \frac{x_{i,j} N_{k,j}^{\mathrm{L}} - x_{k,j} N_{i,j}^{\mathrm{L}}}{c_{t,j}^{\mathrm{L}} (\kappa_{i,k}^{\mathrm{L}} a)_j} \tag{4-22}$$

式中，$\kappa_{i,k}^{\mathrm{L}}$ 为液相中 i-k 组分对的传质系数，它可以通过 Taylor 和 Krishna 的标准程序，根据 Maxwell-Stenfan 扩散系数 $D_{i,k}$ 估算求得；a 为相界面的面积。

在气 - 液界面上假设相平衡方程为：

$$y_{i,j}|_{\mathrm{I}} = K_{i,j} x_{i,j}|_{\mathrm{I}} \tag{4-23}$$

此外，塔中压降为：

$$p_j - p_{j-1} - (\Delta p_{j-1}) = 0 \tag{4-24}$$

式中，p_j 为 j 级的压力，Δp_{j-1} 是从第 j 级到 $j-1$ 级的压降。

当反应速率很快时，反应会在液膜和液相主体中同时发生。对于极快速的反应，反应只在液膜处发生。因此，此时气液相界面处的连续方程需要考虑液膜的反应速率带来的影响，其连续方程可以由方程式（4-25）表示：

$$\frac{\partial N_i}{\partial z} = \sum_{m=1}^{r} v_{i,m} R_m \qquad (4\text{-}25)$$

在大部分体系中，由于 Hatta 特征数小于 1，因此穿过膜的通量变化并不显著，膜内的组成分布接近于线性分布。对于其他的反应分离过程，膜内的组成变化非常重要。对于一个特定的过程，事先并不清楚它将在哪种状态下操作，并且在不同的级上，状态甚至都会发生改变。这样，对涉及均相反应的所有情况，最通用的方法就是同时求解 M-S 方程及连续性方程。在这种情况下，由 M-S 方程及连续性方程组成的方程组通常必须用数值法进行求解。

（2）非均相反应　对于非均相催化反应，必须考虑固体催化剂与液相主体的传质速率对反应的影响。固体催化剂可以分为两种：非孔状催化剂和多孔状催化剂[44]。当使用非孔状催化剂时，反应物先从气相主体进入液相主体，再由液相主体进入催化剂表面，之后在催化剂表面上发生反应。生成产物从催化剂表面进入液相主体，再由液相主体进入气相主体。反应物和生成物在催化剂表面、气液相主体间的传质速率可以由 Maxwell-Stefan 方程求得。在催化剂表面上的反应速率等于液相与催化剂相界面处的传质速率。在某些情况下，上述的传递过程存在控制步骤，因此可以采用拟均相模型对整个传递过程进行简化。图 4-22 是该过程的质量和能量传递过程示意图。其模型方程与均相反应的非平衡级模型方程类似。

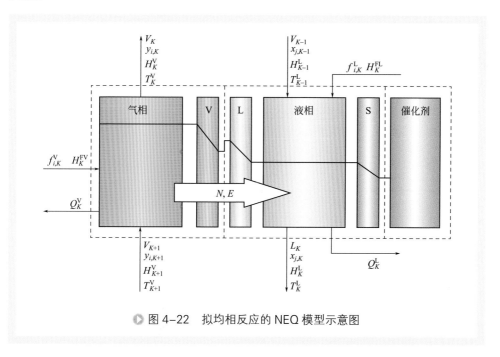

● 图 4-22　拟均相反应的 NEQ 模型示意图

当使用的催化剂为多孔结构时，反应物依次从气相主体进入液相主体、催化剂表面，再从催化剂表面逐步向催化剂内部扩散同时发生化学反应。生成的产物再依次从催化剂表面进入液相主体和气相主体，其模型如图 4-23 所示。对于反应精馏塔的第 j 级（$j = 2, \cdots, N\text{-}1$）非均相非平衡级而言，气 - 液界面两侧都伴有能量与质量传递，同时在液相中还发生化学反应。通过热量、质量和化学反应速率方程，可以确定第 j 级上分离和反应所达到的程度，从而避免引入板效率来校正第 j 级的各组分的非理想混合。

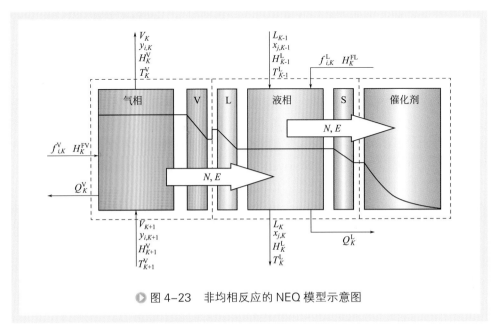

▶ 图 4-23 非均相反应的 NEQ 模型示意图

此模型中气、液、固三相物料衡算方程如下：

$$\frac{\mathrm{d}U_{i,j}^{\mathrm{V}}}{\mathrm{d}t} = V_j x_{i,j} - V_{j+1} y_{i,j+1} - f_{i,j}^{\mathrm{V}} + N_{i,j}^{\mathrm{V}} \tag{4-26}$$

$$\frac{\mathrm{d}U_{i,j}^{\mathrm{L}}}{\mathrm{d}t} = L_j x_{i,j} - L_{j-1} x_{i,j-1} - f_{i,j}^{\mathrm{L}} + N_{i,j}^{\mathrm{S}} \tag{4-27}$$

$$U_{i,j}^{\mathrm{S}} = N_{i,j}^{\mathrm{S}} - \nu_i R_{i,j} G_j = 0 \tag{4-28}$$

式中，N 代表气-液、液-固的传质速率；ν 代表化学计量数；R 为化学反应速率；G 是指第 j 级催化剂装填量；$i = 1, 2, \cdots, \mathrm{NC}$。

气、液、固三相能量衡算方程如下：

$$\frac{\mathrm{d}\sum_{i=1}^{NC} U_{i,j}^{\mathrm{V}} H_j^{\mathrm{V}}}{\mathrm{d}t} = \sum_{i=1}^{\mathrm{NC}} V_{i,j} H_j^{\mathrm{V}} - \sum_{i=1}^{\mathrm{NC}} V_{i,j+1} H_{j+1}^{\mathrm{V}} - \sum_{i=1}^{\mathrm{NC}} F_{i,j}^{\mathrm{V}} H_f^{\mathrm{VF}} + E_j^{\mathrm{V}} + Q_j^{\mathrm{V}} \tag{4-29}$$

$$\frac{\mathrm{d}\sum_{i=1}^{NC} U_{i,j}^{\mathrm{L}} H_j^{\mathrm{L}}}{\mathrm{d}t} = \sum_{i=1}^{\mathrm{NC}} L_{i,j} H_j^{\mathrm{L}} - \sum_{i=1}^{\mathrm{NC}} L_{i,j-1} H_{j+1}^{\mathrm{V}} - \sum_{i=1}^{\mathrm{NC}} f_{i,j}^{\mathrm{L}} H_f^{\mathrm{LF}} - E_j^{\mathrm{L}} + Q_j^{\mathrm{L}} + E_j^{\mathrm{S}} \tag{4-30}$$

$$E_{i,j}^{\mathrm{S}} = Q_j^{\mathrm{r}} - E_j^{\mathrm{S}} = 0 \tag{4-31}$$

式中，E 代表气-液、液-固的传热速率；H、Q 分别为焓与热负荷；Q_j^{r} 为第 j 级反应热。

气、液、固三相传质和传热速率方程分别为：

$$R_{i,j}^{\mathrm{V}} = N_{i,j}^{\mathrm{V}} - \sum_{k=1}^{\mathrm{NC}-1} k_{i,j}^{\mathrm{V}} a_j (y_{k,j} - y_{k,j}^{\mathrm{I}}) - y_{i,j} \sum_{k=1}^{\mathrm{NC}} N_{i,j}^{\mathrm{V}} = 0 \tag{4-32}$$

$$R_{i,j}^{\mathrm{L}} = N_{i,j}^{\mathrm{L}} - \sum_{k=1}^{\mathrm{NC}-1} k_{i,j}^{\mathrm{L}} a_j (x_{k,j}^{\mathrm{I}} - x_{k,j}) - x_{i,j} \sum_{k=1}^{\mathrm{NC}} N_{i,j}^{\mathrm{L}} = 0 \tag{4-33}$$

$$R_{i,j}^{\mathrm{S}} = N_{i,j}^{\mathrm{S}} - \sum_{k=1}^{\mathrm{NC}-1} k_{i,j}^{\mathrm{S}} a_j (x_{k,j} - x_{k,j}^{\mathrm{S}}) - x_{i,j} \sum_{k=1}^{\mathrm{NC}} N_{i,j}^{\mathrm{S}} = 0 \tag{4-34}$$

$$H_{i,j}^{\mathrm{V}} = E_j^{\mathrm{V}} - h_j^{\mathrm{V}} a_j \frac{\varepsilon_j^{\mathrm{V}}}{\exp \varepsilon_j^{\mathrm{V}} - 1} (T_j^{\mathrm{V}} - T_j^{\mathrm{I}}) - \sum_{k=1}^{\mathrm{NC}} N_{k,j}^{\mathrm{V}} H_{k,j}^{\mathrm{V}} = 0 \tag{4-35}$$

$$H_{i,j}^{\mathrm{L}} = E_j^{\mathrm{L}} - h_j^{\mathrm{L}} a_j (T_j^{\mathrm{I}} - T_j^{\mathrm{L}}) - \sum_{k=1}^{\mathrm{NC}} N_{k,j}^{\mathrm{L}} H_{k,j}^{\mathrm{L}} = 0 \tag{4-36}$$

$$H_{i,j}^{\mathrm{S}} = E_j^{\mathrm{S}} - h_j^{\mathrm{S}} a_j (T_j^{\mathrm{L}} - T_j^{\mathrm{S}}) - \sum_{k=1}^{\mathrm{NC}} N_{k,j}^{\mathrm{S}} H_{k,j}^{\mathrm{L}} = 0 \tag{4-37}$$

式中，k、h 分别是多相传质与传热系数；a 为有效界面面积；ε 为热力学因子。

归一化方程如式（4-38）～式（4-40）所示。

$$\sum_{i=1}^{\mathrm{NC}} y_{i,j}^{\mathrm{I}} - 1 = 0 \tag{4-38}$$

$$\sum_{i=1}^{\mathrm{NC}} x_{i,j}^{\mathrm{I}} - 1 = 0 \tag{4-39}$$

$$\sum_{i=1}^{\mathrm{NC}} x_{i,j}^{\mathrm{S}} - 1 = 0 \tag{4-40}$$

在气-液相界面处，质量传递、能量传递和气-液相平衡分别满足：

$$U_{i,j}^{\mathrm{I}} = N_{i,j}^{\mathrm{V}} - N_{i,j}^{\mathrm{L}} = 0 \tag{4-41}$$

$$H_{i,j}^{\mathrm{I}} = E_j^{\mathrm{V}} - E_j^{\mathrm{L}} = 0 \tag{4-42}$$

$$P_{i,j}^{\mathrm{I}} = K_{i,j}^{\mathrm{I}} x_{i,j}^{\mathrm{I}} - y_{i,j}^{\mathrm{I}} = 0 \tag{4-43}$$

式中，K 是气-液相平衡常数。整个非均相 NEQ 模型共有（8NC + 4）个迭代变量以及独立方程，详见表4-3。

表4-3 非均相反应NEQ模型变量及方程的数目

编号	变量类型	变量数目	方程类型	方程数目
1	V_i	NC	U^{V}	NC
2	T^{V}	1	U^{I}	NC
3	T^{I}	1	U^{L}	NC
4	T^{L}	1	U^{S}	NC
5	T^{S}	1	E^{L}	1
6	L_i	NC	E^{I}	1
7	N^{V}	NC	E^{V}	1
8	N^{L}	NC	P^{I}	NC
9	N^{S}	NC	H^{V}	1
10	y^{I}	NC−1	H^{I}	1
11	x^{I}	NC−1	H^{L}	1
12	x^{S}	NC−1	H^{S}	1
13	E^{L}	1	R^{V}	NC−1
14	E^{V}	1	R^{L}	NC−1
15	E^{S}	1	R^{S}	NC−1
合计	8NC+4		8NC+4	

2. 模型参数

在 NEQ 模型中，需要通过热力学性质计算界面张力、界面面积、扩散系数以及质量和热量的传递系数等模型参数，从而得到 NEQ 模型的传质和传热推动力。

（1）质量传递系数的计算　利用描述膜内多相传递的 Maxwell-Stefan 方程对反应精馏塔内部多相传质系数 $k_{i,j}$ 进行计算。根据多相传递理论，$k_{i,j}$ 可由二元传质交互系数 $\kappa_{i,j}$ 进行计算，计算方法如下：

气相质量传质系数

$$k_{i,j}^{\mathrm{V}} = \left[B_{i,j}^{\mathrm{V}} \right]^{-1} \tag{4-44}$$

液相质量传质系数

$$k_{i,j}^{\mathrm{L}} = \left[B_{i,j}^{\mathrm{L}} \right]^{-1} \left[\varGamma_{i,j} \right] \tag{4-45}$$

其中

$$B_{i,i}^{\mathrm{V}} = \frac{y_i}{\kappa_{i,\mathrm{NC}}^{\mathrm{V}}} + \sum_{j=1}^{\mathrm{NC}} \frac{y_j}{\kappa_{i,j}^{\mathrm{V}}} \tag{4-46}$$

$$B_{i,j}^{V} = -y_i \left(\frac{1}{\kappa_{i,j}^{V}} - \frac{1}{\kappa_{i,NC}^{V}} \right) \tag{4-47}$$

$$\Gamma_{i,j} = \delta_{i,j} + x_i \frac{\partial \ln \gamma_i}{\partial x_j} \tag{4-48}$$

$$B_{i,i}^{L} = \frac{x_i}{\kappa_{i,NC}^{L}} + \sum_{j=1}^{NC} \frac{x_j}{\kappa_{i,j}^{L}} \tag{4-49}$$

$$B_{i,j}^{L} = -x_i \left(\frac{1}{\kappa_{i,j}^{L}} - \frac{1}{\kappa_{i,NC}^{L}} \right) \tag{4-50}$$

式中，$i = 1, 2, \cdots, NC$；$j = 1, 2, \cdots, NC$，且$i \neq j$。

反应精馏塔的精馏段和提馏段中，对于$\kappa_{i,j}$的计算与普通精馏的计算方法相同，普通非平衡级精馏过程计算中传质系数一般用 Onda[45] 模型进行计算。

$$\kappa_{i,j}^{V} = 2.0 \left(\frac{W^{V}}{a_t \alpha_m^{V}} \right)^{0.7} (Sc_{i,j}^{V})^{\frac{1}{3}} (a_t d_p)^{-2} \left(\frac{a_t D_{i,j}^{V} p}{R_g T^{V}} \right) \tag{4-51}$$

$$\kappa_{i,j}^{L} = 0.0051 \left(\frac{W^{L}}{a_w \alpha_m^{L}} \right)^{\frac{2}{3}} (Sc_{i,j}^{L})^{-0.5} (a_t d_p)^{0.4} \left(\frac{a_t \alpha_m^{L}}{\rho_m^{L}} \right)^{\frac{1}{3}} \rho_m^{L} \tag{4-52}$$

式中，a_t为填料的总表面积，m²/m³；a_w为填料的润湿面积，m²/m³，可由式（4-53）进行估算；W为液体的表面质量流率，kg/（m²·h）；α_m为组分m的黏度，kg/（m·h）；Sc为无量纲的施密特数，$Sc = \alpha_m/(\rho_m D)$，其中ρ_m为组分m的密度，D为扩散系数；d_p为填料的公称直径，m；R_g为气体常数，$R_g = 8.314$J/（mol·K）。

$$a_w = a_t \left\{ 1 - \exp \left[-1.45 \left(\frac{W^{L}}{a_t \alpha_m^{L}} \right)^{0.1} \left(\frac{a_t (W^{L})^2}{g(\rho_m^{L})^2} \right)^{-0.05} \left(\frac{(W^{L})^2}{a_t \sigma_m \rho_m^{L}} \right)^{0.2} \left(\frac{\sigma_m}{\sigma_c} \right)^{-0.75} \right] \right\} \tag{4-53}$$

式中，σ_c为填料的临界表面张力，dyn/cm；g为重力加速度，$g = 9.8$m/s²，有效界面面积a可通过Bravo和Fair校正过的经验关联式（4-54）计算。

$$a = 0.498 a_t \left(\frac{\sigma_m^{0.5}}{Z^{0.4}} \right) \left(\frac{6W^{V} \alpha_m^{L} W^{L}}{a_t \alpha_m^{V} \rho_m^{L} \sigma_m g} \right)^{0.392} \tag{4-54}$$

当反应段催化剂采用捆包式规整装填方式时，其质量传递系数$\kappa_{i,j}$可由 Zheng 和 Xu[46] 提出的经验关联式进行计算。

气膜传质系数计算：

$$\kappa_{i,j}^{V} a = 1.072 e^{-3} \frac{a_t D_{i,j}^{V}}{d_p R_g T^{V}} \left(\frac{4W^{V}}{a_t \alpha_m^{V}} \right)^{0.92} \left(\frac{4W^{L}}{a_t \alpha_m^{L}} \right)^{0.24} (Sc_{i,j}^{V})^{0.5} \tag{4-55}$$

液膜传质系数计算：

$$\kappa_{i,j}^{L} a = 0.149 \frac{a_t D_{i,j}^{L}}{d_p} \left(\frac{4W^{L}}{a_t \alpha_m^{L}} \right)^{0.3} (Sc_{i,j}^{L})^{0.5} \qquad (4\text{-}56)$$

液 - 固传质系数计算：

$$\kappa_{i,j}^{S} a = 0.586 \frac{a_t W^{L}}{\rho_m^{L}} \left(\frac{4W^{L}}{a_t \alpha_m^{V}} \right)^{-0.27} \left(\frac{4W^{L}}{a_t \alpha_m^{L}} \right)^{-0.28} (Sc_{i,j}^{L})^{-\frac{2}{3}} \qquad (4\text{-}57)$$

（2）热量传递系数的计算　根据 Chilton-Colburn 类似律，即 $J_{H} = J_{D}$，热量传递系数可以类推质量传递系数进行计算。

气膜传热系数计算：

$$h^{V} = k_{av}^{V} C_{pm}^{V} (L_{e}^{V})^{\frac{2}{3}} \qquad (4\text{-}58)$$

液膜传热系数计算：

$$h^{L} = k_{av}^{L} C_{pm}^{L} (L_{e}^{L})^{0.5} \qquad (4\text{-}59)$$

式中，k_{av} 为给热系数，W/（m² · K）；C_{pm} 为摩尔物质定压比热容，单位 J/（mol · K）；L_{e} 为特征长度，m。

（3）导热系数的计算　通常气体混合物的导热系数与各组分的摩尔组成是不呈线性关系的，因此气体混合物的导热系数一般由经验关联式进行计算。用于计算气体混合物的导热系数经验关联式众多，但绝大多数是 Wassiljewa 方程的衍化式，经过修正的 Wassiljewa 方程对混合气体导热系数的计算精度是满足工程应用的精度要求的。

$$\lambda_m = \sum_{i=1}^{n} \frac{y_i \lambda_i}{\sum_{j=1}^{n} y_i A_{i,j}} \qquad (4\text{-}60)$$

式中，λ_m、λ_i 分别是指气体混合物的导热系数和纯物质气体导热系；y 是组分的摩尔组成；$A_{i,j}$ 由式（4-61）计算；$A_{i,i}$ 一般取1。

$$A_{i,j} = \frac{\varepsilon \left[1 + \left(\frac{\lambda_{tri}}{\lambda_{trj}} \right)^{0.5} \left(\frac{M_i}{M_j} \right)^{\frac{1}{4}} \right]^2}{\left[8 \left(1 + \frac{M_i}{M_j} \right) \right]^{0.5}} \qquad (4\text{-}61)$$

式中，M 是指组分的相对分子量，g/mol；λ_{tr} 是单原子导热系数；ε 为常数，一般取1。

对于结构简单的有机物，其液态的导热系数一般是其等温下气态导热系数的 10～100 倍，液体导热系数是温度的函数，随温度的升高而降低；压力对液体的导热系数影响很小，因此低压下压力的影响是可以忽略的。

$$\lambda_{\mathrm{L}} = \frac{A(1-T_{\mathrm{r}})^{0.38}}{T_{\mathrm{r}}^{\frac{1}{6}}} \qquad (4\text{-}62)$$

$$A = \frac{A^* T_{\mathrm{b}}^{\alpha}}{M^{\beta} T_{\mathrm{c}}^{\gamma}} \qquad (4\text{-}63)$$

式中，λ_{L}为液体导热系数；T_{b}、T_{c}、T_{r}分别为标准沸点、临界温度以及对比温度；A^*、α、β、γ的值均可通过工具书查得。

（4）扩散系数的计算　20世纪五六十年代，人们对混合气体的扩散系数做了大量研究，提出众多气体扩散系数计算关联式。然而比较常用的关联式有 Wilke-Lee 和 Fuller 等提出的以下两个关联式。

Wilke-Lee 关联式：

$$D_{\mathrm{AB}} = \frac{\left(3.03 - \dfrac{0.98}{M_{\mathrm{AB}}^{0.5}}\right)(10^{-3})T^{\frac{3}{2}}}{p M_{\mathrm{AB}}^{0.5} \sigma_{\mathrm{AB}}^{2} \Omega_{\mathrm{D}}} \qquad (4\text{-}64)$$

式中，D_{AB}为二元扩散系数，cm²/s；$T(\mathrm{K})$、$p(\mathrm{bar})$分别是温度、压力；M_{AB}是指A、B两组分的分子量，g/mol，$M_{\mathrm{AB}} = 2[(1/M_{\mathrm{A}})+(1/M_{\mathrm{B}})]^{-1}$；$\sigma_{\mathrm{AB}}$为特性长度，m，是A、B碰撞直径的算数平均值；$\Omega_{\mathrm{D}}$为扩散的碰撞积分因子，是温度$T$的函数，取决于分子碰撞作用力的类型，无量纲。$\sigma_{\mathrm{AB}}$由式（4-65）计算；$D_{\mathrm{AB}}$由富勒尔关联式（4-66）计算得到。

$$\sigma_{\mathrm{AB}} = \frac{\sigma_{\mathrm{A}} + \sigma_{\mathrm{B}}}{2} \qquad (4\text{-}65)$$

式中，σ_{A}和σ_{B}分别表示A、B碰撞直径，m；$\sigma_i = 1.18 V_{\mathrm{b}}^{\frac{1}{3}}$（$i =$ A，B），V_{b}为液体分子体积，m³/mol。

$$D_{\mathrm{AB}} = \frac{0.00143 T^{1.75}}{p M_{\mathrm{AB}}^{0.5} \left[(\Sigma_v)_{\mathrm{A}}^{\frac{1}{3}} + (\Sigma_v)_{\mathrm{B}}^{\frac{1}{3}} \right]^2} \qquad (4\text{-}66)$$

式中，Σ_v是原子扩散体积，其值可由工具书查得。

液体扩散系数由式（4-67）计算：

$$D_{\mathrm{AB}} \eta = \left[(D_{\mathrm{AB}}^{\circ} \eta_{\mathrm{B}})^{x_{\mathrm{B}}} (D_{\mathrm{BA}}^{\circ} \eta_{\mathrm{A}})^{x_{\mathrm{A}}} \right] \alpha \qquad (4\text{-}67)$$

式中，η为组分黏度，mPa·s；x为组分的摩尔组成；D_{AB}°是指组分浓度极低的A组分在B组分中的扩散系数，其值由式（4-68）计算：

$$D_{\mathrm{AB}}^{\circ} = \frac{7.4 \times 10^{-8} (\phi M_{\mathrm{B}})^{0.5} T}{\eta_{\mathrm{B}} V_{\mathrm{A}}^{0.6}} \qquad (4\text{-}68)$$

式中，V_{A}是指组分A的摩尔体积，cm²/mol；ϕ是组分B的关联因子，如果组分B为水，其值为2.6，甲醇时为1.9，乙醇时为1.5，若无缔合其值为1。

3. 计算方法

NEQ 模型考虑了气液相传质和传热阻力，方程个数大大增加，同时方程组非线性程度比 EQ 模型更强，单一采用松弛法解非线性方程难以收敛，而用同时校正法求解非平衡级模型，收敛速度快，求解精度高，但对初值要求高。为此开发出多种新型算法用于 NEQ 模型计算过程。

（1）松弛法与同时校正法结合　周传光和郑世清[47]把松弛法和同时校正法结合起来使用，成为求解 NEQ 模型的有效途径。该法先用松弛法迭代数次，而后转入同时校正法，该法具有松弛法的稳定性和同时校正法的快收敛性。

（2）同伦延拓法　近年来，又出现了一种具有极强的全局收敛且可用于化工过程模拟计算的同伦延拓法。它于 Chang 和 Seader[48] 在 1988 年首次应用于模拟普通精馏过程。其优点在于具有良好的收敛性、可靠性和通用性，并适合研究参数的灵敏性和确定多稳态。但是它的计算时间较长，计算效率不及同时校正法。目前，国外建立了以同伦算法为基础的非线性动力系统，对反应精馏过程中的传质现象进行研究，并借助 AUTO 数学软件简化 NEQ 模型模拟计算。英国 BP、德国 Hoechst 及 BASF 等二十几家公司共同开发出的新型反应精馏模拟软件 Designer，直接考虑了反应 - 扩散动力学、多组分之间的相互作用，可以被应用于均相和非均相反应、瞬时、一般及快速反应、各种塔型的流体力学和传质过程。

（3）同伦延拓法与同时校正法结合　同伦延拓法对于任何初值都可以收敛，且能求得多解，是近年来用于求解 NEQ 模型的主要手段之一，但其缺点在于求解费时。针对同伦延拓法的这一缺点，福州大学的邱挺教授[49]进行了算法上的优化和改进。具体做法是采用同伦延拓法先得到一个良好的初值，然后用同时校正法求得精确解。此法快速、精确，大大提高了 NEQ 模型计算过程的效率与准确性。

三、非平衡级混合池模型

尽管相比于 EQ 模型，NEQ 模型准确度高，适用范围广，更能真实地反应过程的变化，但它仍旧存在一定的理想化假设（塔板上气液相处于全混状态）。实际塔板上由于气液相的不均匀流动和涡轮扩散作用的存在，不可能严格保证塔板上的组成和温度均匀一致。为了解决这一问题，Higler 等[50,51]采用了非平衡级混合池模型（NEQ Cell）。NEQ Cell 模型与 NEQ 和 EQ 模型完全不同。在该模型中，板上的气相与液相被分成一定数目的混合池。气液相间的传质和化学反应在这些小池子中进行。针对每一个小池都用一个类似非平衡级的方程进行描述。规定气液流经小池子的特征可模拟各种各样的混合行为，例如全混流、活塞流或者介于两者之间的过渡流。

非平衡级混合池模型有以下五个基本假设：

① 各混合池之间存在涡流扩散；

② 反应仅在液相进行，气相无反应发生；

③ 在池内各点，传递系数相等，相界面均匀，反应速率数值相同；

④ 气液界面上达到汽液平衡；

⑤ 冷凝器和再沸器可视为平衡级。

图 4-24 是 NEQ Cell 模型示意图，该模型使用 Maxwell-Stefan 理论来描述相间传质，并用差分法求解 Maxwell-Stefan 方程。

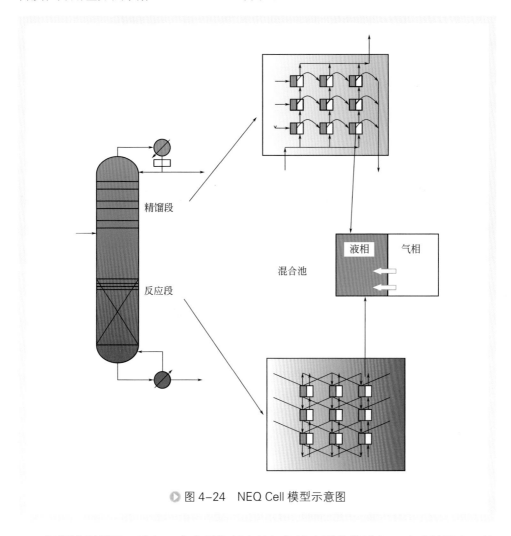

● 图 4-24　NEQ Cell 模型示意图

根据模型假设，进入一个非平衡级上的气相被水平分散进入 m 个小池子中，液相被垂直分散进入 n 个小池子中，如图 4-25 所示。

对于每个非平衡级混合池上气、液相中的各组分做物料衡算有：

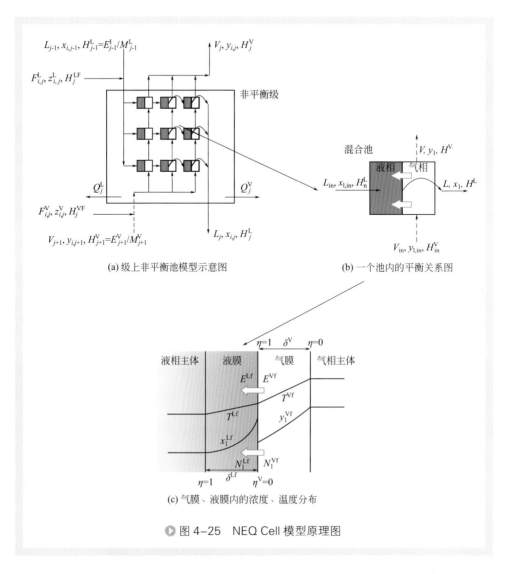

(a) 级上非平衡池模型示意图

(b) 一个池内的平衡关系图

(c) 气膜、液膜内的浓度、温度分布

▶ 图 4-25　NEQ Cell 模型原理图

$$\frac{\mathrm{d}M_i^\mathrm{V}}{\mathrm{d}t} = V_\mathrm{in}y_{i,\mathrm{in}} - Vy_i - N_i^\mathrm{V} \qquad (4\text{-}69)$$

$$\frac{\mathrm{d}M_i^\mathrm{L}}{\mathrm{d}t} = L_\mathrm{in}x_{i,\mathrm{in}} - Lx_i + N_i^\mathrm{L} + \sum_{k=1}^{r} v_{i,k}R_k\varepsilon^\mathrm{L} \qquad (4\text{-}70)$$

式中，R_k 为液相反应速率；ε^L 为各非平衡级混合池中液体持液体积。假设气、液相中有 C 个组分，则对气液两相做总物料衡算有：

$$\frac{\mathrm{d}M^\mathrm{V}}{\mathrm{d}t} = V_\mathrm{in} - V - \sum_{k=1}^{C} N_k^\mathrm{V} \qquad (4\text{-}71)$$

$$\frac{\mathrm{d}M^{\mathrm{L}}}{\mathrm{d}t} = L_{\mathrm{in}} - L + \sum_{k=1}^{C} N_i^{\mathrm{L}} + \sum_{i=1}^{C} \sum_{k=1}^{r} v_{i,k} R_k \varepsilon^{\mathrm{L}} \tag{4-72}$$

各组分在气、液相中的摩尔分数：

$$y_i = M_i^{\mathrm{V}} / M^{\mathrm{V}} \tag{4-73}$$

$$x_i = M_i^{\mathrm{L}} / M^{\mathrm{L}} \tag{4-74}$$

组分归一方程：

$$\sum_{i=1}^{C} y_i = 1 \qquad \sum_{i=1}^{C} x_i = 1 \tag{4-75}$$

气、液两相热量衡算方程如下：

$$\frac{\mathrm{d}E^{\mathrm{V}}}{\mathrm{d}t} = V_{\mathrm{in}} \frac{E_{\mathrm{in}}^{\mathrm{V}}}{M_{\mathrm{in}}^{\mathrm{V}}} - V \frac{E^{\mathrm{V}}}{M^{\mathrm{V}}} - E^{\mathrm{V}} - Q^{\mathrm{V}} \tag{4-76}$$

$$\frac{\mathrm{d}E^{\mathrm{L}}}{\mathrm{d}t} = L_{\mathrm{in}} \frac{E_{\mathrm{in}}^{\mathrm{L}}}{M_{\mathrm{in}}^{\mathrm{L}}} - L \frac{E^{\mathrm{L}}}{M^{\mathrm{L}}} - E^{\mathrm{L}} - Q^{\mathrm{L}} \tag{4-77}$$

式中，$Q^{\mathrm{L}} = Q_j^{\mathrm{L}} / (m \times n)$；$Q^{\mathrm{V}} = Q_j^{\mathrm{V}} / (m \times n)$；$E^{\mathrm{V}} = H^{\mathrm{V}} M^{\mathrm{V}}$；$E^{\mathrm{L}} = H^{\mathrm{L}} M^{\mathrm{L}}$。

根据双膜理论，气液相中的传质传热阻力集中在气液界面附近的膜上。假设液相侧膜的厚度为 δ^{Lf}，气相侧膜的厚度为 δ^{Vf}，根据物料衡算有：

$$\frac{\partial N_i^{\mathrm{Vf}}(\eta^{\mathrm{Vf}})}{\partial \eta^{\mathrm{Vf}}} = 0 \tag{4-78}$$

$$\frac{\partial N_i^{\mathrm{Lf}}(\eta^{\mathrm{Lf}})}{\partial \eta^{\mathrm{Lf}}} + \sum_{k=1}^{r} v_{i,k} R_k(\eta^{\mathrm{Lf}}) A \delta^{\mathrm{Lf}} = 0 \tag{4-79}$$

式中，A 为相界面积；$A\delta^{\mathrm{Lf}}$ 为液相反应体积。

根据 Maxwell-Stefan 理论，多组分系统中气相和液相的质量传递方程为：

$$\frac{y_i^{\mathrm{Vf}}}{RT^{\mathrm{Vf}}} \frac{\partial \mu_i^{\mathrm{Vf}}}{\partial \eta} = \sum_{k=1}^{C} \frac{y_i^{\mathrm{Vf}} N_k^{\mathrm{Vf}} - y_k^{\mathrm{Vf}} N_i^{\mathrm{Vf}}}{C_t^{\mathrm{Vf}} \kappa_{i,k}^{\mathrm{Vf}} A} \tag{4-80}$$

$$\frac{x_i^{\mathrm{Lf}}}{RT^{\mathrm{Lf}}} \frac{\partial \mu_i^{\mathrm{Lf}}}{\partial \eta} = \sum_{k=1}^{C} \frac{x_i^{\mathrm{Lf}} N_k^{\mathrm{Lf}} - x_k^{\mathrm{Lf}} N_i^{\mathrm{Lf}}}{C_t^{\mathrm{Lf}} \kappa_{i,k}^{\mathrm{Lf}} A} \tag{4-81}$$

式中，$\kappa_{i,k}$ 为某相内组分 i-k 间的传质系数。

式（4-80）和式（4-81）中只有 $C-1$ 个独立方程；两相中最后一个组分的摩尔分数可由归一化方程得到。

$$\sum_{k=1}^{C} y_{i,j}^{\mathrm{Vf}} = 1 \qquad \sum_{k=1}^{C} x_{i,j}^{\mathrm{Lf}} = 1 \tag{4-82}$$

双膜上能量衡算：

$$\frac{\partial E^{\mathrm{Vf}}}{\partial \eta^{\mathrm{Vf}}} = 0 \qquad \frac{\partial E^{\mathrm{Lf}}}{\partial \eta^{\mathrm{Lf}}} = 0 \tag{4-83}$$

界面上能量传递速率：

$$E^{\mathrm{Vf}} = -h^{\mathrm{Vf}}A\frac{\partial T^{\mathrm{Vf}}}{\partial \eta} + \sum_{i=1}^{C} N_i^{\mathrm{Vf}}H_i^{\mathrm{Vf}} \qquad (4\text{-}84)$$

$$E^{\mathrm{Lf}} = -h^{\mathrm{Lf}}A\frac{\partial T^{\mathrm{Lf}}}{\partial \eta} + \sum_{i=1}^{C} N_i^{\mathrm{Lf}}H_i^{\mathrm{Lf}} \qquad (4\text{-}85)$$

在相界面上的平衡方程如式（4-86）~式（4-89）所示。

相平衡方程：

$$y_i|_1 = K_i x_i|_1 \qquad (i=1,\cdots,C) \qquad (4\text{-}86)$$

物料平衡方程：

$$N_i^{\mathrm{Lf}}\big|_1 = N_i^{\mathrm{Vf}}\big|_1 \qquad (i=1,\cdots,C) \qquad (4\text{-}87)$$

热量平衡方程：

$$E^{\mathrm{L}}\big|_1 = E^{\mathrm{V}}\big|_1 \qquad (4\text{-}88)$$

温度平衡方程：

$$T^{\mathrm{Lf}}\big|_1 = T^{\mathrm{Vf}}\big|_1 \qquad (4\text{-}89)$$

一个非平衡级顶上一排小池子上上升的蒸汽流量的总和应等于该非平衡级上上升的蒸汽流量，最后一列小池子上下降的液相流量的总和应等于该非平衡级上下降的液体流量，则有：

$$\sum_{mm=1}^{m} V_{mm,n} = V_j \qquad \sum_{nn=1}^{n} L_{m,nn} = L_j \qquad (4\text{-}90)$$

$$\sum_{mm=1}^{m} y_{i,mm,n} V_{mm,n} = y_{i,j} V_j \qquad \sum_{nn=1}^{n} x_{i,m,nn} L_{m,nn} = x_{i,j} L_j \qquad (4\text{-}91)$$

$$\sum_{mm=1}^{m} \frac{E_{mm,n}^{\mathrm{V}}}{M_{mm,n}^{\mathrm{V}}} V_{mm,n} = H_j^{\mathrm{V}} V_j \qquad \sum_{nn=1}^{n} \frac{E_{m,nn}^{\mathrm{L}}}{M_{m,nn}^{\mathrm{L}}} L_{m,nn} = H_j^{\mathrm{L}} L_j \qquad (4\text{-}92)$$

每一个非平衡级混合池上液体持液体积与非平衡级上总持液量关系：

$$\varepsilon^{\mathrm{V}} = \frac{1}{C_{\mathrm{t},j}^{\mathrm{V}}} M_j^{\mathrm{V}} = \frac{1}{m \times n} \varepsilon_j^{\mathrm{V}} \qquad \varepsilon^{\mathrm{L}} = \frac{1}{C_{\mathrm{t},j}^{\mathrm{L}}} M_j^{\mathrm{L}} = \frac{1}{m \times n} \varepsilon_j^{\mathrm{L}} \qquad (4\text{-}93)$$

类似地，对于相界面面积有：

$$A = \frac{1}{m \times n} A_j \qquad (4\text{-}94)$$

非平衡级混合池模型特点是：①使用 Maxwell-Stefan 方程（简称为 M-S 方程）描述相间传质，M-S 方程考虑到了传质时组分间的相互影响，可以更加准确地描述塔内的实际情况；②把每一级分为一系列小池子，每个小池子又是一个非平衡级，可以比较准确地描述气液相在级上的停留时间分布和各种流动形式以及不均匀分布等。

它不仅可以反映传质过程的非理想性，还能描述反应精馏塔内实际存在的各种复杂流动和混合现象，以及雾沫夹带和漏液等，因此可以较为真实地模拟反应精馏塔的实际情况，是对非平衡级模型的提高。但是，该模型仍存在一些问题，如在模拟反应精馏的板式塔时，仅将气液流经小池子的特征描述为活塞流、完全混合或介于二者之间的过渡流，没有考虑塔板上液体流动速度以及液体涡流扩散对反应精馏过程的影响。

第五节　反应精馏塔内构件

反应精馏塔中的内构件是分离的关键，无论是板式塔中的塔板还是填料塔中的填料，构件必须能使气液两相间进行有效的传质与传热。反应物与催化剂的接触情况与相间的传递同样重要，决定了反应的效果，构件应能使反应相与催化剂有效地接触，并保持催化剂不泄露或磨损。不同类别的反应精馏塔中，由于内构件的差异，气液流动状态和相间传质存在明显区别，计算流体动力学（CFD）等计算机模拟软件是研究塔内传递过程和水力学性质的重要手段，可以为内构件的设计提供帮助和参考。

一、均相催化反应精馏塔

对于均相反应精馏过程，普通精馏塔就可以胜任，采用液体催化剂，反应发生在液相。塔的类型可以是逐级接触式的板式塔，也可以是微分接触式的填料塔。在保证精馏塔正常运行的前提下，塔内持液量应尽可能大，以提供足够的反应空间，从而提高反应精馏塔的生产能力。相比于填料塔，板式塔的持液量更大，因此均相反应精馏过程通常采用板式塔。

二、非均相催化反应精馏塔

随着非均相催化技术广泛应用于反应精馏领域，反应精馏塔内构件的设计发生了巨大变化。在非均相反应精馏过程中，催化剂的颗粒直径一般在 $1 \sim 3mm$ 范围内，尺寸更大的催化剂颗粒会导致内扩散的影响严重，内扩散因子急剧下降。同时为了避免液泛现象，催化剂应被封装在金属丝网或者其他支撑体中。非均相催化结构既要起催化作用，又要提供传质表面，这就要求具有催化活性的结构不仅有较高的催化效率，还要有较好的分离效率。反应段催化剂的装填是非均相反应精馏技术的关键，催化剂在塔内的装填应满足以下要求[52]：

① 反应段的催化剂床层具有足够的空间，为气液两相提供流动通道，以进行液相反应和气液传质。

② 具有足够的催化表面积进行催化反应。

③ 允许催化剂颗粒自由膨胀和收缩，而不损伤催化剂。

非均相反应精馏塔技术，多采用填料塔，催化剂封装在填料中或直接加工成催化型填料置于塔内反应段。关于板式塔，可将催化剂直接放在降液管和塔板上，但会降低反应精馏塔操作弹性和分离效果，且催化剂装卸麻烦，应用较少。此外，研究人员还开发了悬浮式、复合塔板式和背包式等多种类型的催化剂装填方式用于非均相反应精馏过程。

三、计算流体力学指导内构件的设计

反应精馏作为一种重要的化工过程强化技术，被广泛应用于许多的工业化生产过程中。对于反应精馏技术而言，催化剂颗粒在反应精馏塔内部的装填方式是实现反应精馏技术工业化应用的核心。随着研究学者在催化剂装填方式的不断开发，各种高效的新型装填方式应运而生。但由于人们对催化填料结构和性能之间关系认识的不足，目前工业上对催化填料结构参数的确定还有赖于工程经验。因此，如何根据反应精馏具体的工艺过程特点设计开发具有针对性的高效催化填料结构仍是现代科学亟待解决的关键问题。

反应精馏是一个内部耦合有多相流动、多组分传质、反应的复杂过程，近年来随着计算机水平的不断提高，计算流体力学（CFD）数值模拟方法由于其能够获得详细的局部信息而被广泛地应用于研究催化填料结构。但单纯地采用 CFD 数值模拟却无法获得催化填料结构参数对反应精馏工艺过程中人们广泛关注的产品收率、反应物转化率等宏观变量的影响。虽然通过传统的过程模拟（平衡级、非平衡级数学模型等）可以获得反应精馏过程的产品收率、反应物转化率等宏观变量，但传统的过程模拟并不能直接考虑催化填料结构参数对反应精馏效率的影响。因此，单纯地依赖 CFD 数值模拟或者过程模拟并不能弄清催化填料结构与反应精馏效率之间的构效关系。

21 世纪初，鉴于反应精馏塔多尺度结构特点，研究学者 Klöker[53]、Egorov[54]等提出了采用 CFD 数值模拟和过程模拟相结合的方式建立一种多尺度模拟优化催化填料结构的方法，其建议利用 CFD 数值模拟方法对催化填料内的流动、传质行为进行模拟研究，利用非平衡级数学模型对反应精馏工艺过程进行模拟研究，以催化填料性能参数如催化剂装填量、催化填料有效传质面积等为桥梁，建立一种多尺度数学模型，利用建立的多尺度数学模型设计开发具有针对性的高效催化填料结构，但由于催化填料结构复杂，受计算机水平的限制，利用 CFD 数值模拟方法对催化填料内的流动、传质行为进行模拟研究仍存在一定的困难，尤其是接近于泛点处催化填料内流体流动行为的捕捉，这使得这种多尺度模拟优化催化填料结构的方法无法真正实现。

近年来，福州大学化工过程强化课题组通过对传统的模块化催化填料（催化剂捆扎包、Katapak 等）结构进行分析发现，对于规整催化填料其总是由一层催化层和气液传质层按一定的结构组合而成，其通过对反应精馏过程中催化填料内的流动、传质、反应行为进行分析发现，对于催化填料，由于催化层结构的存在使得催化填料结构不同于普通的波纹填料，发生在催化层内的多组分催化反应及传质过程是反应精馏过程的核心。对于有针对性的高效催化填料的设计开发，确定适宜的催化层结构参数是一个重要过程。

基于反应精馏塔多尺度结构（如图 4-26 所示）可建立一种双向耦合的多尺度数学模型，如图 4-27 所示 [55]。首先，基于催化剂床层尺度，采用 CFD 数值模拟

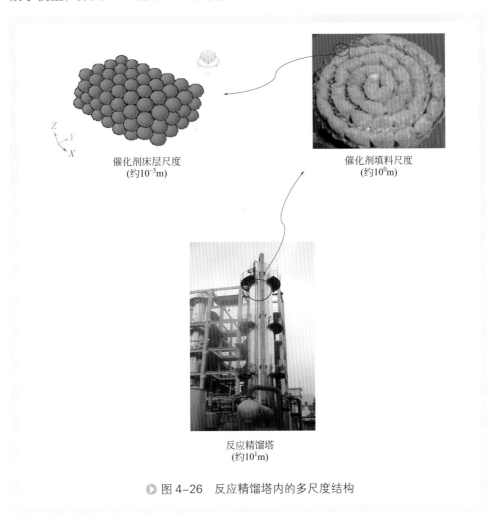

图 4-26　反应精馏塔内的多尺度结构

方法建立一种能用于描述反应精馏过程中催化剂床层内多组分催化反应及传质过程的微观数学模型，利用建立的数学模型计算催化剂床层效率因子，为传统的过程模拟提供必要的基础参数；同时，利用传统的过程模拟计算反应精馏塔内的各组分的浓度、温度分布，进而为建立的微观模型提供适宜的边界条件，由此建立一种双向耦合的多尺度数学模型。利用建立的双向耦合多尺度数学模型对乙酸甲酯水解工艺过程进行模拟研究，多尺度模拟结果与中试结果吻合良好，验证了建立的多尺度数学模型的可靠性。此外，作者还通过对建立的双向耦合多尺度数学模型和文献上报道的单向耦合数学模型的比较阐明了建立双向耦合多尺度数学模型的合理性和必要性。他们提出的多尺度数学模型在一定程度上为设计开发具有针对性的催化填料结构提供了理论指导。

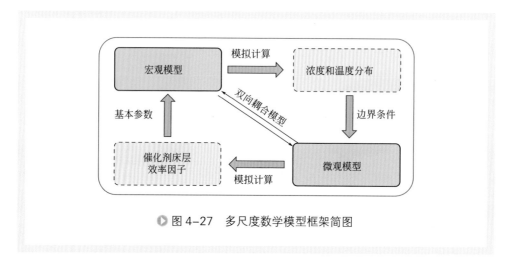

◉ 图 4-27　多尺度数学模型框架简图

四、新型内构件的开发应用

为达到理想反应精馏填料催化剂持有量大、气液两相与固体接触性能好、气-液间传质分离能力高、压降低的要求，天津大学李鑫钢课题组结合以往催化填料设计经验，开发出渗流型催化剂填装内构件（seepage catalyst packing internal，SCPI）[56,57]。SCPI 实体结构单元如图 4-28 所示。

SCPI 中催化剂网盒是在丝网和平板制成的带有防溢流挡板的封闭式网盒，内设填装催化剂颗粒；网盒的四周由平板围成并且高于网盒的上截面，网盒的上下截面由丝网和带孔的平板制成。反应精馏塔内，SCPI 催化剂层上下层交错排列于塔内，相邻层的催化剂网盒排列方式为平行交错式，上下两层的催化剂网盒不在同一轴线上重合，与分离内构件交错布置。

该反应精馏催化填料利用液体本身的重力势能使液体在催化剂床层自上而下均

匀地穿过流动，从而使液体流动更具合理性。这种流动方式还可有效避免气、液两相在催化剂床层接触，从而使塔的压降降低。与传统反应精馏内构件（捆扎包）相比，SCPI 更能充分利用催化剂颗粒的表面积，提高催化剂利用率，同时该填料可降低反应精馏塔压降，提高其操作弹性。工业上设计内构件时，可根据不同的工业要求灵活调整分离区与反应区的比例。

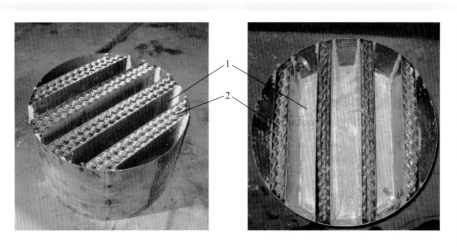

◆ 图 4-28　实验级别的 SCPI 实体结构单元
1—催化剂网盒；2—规整波纹填料区

　　SCPI 结构主要包括催化剂装填区和精馏分离区，同一层中催化剂装填区与精馏分离区交替排布，上下两层中两区域错层排布。催化剂装填区中，催化剂装填在带有防溢流挡板的盒子中，盒子下面有防止催化剂流失的丝网，催化剂装填完毕后同样运用丝网对催化剂进行固定，盒子上方设置的防溢流挡板可有效保持盒子内液体高度，使液体依靠重力作用穿透催化剂床层。精馏分离区中放置传质元件（分离填料或分离塔板）用于气-液两相分离。因此，SCPI 具有如下特点：

　　① 床层阻力小。由于把气液固三相接触分别在液固反应区与气液分离区进行，使层与层之间、同一层上网盒与网盒之间具有一定的间隙，从而避免让气相与催化剂颗粒接触造成床层压降过大，这些特点使得整个床层的压降大幅度降低，有效地提高了反应精馏塔的处理能力。

　　② 催化剂利用率高，分离效果好。催化剂网盒上方的溢流挡板能把从上层催化剂网盒流下的液体收集在一起，利用液体自身的重力使液体均匀顺利地渗流通过催化剂网盒，从而更充分地利用催化剂颗粒的表面积，提高催化剂的利用率。同时在催化剂网盒之间放置的传质元件，使其与其他同类催化填料相比具有较高的传质分离能力。并且还可以在其催化剂网盒的层与层之间、同一层上网盒与网盒之间加

入精馏填料或精馏塔板来增加催化剂填装构件的传质分离能力。

③ 操作条件优良。催化剂网盒下部的筛孔隔板对从该催化剂网盒上方穿流通过的液体具有良好的分布作用，即催化剂网盒的下部具有和液体分布器一样的功能。这使得下层的传质分离元件能更高效地发挥其传质分离的作用。

④ 设计灵活度较高。SCPI 中催化剂装填区涉及的参数主要有催化剂床层的装填量和其上方防溢流挡板的高度，精馏分离区主要是规整填料的装填量。因此，该催化填料可以根据不同的设计要求（反应停留时间、物质间相对挥发度等）灵活调整内构件的参数（如催化剂网盒的数量、宽度、防溢流挡板的高度、同一层间距、层与层之间的间距等）达到最佳的反应与分离匹配程度，获得最优反应分离结果。

为深入研究此催化填料特性，获得完善的设计方法，天津大学李鑫钢课题组针对此催化填料进行了流体力学实验[58]、流体力学模拟[59]、催化填料设计方法建立[60]等一系列研究。

第六节 反应精馏过程的应用实例

一、反应精馏过程的开发步骤

反应精馏过程的开发步骤如图 4-29 所示。大致分为以下步骤：

① 通过剩余曲线判断体系反应物与产物的相对挥发度关系，可以初步判断反应精馏技术的可行性。通过查阅文献或实验测定等获得该体系的反应与分离相关基础数据，对反应体系与分离过程的匹配性进行分析。

② 进行概念设计并确定初步的工艺流程。

③ 通过查阅文献或者实验获得该体系的热力学、动力学和传递性质等基础数据，建立过程模型。

④ 对过程进行模拟计算，得到优化的工艺流程和操作参数。

⑤ 采用模拟和优化得到的优化结果，进行小试实验，并验证模型计算结果。

⑥ 结合数学模拟和小试实验，最终确定最优工艺参数和操作条件。

⑦ 一般情况下，需要在动态模拟计算的基础上，制定控制方案。

⑧ 形成反应精馏技术工艺包，并进行工程设计。

在反应精馏技术开发过程中，过程模型的选择、热力学交互作用参数和反应动力学方程参数的准确性都至关重要，往往决定了模拟和优化结果的准确度。此外，选择高效的计算平台也能帮助反应精馏新技术的开发。

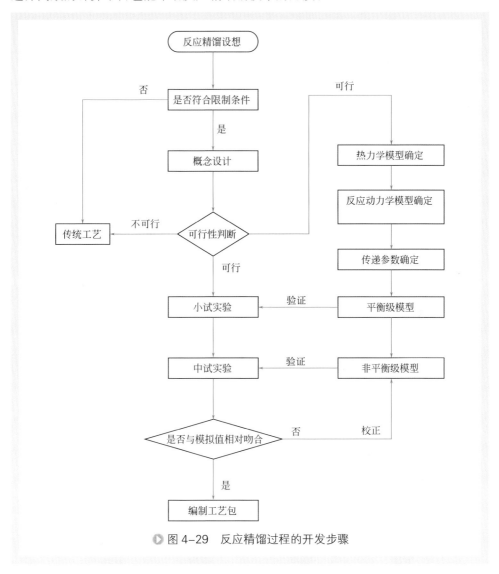

● 图 4-29　反应精馏过程的开发步骤

二、乙酸甲酯水解反应精馏过程开发

在生产对苯二甲酸（*p*-phthalic acid，PTA）和聚乙烯醇（polyvinyl alcohol，PVA）的过程中会生成大量的乙酸甲酯（methyl acetate，MeOAc）。平均每生产1tPVA 就会产生 1.5 ～ 1.7t 的 MeOAc。而乙酸（acetic acid，HAc）是 PTA 和 PVA 行业的重要原料。因此，当乙酸甲酯市场不景气时，PTA 和 PVA 厂通常将乙酸甲酯直接水解成 HAc 和甲醇（methanol，MeOH），如式（4-95）所示：

$$MeOAc + H_2O \rightleftharpoons MeOH + HAc \qquad (4\text{-}95)$$

固定床反应器是第一种实现 MeOAc 水解工业化技术的主体设备。由于 MeOAc 水解是平衡常数很小（约 0.013）的可逆反应，因此，反应器内的单程转化率较低，通常只有 23% 左右，后续的分离成本也较高。

1. 反应精馏强化的乙酸甲酯水解过程

Fuchigami 等 [35] 最早将反应精馏技术应用于乙酸甲酯水解。其提出的塔顶全回流反应精馏塔结构可实现乙酸甲酯的高度转化。虽然，塔顶和塔釜同时采出的反应精馏塔结构也可用于乙酸甲酯的水解，相比于全回流塔水解工艺能耗低，但是乙酸甲酯的转化率却未得到明显提高 [55,61]。

福州大学在国内率先把反应精馏技术应用于乙酸甲酯水解的工业化生产中。在 PVA 行业中，乙酸甲酯水解工艺得到的乙酸水溶液可直接返回前序的氧化系统作为原料使用。由于要求回用的乙酸水溶液浓度较高，导致水解工艺须在较小的水酯比下操作。

利用反应精馏技术在低水酯比下将水解转化率从传统工艺的 23% 提升至 60%。工艺流程如图 4-30 所示。反应精馏塔采用塔顶全回流操作，塔釜得到的 MeOAc-MeOH-H$_2$O-HAc 四元混合物再由三个精馏塔进行分离提纯。第一个分离塔的塔顶得到甲醇和乙酸甲酯的混合物，塔釜则得到乙酸水溶液。第二个分离塔以水为萃取剂分离来自第一个塔的 MeOH-MeOAc 混合物，塔顶得到高纯度的甲酯，塔釜得到的 MeOH-H$_2$O 混合物继续由第三个分离塔继续分离。

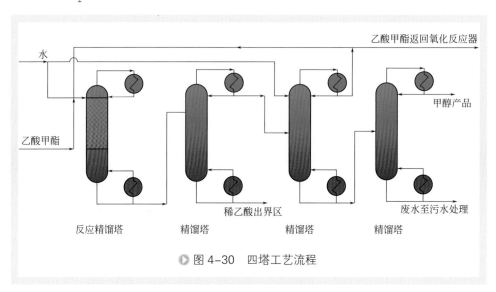

▶ 图 4-30　四塔工艺流程

在上述四塔工艺的基础上，为进一步提高乙酸甲酯水解转化率，经过多年的研究将四塔工艺改进成了双塔工艺，详细工艺流程如图 4-31 所示。来自 PTA 生产系统中的乙酸甲酯原料液按 $H_2O/MeOAc$ 摩尔比为 7，分别从反应精馏塔催化反应段的顶部和底部进入，反应精馏塔仍采用塔顶全回流操作，塔釜得到 MeOAc-MeOH-H_2O-HAc 四元混合物。该四元混合物进入水解液分离塔进行后续的分离，塔顶得到含微量乙酸甲酯和水的甲醇产品［MeOH ≥ 95%（质量分数）］，塔釜则得到乙酸水溶液。由于双塔工艺是在水酯比较高的条件下进行，使得乙酸甲酯的单程水解率进一步提高到了 95%，极大地降低了设备投资和运行成本。

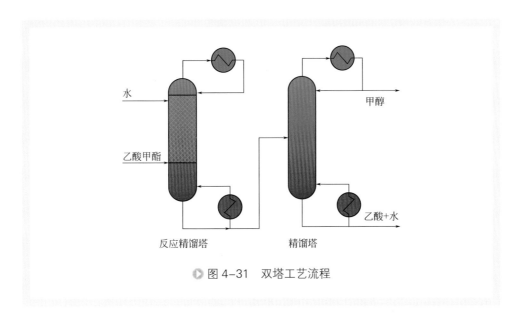

▶ 图 4-31　双塔工艺流程

　　在上述四塔和双塔工艺流程中，反应精馏是工艺过程的核心。采用 Fortran 语言自行开发了反应精馏过程非平衡级速率模型程序，通过工艺模拟优化工艺操作条件。同时，利用多尺度模拟方法对反应精馏塔核心内构件催化填料结构参数进行了模拟优化，设计出了高效的催化填料。

　　以四塔工艺开发过程中的反应精馏小试过程为例，利用所开发的非平衡级速率模型对乙酸甲酯反应精馏工艺过程进行模拟研究。在小试实验过程中，反应精馏塔塔径为 25mm，全塔分为反应段和提馏段两部分，反应段高度为 1.1m，提馏段高度为 0.48m。反应段内装有催化剂填料，提馏段装填 θ 环填料，反应物乙酸甲酯与甲醇共沸物及水均从反应段顶部加入，塔顶采用全回流，产物从塔釜排出。在模拟过程中，其将全塔分为 17 个模型级，全凝器为第 1 级，再沸器为第 17 级，第二级为乙酸甲酯与甲醇共沸物和水进料，进料温度为 50℃，反应段分为 10 级，提馏段分为 5 级。通过计算，得到不同工艺条件下的酯水解率及气液相温度、气液组成、气液流率在塔内的分布。各种工艺条件下的酯水解率模拟结果如表 4-14 所示，实验结果也列于表中以作比较。

表4-14　各种工艺条件酯水解率模拟结果一览表

水酯摩尔比	回流比	空速 /h⁻¹	转化率 /%		误差 /%	
			实验值	计算值	绝对误差	相对误差
2	2.15	0.356	48.92	46.37	2.55	5.21
3	2.15	0.356	62.95	57.53	5.42	8.61
4	2.15	0.356	73.39	66.01	7.38	10.05
5	2.15	0.356	80.38	74.71	5.67	7.58
6	2.15	0.356	84.92	81.26	3.66	4.31
4	1.62	0.356	62.14	60.01	2.13	3.43
4	3.13	0.356	75.44	70.91	4.53	6.00
4	3.13	0.3	77.55	74.16	3.39	4.38
4	3.13	0.4	71.82	66.17	5.65	7.87

在水酯摩尔比为 4.0，回流进料比为 2.15，空速为 $0.356h^{-1}$ 的条件下，模拟气液组成和气液相温度沿塔高的分布。图 4-32 为塔内气相和液相的各组分浓度分布。由图可见，乙酸甲酯的相对挥发度最大，且在反应中不断消耗，因此其液相浓度从塔顶到塔釜不断减小。而水在反应中不断消耗，从反应段上部开始往下（从第 2 级到 11 级），其液相浓度不断下降，但在体系中其相对挥发度较小，因此从提馏段（第 12 级）开始，其浓度则逐渐上升，至塔釜达到最大。而作为反应产物且沸点最高的乙酸，从塔顶到塔釜，浓度是不断上升的。

图 4-33 为反应精馏塔温度分布和实验结果，由图可见，塔内温度分布和实验结果基本吻合。气相温度从塔顶到塔釜逐渐上升；液相温度在塔顶附近有少许下降，然后再升高，这是因为进料温度没有达到反应温度，且回流液也是过冷液体，因此在塔顶附近，部分热量用于加热进料和回流液，造成塔顶液相温度下降。

利用建立的非平衡级速率模型对各种工艺条件的模拟可以得出操作条件对酯水解率的影响，其结果如图 4-34 所示。从图中可以看出：水酯摩尔比对酯水解率的影响最大，酯水解率随水酯摩尔比的增大而增大，但水酯摩尔比较小时酯水解率随水酯摩尔比的变化较快，而水酯摩尔比较大时酯水解率随水酯摩尔比的变化趋于平缓；另一方面，水酯摩尔比的增大势必造成产物酸水比的下降，而酸水比的下降将使乙酸浓缩的能耗增加，因此，存在适宜的进料水酯摩尔比。酯水解率随着空速的增大而减小，回流进料比的增大而增大，当回流进料比达到一定数值时，水解率的增加趋于平缓。因此，继续增大回流进料比不能有效强化乙酸甲酯反应精馏水解过程。

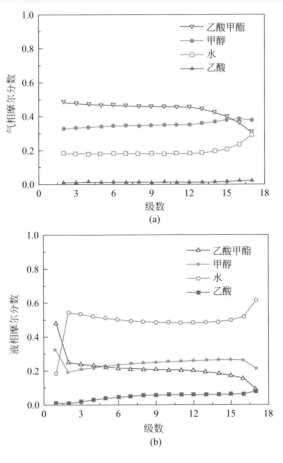

图 4-32 气液组成分布模拟结果

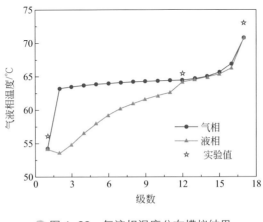

图 4-33 气液相温度分布模拟结果

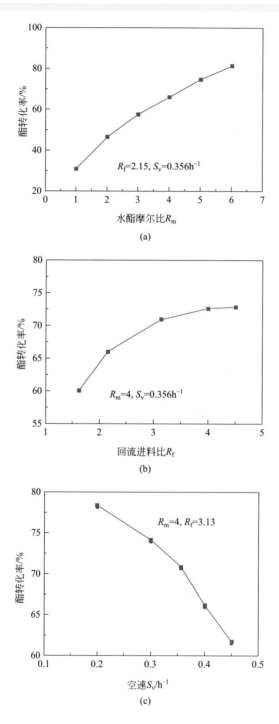

图 4-34　工艺条件对酯转化率的影响

以上通过对实例的计算，结果表明利用非平衡级速率模型对乙酸甲酯水解工艺过程进行模拟研究，能够获得令人满意的收敛结果，且计算值与实验值吻合良好。通过对各种工艺条件进行模拟研究可以得出各操作条件对乙酸甲酯水解产率影响是不同的，水解摩尔比对酯水解率的影响最大。酯水解率随水酯摩尔比的增大而增大，随着空速的增大而减小，随回流进料比的增大而增大。但增大回流进料比不能有效强化乙酸甲酯反应精馏水解过程。在此基础上，利用邱挺等所开发的非平衡级速率模型对不同的乙酸甲酯水解工艺操作过程进行了模拟计算，为工业放大和过程开发提供了依据。

同时，在工艺开发过程中，邱挺等提出了利用数值模拟与过程模拟相结合方式建立一种双向耦合多尺度模拟优化催化剂包结构参数的方法[55]。以乙酸甲酯水解中试实验为例，根据乙酸甲酯水解中试工艺过程中采用的催化剂包的实际结构参数，确定了如图4-35所示的催化剂包微观物理模型。具体结构参数如表4-5所示。

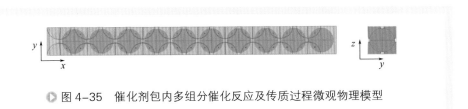

▶ 图4-35　催化剂包内多组分催化反应及传质过程微观物理模型

表4-5　催化剂包微观物理模型结构参数

结构参数	数值
催化剂颗粒直径 d_p/mm	0.5
催化剂层空隙率 ε_y	0.32
催化剂层当量直径 D/mm	12.7
建立的物理结构体积 V_{region}/m³	6.99×10^{-10}
物理结构中催化剂颗粒的表面积 A/m²	1.57×10^{-5}

基于 Maxwell-Stefan 方程建立了能够用于描述催化剂层内多组分催化反应及传质过程的微观数学模型，为传统的过程模拟提供必要基础参数，同时传统的过程模拟为微观数学模型提供适宜的边界条件。建立的模拟框架流程如图4-36所示。

利用建立的双向耦合多尺度数学模型对不同工艺条件下乙酸甲酯水解工艺过程进行模拟研究，并将模拟得到的乙酸甲酯转化率与中试实验结果进行比较，结果如表4-6所示。可以看出，二者吻合良好，验证了多尺度数学模型的可靠性。

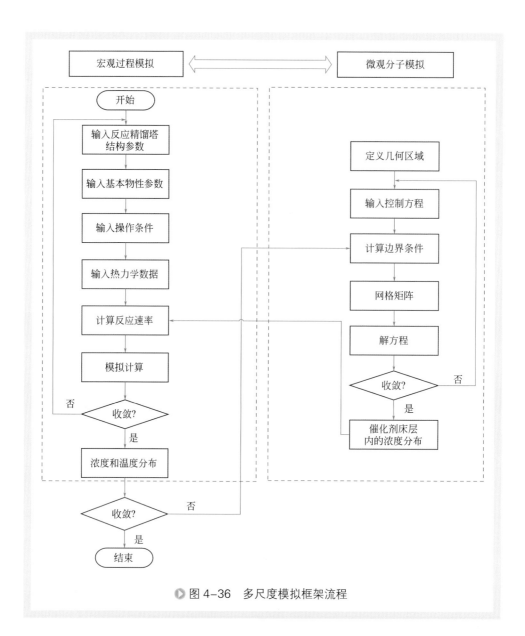

◗ 图 4-36 多尺度模拟框架流程

表4-6 乙酸甲酯水解工艺多尺度模拟计算结果与实验结果比较

编号	水酯摩尔比	回流进料比	空速 /h^{-1}	转化率计算值 /%	转化率实验值 /%	绝对误差 /%	相对误差 /%
1	1.5	3.3	0.356	39.47	38.75	0.72	1.86
2	2	3.8	0.356	52.07	51.62	0.45	0.87
3	2	4.5	0.356	51.18	53.5	2.32	4.34

编号	水酯摩尔比	回流进料比	空速 /h⁻¹	转化率计算值 /%	转化率实验值 /%	绝对误差 /%	相对误差 /%
4	2	3.3	0.25	58.34	56	2.34	4.18
5	2	3.3	0.3	55.73	53.28	2.45	4.6
6	2	3.3	0.4	50.66	48	2.66	5.54
7	2	3.3	0.45	48.7	46.72	1.98	4.24
8	2	3	0.27	57.42	54.56	2.86	5.24
9	2	3	0.3	55.96	53.1	2.86	5.39
平均偏差						2.07	4.03

在此基础上，他们利用建立的多尺度数学模型对乙酸甲酯水解工艺过程中催化剂包内各物质的浓度分布进行分析，图4-37所示为各组分的浓度分布图。反应温度为331.02K，MeOAc、H_2O、MeOH 和 HAc 的边界初始浓度分别为8968.94mol/m³，5244.10mol/m³，2273.61mol/m³ 以及 954.27mol/m³。从图中可以看出，各物质浓度在催化剂包进口段位置变化剧烈，而越靠近催化剂包中心位置，各物质浓度变化越为缓慢。这主要是由于各物质越靠近催化剂包中心位置，反应物扩散到催化剂颗粒表面的距离越大，扩散阻力越大，而反应产物扩散到催化剂包表面的阻力也越大。因此，越靠近催化剂包结构中心，扩散到催化剂颗粒表面的反应物越少，生成物浓度越高，使得逆反应速率不断接近于正反应速率，反应不断接近平衡，传质通量不断减小，因此通过减小催化剂包的径向尺寸有望增大催化剂层效率因子，提高催化剂利用率。

基于上述研究结果，他们利用多尺度模型对催化剂包当量直径对催化剂层效率因子的影响加以考察。当水酯比为2，回流进料比为3.3，空速为0.45h⁻¹，催化剂包当量直径分别为25.4mm（工业尺寸），17.3mm，12.7mm 以及 8.1mm 时的模拟计算结果如图4-38所示。从图中可以看出随着催化剂包当量直径的减小，催化剂层效率因子不断增加。在中试实验工艺操作条件下，当催化剂包当量直径为工业尺寸25.4mm 时，催化剂层的效率因子约为30%～45%；当催化剂包当量直径为17.3mm 时，催化剂层的效率因子约为50%～60%；当催化剂包当量直径为中试尺寸12.7mm 时，催化剂层的效率因子约为65%～75%；当催化剂包当量直径为8.1mm 时，催化剂层的效率因子约为75%～85%；当催化剂包当量直径从工业尺寸的25.4mm 变为 8.1mm 时，催化剂层效率因子提高近一倍，因此，在实际工业过程中，为避免催化剂的浪费，催化剂包的径向尺寸不宜太大，应该控制在一个合适的催化剂包结构尺寸。然而催化剂包结构越小，制造和安装难度越大。因此，在实际应用过程中需综合考虑。

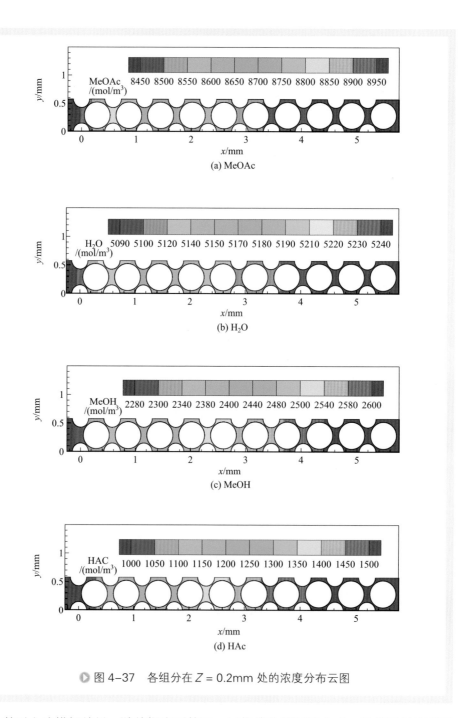

◉ 图4-37 各组分在 $Z = 0.2\text{mm}$ 处的浓度分布云图

基于上述模拟结果，陆续提出了第二、三代催化剂装填方式，改善了气液两相在塔内的分布，在不增加塔压降的情况下有效提高了催化剂包内的持液量和催化层效率因子，从而提高了催化剂利用率，实现了高效催化填料的开发。

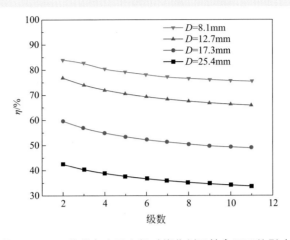

▶ 图 4-38　催化包当量直径对催化剂层效率因子的影响

（水酯摩尔比$R_m = 2.0$，回流进料比$R_f = 3.3$，空速$S_v = 0.45h^{-1}$）

　　另外，由于反应精馏塔塔釜中高浓度的甲醇和乙酸会发生自催化反应重新生成乙酸甲酯，造成工业化的反应精馏塔内乙酸甲酯始终无法完全水解。对反应体系热力学性质的分析表明，采用精馏方法将甲醇从塔釜及时移走可以有效抑制反应精馏塔塔釜中釜液的自催化反应，从而避免乙酸甲酯的生成 [61]。为此，他们耦合了双塔流程中的反应和分离塔，提出了一个有共用提馏段的分隔壁反应精馏塔工艺流程（如图 4-39 所示），将乙酸甲酯的水解转化率进一步提高到 99.5% 以上。分隔壁反应精馏塔的主塔采用全回流操作，侧塔塔顶得到甲醇产品，塔釜得到乙酸水溶液。由于乙酸甲酯几乎完全转化，因此所得的甲醇产品纯度较双塔工艺高很多，显著提

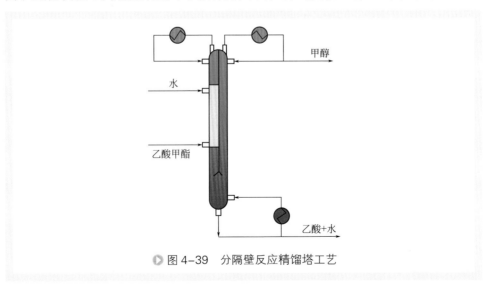

▶ 图 4-39　分隔壁反应精馏塔工艺

高了甲醇产品的经济价值。同时，相比于双塔工艺流程，分隔壁反应精馏工艺的能耗节省了约20%，进一步降低了运营成本。

上述工艺先后在中石化仪征化纤有限公司、逸盛大化石化有限公司、浙江逸盛石化有限公司、福建福维股份有限公司、厦门翔鹭石化股份有限公司、中石化上海金山石化股份有限公司、泰国 TPT 石化有限公司等多家企业实现工业化应用，取得良好的经济效益和社会效益。

然而，由于该体系的特性，反应精馏过程中主要存在以下两个问题：

首先，从表 4-7 中所列出的乙酸甲酯水解反应体系各纯组分和共沸物的沸点可以看出，由于该体系中含有两个最轻共沸物，即 MeOAc（67.15%，摩尔分数）/MeOH，53.61℃；MeOAc（88.95%，摩尔分数）/H_2O，55.92℃，使得 MeOH 在剩余曲线图中成为鞍点，难以在塔顶得到较纯的 MeOH。同时，由于 MeOAc 的水解平衡常数 K_{eq} 很小（约 0.013），为了实现 MeOAc 完全转换，反应精馏塔通常采用全回流的操作方式，塔底的 MeOH、HAc 和 H_2O 进入精馏塔分离。这种操作方式，不仅提高了反应精馏塔的冷凝器和再沸器的能耗，而且后续分离复杂[62]。

表4-7 乙酸甲酯水解反应体系纯组分和共沸物的组成与沸点（0.1MPa）

物质	奇异点类型	温度 /℃	组成（摩尔分数）			
			MeOAc	H_2O	MeOH	HAc
Az 2	不稳定点	53.61	0.6715	0	0.3285	0
Az 1	鞍点	55.92	0.8895	0.1105	0	0
MeOAc	鞍点	57.05	1	0	0	0
MeOH	鞍点	64.53	0	0	1	0
H_2O	鞍点	99.35	0	1	0	0
HAc	稳定点	118.01	0	0	0	1

其次，由于 MeOAc 的水解平衡常数较小，为了尽可能地提高 MeOAc 的转化率，反应精馏塔的进料采用高水酯比[63]（H_2O/MeOAc 摩尔比通常为 8～15）。然而，由图 4-40 的 H_2O-HAc 的汽液平衡相图可知，在接近纯 H_2O 处存在夹点。因此，为了将 H_2O 和 HAc 完全分离，精馏塔需要采用高回流比或高再沸率的操作方式。此外，由于进料中含有过量的水，在下游的分离工艺中，需要消耗大量的能量来移除这一部分水。

由图 4-41 可知，三元组分 MeOAc-MeOH-H_2O 存在液液分相。尽管分相区间很小，但液液分相会导致固体催化剂的效率降低，使得反应和分离的效果变差，塔顶需设置倾析器等额外设备对组分进行分离。总之，目前的 MeOAc 水解反应精馏过程存在能耗大，工艺流程繁琐等问题。

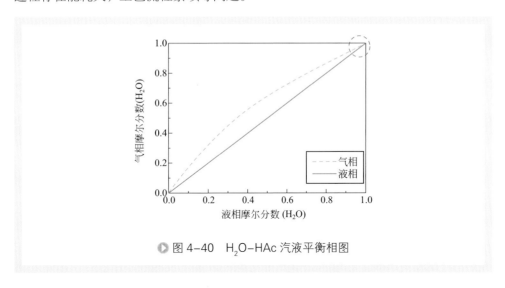

● 图 4-40　H_2O-HAc 汽液平衡相图

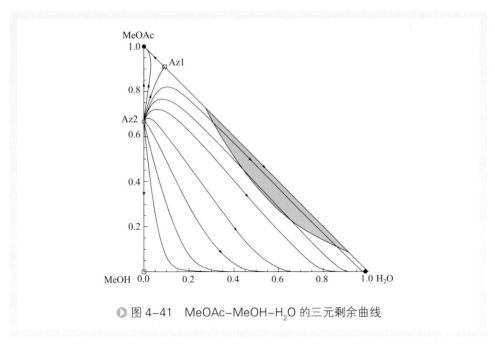

● 图 4-41　MeOAc-MeOH-H_2O 的三元剩余曲线

2. 辅助反应强化的乙酸甲酯水解反应精馏过程

　　针对传统反应精馏过程中的问题，华东理工大学漆志文教授团队提出了采用 MeOH 脱水反应作为辅助反应对 MeOAc 水解过程进行强化的过程概念[64]。辅助反应直接作用于原有的反应精馏体系，以此改变原有体系的相对挥发度、反应速率、物理和化学平衡等性质，最终达到强化反应精馏的目的。主反应和辅助反应同时在反应精馏塔内进行，两者相互作用、相互促进，其原理为：

主反应 $\qquad\qquad$ $MeOAc + H_2O \Longleftrightarrow MeOH + HAc$ $\qquad$ （4-96a）

辅助反应 $\qquad\qquad$ $2MeOH \Longleftrightarrow DME + H_2O$ $\qquad$ （4-96b）

总反应 $\qquad\qquad$ $MeOAc + MeOH \Longleftrightarrow DME + HAc$ $\qquad$ （4-96c）

MeOAc 的水解产物 MeOH 直接通过脱水反应生成 H_2O 和二甲醚（dimethyl ether，DME），生成的 H_2O 可以直接用于 MeOAc 的水解反应，促使水解反应向正反应方向进行，从而得到更多的 MeOH；而更多的 MeOH 又能脱水生成更多的 H_2O。由此，在体系中 H_2O 和 MeOH 互为主反应和辅助反应的产物和反应物，在主反应和副反应间循环，同时促进两个反应向正反应方向进行。整个体系无需从外部引入过量的水，因此降低了进料中的水酯比。同时，通过 MeOH 脱水辅助反应得到副产品二甲醚。

从精馏分离的角度来说，DME 是最轻组分且与其他组分沸点相差大，一旦生成后马上从反应区向上部移去，从而推动 MeOH 脱水反应的不断进行。HAc 是体系中最重组分，它一旦生成就马上从反应区移到塔的下部，利于 MeOAc 的水解反应。DME 和 HAc 作为体系的最轻和最重组分是塔顶和塔底产物，反应精馏塔可以避免采用全回流的高能耗操作方式。同时，由于省去了下游精馏分离塔的操作，简化了原有的工艺流程。

综上，针对反应精馏技术在应用上的限制和瓶颈，提出了利用辅助反应来直接强化反应精馏过程的概念。通过对乙酸甲酯水解反应体系的分析，使甲醇脱水反应作为辅助反应与乙酸甲酯水解反应同时进行，从而改变反应体系的特性；甲醇脱水得到的二甲醚可作为高附加值的副产品。引入的辅助化学反应对原反应精馏过程的反应和分离均有明显的强化效果，下面进行详细阐述。

（1）辅助反应对精馏作用的强化 在反应精馏的概念设计中，最理想化的情况之一是所有的反应物是体系的中间组分而目标产物是体系的最轻或最重组分。如果反应物 MeOAc 和 H_2O 是乙酸甲酯水解体系的中间组分，目标产物 MeOH 和 HAc 分别是体系的最轻和最重组分，则只需单个反应精馏塔便能满足生产要求，如图 4-42（a）中的理想状态所示。然而，由于 MeOAc 水解体系并不满足理想操作状态。图 4-43（a）为四元体系 MeOAc、H_2O、MeOH 以及 HAc 的剩余曲线。可以清楚地看到，所有的剩余曲线都由 MeOAc/MeOH 组成的最轻共沸物 Az2 出发，经过中间组分，最终交汇于最重组分 HAc。因此，尽管目标产物 HAc 是体系的最重组分，而另一目标产物 MeOH 却是体系的中间组分。这导致了整个反应精馏的实际操作如图 4-42（b）所示，在塔顶采用全回流的操作方式，塔底出料为 MeOH、H_2O 和 HAc 的混合物进入后续的两个精馏塔进行分离。

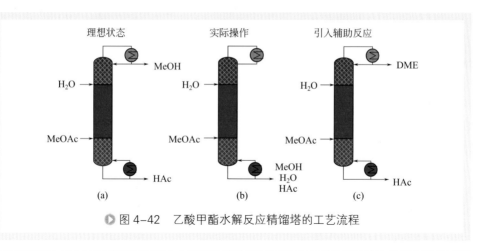

理想状态　　　　　　　实际操作　　　　　　　引入辅助反应

(a)　　　　　　　　　(b)　　　　　　　　　(c)

▶ 图4-42　乙酸甲酯水解反应精馏塔的工艺流程

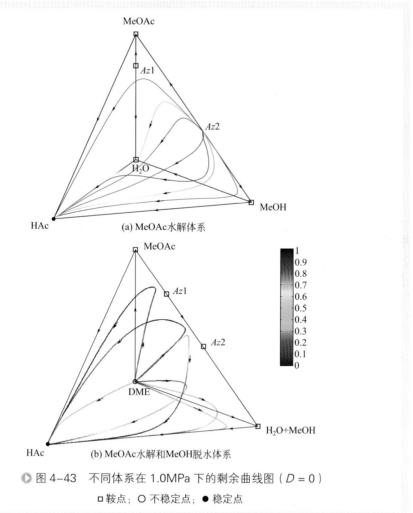

(a) MeOAc水解体系

(b) MeOAc水解和MeOH脱水体系

▶ 图4-43　不同体系在1.0MPa下的剩余曲线图（$D=0$）

□ 鞍点；〇 不稳定点；● 稳定点

然而，当引入甲醇脱水的辅助反应后，由于产生了新的组分 DME，剩余曲线图发生了变化，如图 4-43（b）所示。该图为五元体系 MeOAc、H_2O、MeOH、HAc 以及 DME 在 $D = 0$ 时的剩余曲线图，图中曲线的颜色代表 $H_2O/(MeOH+H_2O)$ 的摩尔比。可以看到所有的曲线不再以 Az2 作为起点，而是从最轻组分 DME 出发，经过中间组分，终止于最重组分 HAc。这是因为（由表 4-8 可以看出）新的产物 DME 取代了 MeOAc/MeOH 的共沸物成为体系的最轻组分。因此，当引入甲醇脱水反应后，新的产物 DME 由精馏的作用迫使反应物 MeOAc 停留在反应精馏塔内，从而可以提高 MeOAc 的水解率。如果以 DME 为目标产物，系统恰好满足理想操作状态，即反应物 MeOAc 和 H_2O 为中间组分，产物 DME 和 HAc 分别为最轻和最重组分。由此，只要单个反应精馏塔便能完成 MeOAc 的水解过程，极大地简化了目前的操作工艺，如图 4-42（c）所示。

表4-8　乙酸甲酯水解以及甲醇脱水反应体系纯组分和共沸物的组成与沸点（1.0MPa）

组分	奇异点类型	温度 /℃	组分（摩尔分数）				
			MeOAc	H_2O	MeOH	HAc	DME
DME	不稳定点	44.68	0	0	0	0	1
Az 2	不稳定点 / 鞍点	130.76	0.4488	0	0.5512	0	0
MeOH	鞍点	137.01	0	0	1	0	0
Az 1	鞍点	138.71	0.7474	0.2526	0	0	0
MeOAc	鞍点	143.91	1	0	0	0	0
H_2O	鞍点	180.32	0	1	0	0	0
HAc	稳定点	214.08	0	0	0	1	0

（2）辅助反应对化学反应的强化　从热力学的角度，乙酸甲酯水解反应是吸热反应（$\Delta_r H_{298}^{\ominus} = 10.87kJ/mol$），而甲醇脱水反应恰巧是放热反应（$\Delta_r H_{298}^{\ominus} = -35.27kJ/mol$）。因此，脱水反应释放的反应热可以被吸热反应充分利用，从而减小了塔的热负荷。同时，两个反应的热耦合效应有助于反应精馏塔中反应段的温度保持稳定。

图 4-44 所示为温度对化学平衡常数的影响，其中 K_{eq3} 为总反应方程式（4-96c）的化学平衡常数。从图中可以看到，随着温度的上升，式（4-97）表示的总反应平衡常数 K_{eq3} 逐渐下降。因此，低温有利于总反应的进行。然而，研究中发现甲醇脱水反应在 40 ～ 50℃时的反应速率很低，可以忽略不计。只有在温度较高条件下，例如 85 ～ 115℃时，才有大量的 DME 生成。为了保证得到较高的甲醇脱水反应速率，温度须高于 85℃。

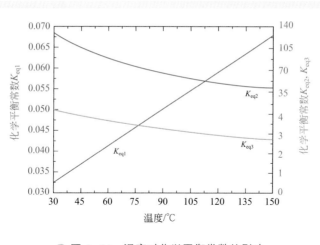

图 4-44　温度对化学平衡常数的影响

$$K_{eq3} = \frac{[DME][HAc]}{[MeOAc][MeOH]} = K_{eq1} K_{eq2} \qquad (4-97)$$

式中，K_{eq1}和K_{eq2}分别为乙酸甲酯水解反应和甲醇脱水反应的化学平衡常数。

剩余曲线的计算公式为：

$$\frac{dx_i}{d\xi} = (1-D)(x_i - y_i) + D\sum_{j=1}^{N} (\nu_{i,j} - \nu_{T,j}x_i)R_j \qquad (4-98)$$

式中，i = 1，2，…，NC；j = 1，2，…，NR；D是达姆克勒数（Da）的无量纲数，其数学表达如式（4-99）所示：

$$D = \frac{Da}{1+Da} \qquad (4-99)$$

Da的物理意义是极限反应速率与极限传质速率之比

$$Da = kc_b^{n-1}/(k_g a)$$

式中，k为反应速率常数；c_b为主体浓度；n为反应级数；k_g为气膜传质系数；a为催化剂颗粒比表面积。图4-45比较了引入甲醇脱水反应前后的剩余曲线与MeOAc水解反应的化学平衡曲面（chemical equilibrium surface，CES）的差别，从而对辅助反应强化该化学反应的可行性进行分析。为了分析化学反应对体系的影响，令式（4-98）中$D \to 1.0$。同时，由于CES是温度的函数，为了在剩余曲线图中画出CES，令温度固定不变（即120℃）。取三组不同摩尔比例下的MeOAc/H_2O作为剩余曲线的起点，利用式（4-98）分别计算引入甲醇脱水反应前后的剩余曲线。其中，当引入甲醇脱水反应后，将计算得到的x_i（MeOAc、H_2O、MeOH以及HAc液相摩尔分数）重新进行归一化计算，以保证曲线轨迹在正四面体内。从图4-45可以看到，当体系仅有MeOAc水解反应时，由于$D \to 1.0$，体系受化学平衡限制，曲线（实线）快速地接近CES并与之相交于□点。之后，沿着CES终止于HAc。当引入甲醇脱水反应后，曲线也快速地接近CES并与之相交于○点，并沿着CES终止于HAc。两者的不同之处在于，引入辅助反应前后，曲线与CES的交点的位置发生了变化。以$n(\text{MeOAc}):n(\text{H}_2\text{O})=0.5$为例，$P_2$和$P_1$分别是引入辅助反应前后曲线与CES的交点，其中$P_1$距离边MeOAc-$\text{H}_2\text{O}$比$P_2$更远，或者说$P_1$距离边MeOH-HAc比$P_2$更近。这是因为MeOAc水解反应体系中，$\text{H}_2\text{O}$和MeOH分别是反应物和产物。引入甲醇脱水反应后，将MeOH转化为H_2O可以使MeOAc的反应向正反应方向移动，从而提高了MeOAc的水解率。

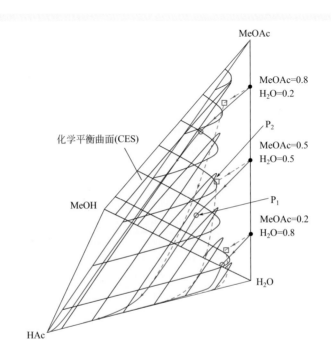

▶ 图4-45　引入甲醇脱水反应后对反应的强效果（120℃，$D \rightarrow 1.0$）

仅有MeOAc水解反应（□ 虚线）；MeOAc水解反应和MeOH脱水反应同时进行（○ 实线）

　　根据MeOAc与MeOH摩尔比的不同可分为两种方案[65]。第一，以$n(\text{MeOAc}):n(\text{MeOH})=1:1$的进料方式（下面简称等摩尔进料）可以保证反应物MeOAc和MeOH在塔内被完全转化。同时，塔顶和塔底产物为高纯度的DME和HAc。另一种进料方式是以PVA废液直接进料的方式，即$n(\text{MeOAc}):n(\text{MeOH})=1:9$。该进料方式是为了设计出将PVA废液中的MeOH全部转化为DME，只对HAc进行回收的工艺。

　　利用三相非平衡级模型分别对两种不同的进料方式即等摩尔进料和PVA废液直接进料进行分析，考察各类操作参数对体系的影响得到优化的操作条件。反应精馏塔的反应段离子交换树脂催化剂采用玻璃纤维袋包裹，规整排列于反应精馏塔内，精馏段和提馏段填料采用公称直径（DG）16mm 的拉西环，填料的等板高度设为 0.5m。表 4-9 列出反应精馏塔模拟过程中的基本操作参数。

表4-9　等摩尔进料和PVA废液直接进料下的反应精馏塔基本操作参数

操作参数	等摩尔进料	PVA 废液直接进料
总塔板数	40	40
操作压力 /MPa	0.8	0.9
回流比	9	10
催化剂用量 /（kg/ 级）	12	10
反应段	5～35	5～35
进料位置	5	5
进料流率 /（mol/s）	2.5	2.5

图 4-46 是优化操作条件下（表 4-10）两种不同进料方式的反应精馏塔内组分浓度分布情况。在等摩尔进料时，由于采用了高回流比（10）的操作方式，塔顶 DME 与塔底 HAc 的浓度分别为 0.982 和 0.981。而 PVA 废液直接进料时，由于进料中甲醇的含量过高且 MeOH 脱水的反应速率作为体系的控制步骤，使得反应速率很慢。即使在高回流比（10），高催化剂用量（20kg/ 级）的情况下，塔底依旧含有大量的 MeOH（0.1815）。因此，对于以上两种进料方式，仅靠单个反应精馏无法在低能耗的操作方式下实现各自的预定目标。

表4-10　等摩尔进料和PVA废液直接进料下的反应精馏塔优化操作参数

操作参数	等摩尔进料	PVA 废液直接进料
总塔板数	40	40
操作压力 /MPa	0.8	1.0
回流比	10	10
催化剂用量 /（kg/ 级）	12	20
反应段	5～35	5～35
进料位置	5	5
进料流率 /（mol/s）	2.5	2.5

基于两种不同进料摩尔比下反应精馏的过程模拟，即 $n($ MeOAc $):n($ MeOH $)=$ 1：1（等摩尔进料）以及 $n($ MeOAc $):n($ MeOH $)=1:9$（PVA 废液直接进料），进一步设计出两种新的 PVA 生产废液 MeOAc 回收工艺 [66]。

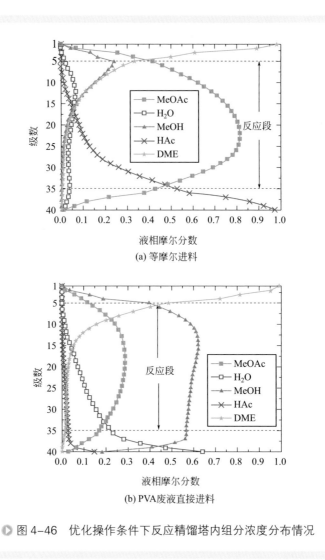

(a) 等摩尔进料

(b) PVA废液直接进料

图 4-47 为等摩尔进料下的 PVA 生产中 MeOAc 回收新工艺流程。PVA 废液首先在上游分离中通过单个精馏塔进行分离，该精馏塔规定塔顶产物为 n（MeOAc）：n（MeOH）= 1∶1 的混合物，塔底则是多余的 MeOAc、MeOH 以及少量的杂质。MeOH 脱水反应作为控制步骤限制了 MeOAc 的转化率。尽管单个反应精馏塔也能将 MeOAc 和 MeOH 全部转化，塔顶和塔底为高纯度的 DME 和 HAc，但反应精馏塔采用的回流比高（超过 10），从而使过程的能耗升高。因此，等摩尔的 MeOAc 和 MeOH 在进入反应精馏塔之前，应先通过一个预反应器将 MeOAc 和 MeOH 进行部分转化，降低反应精馏塔的能量负荷。

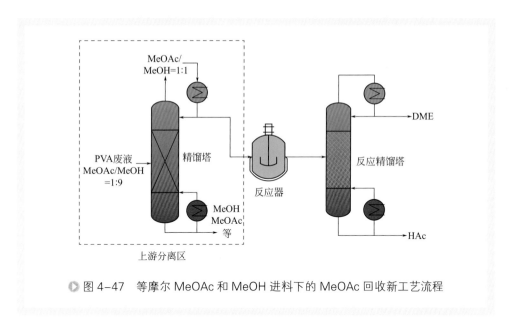

●图 4-47　等摩尔 MeOAc 和 MeOH 进料下的 MeOAc 回收新工艺流程

与传统工艺相比，该工艺省去了下游分离的操作，在上游分离部分也省去了萃取精馏塔的操作。同时，还能将部分 MeOH 转化成高附加值的 DME。

另一种工艺流程是将 PVA 废液中的 MeOH 全部转化为 DME，只回收废液中的 HAc。图 4-48 所示为 PVA 废液直接进料的 MeOAc 回收工艺流程。同样，为了降低反应精馏塔的操作负荷，PVA 的废液在进入反应精馏塔之前先通过一个预反应器将 MeOH 进行部分转化。反应精馏塔的塔顶为高纯度的 DME，塔底 H_2O 和 HAc 的混合物通过下游分离的单个精馏塔进行分离。与传统工艺相比，该工艺省去了上

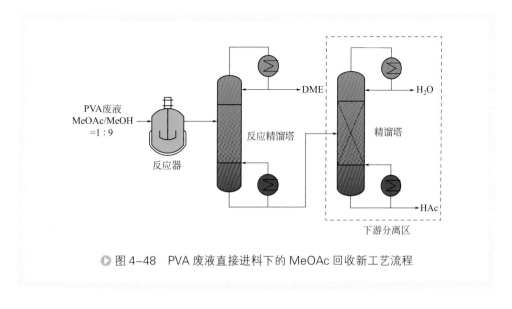

●图 4-48　PVA 废液直接进料下的 MeOAc 回收新工艺流程

游分离的过程，下游分离也比传统工艺省去了一个精馏塔的操作。同时，该工艺也能生产出高纯度的DME作为副产品。

对于等摩尔进料的新工艺而言，等摩尔的 MeOAc 和 MeOH 在预反应器中达到化学平衡后，MeOAc 和 MeOH 分别转化了 28.15% 和 95.26%。以该物料进入反应精馏塔后，塔顶和塔底得到 99.18% 的 DME 和 99.17% 的 HAc，MeOAc 和 MeOH 在塔内完全转化。同时，回流比从 10 降低到了 6，降低了反应精馏塔的热负荷。对于 PVA 废液直接进料而言，n（MeOAc）:n（MeOH）= 1:9 的进料在预反应器中达到化学平衡后，MeOAc 和 MeOH 分别转化了 84.8% 和 94.54%。因此，通过反应精馏塔后，塔顶为 99.08% 的 DME。同时，由于大量的 MeOH 转化成了 H_2O，塔底 H_2O 和 HAc 的混合物中，n（H_2O）:n（HAc）= 4.08。该混合物在下游分离过程中，只需单个精馏塔便可在塔底得到 99.62% 的 HAc。

三、轻汽油醚化反应精馏过程开发

汽油中烯烃含量过高会导致氮氧化合物排放增加，造成环境污染，烯烃燃烧生成物还会形成有毒的二烯烃；同时烯烃本身易被氧化成胶体造成发动机堵塞，降低发动机效率，增加汽车排放。轻汽油醚化技术可将汽油中的烯烃转化成 TAME 从而降低汽油中烯烃含量，同时提高汽油辛烷值，提高汽油燃烧效率、降低空气污染物排放量，其反应过程为异戊烯（2M1B、2M2B）与甲醇反应生成 TAME，如式（4-100）、式（4-101）所示。

传统轻汽油醚化工艺"两器一塔"技术受醚化反应平衡限制，存在醚化深度低、能耗高等缺陷。针对这一问题，天津大学李鑫钢课题组依据反应精馏过程强化优势，将轻汽油醚化工艺与反应精馏技术相结合，开展了反应精馏可行性分析[67]、反应精馏模型建立[68]、工业级反应精馏过程模拟及优化[69]、低能耗工艺开发[70]等系列研发工作，提出了高反应转化率、低能耗的轻汽油醚化反应精馏工艺技术，并成功实现该工艺的工业化。

$$H_2C=\underset{\underset{CH_3}{|}}{C}-CH_2CH_3 + CH_3OH \underset{r_1'}{\overset{r_1}{\rightleftharpoons}} H_3C-\underset{\underset{CH_3}{|}}{\overset{\overset{O-CH_3}{|}}{C}}-CH_2CH_3 \qquad (4\text{-}100)$$

(2M1B)　　　　　　　　　　(TAME)

$$H_3C-\underset{\underset{CH_3}{|}}{C}=CHCH_3 + CH_3OH \underset{r_2'}{\overset{r_2}{\rightleftharpoons}} H_3C-\underset{\underset{CH_3}{|}}{\overset{\overset{O-CH_3}{|}}{C}}-CH_2CH_3 \qquad (4\text{-}101)$$

(2M2B)　　　　　　　　　　(TAME)

反应精馏塔中存在反应与分离过程的匹配问题，然而不是所有的反应都适用于此技术。轻汽油醚化反应精馏塔内反应和精馏分离之间受到许多因素的影响，即使塔板数、传热、反应速率、停留时间、进料位置、反应物进料配比、副产物浓度及催化剂等参数发生较小变化，都会对轻汽油醚化反应精馏效果产生较大的影响，因此反应精馏工艺的可行性分析十分重要也十分困难。

传统反应精馏过程研究需依靠开发者经验判断其可行性，再依靠中试实验进行反应精馏可行性研究，可行性判断结果存在较大偏差，且盲目实验会造成人力物力浪费。李鑫钢课题组运用自主研发的新型固定点设计法对此工艺进行可行性分析，并得到初步设计结果，为后续中试实验及模型建立提供基础数据，可行性分析结果如图 4-49 所示。从图中可以看出，反应精馏工艺可应用于轻汽油醚化过程，反应精馏塔的初步设计结果为：反应精馏塔共需 9 块理论板，塔顶压力为500kPa，回流比为 3，进料位置在第 4 块理论板时，塔釜可以获得摩尔分数为 0.95的 TAME。

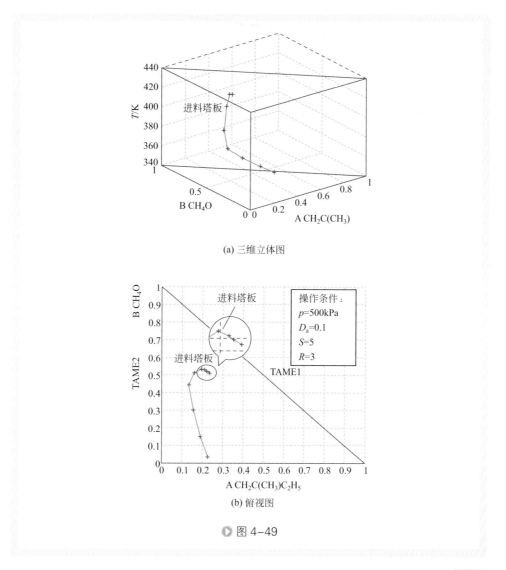

(a) 三维立体图

(b) 俯视图

◉ 图 4-49

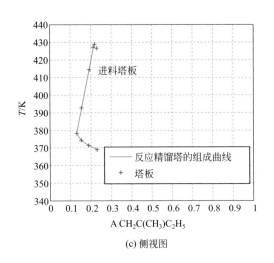

(c) 侧视图

▶ 图 4-49　TAME 反应系统的可行性设计结果

　　该课题组以轻汽油醚化反应精馏工艺工业化为目标，建立了轻汽油醚化反应精馏过程模型。为验证该模型的准确性，在确定反应精馏工艺可行之后，以初步设计结果为指导对轻汽油醚化的反应精馏工艺进行中试实验研究。在相同工艺条件下，将反应精馏工艺模拟所得的温度、醇烯比及回流比对转化率的影响结果与实验值进行比较，如图 4-50 所示。从图中可知，模拟得到的随不同参数变化曲线与实验所得趋势一致，且转化率数值在误差范围内，验证了反应精馏模拟模型的准确性。

　　该课题组运用上述反应精馏模型对此轻汽油的醚化反应精馏塔进行模拟，并对理论板数、塔顶压力、进料位置、醇烯比、回流比等主要参数进行优化，用以指导工业化设计以及成套工艺包的开发。模拟采用的原料轻汽油取自炼油厂 FCC 生产单元的数据，基本条件和主要参数如下：理论板 30 块，其中精馏段 5 块、反应段 10 块、提馏段 15 块；塔顶为全凝器，塔顶操作压力 0.5MPa（绝压），单板压降 1kPa；进料烯醇比为 1，塔底流量与进料流量摩尔比为 0.36；回流比为 3；采用醚化反应动力学模型处理反应过程，反应段区域为 6～15 块理论板，反应段区域为第 6～15 块理论板；进料温度为 298.15K。经模拟分析得出最优反应条件为：塔顶压力 0.5MPa，回流比为 3，进料位置为第 15 块理论板，醇烯比为 1。在该优化条件下，采用 Aspen Plus 对轻汽油醚化的反应精馏过程进行了模拟，通过输出结果并经计算得出反应精馏塔中 2M1B、2M2B 的转化率分别是 75.02%、90.16%，总的活性烯烃转化率是 85.64%。

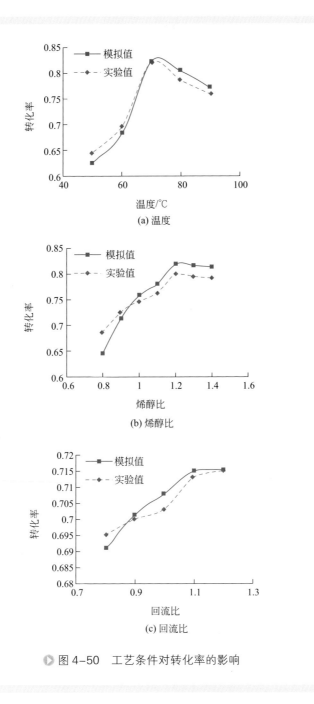

(a) 温度

(b) 烯醇比

(c) 回流比

▶ 图 4-50　工艺条件对转化率的影响

　　前述的轻汽油醚化反应精馏工艺中，C_5 与甲醇在进行预反应后进入反应精馏塔进行反应分离获得高纯度 TAME 产品。该工艺虽依靠反应精馏工艺优势，较传统先反应后分离工艺有较大经济优势，但仍旧存在能耗节约点。为进一步降低轻汽油醚化工艺能耗，该课题组在反应精馏工艺基础上引入差压热耦合工艺技术，将原工艺反应精馏塔的提馏段单独列出，成为一个低压精馏塔，精馏段和反应段则设定为高压反应精馏塔。利于两塔压力差导致的塔内的温度差，使得高压塔塔顶可以与低压塔塔釜进行换热，如图 4-51 所示。在相同处理条件下，提出的轻汽油醚化差压热耦合工艺较反应精馏工艺在操作费用上存在较大优势，每年可节约 6% 的经济费用。

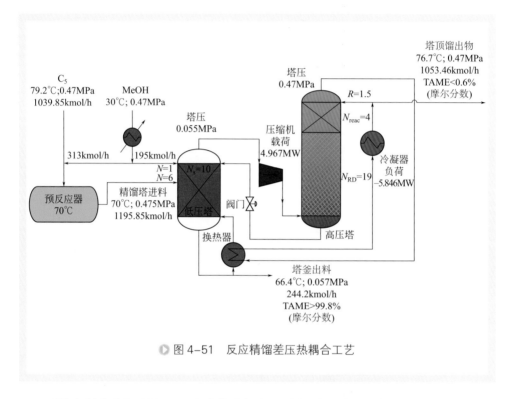

▶ 图 4-51　反应精馏差压热耦合工艺

天津大学李鑫钢课题组已成功将此轻汽油醚化反应精馏技术用于宁夏、广西等数十家汽油生产企业中，将叔戊烯转化率提高约 3.62 个百分点，叔己烯转化率提高约 20 个百分点，能耗降低 19.4%，取得良好经济效益与社会效益。

参考文献

[1] Backhaus A A. Continuous processes for the manufacture of esters[P]. US 1400849. 1921-12-20.

[2] Spes H. Katalytische reaktionen in ionenaustaucherkolonnen unter verschiebung des chemische geleichgewichts[J]. Chemiker Atg/Chemische Apparatur, 1966, 90: 443-446.

[3] Taylor R, Krishna R. Modelling reactive distillation[J]. Chem Eng Sci, 2000, 55(22): 5183-

5229.

[4] Stein E. Synthesis of reactive distillation processes[D]. Shaker Aachen, 2003.

[5] Malone M F, Doherty M F. Reactive distillation[J]. Ind Eng Chem Res, 2000, 39(11): 3953-3957.

[6] Omota F, Dimian A C, Bliek A. Fatty acid esterification by reactive distillation: Part 2-kinetics-based design for sulphated zirconia catalysts[J]. Chem Eng Sci, 2003, 58(14): 3175-3185.

[7] 何文军, 李应成, 费泰康等. 环氧乙烷水合制乙二醇的方法 [P]. CN 1683292. 2005-10-19.

[8] Kolah A K, Mahajani S M, Sharma M M. Acetalization of formaldehyde with methanol in batch and continuous reactive distillation columns[J]. Ind Eng Chem Res, 1996, 35(10): 3707-3720.

[9] Schoenmakers H, Buehler W. Distillation column with external reactors-an alternative to the reaction column[J]. Chem-Ing-Tech, 1982, 54(2): 163.

[10] 刘劲松, 白鹏, 朱思强等. 反应精馏过程的研究进展 [J]. 化学工业与工程, 2002, 19(1): 101-106.

[11] Neumann R, Sasson Y. Recovery of dilute acetic acid by esterification in a packed chemorectification column[J]. Industrial & Engineering Chemistry Process Design and Development, 1984, 23(4): 654-659.

[12] Sharma M M. Some novel aspects of cationic ion-exchange resins as catalysts[J]. React Funct Polym, 1995, 26(1-3): 3-23.

[13] 盖旭东. 反应蒸馏分离技术进展 [J]. 现代化工, 1995, 15(5): 17-20.

[14] Hiwale R S, Bhate N V, Mahajan Y S, et al. Industrial applications of reactive distillation: recent trends[J]. Int J Chem React Eng, 2004, 2(1): 1-52.

[15] Huss R S, Chen F, Malone M F, et al. Reactive distillation for methyl acetate production[J]. Comput Chem Eng, 2003, 27(12): 1855-1866.

[16] Xu Z P, Chuang K T. Kinetics of acetic acid esterification over ion exchange catalysts[J]. Can J Chem Eng, 1996, 74(4): 493-500.

[17] Xu Z P, Chuang K T. Effect of internal diffusion on heterogeneous catalytic esterification of acetic acid[J]. Chem Eng Sci, 1997, 52(17): 3011-3017.

[18] Song W, Venimadhavan G, Manning J M, et al. Measurement of residue curve maps and heterogeneous kinetics in methyl acetate synthesis[J]. Ind Eng Chem Res, 1998, 37(5): 1917-1928.

[19] Pöpken T, Steinigeweg S, Gmehling J. Synthesis and hydrolysis of methyl acetate by reactive distillation using structured catalytic packings: experiments and simulation[J]. Ind Eng Chem Res, 2001, 40(6): 1566-1574.

[20] Bessling B, Löning J, Ohligschläger A, et al. Investigations on the synthesis of methyl

acetate in a heterogeneous reactive distillation process[J]. Chem Eng Technol, 2015, 21(5): 393-400.

[21] Gòrak A, Hoffmann A. Catalytic distillation in structured packings: methyl acetate synthesis[J]. AIChE J, 2001, 47(5): 1067-1076.

[22] Nishihira K, Tanaka S, Nishida Y, et al. Process for producing a diaryl oxalate[P]. US 6018072. 2000-01-25.

[23] Jr Schaerfl R A, Day M J, Piecuch S P, et al. Preparation of substituted hydroxyhydrocinnamate esters by continuous transesterification using reactive distillation[P]. US 6291703. 2001-09-18.

[24] Jacobs R, Krishna R. Multiple solutions in reactive distillation for methyl tert-butyl ether synthesis[J]. Ind Eng Chem Res, 1993, 32(8): 1706-1709.

[25] Rock K, McGuirk T, Gildert G R. Catalytic distillation extends its reach[J]. Chem Eng, 1997, 104(7).

[26] Sharma M M, Mahajani S M. Industrial applications of reactive distillation[J]. Reactive Distillation: Status and Future Directions, 2003: 1-29.

[27] Schwab P, Breitscheidel B, Oost C, et al. Preparation of propene and, if desired, 1-butene[P]. US 6433240. 2002-08-13.

[28] Zhang X, Zhang S, Jian C. Synthesis of methylal by catalytic distillation[J]. Chem Eng Res Des, 2011, 75(6): 573-580.

[29] 周伟, 谢敏明, 马建新等. 催化精馏在合成甲缩醛中的应用[J]. 工业催化, 1998, 6(1): 35-39.

[30] Qi Z W, Zhang R S. Alkylation of benzene with ethylene in packet reactive disfillation column [J]. Ind Eng Chem Res, 2004, 43: 4105-4111.

[31] Podrebarac G G, Gildert G R, Groten W A. Process for the desulfurization of petroleum feeds[P]. US 6303020. 2001-10-16.

[32] Ciric A R, Gu D. Synthesis of nonequilibrium reactive distillation processes by MINLP optimization[J]. AIChE J, 1994, 40(9): 1479-1487.

[33] 张瑞生, 张家庭. 环氧丙烷水合制丙二醇反应精馏新工艺[J]. 化学工程, 1993, 21(1): 22-26.

[34] Steyer F, Qi Z, Sundmacher K. Synthesis of cylohexanol by three-phase reactive distillation: influence of kinetics on phase equilibria[J]. Chem Eng Sci, 2002, 57(9): 1511-1520.

[35] Fuchigami Y. Hydrolysis of methyl acetate in distillation column packed with reactive packing of ion exchange resin[J]. J Chem Eng Japn, 1990, 23(3): 354-359.

[36] 王良恩, 刘家祺. 催化精馏技术在乙酸甲酯水解工艺中的应用[J]. 福建化工, 2001(3): 1-4.

[37] Voss B. Acetic acid reactive distillation process based on DME/methanol carbonylation[P].

US 6175039. 2001-01-16.

[38] Leemann M, Hildebrandt V, Thiele H, et al. Production of polyamides by reactive distillation[P]. US 6358373. 2002-03-19.

[39] 刘有智等 . 化工过程强化方法与技术 [M]. 北京 : 化学工业出版社 , 2017.

[40] 孙兰义 . 化工流程模拟实训——Aspen Plus 教程 [M]. 北京 : 化学工业出版社 , 2012.

[41] Krishnamurthy R, Taylor R. A nonequilibrium stage model of multicomponent separation processes. Part Ⅰ : model description and method of solution[J]. AIChE J, 1985, 31(3): 449-456.

[42] Kooijman H A. Dynamic nonequilibrium column simulation[D]. Clarkson University, 1995.

[43] Krishna R, Wesselingh J A. The Maxwell-Stefan approach to mass transfer[J]. Chem Eng Sci, 1997, 52(6): 861-911.

[44] Higler A P. A nonequilibrium model for reactive distillation[D]. Clarkson University, 2000.

[45] Onda K, Takeuchi H, Okumoto Y. Mass transfer coefficients between gas and liquid phases in packed columns[J]. J Chem Eng Japn, 1968, 1(1): 56-62.

[46] Zheng Y, Xu X. Study on catalytic distillation process, Part 1. Mass transfer characteristics in catalytic bed within the column[J]. Chem Eng Res Des, 1992, 70(A5): 459-464.

[47] 周传光 , 郑世清 . 部分牛顿法模拟反应精馏过程 [J]. 化学工程 , 1993, 21(3): 30-34.

[48] Chang Y A, Seader J D. Simulation of continuous reactive distillation by a homotopy-continuation method[J]. Comput Chem Eng, 1988, 12(12): 1243-1255.

[49] 邱挺 . 醋酸甲酯催化精馏水解新工艺及相关基础研究 [D]. 天津 : 天津大学 , 2002.

[50] Higler A P, Taylor R, Krishna R. Nonequilibrium modelling of reactive distillation: multiple steady states in MTBE synthesis[J]. Chem Eng Sci, 1999, 54(10): 1389-1395.

[51] Higler A P, Taylor R, Krishna R. The influence of mass transfer and mixing on the performance of a tray column for reactive distillation[J]. Chem Eng Sci, 1999, 54(13-14): 2873-2881.

[52] 肖剑 , 刘家祺 . 催化精馏塔催化剂装填技术研究进展 [J]. 化工进展 , 1999, 18(2): 8-11.

[53] Klöker M, Kenig E Y, Górak A. On the development of new column internals for reactive separations via integration of CFD and process simulation[J]. Catal Today, 2003, 79: 479-485.

[54] Egorov Y, Menter F, Klöker M, et al. On the combination of CFD and rate-based modelling in the simulation of reactive separation processes[J]. Chem Eng Process, 2005, 44(6): 631-644.

[55] Wang Q, Yang C, Wang H, et al. Optimization of process-specific catalytic packing in catalytic distillation process: a multi-scale strategy[J]. Chem Eng Sci, 2017, 174: 472-486.

[56] 李永红 , 广翠 , 李鑫钢等 . 一种高效传质的催化蒸馏塔内件 [P]. CN 101306256. 2008-11-19.

[57] 李鑫钢, 高鑫, 李永红等. 催化剂网盒及催化剂填装结构 [P]. CN 101219400. 2008-07-16.

[58] 张锐. 基于渗流催化剂的轻汽油醚化催化精馏过程研究 [D]. 天津 : 天津大学 , 2010.

[59] Li X, Zhang H, Gao X, et al. Hydrodynamic simulations of seepage catalytic packing internal for catalytic distillation column[J]. Ind Eng Chem Res, 2012, 51(43): 14236-14246.

[60] Zhang H, Li X, Gao X, et al. A method for modeling a catalytic distillation process based on seepage catalytic packing internal[J]. Chemical Engineering Science, 2013, 101: 699-711.

[61] Wang X, Wang H, Chen J, et al. High conversion of methyl acetate hydrolysis in a reactive dividing wall column by weakening the self-catalyzed esterification reaction[J]. Ind Eng Chem Res, 2017, 56(32): 9177-9187.

[62] Tang Y T, Chen Y W, Huang H P, et al. Design of reactive distillations for acetic acid esterification[J]. AIChE J, 2005, 51(6): 1683-1699.

[63] Xiao J, Liu J, Li J, et al. Increase MeOAc conversion in PVA production by replacing the fixed bed reactor with a catalytic distillation column[J]. Chem Eng Sci, 2001, 56(23): 6553-6562.

[64] Tong L W, Chen L F, Ye Y M, et al. Analysis of intensification mechanism of auxiliary reaction on reactive distillation: methyl acetate hydrolysis process as example[J], Chem Eng Sci, 2014, 106: 190-197.

[65] Tong L W, Wu W G, Ye Y M, et al. Simulation study on a reactive distillation process of methyl acetate hydrolysis intensified by reaction of methanol dehydration[J], Chem Eng Process, 2013, 67: 111-119.

[66] 童立威. 基于辅助化学反应直接强化的乙酸甲酯水解反应精馏过程基础研究 [D]. 华东理工大学 , 2014.

[67] Li H, Meng Y, Li X, et al. A fixed point methodology for the design of reactive distillation columns[J]. Chem Eng Res Des, 2016, 111: 479-491.

[68] 广翠. 轻汽油醚化的反应精馏技术研究 [D]. 天津大学 , 2008.

[69] 李鑫钢, 张锐, 高鑫等. 轻汽油反应精馏醚化过程模拟 [J]. 化工进展 , 2009(S2): 364-367.

[70] Gao X, Wang F, Li X, Li H. Heat-integrated reactive distillation process for TAME synthesis[J]. Sep Purif Technol, 2014, 132: 468-478.

第二篇

引入能量分离剂强化

第五章

微波场强化蒸馏

第一节　微波场强化蒸馏过程的原理

　　微波是指频率为 300MHz ～ 300GHz 的电磁波，是无线电波中一个有限频带的简称，即波长在 1mm ～ 1m 之间的电磁波，是分米波、厘米波、毫米波的统称。微波频率比一般的无线电波频率高，通常也称为"超高频电磁波"。微波作为一种电磁波也具有波粒二象性，微波的基本性质通常呈现为穿透、反射、吸收三个特性。从 20 世纪 70 年代初开始，人们逐渐认识到微波具有加热物质的能力，并研制出了第一批微波加热设备，其中就包括家喻户晓的微波炉。

　　本节将首先为大家介绍微波场强化蒸馏过程的原理，帮助大家理解后续的微波场强化精馏过程的研究以及设备装置情况。

一、微波与物质作用的机理

　　微波加热物质的本质即为微波辐射在介质体物质中损耗能量产生热量的过程，其作用机理主要是偶极子极化、离子迁移和界面极化三种。当微波辐射作用于不同的物质时，会产生反射、透射和吸收等现象，这将取决于物质本身的特性。据此，可以将物质分为导体、透明体和介质体三类 [1]：①导体，能够反射微波的物质（如铁、铜、银、铝等大多数金属以及合金等），这类物质不会使微波透过或自身吸收微波，通常可以用于微波设备中波导、腔体等装置的制作；②透明体，即可以透射微波，对于微波是透明的，通常情况下对于微波的吸收和反射作用是非常小的，透明体在微波应用中通常用于制作容器，如微波炉专用玻璃、聚四氟乙烯、聚丙烯容器等；③介质体：介质体对微波同时具有反射、透射和吸收的功能，但最主要的是吸收作用。在微波强化化工生产操作过程中，被微波辐射加热的物质通常就是这类物质，根据介电性质的不同，它们吸收微波的能力也不同。

物质对微波辐射的吸收能力一般采用物质的介电性能来进行表征。表征物质在微波场作用下极化程度的物理量称为介电常数 ε。在微波化学与化工生产领域，通常使用相对介电常数 ε_r 来表示物质与微波辐射作用的程度。

$$\varepsilon_r = \frac{\varepsilon}{\varepsilon_0} \tag{5-1}$$

式中，ε_r 为相对介电常数；ε 为介电常数，F/m；ε_0 为真空中的绝对介电常数，其值为 8.85×10^{-12} F/m。

在交变电场作用下，介质的相对介电常数是复数，通常表示如下：

$$\varepsilon_r = \varepsilon' - j\varepsilon'' \tag{5-2}$$

式中，ε' 为实部，表示物质存储微波能量的能力；ε'' 为虚部，指介质将存储的微波能量转化为热量的能力。

实际上，某一物质的介电常数并不是一个常数，它是温度和频率的函数。而在化工领域的研究中，通常频率都固定为 915MHz 或 2450MHz，因而只需参考物质的相对介电常数随温度的变化关系即可。

二、微波场强化蒸馏的优势

与普通加热方式相比，微波加热具有众多优势。首先是加热速度快。普通加热是将热量从被加热物质的表面向内部传递，在物质内部会产生一定的温度梯度，热量从温度较高的物质表面向温度较低的内部传递。而微波对于物质的加热作用是一种"体加热"，由于微波能够渗透到物质内部转换能量，所以热量会在整个物质内部同时产生，这样物质会迅速且整体地被加热，避免了普通加热方式中的加热速度慢以及存在温度梯度的缺点。

微波加热技术的另一大特点是其具有"选择性加热"的功能[2]，这是由于不同分子结构的物质对微波的吸收作用是不同的，这就使得微波辐射具有了传统加热方式无法实现的一些特殊作用。例如在微波辐射下共沸体系的共沸点温度及组成将会发生改变，以乙醇-苯共沸体系为例，在乙醇组成小于共沸点组成时，微波辐射可以使乙醇与苯的相对挥发度增加，这将有利于蒸馏分离过程，如图5-1所示[3]。这一特点可以应用在极性/非极性物质组成的二元混合物体系精馏分离过程中，促进其分离过程。

蒸馏分离过程属于一种热分离工艺技术，根据混合物中各物质的沸点不同，蒸出沸点低的组分并冷凝，而沸点高的组分则留在液相中，从而达到混合物分离的目的。传统的蒸发、蒸馏过程存在产品质量低、汽化速率慢且能耗高等缺点。并且对于一些特殊的体系，如沸点接近的体系、共沸物等，即使采用精馏的方法亦无法使组分完全分离。而如果体系中的物质具有介电性质方面的差异，可以使用微波场辐射，根据微波对不同介电性质的物质选择性加热的功能，实现对混合物中一方的快速加热和汽化，从而将二者分离开来的效果。此外，微波作用于共沸体系有望改变共沸组成及共沸点，这将为共沸物的分离提供一种新的方案。

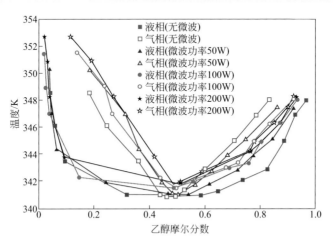

图 5–1　常压下乙醇 – 苯体系 $T–x–y$ 相图

微波场强化蒸馏过程的研究现状

　　近几年，已有研究将微波外场辐射应用于二元体系的蒸馏分离过程强化，发现微波对一些特定体系的蒸馏分离过程有一定的强化作用。天津大学研究团队将微波外场应用于由极性 / 非极性组成的共沸体系分离过程，有望改变该共沸体系的组成及温度，这将为共沸体系的分离提供一种新的方案。但是，微波在蒸馏领域的应用研究较少，实验条件及装置也各有异同，微波强化机理仍需进一步探究。

　　现阶段针对微波蒸馏技术的研究主要集中于机理和应用研究两个方面。在机理研究方面主要有微波场作用下汽液平衡的变化规律、微波加热现象及微波辐射作用机理研究；在应用研究方面主要有微波场强化汽提提取天然产物技术、微波强化蒸馏分离技术、微波强化蒸发过程技术等。

在微波场对汽液平衡的影响方面，Mohsen-Nia 等[4]研究在常压和室温下，微波场的存在对三元物系的液液相平衡的影响。研究中以水、丙酸、二氯甲烷的三元物系为例，发现在一定频率的电磁场的辐射下，相界面积随着电压的增加而增大；电压一定时，相界面亦随着频率的增加而增大面积。Gao 等[5]自行研制开发了一套微波场中测量汽液平衡的设备，系统地研究了微波作用下共沸物系汽液平衡变化规律：在有微波辐射的情况下，相平衡图像发生变化，共沸点偏移，共沸组成也随之改变。对于乙醇 - 苯体系，在共沸点左侧，微波功率越大越利于乙醇 - 苯体系的分离；在共沸点右侧，微波功率越大越不利于分离。这一研究内容对于某些极性 - 非极性组成的共沸体系分离过程具有明显的促进作用，进而开发出了微波强化共沸物分离新技术。Cui 等[6]研究了微波场对纯物质的露点以及二元体系相对挥发度的影响，并以环己烷 - 异丙醇体系为例进行了微波作用下降膜蒸发分离实验研究。实验表明微波辐射对环己烷分子的露点基本没有影响，对醇类物质露点的影响伴随其介电性质的增强而增大；微波作用下，在环己烷 - 异丙醇体系中，环己烷的相对挥发度有所降低且随着微波功率的增大而逐渐降低，相比之下，微波对环己烷 - 乙醇体系和乙醇 - 异丙醇体系的相对挥发度基本没有影响，表明微波仅对极性 - 非极性组成的二元体系的相对挥发度有影响；微波可以改变异丙醇 - 环己烷体系降膜蒸发分离实验的分离方向，趋向于蒸出高沸点的组分异丙醇。

在微波强化蒸馏、蒸发等过程的应用研究方面，罗立新等[7]发明了一种微波分离方法及所用装置，其特征是以微波为热源，将介电常数不同的被分离混合物置于平板上使之自然形成一层液膜，将平板放入密闭试剂瓶中后放入腔内，在不同真空度下，对介电常数不同的被分离物质进行加热，实现高介电常数和低介电常数混合物的分离。作者以环己烷 - 乙醇体系和苯 - 乙醇体系为研究对象，通过改变微波功率、物料含量等条件进行操作。Altman 等[8]研究了微波辐射对精馏分离效果的影响，主要是以生成丙酸丙酯的反应为例，实验分为两部分，一为微波仅辐射液相主体，二为微波辐射液相及气液相界面。在仅加热液相主体时，微波加热和传统方法并没有明显的差别；而如果同时加热气液相界面，微波辐射则体现出了在分离二元混合物时的较好的效果。Ding 等[9]介绍了微波反应精馏（MRD）与普通反应精馏相比对酯化反应速率的影响。以乙酸和乙醇生成乙酸乙酯的酯化反应为例，通过比较常规反应精馏实验与微波作用下反应精馏实验，考察了回流比、进料流量、微波功率对转化率的影响，最后得出结论：MRD 过程在获得一定量乙酸乙酯的实验中所需时间更短，或者说相同时间内 MRD 生成的产物含量更高；在相同的回流比或进料流量下，MRD 的反应物转化率和产物含量也更高，可见微波场可以强化反应精馏过程。高鑫等[10]对微波强化邻苯二甲酸二异辛酯（DOP）酯化催化反应精馏过程进行研究，探究了不同微波功率、进料方式、进料流量、回流比、塔高等条件对反应的转化率和反应温度的影响。结果表明在没有微波辐射的情况下使用反应精馏技术来处理这种反应温度与精馏分离温度不匹配的 DOP 酯化反应是不可行的；而在加入微波辐射后，使用微波反应精馏技术来处理 DOP 酯化反应效果很好。该研究对其他类似因反应温度与分离温度不匹配而无法使用反应精馏技术的体系有很大的帮助，通过使用微波反应精馏技术进行处理，扩大了反应精馏技术的应用范围，对工业生产应用亦有很大的指导作用。

第三节 微波场强化蒸馏设备

由第二节可以看出，目前关于微波场强化蒸馏过程的研究正在逐步扩大，且装置各异。本节将着重介绍目前实验室规模的微波强化蒸馏设备。主要包括微波发生与传输设备、微波场中测量蒸发基础物性的汽液平衡测量设备以及微波蒸发装置，其中针对微波场诱导蒸发分离设备，对应的蒸发器可以选用降膜管、刮膜器、旋转叶轮喷雾器、压力喷嘴等，蒸发形式可以是降膜、刮膜、喷淋、喷雾等方式，物料在蒸发器内呈薄膜、液柱、液滴、液雾等多种形式流动。

一、微波发射及传输设备简介

微波发射及传输设备基本架构如图 5-2 所示，微波发生器 1 经过微波传输系统与微波腔体 5 相连。微波传输系统内依次连接了三端环形器 2、三销钉调配器 3 和过渡波导 4，三端环形器 2 的另一侧与水负载 6 相连，波导 4 与微波腔体 5 相连，蒸发装置放置在微波腔体 5 中。

（1）微波发生器 微波发生器主要由微波管和微波电源组成，其作用是给微波加热系统提供所需要的电磁波。微波管是微波发生器的重要组成部分，有多种形式，如行波管、磁控管、速调管等。其中最常见的是磁控管 [11]。磁控管是一种特殊的二极管，通过电场和磁场对电子流的作用产生微波振荡。磁控管具有效率高、功率大、外形轻便、使用方便等优点。在化工领域，最常用的微波发生器频率为915MHz 和 2450MHz。

（2）波导 波导是负责连接微波发生器与微波腔体的中间器件，是传输微波辐射的系统之一 [12]。根据实际应用情况的不同，如果微波传输的方向需要不断调整，这就需要波导进行电磁波的传输，既不改变微波传输的波形，又能将系统的失配减至最小。波导通常由不锈钢材质的导体制成，微波在波导中传输的过程是与外界隔绝的，所以波导中的电磁场被限制在波导的空间之内，故而可忽视辐射损耗与介质损耗。

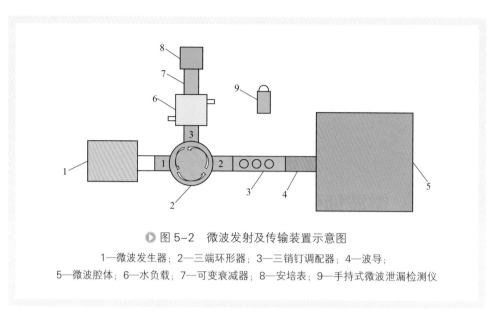

图5-2 微波发射及传输装置示意图

1—微波发生器；2—三端环形器；3—三销钉调配器；4—波导；
5—微波腔体；6—水负载；7—可变衰减器；8—安培表；9—手持式微波泄漏检测仪

（3）微波腔体 微波腔体是把负载物质放置在微波场中进行微波作用的设备。通常由不锈钢等导体材质制成。微波腔形状多样，其主要的作用是确保微波完全被所作用的物质所吸收。因此，研究腔体结构与作用物质吸收微波效果之间的构-效关系对提升微波作用效果是至关重要的[13]。

（4）三端环形器 三端环形器是一种使电磁波能够单向环形传输的微波元件，其对反方向的传导有很高的隔离度。它的特点是微波辐射能量可以从其中的一个端口进入环形器后，只沿单一方向从相邻的另一个端口输出，而无法进行反方向的传输。如图5-2所示的三端环形器，端口1为微波辐射输入端，端口2为微波辐射输出端，端口3连接水负载。当微波从端口1输入后，只能沿箭头所示方向传输，经过端口2后继续输出，如果有微波能量不慎反射回端口3，也只能单方向进入端口3所连接的水负载，被水负载全部吸收，而不会反射回端口1，从而保护了微波发生器，以防止微波反射对发生器造成的损害。

（5）三销钉调配器 具有三段可变短路销钉，其依据是经典的四分之一波长抗阻变换器原理，通过调节相距为四分之一波长的三个销钉的高度，基本可以实现微波装置主系统和微波消耗负载之间的任意有限个驻波系数的良好匹配，因此是本装置中必不可少的波导传输元件。本书中所用调配器为手动调配器，每次调配之后，基本不用再调，系统即可正常工作。

（6）水负载 水负载是整个微波系统的终端吸收装置，可以吸收全部的微波功率而尽量不发生反射或泄露等。如图5-2所示水负载接在环形器端口3，吸收系统反射回来的微波能量。如果没有水负载用作吸收，不慎泄露的微波能量不仅会返回微波发生器处对装置造成损害，亦会对人体造成伤害。

（7）微波泄漏检测仪　微波泄露检测仪是检测微波泄露的装置，用来测量微波泄露的强度，以防微波对人体造成伤害。如图 5-2 所示微波泄露检测仪为手持式，轻巧方便，可以随时随地检测微波泄露情况。

二、微波汽液平衡装置

微波强化蒸馏设备主要有微波汽液平衡装置、实验室级微波蒸馏设备等。微波汽液平衡装置如图 5-3 所示 [5]。

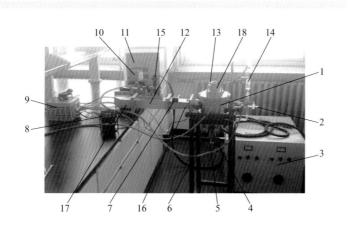

▶ 图 5-3　实验室微波汽液平衡装置

1—微波腔体；2—气相取样口；3—微波源；4—沸腾室；5—加热棒；
6—液相取样口；7—微波泄漏检测仪；8—光纤温度传感器；9—变压器；
10—微波反射指示器；11—微波发生器；12—三螺栓调配器；13—光纤温度探头；
14—冷凝器；15—水负载；16—修正截面的矩形波导；17—矩形波导；18—微波厄流圈

　　装置的具体操作方法如下：如图 5-4 所示，将一定组成的二元混合溶液缓缓加入沸腾室中，使液面略高于回流管转弯处，确保在操作时蒸发器中的液体不被蒸干；调节适当的电压通过加热棒对溶液进行加热。加热一定时间后溶液开始沸腾，气液两相混合物喷射到光纤温度传感器的探头底部；同时可见气相冷凝器中有液体回流。微波场中相平衡实验时，需打开微波电源，适当调节微波功率，保证汽液平衡区有液相回流；常规的汽液平衡实验无此步骤。待套管中光纤温度传感器的温度恒定约 15min 后，可认为气、液相已达到平衡，记下光纤温度显示仪显示的温度，即为汽液平衡温度，分别从气相和液相取样口同时取样少许，样品需密封，经冷却后用阿贝折射仪测定样品的折射率。操作结束后，先关闭微波电源，然后关闭所有加热元件。待溶液冷却后，取出沸腾室中溶液，最后关闭冷却水。

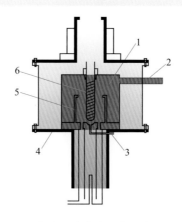

▶ 图 5-4　微波场中汽液平衡测定装置示意图

1—沸腾室；2—气相出口；3—液相取样口；4—微波腔体；5—进料喷嘴；6—汽液平衡界面

三、微波强化薄膜蒸发设备

1. 降膜蒸发技术简介

降膜蒸发技术诞生于 19 世纪末，发展到 20 世纪 50 年代的时候开始出现了多效降膜蒸发器。降膜蒸发是利用溶液自身的重力作用，使物料沿管壁呈膜状向下流动，流动过程中，被加热介质汽化，产生的蒸汽与液相共同进入蒸发器的分离室，气液经充分分离，蒸汽进入冷凝器冷凝或进入下一效蒸发器作为加热介质，从而实现多效操作（如果直接冷凝，就不是多效），液相则由分离室排出。由于物料呈膜状流动，接触面积大、传热系数较高，停留时间短，在提高加热效率的同时不易引起物料变质，尤其适用于热敏性物料，可以防止物料因长时间加热而变质 [14]。但是如果在操作过程中，物料未能分布均匀，即成膜不均匀，则会大大影响传热和传质的效果。

降膜蒸发器主要可以分为管式降膜蒸发器、板式降膜蒸发器和刮板式降膜蒸发器。管式降膜蒸发器可以分为垂直管降膜蒸发器和水平管降膜蒸发器；刮板式降膜蒸发器是通过刮板旋转强制将物料刮成薄膜，刮膜蒸发是在旋转刮膜器的作用下形成连续均匀、厚薄一致、高速湍流的薄膜，具有压降小、操作温度低、受热时间短、强度高、操作弹性大等优点。国内将刮板分为固定式刮板和活动式刮板两种。本书中介绍的刮板主要是活动式刮板。

2. 微波强化降膜蒸发设备

如图 5-5 所示为微波强化降膜蒸发过程的设备示意图。整套蒸发设备放置于微波腔体内部进行微波辐射，蒸发设备均为玻璃材质，保证微波能充分透过设备，作用于被加热物料上。

降膜蒸发设备主要包括：预热器、蒸馏头、水银温度计、光纤温度计、降膜玻璃管、锥形瓶、圆底烧瓶、尾接管、冷凝器等。预热器即为恒温水浴槽，通过进料管与三口烧瓶相连接。三口烧瓶中间连接蒸馏头，左右口分别插入水银温度计和压力表。烧瓶下端连接降膜玻璃管，其中玻璃管上端在烧瓶内伸出一定长度形成溢流堰，下端伸入微波腔体内。本节所涉及的微波腔体均为上下开口的形式，便于物料的流入、流出与收集，且腔体上盖为可拆卸式，便于腔内设备的放置、安装与拆卸。降膜玻璃管安装妥当后要保证管中段置于微波腔体内，可以充分接收到微波的辐射。降膜玻璃管下半部与腔体出口交界处设置一个测温点，通过连接光纤温度计进行测量。降膜玻璃管下端连接锥形瓶进行液相的收集，并设置液相取样口，保证可以随时取样分析；装置上方蒸馏头连接冷凝器并进行气相的取样和收集。

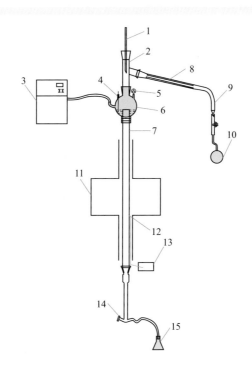

◗ 图5-5　微波场强化降膜蒸发过程设备

1，4—水银温度计；2—蒸馏头；3—预热器；5—压力表；
6—三口烧瓶；7—降膜玻璃管；8—冷凝器；9—尾接管；10—圆底烧瓶；
11—微波腔体；12—液相测温点；13—光纤温度计；14—液相取样口；15—锥形瓶

3. 微波强化刮膜蒸发设备

如图5-6、图5-7所示为微波强化刮膜蒸发过程的设备示意图。由搅拌头带动刮板进行旋转，将物料分布为均匀的薄膜附着在蒸发器内壁上。如图 5-6 所示，一定组成的二元混合物溶液在恒温水浴槽中预热，用光纤温度计测量其温度值，待混合物溶液的温度升至设定温度后，预热完成。在冷凝器下方通入冷却水，打开蠕动泵，初始流量调节为固定值，待液体快要进入装置时，开启搅拌装置，由搅拌头带动刮板旋转，进行刮膜，使得流入的物料沿降膜管内壁成膜流下；一定时间后，观察成膜状态，可见降膜管内形成一层均匀流动的液膜，此时打开微波发生器电源，调节功率旋钮，设置微波输出功率，进行微波辐射下的蒸发分离过程，后续处理方式同降膜蒸发器。

除了图 5-6 所示的刮板形式之外，亦可以采用如图 5-7 所示的刮板进行刮膜蒸发。与图 5-6 不同之处在于，蒸发器由降膜管改为圆柱形蒸发器，刮板放置于其中并充满整个蒸发器，仅与蒸发器壁面保持很薄的距离以便成膜，同时刮板上设置一定数量的圆孔，以便蒸发的气体沿孔隙进入到刮板内部从而上升至冷凝器处进行冷凝收集。

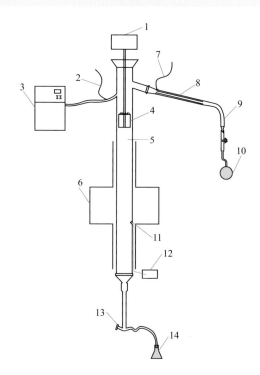

▶ 图 5-6　微波强化刮膜蒸发设备（1）

1—搅拌头；2—光纤传感器；3—预热器；4—刮板；
5—降膜玻璃管；6—微波腔体；7—光线传感器；8—冷凝器；9—尾接管；
10—圆底烧瓶；11—液相测温点；12—光纤温度计；13—液相取样点；14—锥形瓶

4. 微波强化甩盘薄膜蒸发器

甩盘薄膜蒸发器作为一种典型的蒸发设备，广泛应用于化工、医疗、食品及轻工等行业，其结构如图 5-8 所示[15]。该薄膜蒸发器的优点在于快速的热量和质量传递，相同工况下，与其他传热方式相比，膜态热阻小，传热系数大。原料液直接流到第一级甩盘上，电机驱动转轴带动甩盘高速旋转，在离心力的作用下原料液被均匀地洒向蒸发器器壁，并均匀成膜。为防止受热不均局部形成沟流或无液流，每隔一定距离通过降液管收集到下一级甩盘上重新成膜。与刮板式薄膜蒸发器相比，甩盘式薄膜蒸发器结构简单，不需要刮板，甩盘又不与器壁接触，避免了转子偏心转动，延长了转子寿命。而转子及甩盘与搅拌釜类似，加工较为简便。

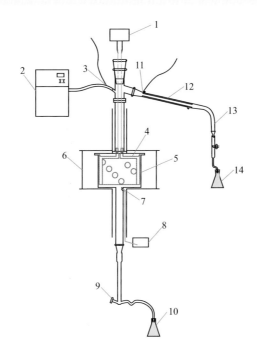

▶ 图 5-7　微波强化刮膜蒸发设备（2）

1—搅拌头；2—预热器；3—光纤传感器；4—刮板；5—蒸发器；
6—微波腔体；7—液相测温点；8—光纤温度计；9—液相取样口；
10，14—锥形瓶；11—光纤传感器；12—冷凝器；13—尾接管

如图 5-8 所示为微波强化甩盘薄膜蒸发过程的设备示意图。转轴上每隔一定距离设置一块甩盘，并从第二块甩盘开始在蒸发器内设置降膜管，以便收集液体，重新成膜。与降膜蒸发和刮膜蒸发相比，甩盘薄膜蒸发还有一个优势就是可以允许少量的物料停留在甩盘上，形成一层薄膜用来慢慢加热，提高了微波利用率。

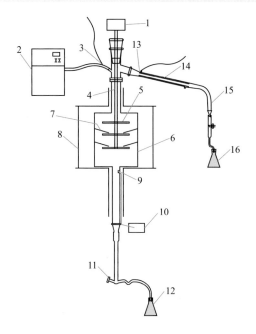

图 5-8 微波场强化甩盘薄膜蒸发器

1—搅拌头；2—预热器；3—光纤传感器；4—转轴；5—甩盘；
6—蒸发器；7—降膜管；8—微波腔体；9—液相测温点；10—光纤温度计；
11—液相取样点；12，16—锥形瓶；13—光纤传感器；14—冷凝器；15—尾接管

四、微波强化喷淋蒸发设备

喷淋蒸发的形式与降膜蒸发本质相近，都是通过调整合适的液体分布形式来增大接触面积，从而提高加热效果，强化蒸发。本书中主要介绍一种比较常见的喷淋蒸发中的液体分布器，也就是俗称的"莲蓬头"，通过莲蓬头将一定流量的液体物料分散成液滴的形式下落，提高了传热系数，加热以及蒸发效果更好。

如图 5-9 所示为微波强化喷淋蒸发过程的设备示意图。通过进料管将原料输送至莲蓬头并分散降落在蒸发器内。此外，在微波强化喷淋蒸发设备中，从顶部落下但未来得及被汽化的液体可以在蒸发器底部停留少许，形成一层液膜，用于继续加热分离。

除了上文所示的液滴分布方法之外，也可以采用在蒸发器内设置一个或多个多孔筛板的形式，通过筛板进一步将流动较为集中的物料分散开。常用的筛板材质为碳化硅，如图 5-10 所示。

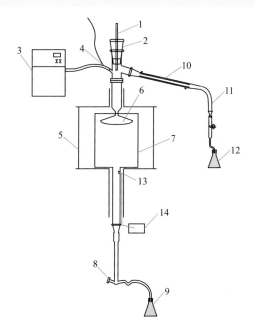

▶ 图5-9　微波强化喷淋蒸发设备

1—水银温度计；2—蒸馏头；3—预热器；4—光纤传感器；
5—微波腔体；6—莲蓬头；7—蒸发器；8—液相取样口；
9，12—锥形瓶；10—冷凝器；11—尾接管；13—液相测温点；14—光纤温度计

五、微波强化喷雾蒸发设备

喷雾蒸发是在蒸发室内利用雾化器将待加热的原料液分散成极细小的雾滴从而进行加热与蒸发的手段[16]。微波强化喷雾蒸发过程的设备示意图与以上所介绍的蒸发器相似，但所采取的液体分布器不同，常见的有旋转叶轮喷雾器和压力喷嘴，如图5-11所示。经预热器预热后，通过进料管将原料输送至喷嘴，通过喷嘴的高速旋转将原有液体分散为液雾的形式，并分散在蒸发器内。此外，与喷淋蒸发相似的是，在微波强化喷雾蒸发设

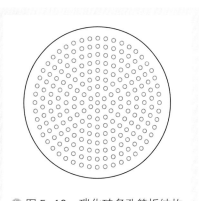

▶ 图5-10　碳化硅多孔筛板结构

备中，从顶部落下但未被汽化的液体可以在蒸发器底部停留少许，形成一层液膜，用于继续加热分离，保证能量的充分利用。

(a) 旋转叶轮喷雾器   (b) 压力喷嘴

▶ 图 5-11 料液雾化的两种典型方式

六、实验室微波蒸馏装置实物介绍

实验室级微波蒸馏装置（有机合成的商业微波炉装置）如图 5-12 所示，包括再沸器、冷凝器、蒸馏头等，该装置是 Werth 等 [17] 研究微波辐射对乙醇／碳酸二甲酯（DMC）、乙醇／碳酸甲乙酯（EMC）和乙醇／碳酸二乙酯（DEC）体系精馏分离的影响时所使用的装置。

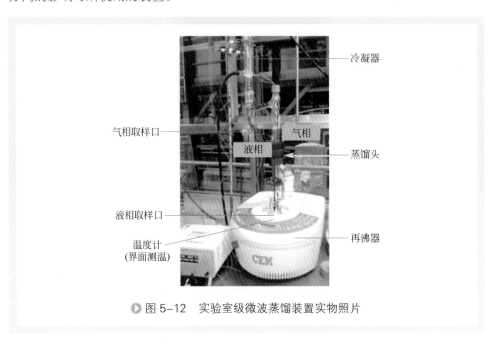

▶ 图 5-12 实验室级微波蒸馏装置实物照片

第四节　应用实例

Meier 等[18]研究了微波辐射再生吸附剂。研究中使用高为 1m 的塔柱，内填充2880g 的硅沸石作为吸附剂，氮气为载气，被吸附物为甲醇蒸气，结果表明使用微波辐射再生吸附剂相较传统加热方法高效许多；Yousefi 等[19]研究了微波加热与普通加热两种方式对石榴汁蒸发速率的影响，表明微波加热可以有效缩短蒸发时间，同时有效避免了颜色变化、花青素降解和抗氧化活性降低等问题；侯钧等[20]研究了微波场作用下间歇蒸馏分离乙醇 - 苯体系工艺，研究表明微波加热可提高塔顶采出速率；Chen 等[21]将微波强化蒸馏与萃取蒸馏耦合用于制备精油、花青素及多糖等天然产物；Liu 等[22]以丁香叶为例，测量了微波辐射作用下植物叶子的含水量变化；Binner 等[23]使用微波加热的方法来分离水油乳液，大大降低了分离时间，且由于微波加热具有选择性高这一大优势，通过加热水和附近的油，大大降低了水油之间的界面张力和油的黏度；Gadkari 等[24]通过微波辐射进行木质素的热解，其中木质素随着加热会分解为非冷凝气相、可冷凝的气相（即液相）和剩余的固相。

尽管微波强化化工过程的应用范围越来越广泛，但是微波针对蒸发、蒸馏过程的实际应用仍然需要进一步的探索与挖掘。

参考文献

[1] Clark D E, Folz D C, West J K. Processing materials with microwave energy[J]. Materials Sci Eng A, 2000, 287(2): 153-158.

[2] Lee C S, Binner E, Winkworth-Smith C, et al. Enhancing natural product extraction and mass transfer using selective microwave heating[J]. Chem Eng Sci, 2016, 149: 97-103.

[3] 李洪，崔俊杰，李鑫钢等. 微波场强化化工分离过程研究进展 [J]. 化工进展，2016, 12: 3735-3745.

[4] Mohsen-Nia M, Jazi B, Amiri H. Effects of external electromagnetic field on binodal curve of(water + propionic acid + dichloromethane)ternary system[J]. J Chem Thermodyn, 2009, 41(10): 1081-1085.

[5] Gao X, Li X, Zhang J, et al. Influence of a microwave irradiation field on vapor–liquid equilibrium[J]. Chem Eng Sci, 2013, 90: 213-220.

[6] Li H, Cui J, Liu J, et al. Mechanism of the effects of microwave irradiation on the relative volatility of binary mixtures[J]. Aiche J, 2017, 63(4): 1328-1337.

[7] 罗立新，姚国军，刘敏等. 微波分离方法及所用装置 [P/OL]. CN 101342425. 2009-01-14.

[8] Altman E, Stefanidis G D, Gerven T V, et al. Process intensification of reactive distillation for the synthesis of *n*-propyl propionate: The effects of microwave radiation on molecular

separation and esterification reaction[J]. Ind Eng Chem Res, 2010, 49(21): 1773-1784.

[9] Ding H, Liu M, Gao Y, et al. Microwave reactive distillation process for production of ethyl acetate[J]. Ind Eng Chem Res, 2016, 55(6): 1590-1597.

[10] 高鑫. 微波强化催化反应精馏过程研究 [D]. 天津 : 天津大学, 2011.

[11] 孙鹏, 杨晶晶, 黄铭等. 多模微波加热器的建模与仿真 [J]. 材料导报, 2007: 269-271.

[12] Kim M, Kim K. Development of a compact cylindrical reaction cavity for a microwave dielectric heating system[J]. Rev Sci Instrum, 2012, 83(3): 034703.

[13] Maxia P, Casula G, Mazzarella G, et al. A cylindrical resonant cavity to evaluate the chemical and biological effects of low-power RF electromagnetic fields[J]. Microw Opt Techn Let, 2012, 54(11): 2566-2569.

[14] 张猛, 周帼彦, 朱冬生. 降膜蒸发器的研究进展 [J]. 流体机械, 2012, 40(6): 82-86.

[15] 武广涛, 孔祥东, 马大博. 甩盘式薄膜蒸发器在亚磷酸二甲酯生产中的应用研究 [J]. 化工机械, 2011, 38(5): 610-611.

[16] 余建华, 何辉. 高压喷雾降膜蒸发器与干式和满液式蒸发器的技术比较 [J]. 铁道标准设计, 2008, s1: 133-135.

[17] Werth K, Lutze P, Kiss A A, et al. A systematic investigation of microwave-assisted reactive distillation: Influence of microwaves on separation and reaction[J]. Chem Eng Process, 2015, 93: 87-97.

[18] Meier M, Turner M, Vallee S, et al. Microwave regeneration of zeolites in a 1 meter column [J]. Aiche J, 2009, 55(7): 1906-1913.

[19] Yousefi S, Emam-Djomeh Z, Mousavi S M A, et al. Comparing the effects of microwave and conventional heating methods on the evaporation rate and quality attributes of pomegranate(*Punica granatum* L.)juice concentrate[J]. Food & Bioprocess Technology, 2012, 5(4): 1328-1339.

[20] 侯钧, 徐世民, 丁辉等. 微波对乙醇 -苯体系汽液平衡和间歇精馏的影响 [J]. 北京 : 中国科技论文在线精品论文, 2013, 6(7): 684-689.

[21] Chen F, Du X, Zu Y, et al. Microwave-assisted method for distillation and dual extraction in obtaining essential oil, proanthocyanidins and polysaccharides by one-pot process from Cinnamomi Cortex[J]. Sep Purif Technol, 2016, 164: 1-11.

[22] Liu J Q, Feng R, Wang W. The design of microwave cavity resonator used for measuring the moisture content in plant leaves ; proceedings of the Advanced Materials Research[C]. Trans Tech Publ, 2012.

[23] Binner E R, Robinson J P, Silvester S A, et al. Investigation into the mechanisms by which microwave heating enhances separation of water-in-oil emulsions[J]. Fuel, 2014, 116(1): 516-521.

[24] Gadkari S, Fidalgo B, Gu S. Numerical investigation of microwave-assisted pyrolysis of lignin[J]. Fuel Process Technol, 2017, 156: 473-484.

第六章

超重力场强化精馏

第一节 超重力场强化精馏过程的原理

　　本质上，发生在超重力场中的精馏过程和地球重力场中的精馏过程原理相同，都是依据溶液中各组分相对挥发度的差异，经过多次部分冷凝与汽化，使各组分得以分离。超重力场下重力加速度 g 即使增大到原来的几百甚至几千倍，也不会对各组分的相对挥发度产生影响，因为相对挥发度 α 只与各组分的种类、组成、温度、压力有关，也就是说，地球重力场下的各组分汽液平衡关系在超重力场下依然适用。从目前的研究看，超重力场对精馏过程中涉及的物质热力学性质没有影响，无法达到突破汽液平衡的效果。但是，超重力场对流体的流动和混合影响显著，增强的流动和混合性能可以帮助实现超重力场下精馏过程的传质强化。换言之，超重力场下单位体积精馏内件的分离效率可以做到更高。以填料塔的液泛关系为例，一般情况下，填料塔的生产能力受到图 6-1 所示的液泛关系限制，填料塔的操作点应该位于曲线以下，一旦落到曲线及其上方就会造成塔内液泛。由图 6-1 可知，假设纵坐标中重力加速度增大到 100 倍，那么在其他条件不变的情况下，允许的气速将增大 $100^{0.5} = 10$ 倍，这意味着设备的单位处理量提升 10 倍。而这仅仅是从液泛角度考虑，如果考虑到超重力场下填料性质的改进，气液比例的变化，那么无疑超重力场下设备的单位处理能力将有巨大提升。

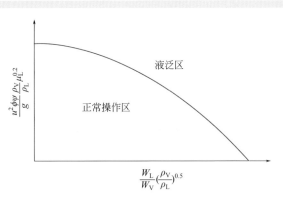

▶ 图 6-1　液泛关系图

u—空塔气速，m/s；g—重力加速度，其值为9.81m/s²；ϕ—填料因子，m⁻¹；

Ψ—液体密度校正系数，$\Psi = \rho_\mathrm{水}/\rho_\mathrm{L}$；$\rho_\mathrm{V}$—气体的密度，kg/m³；$\rho_\mathrm{L}$—液体的密度，kg/m³；

μ_L—液体的黏度，Pa·s；W_V—气体的质量流量，kg/s；W_L—液体的质量流量，kg/s

万有引力这一自然规律是无法改变的，在地球上直接创造超重力场是不可能的，因此科学家和工程师们想到使用其他方法模拟超重力场，超重力技术应运而生[1]。

超重力技术又叫作 Higee（high gravity）技术，是 20 世纪 70 年代末发展起来的一项新型技术，是以超重力旋转床（图 6-2）作为核心装备的气液传质过程强化技术。超重力技术使用超重力旋转床的转子旋转产生稳定的、可调节的离心力场模拟超重力场，产生（10 ～ 1000）g 的离心加速度替代重力加速度 g。超重力旋转床的基本结构包括填料（对不同类型的旋转床也可以是挡板、叶片、多孔环、立柱等结构）、转子、转轴、液体分布器、外壳、气体进出口和液体进出口。基本原理是利用多相流体系在超重力场中的独特流动行为，强化相间的相对速度和接触程度，达到强化传质的目的。以图 6-2 所示的逆流旋转填充床为例具体说明：液体从液体进口进入转子中心，经液体分布器被喷洒到填料（或者其他类型的内件）上，液体被高速旋转的转子剪切、破碎成细微的液滴、液膜和液丝，由内向外流动。与此同时，由于气体进口和出口之间存在压强差，气体会从气体进口自转子外缘进入内缘，最后从气体出口排出。在转子内部，液体和气体在填料等多孔介质中完成气液接触和两相传质的强化过程。

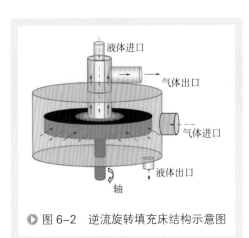

▶ 图 6-2　逆流旋转填充床结构示意图

在传统精馏程中最基本的气液传质单元是气泡，而在超重力精馏过程中，超重力作用下液体流动流速是普通精馏塔的数十倍，液体受到极大的剪切力作用，形成微米至纳米级的液膜、液丝和液滴等液体微元，如图6-3所示。这些液体微元作为超重力场下的气液传质单元极大地增加了气液相界面积，提高了气液传质速率。与此同时，因为气液两相巨大的相对速度，这些相界面可以快速更新，进一步促进了气液之间的传质速率。气液两相接触面积大且相界面能快速更新，使得其传质效率比传统精馏过程提高了 1 ～ 2 个数量级 [3]。

▶ 图 6-3 液体在超重力旋转床中的流动形态 [2]

第二节　超重力场强化精馏过程的研究现状

因为超重力场对精馏过程的强化主要体现在两相流体流动和混合上，对汽液平衡等物质热力学性质没有影响，所以超重力场强化精馏过程的研究聚焦于不同填料、结构的超重力旋转床内气液两相的流体力学特性、微观混合性能、传递过程强化规律以及模型化等内容。

一、流体力学特性[4, 5]

超重力旋转床的流体力学特性决定其传质和混合效果，同时也能指导设计和工业放大，意义重大。

1. 流体流动状态

Sang 等[2] 使用摄像机在旋转填充床（rotating packed bed，RPB，设备结构介绍见下节）中观测到了液体在填料中的三种流动形态，用示意图形象地描绘在图 6-4 中。这三种流动形态分别为孔流、液滴流和液膜流。同时他们还发现旋转床填料内的流动是不均匀的。其他研究者[6] 也通过可视化技术研究了 RPB 内的液体流动形态，证明在小于 60g 的离心力作用下，填料上的液体以液膜形式黏附在填料上并且充斥着填料间隙空间。当离心力大于 100g，离心力作用撕碎了旋转床填料间隙的液体使得液滴和液丝出现，但填料表面液体还是主要呈液膜态。除了填料区的液体流动形态以外，在液体分布器到填料内缘的区域，这部分液体只有径向速度没有周向速度。同理填料外缘到转子外壳的空腔区，液体也是以液滴形态存在。

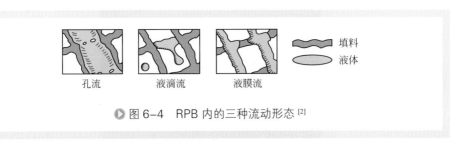

孔流　　　　液滴流　　　　液膜流　　　　　填料　液体

▶ 图 6-4　RPB 内的三种流动形态 [2]

2. 液膜厚度

Cohen 等[7] 在 1985 年得出了旋转床中液膜厚度和转速的变化关系：超重力场中液膜的厚度远远小于地球重力场中的液膜厚度，且超重力旋转床的旋转转速越大，填料中的液膜厚度越小，达到一定转速时液膜厚度会趋于恒定。

液膜厚度的计算主要是假设液膜流动并通过理论分析来进行推导的方法，尚未见到填料表面液膜厚度的实验数据发表。

Munjal 等[8,9] 假设旋转填充床的流体流动状态与旋转圆盘上的液体状态相似，均为层流液膜，得到了 RPB 液膜厚度表达式：

$$\delta = \left(\frac{3Q_{G}\nu}{2\pi R^{2}\omega^{2}} \right)^{1/3} \tag{6-1}$$

式中，Q_{G} 为气相体积流量，m³/s；ν 为运动黏度，m²/s；R 为填料外半径，m；ω 为角速度，rad/s。

Guo 等[10] 认为旋转填充床丝网填料表面的液膜厚度与转速、填料外半径和填料比表面积成反比，与液体体积流量成正比关系，同时结合郭锴[6] 对于液膜厚度的测量数据，拟合得到液膜厚度表达式：

$$\delta = 4.20 \times 10^{8} \frac{\nu u_{L}}{a_{f}\omega^{2}R} \tag{6-2}$$

式中，u_{L} 为液体流速，m/s；a_{f} 为填料比表面积，m²/m³。

3. 液滴直径

液体在转子内飞行，受碰撞后，在离心力和液体表面张力的作用下，形成微小液滴。假设液滴的平均直径为 d，液滴离转子中心轴的距离为 r，则液滴所受的离心力为：

$$F_\omega = \frac{1}{6}\pi\rho\omega^2 d^3 r \tag{6-3}$$

液滴要维持其球形表面，所受表面张力为：

$$F_\sigma = \sigma\pi d \tag{6-4}$$

式中，σ 为液体表面张力，N/m。

液滴在离心力和表面张力下平衡，故可求得离转子中心轴的距离为 r 处的液滴的最大直径为：

$$d = 2.45\left(\frac{\sigma}{\omega^2 r\rho}\right)^{0.5} \tag{6-5}$$

李振虎[11] 额外考虑了液相体积流量对于旋转填充床填料区液滴大小的影响，通过实验数据回归，得到液滴的平均直径表达式：

$$\bar{d} = 12.84\left(\frac{\sigma}{\omega^2 R\rho}\right)^{0.630} Q_L^{0.201} \tag{6-6}$$

式中，Q_L 为液相体积流量，m³/s；ρ 为液体密度；kg/m³。

4. 液滴速度

杨旷[12] 采用高速摄像技术对装载有不同丝径的不锈钢丝网填料旋转填充床进行液滴速度的测量，实验考察转速、液相体积流量、填料外半径的影响，分别得到了空腔区的液滴总速度以及径向分速度的表达式：

$$u = 0.022R^{7.636R} Q_L^{0.1474}\omega^{1.205} \tag{6-7}$$

$$u_r = 1.0748 R^{0.3899} Q_L^{0.2822}\omega^{0.6802} \tag{6-8}$$

式中，Q_L 为液相体积流量，m³/h；R 为填料外径，m；ω 为转速，rad/s。由上式可以看出液滴速度随填料径向厚度、转速及液量增大而增大。

5. 持液量

Bašić 等[13] 用测量电导的方法对填料层的持液量进行了研究，基于旋转填充床流体为层流液膜流的假设，建立了简化的物理模型得到了计算径向平均持液量的数学模型。Burns 等[14] 用电导方法研究了液流速度、离心加速度、气流速度、液体黏度对持液量的影响，针对孔流和液滴流分别提出了计算持液量的关联式：

$$\varepsilon_L = 1.41\frac{u_L}{g^{1/2}d_p^{1/2}}\left[\frac{1-(1-K)^{1/2}}{K^{1/2}}\right]（\text{孔流}） \tag{6-9}$$

$$\varepsilon_{LD} = 1.41 \frac{u_L}{g^{1/2}d_c^{1/2}} \text{（液滴流）} \tag{6-10}$$

式中，d_p 为填料孔直径，m；d_c 为液滴发生碰撞的平均间距，m；K 为碰撞中动能损失的比例，$0 < K < 1$。

在国内，Guo 等[10] 通过拟合实验数据，得到计算持液量的经验关联式为：

$$\varepsilon = 47.45 u_L^{0.7721}(\omega^2 R)^{-0.5448} \tag{6-11}$$

Yang 等[15] 利用非接触可视化技术（X 射线技术），对装载有不锈钢丝网和泡沫镍填料的旋转填充床进行持液量的研究，通过将实验结果进行拟合得到两种不同填料旋转填充床持液量的表达式：

$$\varepsilon_L = 12.159 Re^{0.923} Ga^{-0.610} Ka^{-0.019} \text{（不锈钢丝网填料）} \tag{6-12}$$

$$\varepsilon_L = 12.159 Re^{0.479} Ga^{-0.392} Ka^{-0.033} \text{（泡沫镍填料）} \tag{6-13}$$

式中，Re 为雷诺数，$Re = \frac{u\rho_L}{a_f \mu}$；$Ga$ 为伽利略数，$Ga = \frac{gd_p^3}{v}$；Ka 为卡皮查数，$Ka = \frac{\mu^4 g}{\sigma^3 \rho}$；$\mu$ 为动力黏度，Pa·s。

6. 停留时间

Keyvani 等[16] 将静态传感探针安装在液体喷口和接近转子外缘区域，从而获得旋转填充床的停留时间。郭锴[6] 利用电导率仪获得了不同操作条件下丝网填料旋转填充床的停留时间。实验结果表明，转速和液体体积流量对停留时间影响较大。Yang 等[15] 利用大量持液量的数据，计算得到旋转填充床的停留时间：

$$\bar{t} \approx \frac{R - R_0}{u_L / \varepsilon_L} \tag{6-14}$$

式中，ε_L 为持液量，m³；R_0 为填料内半径，m。

7. 气体压降

Keyvani 等[16] 对装载有孔隙率 0.92、比表面积 600～3000m⁻¹ 的泡沫金属填料旋转填充床进行压降测量，结果表明干床压降要大于湿床压降。Zheng 等[17] 对旋转填充床的干床和湿床压降分别进行了测量。结果表明，湿床压降要显著小于干床压降。Wang 等[18] 对折流式旋转床进行了干床和湿床压降的研究，结果表明干床和湿床压降均随着转速和气体体积流量的增大而增大，同时湿床压降随着液体体积流量的增大而减小。

Kumar 等[19] 理论分析了旋转填充床中气相压降产生的原因，将旋转床压降分为三部分：离心压降、摩擦产生压降和气相速度改变引起压降，通过将丝网填料简化，分别推导出三个部分的数学表达式，模拟与计算吻合度为 20%。

8. 液泛

液泛现象是流体设备中允许通过设备的最大体积流率，旋转填充床的液泛现象与传统塔器相似，Munjal 等[8,9]认为旋转床中出现液泛的标志是：

① 在转子的中心出现雾状液滴；

② 大量液体从气体出口管喷出；

③ 气体压降急剧增加。

考虑到旋转床中离心加速度远大于重力加速度，而且填料因子的值高，所以在相同的气液流量条件下超重力场中的表观流速远大于重力场中的值，液膜很薄，泛点增高。Singh 等[20]和 Lockett[21]在不改变气液体积流率的情况下，通过观测总压降随角速度变化，获得了旋转填充床的液泛点，后者还将得到的数据进行了液泛点的拟合。

二、微观混合性能研究[22]

微观混合，就是分子尺度的混合，在化学工业中，特别是化学反应工程中扮演着重要的角色。想要达到分子级别的空间浓度均一分布，强烈的微观混合是唯一的方法。从化学工程的角度上看，当微观混合的特征时间小于化学反应的成核诱导期时，化学反应速率受本征动力学控制不受微观混合影响。换言之，当微观混合的特征时间大于化学反应的成核诱导期，化学反应速率会受到微观混合的影响或者控制。考虑到均相反应的成核过程随时间是强非线性的，强化微观混合来缩短微观混合特征时间匹配成核诱导期可以帮助实现更加均匀的成核过程和更佳的沉淀颗粒尺寸分布。

超重力填充床因为气液相在其中微观混合强的特性，在此设备中微观混合特征时间通常小于反应的成核诱导期（前者大约 10^{-4} s，后者一般是毫秒级别），比绝大多数混合设备都要优秀。据此特性，纳米颗粒材料超重力制备技术也得到了广泛的关注，并且在以纳米碳酸钙[23]为代表的纳米材料制备上有工业应用。

三、传质过程强化规律以及模型化

早在超重力旋转床还未发明的 19 世纪 50 年代，Onda 等[24]已经在填料塔中通过吸收实验得到液相传质系数 k_L 与重力加速度之间存在的关系：

$$\frac{k_L}{\sqrt{D_G}}\sqrt{\frac{\rho}{a_f L}} = 0.29\left(\frac{\rho^2 g}{\mu^2 a_f^3}\right)^{0.38} \qquad (6\text{-}15)$$

式中，k_L 为液相传质系数，m/s；D_G 为气相溶质扩散系数，m²/s；L 为液体质量通量，kg/(m²·s)。

Vivian 等[25]的工作在超重力场强化气液传质的研究史上值得称道，他们直接将一个内径 0.1524m、高 0.305m 装有拉西环的填料塔固定在水平旋转平台上，开展模拟超重力场下填料塔内二氧化碳从水中解吸的实验。实验结果显示，液相体积传质系数 $k_L a$ 随加速度的 0.41 ～ 0.48 次幂呈正比。

作为超重力旋转床的最初发明者，英国化学工业公司（ICI）的 Ramshaw 教授操作离心加速度为 240g 的超重力旋转床，实验结果显示液相传质系数 k_L 和离心加速度的 0.14 ~ 0.504 次幂呈正比 [26]。1989 年 Munjal 和 Duduković 等 [8,9] 在液相为连续相、气相为分散相的超重力旋转床中，基于液膜层流流动的假设，通过实验测量的结果得到了液相传质系数 k_L 与离心加速度的 1/6 次幂呈正比的结论。

1990 年，Kumar 等 [19] 研究了液相为分散相、气相为连续相的超重力旋转床的传质性能，发现在实验操作范围内，液相体积传质系数 $k_L a$ 的值为 0.08 ~ 0.15s^{-1}，认为超重力场下液相体积传质系数 $k_L a$ 的值高出传统塔器 1 个数量级。

1993 年，竺洁松 [27] 在前人模型基础假设上，另外还考虑了液滴模型，运用溶质渗透理论推导了覆盖在第 i 层填料表面的液相传质系数。此外，他发现转子填料区和空腔区（转子外缘到外壳的区域）的气液都参与传质，尤其是靠近转子内缘的区域有极高传质系数，原因是在紧靠内径的一两层填料的空间中产生了大量的液滴，而大量液滴的表面积数值相当于全部床层填料表面积的几倍甚至十几倍。该区域被称作端效应区，是旋转填料床区别传统塔器的一个特殊现象，一直被科研工作者关注。端效应区的存在被后来的研究者证实，位于转子内缘径向厚度为 10 ~ 15mm 的环形区域。1996 年廖颖 [28] 通过流体力学和传质特性的实验研究发现气液传质过程主要发生在填料间的自由液体上，填料表面的液膜传质不占主要部分。这一结论为如何进一步提高传质效率提供了依据。根据这一实验结果可知，一味增大填料本身的比表面积对提高传质系数比较有限，大幅提高传质系数的关键在于如何强化填料对液体的剪切，使液体最大程度地被细化。同时，廖颖还假设床内有端效应区、主体区和空腔区，3 个区在每个位置传质系数不同。

2011 年，Chen[29] 在 430 组实验数据的基础上拟合了更加精准的气相体积传质系数的关联式：

$$\frac{k_G a}{D_G a_f^2}\left(1-0.9\frac{V_o}{V_t}\right)=0.023Re_G^{1.13}Re_L^{0.14}Gr_G^{0.31}We_L^{0.07}\left(\frac{a_f}{a_p}\right)^{1.4} \qquad (6\text{-}16)$$

式中　k_G——气相传质系数，m/s；

$\quad\quad a$——气液接触面积，m²/m³；

$\quad\quad D_G$——气相溶质扩散系数，m²/s；

$\quad\quad V_o$——空腔区体积，m³；

$\quad\quad V_t$——超重力旋转床总体积，m³；

$\quad\quad Re_G$——气相雷诺数；

$\quad\quad Re_L$——液相雷诺数；

$\quad\quad Gr_G$——气相格拉晓夫数，$Gr_G=\dfrac{d_e^3 a_e \rho_G^2}{\mu_G^2}$；

We_L——液相韦伯数，$We_L = \dfrac{L^2}{\rho_L a_f \sigma}$；

d_e——填料的球面当量直径，m；

a_c——离心加速度，m/s²；

a_p'——2mm直径液滴的比表面积，其值为3000m²/m³。

另外，式中无量纲数存在一定限制 $6.46 \times 10^{-2} \leqslant k_G a/(D_G a_f^2) \leqslant 5.35$，$0.28 \leqslant (1-0.9V_o/V_t) \leqslant 0.83$，$1.15 \leqslant Re_G \leqslant 8.98$，$1.60 \times 10^{-3} \leqslant Re_L \leqslant 6.08$，$8.52 \times 10^2 \leqslant Gr_G \leqslant 1.20 \times 10^7$，$5.37 \times 10^{-8} \leqslant We_L \leqslant 2.66 \times 10^{-4}$，$0.17 \leqslant a_f/a_p' \leqslant 0.80$。

近年来，科研人员对端效应区、转子主体区和空腔区的研究愈发深入。针对端效应区和主体区，测定了其有效传质比表面积、径向厚度，并设法通过设计特殊结构的转子人为在转子主体区制造端效应现象实现传质过程的强化。此外，研究者们还发现空腔区的传质贡献约占整体的 25% ～ 30%[30]，这也引起了超重力旋转床设计者们的关注。

在超重力旋转床中开展气膜控制传质过程的研究较液膜控制传质过程研究偏少，一些研究者对超重力旋转床内的气相侧传质系数做了研究。Ramshaw[31] 首次报道了超重力填充床内氨气吸收的实验，发现气相体积传质系数 $K_G a$ 是传统填料床的 4 ～ 9 倍。Sandilya 等 [32] 研究了二氧化硫和氢氧化钠体系，估算了气相传质系数 k_G 的值，发现位于传统填料床的数值范围之内。这可能是由于流体力学中介绍的超重力填料床中气液相滑移速度小到可以忽略导致的。Guo 等 [10] 通过错流 RPB 内的吸收实验发现当离心加速度大于 $15g$，$K_G a$ 不受转速大小的影响。

值得注意的是，各研究者使用的实验装置不尽相同，填料性质也不一样，无论是气相还是液相传质系数，彼此之间都有较大程度的偏差。

第三节　超重力场强化精馏设备[5,33,34]

超重力旋转床设备在设计和操作上和传统的填料塔设备主要有以下三个方面不同：

① 超重力旋转床中流体是在径向方向上运动，而传统塔设备中流体是沿轴向运动、逆流或错流操作，因此超重力旋转床的分离效率取决于转子径向长度，生产能力取决于转子内缘截面积，见图 6-5；

② 超重力旋转床的设计参数中还要考虑旋转速率，额外多了一个自由度；

③ 考虑到单位面积上更高的气液处理量，气体和液体的进出口设计需要更加合理。

超重力旋转床的核心部件是内部的旋转填充床，也是各类型旋转床的最大区别所在。经过三十余年的发展，不仅构成转子的填料在不断变化，转子的结构形式也不再只是拘泥于填料形式。不同结构转子的适用范围和处理物系有所不同，需要从流体力学、传质性能和能耗方面进行不断权衡与优化，以满足不同分离过程的需求。

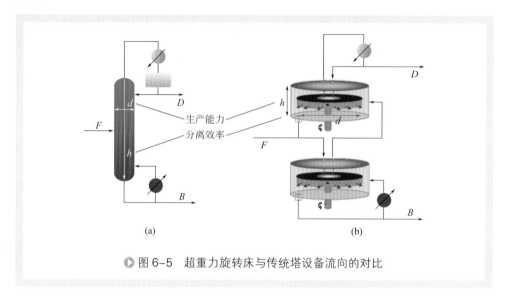

图 6-5　超重力旋转床与传统塔设备流向的对比

一、整体旋转式转子超重力旋转床

1. 旋转填充床（rotating packed bed，RPB）

20 世纪 70 年代，英国化学工业公司的 Ramshaw 教授和他的团队首次提出了超重力技术，并发明了世界上第一台超重力设备——旋转填充床，如图 6-2 所示。旋转填充床采用的转子形式是整体旋转式的，在其中可以装载规整填料或散装填料。转子结构简单，加工和制造方便，对其研究最为成熟，至今仍广泛地应用于各种化工分离过程中。

旋转填充床由整体转子、转轴、液体分布器、气液相进出口以及外壳组成。其中，核心部件转子可以用不同种类的多孔材料制成，比如金属丝网填料、三角形螺旋填料、玻璃微珠填料和泡沫金属填料等。内部填料选型是研究重点之一，旋转床中的填料具有很高的理论塔板数，例如波纹丝网填料旋转床的每块理论塔板的高度约为 7.6 ～ 10.9mm[35]，而在传统填料塔中这一数值往往在数百毫米以上。

2. 碟片式超重力旋转床

20 世纪 90 年代，由于内外压力梯度过大，常用的旋转填充床的流道一般都较短，不利于多相传质反应，且内部结构过于复杂，不利于制造、安装和维护。因此，如何设计一种压降低、结构简单的新型旋转床成为当时的技术难题。针对上述问题，华南理工大学邓先和等[36]于1996年发明了碟片式超重力旋转床，如图6-6所示。碟片式超重力旋转床采用多块同心圆环碟片沿轴线叠加而成的转子，具有排液顺畅、气相压降小，制造、安装和维修方便等优点。

总体来说，同心环波纹碟片旋转床的出现成功解决了当时传统旋转填充床存在的问题，降低设备压降的同时还保持了良好的传质性能，对未来超重力旋转床结构的进一步优化具有显著的指导意义。

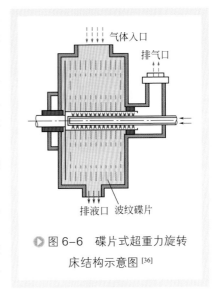

▶ 图6-6　碟片式超重力旋转床结构示意图[36]

3. 叶片式超重力旋转床

由于传统RPB在处理大蒸气量中的挥发性有机污染物时会产生较大的气相压降，Lin等[37]首次在超重力旋转床中采用叶片形式的转子，如图6-7所示。12个叶片按30°间隔沿径向排布，每个叶片表面均覆盖有不锈钢丝网（填料），气液两相在叶片之间的通道以逆流形式接触。实验结果表明叶片旋转床中气液传质性能虽然稍逊于传统旋转填充床，但在一定程度上降低了设备压降，已经被成功应用于挥发性有机污染物的吸收、蒸汽中脱除甲醇和正丁醇等分离过程中。此外，Luo等[38]设计了一种兼有叶片和填料的超重力旋转床，如图6-8所示。通过调整叶片平面和转子赤道线的角度，可以人为增加端效应区，增强气液传质效率。

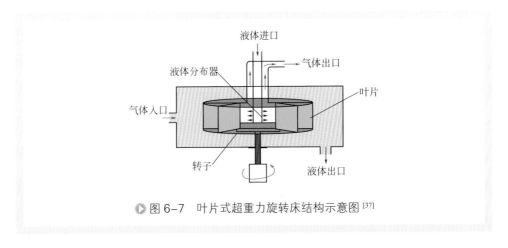

▶ 图6-7　叶片式超重力旋转床结构示意图[37]

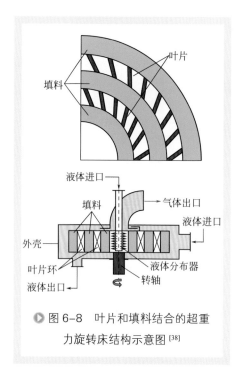

图6-8 叶片和填料结合的超重力旋转床结构示意图[38]

4. 翅片导流板式超重力旋转床

翅片导流板式超重力旋转床是为了保持设备动平衡、延长气液接触时间和解决液沫夹带等问题而发明的,气相和液相在翅片导流板中逆流接触,其结构如图6-9所示。翅片导流板有效利用了转子内的轴向和径向空间,其空间利用率得到极大提升,同时还延长了气液两相在填料床中的接触时间和距离。由于没有彻底解决放大效应的问题,使得多级翅片导流板式旋转床的工业应用仍具有较大的技术难度。

5. 螺旋通道型超重力旋转床(rotating bed with helix channels,RBHC)

湘潭大学周继承等[39]发明了一种螺旋通道型超重力旋转床,主要是为了解决现有旋转填充床必须装填填料和易堵塞等问题。在转子的中央进料腔外设有1～100条内端与转子进料腔相连,且外端与壳体的内腔是相通的封闭阿基米德螺旋线型通道,如图6-10所示。螺旋通道型超重力旋转床大多应用于纳米材料的制备。

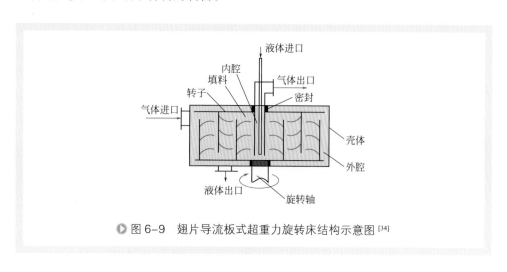

图6-9 翅片导流板式超重力旋转床结构示意图[34]

6. 同心圆超重力旋转床

为了克服现有超重力设备压降大和转子持液量大的缺点,浙江工业大学计建炳等[40, 41]发明了使用效果更好的逆流型和错流型同心圈超重力旋转床。逆流型同心圈超重力旋转床的结构如图6-11所示，错流型同心圈超重力旋转床的基本结构与逆流型同心圈旋转床大致相同，只是同心圈开孔方式不同使得气液接触方式由逆流变为错流。额外增加的静盘结构可以使得同心圈超重力旋转床轻易实现中间进料和安装多层转子，另外，因为此类旋转床的传质效率较低，但是可以考虑将其应用于一些对传质要求不高而流体阻力较大的场合，以充分发挥其气相压降小、通量大而不易液泛的优点。

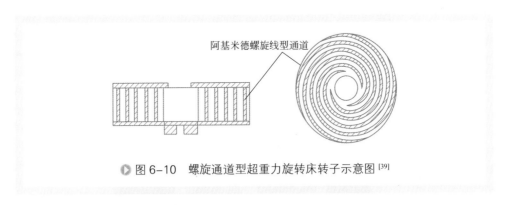

▶ 图 6-10　螺旋通道型超重力旋转床转子示意图[39]

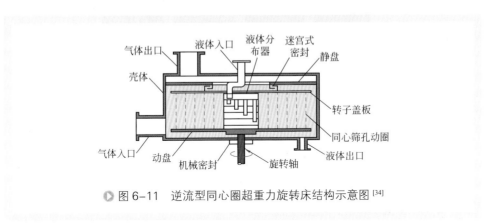

▶ 图 6-11　逆流型同心圈超重力旋转床结构示意图[34]

7. 网板填料复合超重力旋转床（rotating compound bed，RCB）

浙江工业大学姚文等[42,43]为了解决折流式超重力旋转床通量小的缺点，开发出一种通量大、压降小的新型高效网板填料复合超重力旋转床。该旋转床的转子由上下两块旋转动盘和固定在其中的同心环网板组成，构成整体一起转动，如图6-12所示。网板填料复合超重力旋转床的等板高度最低能达到28mm，性能介于旋转填料床和折流式超重力旋转床之间。

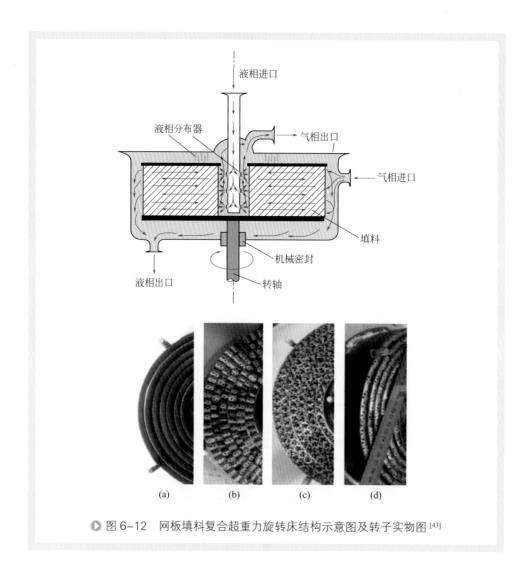

图 6-12　网板填料复合超重力旋转床结构示意图及转子实物图 [43]

二、动静结合式转子超重力旋转床

相比整体旋转式的超重力旋转床，动静结合式转子超重力旋转床的转子有一部分是固定不动的，而另一部分是可以由电机和转轴带动旋转的。

1．折流式超重力旋转床

传统 RPB 转子内气液接触时间过短，液体分布不均匀，需设置两处动密封，这导致制作加工复杂，且单一旋转床难以实现中间进料。2004 年浙江工业大学计建炳等 [44] 设计并发明了折流式超重力旋转床（rotating zigzag bed，RZB）试图解决这些问题。如图 6-13 所示，折流式超重力旋转床的整个转子由旋转盘（动盘）和静盘组成,动盘上装有同心旋转折流圈,静盘上装有同心静止折流圈。动静折流圈配合下气液流经转子的轨道为 S 形,使得径向有效传质距离大大增加,气液接触时间得到延长,传质效率增强。另外,由于转子的上半部分是静止的,所以旋转床的上半部分不存在动密封问题,还可以简单地实现转子中间进料。几年后,计建炳等[45]又发明了多层折流式超重力旋转床,一根转轴上串联有由上到下呈层状排列的一组折流式转子。

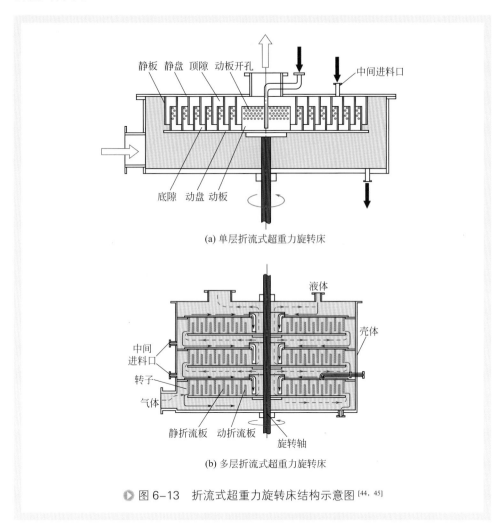

图 6-13 折流式超重力旋转床结构示意图 [44, 45]

动静结合和多层结构,能使折流式超重力旋转床的传质性能大幅提高,实验测得折流式超重力旋转床的理论塔板高度约为 50mm[46],但是其液相功耗几乎是旋转填充床的 2.5 倍 [47],因此如何有效降低折流式超重力旋转床的功耗仍是一个值得深入研究的课题。目前来说,因为能轻易实现中间进料的优点,折流式超重力旋转床一般应用于各种连续精馏过程[48],如常规精馏和萃取精馏等,其他单元操作则有待进一步拓展。

2. 多级逆流式超重力旋转床（multi-stage counter-current rotating packed bed，MSCC-RPB）

折流式转子内气液接触面积不如装载填料的旋转填充床，传质效率较低。北京化工大学陈建峰等[49]融合了旋转填充床和折流式超重力旋转床各自的结构特点开发了一种多级逆流式超重力旋转床。与多层折流式超重力旋转床相比，相同之处是多级逆流式超重力旋转床同轴也串联了两个以上的转子，且转子也由静盘和动盘嵌套形成；不同之处在于该旋转床的动盘上设置了是同心分层填料动环而不是折流板，整体结构见图6-14。

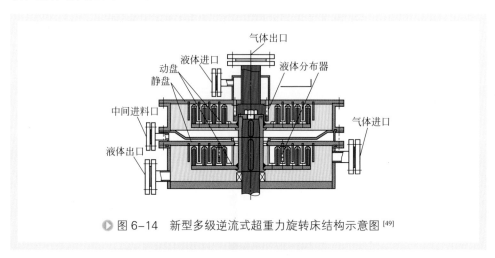

▶ 图6-14 新型多级逆流式超重力旋转床结构示意图[49]

该设备不仅可以像折流式超重力旋转床一样能解决中间进料问题，实现单台设备连续精馏过程，还如旋转填充床一样具有较大的气液接触面积，从而提升了气液传质效率。多级逆流式超重力旋转床的理论塔板高度约为19.5～31.4mm，与两台串联旋转填充床的理论塔板高度相当，传质效率比折流式超重力旋转床提高近一倍且最佳转速更低[50]。

三、双动盘式超重力旋转床

传统旋转填充床转子中优选的填料具有较大的比表面积，能够提高液相传质系数，但是由于气体和填料间的切向滑移速度很小，与传统填料塔相比气相传质系数并没有得到有效提高。印度理工学院Chandra和Rao等[51]开发了如图6-15所示的双动盘式超重力旋转床，他们将转子填料分割成两组交错的同心环，分别固定于上动盘和下动盘，让相邻的两组同心环填料逆向旋转增大气液相的滑移速度到5～30m/s，实现了气相传质系数的提升。

双动盘式超重力旋转床的转子输入了更多的能量，从理论上讲传质特性能得到进一步强化。但主要问题在于双动盘式转子的结构较复杂，加工精度要求较高，目前未获得较好的工业应用。

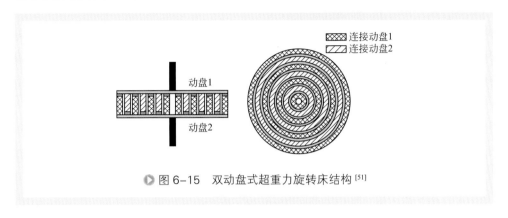

▶ 图 6-15 双动盘式超重力旋转床结构 [51]

第四节 应用实例

超重力精馏具有传质传热系数高、体积小和操作灵活等特点，广泛受到化工界科技工作者的关注，国内外的研究机构竞相开始超重力精馏的研究。

国外对超重力精馏的研究比较早，其中最早进行超重力精馏尝试的是英国帝国化学公司于 1983 年采用工业规模的超重力旋转床对乙醇/异丙醇和苯/环己烷进行分离，该套装置成功运转了数千小时，从而肯定了超重力精馏技术的工程可行性。其传质单元高度仅为 10～30mm，较传统填料塔下降了 1～2 个数量级，也说明了超重力精馏的传质效率高于传统精馏过程 [52]。

在美国得克萨斯州的奥斯汀大学，建立了一套半工业装置来考察超重力机的精馏特性。转子内径 17.5cm、外径 60cm，填料轴向厚度 15cm，填料比表面积为 2500m²/m³，孔隙率 0.92，旋转床转速 500～1000r/min。实验介质是环己烷-庚烷体系，处理量大约为 9t/h。研究结果表明，在正常操作条件下，该装置的传质单元数在 4～6 之间，传质单元高度在 3～5cm [53]。

巴西坎皮纳斯大学应用两种填料（不同大小拉西环以及结构规整丝网填料）在（5～316）g 下进行了超重力精馏，研究物系为正己烷/正庚烷 [54]。

台湾工业技术研究院使用了两种超重力填料，在常压和全回流条件下分离甲醇/乙醇物系。超重力精馏装置中转子转速为 400～1600r/min，提供 42298g 加速度。实验表明在 8.6cm 的填料层中取得了 3 块理论塔板数 [55]。

在国内，北京化工大学陈建峰院士发现了超重力环境下微观混合强化特征，原创性地提出了纳米材料超重力合成新方法、新技术及反应装备，攻克了过程放大等工程化关键技术，建成国际首条万吨级超重力法合成纳米粉体材料工业生产线，被国际同行认定，处于国际领先水平。

浙江工业大学将超重力技术应用于精馏过程的研究，开发了折流板超重力旋转床并实现了工业化。截至 2011 年，大约有 200 套折流板式超重力旋转床设备成功实现了商业应用，应用集中在间歇精馏、连续精馏、萃取精馏和恒沸精馏，以及一些吸收和汽提过程中。涉及化工、制药、精细化工、生化和环保等行业，分离的物系包含乙醇/水、丙酮/水、二甲基亚砜/水、二甲基甲酰胺/水、乙酸乙酯/水、甲醇/叔丁醇、二氯甲烷/硅醚和三元混合物如甲醇/甲醛/水、甲醇/甲苯/水、乙酸乙酯/甲苯/水、甲醇/甲缩醛/水、甲醇/二甲基甲酰胺/水。据报道，一些装置的运行时间已经超过了五年，依旧保持着良好的操作稳定性和性能。计建炳等报道了一个工业实例，在转子外径 75cm 的三层折流式超重力旋转床（图 6-16）中，转速 1000r/min，回流比 1.5，可以从甲醇质量含量为 0.7 的原料中精馏得到 99.8% 的甲醇的产品，产量是 12t/d。图 6-16（b）中还展示了另外一个折流式超重力旋转床，每小时处理 471kg 含 45% 乙醇的原料，得到 95% 以上的乙醇产品 [56]。

(a) (b)

▶ 图 6-16　回收甲醇（a）和乙醇（b）的多层折流式超重力旋转床实物 [56]

除了常规精馏以外，折流板式超重力旋转床还被应用在制药行业，以乙二醇为萃取剂，采用萃取精馏的方式生产无水乙醇。原料中乙醇含量大约为 90%，流量 400kg/h。原料经过第一个折流式超重力旋转床分离得到无水乙醇和乙醇 - 水的混合物，后者再进入第二个折流式超重力旋转床分离出水后循环回第一个折流式超重力旋转床 [56]。

浙江工业大学的陈文炳等 [57] 进行了超重力精馏技术研究，旋转填充床转子内径 33mm，外径 147mm，填料轴向厚度 40mm。以乙醇 / 水物系进行了全回流精馏实验，回流量 9t/h。旋转填充床的转速为 500 ～ 2000mm。他们对六种填料进行了考察，结果表明：不锈钢压延 θ 环和丝网叠装填料效果最好，传质单元高度为 3.3mm，即每米填料层传质单元数为 25。

中北大学的刘有智、栗秀萍等 [58-60] 以乙醇 / 水体系进行了旋转填充床精馏性能的研究。实验结果表明：旋转填充床的理论塔板高度在 10.9 ～ 17.6mm，理论板高度降低到传统填料塔的 1/10 左右。

嘉兴金禾化工有限公司采用一台 3 层的折流式超重力场旋转床作为甲醇精馏装置。原料进料口上面两层为精馏段，下面一层为提馏段，动盘最大外径为 750mm，壳体外径为 830mm，高度为 800mm。生产指标为：甲醇成品产量为 500kg/h，甲醇的质量分数为 99.8%，废液中甲醇的质量分数小于 0.2%。该工艺若采用常规填料塔，则塔高约需 10m，塔径约为 600mm。

浙江鑫富生化股份有限公司曾采用填料塔脱除热敏物料中质量分数约为 10% 的甲醇，最终产品中甲醇的质量分数在 0.3% 以下。现改用折流式超重力场旋转床，改造后产品中甲醇的质量分数降至 0.1% 以下，分离效果十分显著 [61]。

关于超重力场强化精馏领域更详细内容可参见本系列丛书的《超重力分离工程》。

参考文献

[1] 陈建峰 . 超重力技术及应用：新一代反应与分离技术 [M]. 北京：化学工业出版社，2002.

[2] Sang L, Luo Y, Chu G W, et al. Liquid flow pattern transition, droplet diameter and size distribution in the cavity zone of a rotating packed bed: A visual study[J]. Chem Eng Sci, 2017, 158: 429-438.

[3] Ramshaw C. Higee distillation-an example of process intensification[J]. Chem Eng, 1983: 13-14.

[4] 鲍铁虎 . 超重力旋转床流体力学和传质性能的研究 [D]. 杭州：浙江工业大学，2002.

[5] 桑乐，罗勇，初广文等 . 超重力场内气液传质强化研究进展 [J]. 化工学报，2015, 66(1): 14-31.

[6] 郭锴 . 超重机转子填料内液体流动的观测与研究 [D]. 北京：北京化工大学，1996.

[7] Cohen Y, Dudukovic M P. Mass transfer in centrifugal gas-liquid contacting[J]. AIChE J, 1985, 31(10): 22-27.

[8] Munjal S, Dudukovć M P, Ramachandran P. Mass-transfer in rotating packed beds- I . Development of gas-liquid and liquid-solid mass-transfer correlations[J]. Chem Eng Sci, 1989, 44(10): 2245-2256.

[9] Munjal S, Duduković M P, Ramachandran P. Mass-transfer in rotating packed beds-IIExperimental results and comparison with theory and gravity flow[J]. Chem Eng Sci, 1989, 44(10): 2257-2268.

[10] Guo F, Zheng C, Guo K, et al. Hydrodynamics and mass transfer in cross-flow rotating packed bed[J]. Chem Eng Sci, 1997, 52(21-22): 3853-3859.

[11] 李振虎. 旋转床内传质过程的模型化研究 [D]. 北京 : 北京化工大学 , 2000.

[12] 杨旷. 超重力旋转床微观混合与气液传质特性研究 [D]. 北京 : 北京化工大学 , 2010.

[13] Bašić A, Duduković M P. Liquid holdup in rotating packed beds: examination of the film flow assumption[J]. AIChE J, 1995, 41(2): 301-316.

[14] Burns J R, Jamil J N, Ramshaw C. Process intensification: operating characteristics of rotating packed beds-determination of liquid hold-up for a high-voidage structured packing[J]. Chem Eng Sci, 2000, 55(13): 2401-2415.

[15] Yang Y, Xiang Y, Chu G, et al. A noninvasive X-ray technique for determination of liquid holdup in a rotating packed bed[J]. Chem Eng Sci, 2015, 138: 244-255.

[16] Keyvani M, Gardner N. Operating characteristics of rotating beds[J]. Chem Eng Prog, 1989, 85: 48-52.

[17] Zheng C, Guo K, Feng Y, et al. Pressure drop of centripetal gas flow through rotating beds[J]. Ind Eng Chem Res, 2000, 39(3): 829-834.

[18] Wang G Q, Xu Z C, Yu Y L, et al. Performance of a rotating zigzag bed-A new HIGEE[J]. Chemical Engineering and Processing: Process Intensification, 2008, 47(12): 2131-2139.

[19] Kumar M P, Rao D P. Studies on a high-gravity gas-liquid contactor[J]. Ind Eng Chem Res, 1990, 29(5): 917-920.

[20] Singh S P, Wilson J H, Counce R M, et al. Removal of volatile organic compounds from groundwater using a rotary air stripper[J]. Ind Eng Chem Res, 1992, 31(2): 574-580.

[21] Lockett M J. Flooding of rotating structured packing and its application to conventional packed-columns[J]. Ind Eng Chem Res, 1995, 73(4): 379-384.

[22] Zhao H, Shao L, Chen J. High-gravity process intensification technology and application[J]. Chem Eng J, 2010, 156(3): 588-593.

[23] Chen J, Wang Y, Guo F, et al. Synthesis of nanoparticles with novel technology: high-gravity reactive precipitation[J]. Ind Eng Chem Res, 2000, 39(4): 948-954.

[24] Onda K, Sada E, Murase Y. Liquid - side mass transfer coefficients in packed towers[J]. Aiche Journal, 1959, 5(2): 235-239.

[25] Vivian J E, Brian P, Krukonis V J. The influence of gravitational force on gas absorption in a packed column[J]. AIChE J, 1965, 11(6): 1088-1091.

[26] Ramshaw C, Mallinson R H. Mass transfer process[P]. US 4283255. 1981-08-11.

[27] 竺洁松. 旋转床内液体微粒化对气液传质强化的作用 [D]. 北京 : 北京化工大学 , 1997.

[28] 廖颖 . 旋转床中传质机理的探索 [D]. 北京：北京化工大学 , 1996.

[29] Chen Y. Correlations of mass transfer coefficients in a rotating packed bed[J]. Ind Eng Chem Res, 2011, 50(3): 1778-1785.

[30] Guo K, Zhang Z, Luo H, et al. An innovative approach of the effective mass transfer area in the rotating packed bed[J]. Ind Eng Chem Res, 2014, 53(10): 4052-4058.

[31] Ramshaw C. Mass transfer apparatus and its use[P]. EP 0002568. 1979.

[32] Sandilya P, Rao D P, Sharma A, et al. Gas-phase mass transfer in a centrifugal contactor[J]. Ind Eng Chem Res, 2001, 40(1): 384-392.

[33] Garcia G E C, van der Schaaf J, Kiss A A. A review on process intensification in HiGee distillation[J]. J Chem Technol Biotechnol, 2017, 92(6): 1136-1156.

[34] 孙永利 , 张宇 , 肖晓明 . 超重力旋转床转子结构研究进展 [J]. 化工进展 , 2015, 34(01): 10-18.

[35] 栗秀萍 , 刘有智 , 祁贵生等 . 旋转填料床精馏性能研究 [J]. 化工科技 , 2004, 12(3): 25-29.

[36] 邓先和 , 叶树滋 , 李城道等 . 同心圆环薄板填料旋转床气液传质反应器 [P]. CN 2229833. 1996-06-26.

[37] Lin C, Jian G. Characteristics of a rotating packed bed equipped with blade packings[J]. Sep Purif Technol, 2007, 54(1): 51-60.

[38] Luo Y, Chu G, Zou H, et al. Mass transfer studies in a rotating packed bed with novel rotors: chemisorption of CO_2[J]. Ind Eng Chem Res, 2012, 51(26): 9164-9172.

[39] 周继承 , 伍极光 , 熊双喜 . 旋转床超重力多相反应器 [P]. CN 02224172. 8. 2003-10-22.

[40] Wang G Q, Guo C F, Xu Z C, et al. A New crossflow rotating bed, Part 2: Structure optimization[J]. Ind Eng Chem Res, 2014, 53(10): 4038-4045.

[41] Wang G Q, Guo C F, Xu Z C, et al. A new crossflow rotating bed, part 1: Distillation performance[J]. Ind Eng Chem Res, 2014, 53(10): 4030-4037.

[42] 姚文 , 李育敏 , 郭成峰等 . 网板填料复合旋转床的传质性能 [J]. 高校化学工程学报 , 2013(3): 386-392.

[43] 姚文 , 李育敏 , 郭成峰等 . 网板填料复合旋转床的流体力学与传质性能 [J]. 化工时刊 , 2012, 26(3): 1-4.

[44] 计建炳 , 王良华 , 徐之超等 . 折流式超重力场旋转床装置 [P]. CN 01134321. 4. 2003-05-07.

[45] 计建炳 , 徐之超 , 俞云良等 . 多层折流式超重力旋转床装置 [P]. CN 200510049145. 1. 2005-10-26.

[46] 计建炳 , 俞云良 , 徐之超 . 折流式旋转床——超重力场中的湿壁群 [J]. 现代化工 , 2005, 25(5): 52-54.

[47] 李育敏 , 计建炳 , 俞云良等 . 折流式旋转床液相功耗数学模型 [J]. 高校化学工程学报 , 2010, 24(2): 203-207.

[48] 计建炳, 徐之超, 李肖华等. 折流式超重力旋转床技术的应用与展望 [J]. 现代化工, 2011, 31(z2).

[49] 陈建峰, 高鑫, 初广文等. 一种多级逆流式超重力旋转床装置 [P]. CN 200920247008. 2. 2010-07-21.

[50] 高鑫, 初广文, 邹海魁等. 新型多级逆流式超重力旋转床精馏性能研究 [J]. 北京化工大学学报 (自然科学版), 2010, 37(4): 1-5.

[51] Chandra A, Goswami P S, Rao D P. Characteristics of flow in a rotating packed bed(HIGEE) with split packing[J]. Ind Eng Chem Res, 2005, 44(11): 4051-4060.

[52] 闪俊杰, 刘润静, 杜振雷等. 超重力技术在精馏中的应用 [J]. 现代化工, 2008, 28(s1): 125-128.

[53] Kelleher T, Fair J R. Distillation studies in a high-gravity contactor[J]. Ind Eng Chem Res, 1996, 35(12): 4646-4655.

[54] Nascimento J, Ravagnani T, Pereira J. Experimental study of a rotating packed bed distillation column[J]. Braz J Chem Eng, 2009, 26(1): 219-226.

[55] Lin C, Ho T, Liu W. Distillation in a rotating packed bed[J]. Journal of Chemical Engineering of Japan, 2002, 35(12): 1298-1304.

[56] Wang G Q, Xu Z C, Ji J B. Progress on Higee distillation-Introduction to a new device and its industrial applications[J]. Chem Eng Res Des, 2011, 89(8): 1434-1442.

[57] 陈文炳, 金光海. 新型离心传质设备的研究 [J]. 化工学报, 1989(5): 635-639.

[58] 栗秀萍, 刘有智, 栗继宏等. 超重力连续精馏过程初探 [J]. 现代化工, 2008, 28(s1).

[59] 栗秀萍, 刘有智. 超重力场精馏过程探讨 [J]. 现代化工, 2006, 26(z2): 315-319.

[60] Xiuping L, Youzhi L, Zhiqiang L, et al. Continuous distillation experiment with rotating packed bed[J]. Chinese J Chem Eng, 2008, 16(4): 656-662.

[61] 徐之超, 俞云良, 计建炳. 折流式超重力场旋转床及其在精馏中的应用 [J]. 石油化工, 2005, 34(8): 778-781.

第七章

磁场、电场、超声场强化精馏

第一节　磁场强化精馏过程

一、磁场简介

1. 磁场的定义

在磁体的周围存在着磁场，这是一种看不见也摸不着的特殊物质，它并不像人们平时接触的各种物质一样，由分子、原子、离子甚至更小的物质组成，但它却是客观存在的，并且具有波粒的辐射特性。目前能够被广为接受的是磁场由运动电荷或电场的变化而产生的。磁体或者是变化的电磁周围空间存在的一种特殊形态的物质，由于磁体的磁性来源于电流，电流是电荷运动产生的，而现代物理的观点认为运动电荷产生磁场的真正场源是运动电子或运动质子所产生的磁场，这也证明了上述磁场产生的原因是正确的。

2. 磁场的特点

磁场与人们熟知的电场有相似的地方，运动电荷或变化的电场产生的磁场，或是两者之和的总磁场，都是无源有旋的矢量场。而磁场是在某一空间内呈连续分布的有方向的向量场（图7-1），可以用磁感应强度 B 来描述磁场，也可以用磁感线来形象地表示。磁极之间存在有相互作用，同名磁极相互排斥，异名磁极相互吸

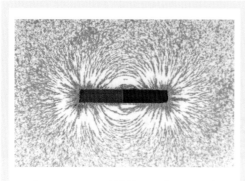

引，磁极不能单独存在，N级与S级同时存在，即单独的N极或单独的S极不能存在。

二、精馏技术及其强化

精馏是分离液体混合物的极其有效且广泛使用的方法，利用混合物中各组分挥发度不同，而使各个组分不断蒸发和冷凝，从而进行物系分离的一种热分离过程。但是由于传统的精馏方法存在效率低、耗时长、能耗高等缺点，特别是在处理面对共沸物系或者沸点极其接近的物系时，难以有效地进行分离，因此在化工过程强化中精馏技术的强化有很重要的意义[1,2]。李鑫钢等[3]在《现代蒸馏技术》一书中提到了强化蒸馏技术的方法，包括采用新型高效的塔板和填料、优化塔内件的关键结构、超重力技术、催化精馏和反应精馏等，均能显著地提高分离效率、节约能耗和降低成本。本章将磁场用于精馏过程的强化，可以克服传统精馏技术的弊端，使分离的效率大大提高，分离物系的范围获得扩大，使精馏的应用范围更广，促进分离技术的进步，具有很重大的现实意义。

三、磁场对物质的作用

磁场处理技术是将磁场应用于分离过程，借助磁场对非铁磁性流体的作用，使得物质内部的结构发生变化，进而使物理性质和化学性质发生变化，改善生产效果和使用效益。磁场处理技术也被称作磁化技术或者强磁技术。

1. 磁场对水的理化性质的影响

朱元保等[4]将水置于磁场下进行实验并与无磁场条件进行对比，发现只有红外光谱和核磁共振谱不发生变化，其他的性质诸如pH值、溶解氧、密度、电导率均有不同程度的变化，其影响与磁场作用时间和磁场强度有关。卢贵武等[5]研究了磁场处理对水的其他物理性质的影响，发现水的聚合作用、湿润性、溶解、结晶、凝聚作用、蒸发以及凝固过程也都受到一定程度的影响。另外，在经过磁化处理的水中，难溶性物质碳酸钙、碳酸钡、硫酸锶、硫酸钡的溶解度增大，碳酸锶、硫酸钙的溶解度则减小[6]。水经过磁化的处理获得活化，能够改变化学反应的动力学，甚至有一定的记忆效应[7]。

2. 磁场对有机物的影响

磁场不仅能够改变水和水溶液的物理化学性质，还能够对有机物溶液产生作用，并且对有机物的多个方面都有作用。唐洪波等[8]对大量的物质进行磁场处理实验，从而研究磁场对有机物物理化学性质的影响。随着磁场强度的增加，物质的表面张力有下降的程度，并且醇类物质的表面张力改变比相对应的烷烃大。磁场还会对有机物的结构产生影响，磁场会对环氧树脂分子的形态有影响，使得环氧树脂固化后的空间网络强化，发现分子排列更加有序、规整[9]。对于 $CH_3COOH+CH_3CH_2OH \longrightarrow CH_3COOCH_2CH_3 + H_2O$ 的酯化反应，磁场的增强会使反应速率有一定程度的增大，直到达到最大值[10]。

3. 磁场对其他物质的影响

杜娟等[11]将原油在流动磁化一定时间后，对其进行黏度和凝固点的测量，可以发现黏度下降50%，凝固点会下降 $2 \sim 7℃$，析蜡点至少降低4℃；他们分析蜡晶可以发现，未经过磁场处理的原油蜡晶多又粗，没有固定的形状，而磁化处理的蜡晶少又细，形状呈圆球状，这进一步说明了磁化使得原油中的石蜡结晶形状及空间网络发生了变化；曹毓娟等[12]研究发现将燃料油经过磁场作用后，再应用于燃料进行燃烧时输出功率提高了2.1%，产生的废气量也有所下降；对环己烷、丙酮、苯、环己烯等作为研究对象在磁场下进行燃烧热的测量，也可以发现有机物的燃烧热提高，且与磁场强度成正比。另外，相关的研究表明磁场对沥青结块、水煤浆性质、水泥颗粒表面性质、酒浆中的有机酸和有机酯含量都有一定的影响[13,14]。

四、磁场在精馏中的应用

如上所述，作为一种特殊能量的场，磁场对物质的结构、物化性质都有一定的影响，磁化技术已经受到广泛的关注和研究。近年来，随着科学技术的进步，理论研究与实践研究都取得了很大的成就，磁化技术也已经逐步成熟，被广泛用于化工、工业、农业等各个领域，有很大的应用前景。精馏过程存在着效率低、耗时长、能耗高等诸多弊端，对工业生产造成极大的困扰，因此解决精馏过程中的弊端是工业上的伟大突破。王军等[15]指出，在精馏过程中引入磁场可以控制强度以及产品的质量，同时还可以大大缩短精馏工艺过程，数值上是几个数量级的迅速变化，使人们能够在所需的时间内实现产品的产出，甚至可以减少人工操作，实现过程自动化或者半自动化。

陈卫东等[16]研究了磁场作用下乙醇-水二元体系的精馏过程，进行全回流精馏实验，实验结果显示与未经磁场处理结果相比，经过磁场处理的物系经精馏过程后，塔顶气相乙醇含量摩尔分数最大增幅0.0249，平均增幅0.0153，且有一个最佳的磁场强度。

刘勇等[17]研究了磁场对正丁醇-水共沸体系的汽液平衡，在不同磁感应强度下进行实验，测定正丁醇-水物系的汽液平衡，并用 NRTL 模型对测得的数据进行拟合，发现外加磁场对正丁醇 - 水体系的影响总体上是正效应。

吴松海[18]研究了磁场下乙酸 - 水体系的共沸精馏，实验测定了在添加共沸剂的情况下，对比不同外加条件的实验结果发现，对乙酸 - 水共沸体系外加磁场后，在进行共沸精馏操作中，乙酸的收率有一定的提高，说明外加磁场对乙酸的精馏有促进作用；胡晖[19]也进行了乙醇 - 水体系的共沸精馏，分别测定了磁场处理和未经过磁场处理的乙醇 - 水二元体系在常压、全回流条件下的精馏过程，提出了氢键磁化共振理论假说，即将溶液放置于磁场中，受到磁场的照射，体系中的物质便会获得能量，氢键就会产生振动，如果氢键振动的频率与氢键的内部自我振动频率一致或者是其倍数，就会产生氢键磁化共振，使得氢键振动的振幅增大，氢键伸长的长度增加，甚至发生断裂。

彭彦龙[20]也在不同磁感应强度下进行了丙酮 - 水的精馏实验，发现磁场对此体系的精馏作用是负效应，即磁场不会促进精馏过程，产生的影响总体上不是很大，并且在中间溶度产生的影响较为明显。同样的实验条件下进行了异丙醇 - 水体系的精馏过程，发现磁场对异丙醇 - 水共沸体系的精馏是正效应的，即磁场有助于该体系的精馏过程。

吴松海等[21]将脂肪酸放在不同的磁场下进行研究，发现脂肪酸在磁场的照射下，某些物理性质有所改变，密度基本不变，其黏度及表面张力均有一定程度的下降，且并非单调下降，而是存在一个极值。由于磁场照射后黏度和表面张力的下降，可以利用此来改善精馏塔内的液体流动与分布状况，所以磁场处理有利于脂肪酸精馏过程的进行。

磁场协助精馏的应用还体现在对热敏系物质的分离。热敏物质受热不稳定，容易发生变化。在香料产品的提纯过程中经常会遇到这种物质，因此对热敏性物质的分离受到广泛的关注。目前已经开发出多种提纯方法如膜分离、超临界萃取等方法。曾林久[22]提出了一种磁化分离的方法，作者将这种技术应用于山苍子油参与的反应，将山苍子油在磁场条件下进行磁化，对比可以发现磁场对精馏过程有促进作用，并且不会对热敏性物质进行破坏，很好地实现了热敏性物质的反应与分离。

段秀丽[23,24]提出了一种新型精馏塔板及磁精馏系统，作者对塔盘和折流塔板进行了设计，使所有的塔盘包含有磁性材料层，这样就可以使得塔板之间形成磁场。在再沸器的外部外加了一个磁场，这样就改变再沸器中物系的黏度、饱和蒸气压等物理化学性质，进而对分离过程进行一定的强化。

目前，磁场作为一种特殊能量的场，对物质的物理性质、化学性质均有影响。多年来，国内外许多学者都对磁场与精馏的耦合进行了大量的研究，取得了极其宝贵的知识与经验，获得了很多有意义的实验数据。但是由于磁化过程是一个极其复杂的过程，影响因素众多，控制变量困难，实验数据的重复性和可靠性都不是很理想，研究进展并不尽如人意，因此磁化技术的机理研究应该是重点解决的方向。随着科学技术的进步和实验水平的提高，磁场强化汽液平衡以及精馏过程的理论研究必将取得进步，只有在理论上有所突破，才能将磁场更好地应用于工业生产实践，推动磁场精馏技术的发展，解决令人棘手的难分离体系或共沸体系的分离。如果借助磁场能够较为容易地将这些物系进行分离，这在传质分离领域都是一个重要的突破。在精馏、萃取和结晶[1-10]等单元操作过程中，适当地与磁场相结合来进行研究[11-13]，都是有开创的意义的，等待着进一步的研究[14-24]。

第二节　电场强化精馏过程

一、概述

从物理学概念上讲，电场是电荷及变化磁场周围空间里存在的一种特殊物质。电场这种物质与通常的实物不同，它不是由分子原子所组成，但它是客观存在的，电场具有通常物质所具有的力和能量等客观属性。电场力的性质表现为：电场对放入其中的电荷有作用力，这种力称为电场力。电场能的性质表现为：当电荷在电场中移动时，电场力对电荷做功[25]。作为一种常用的外场强化手段，电场通常包括直流电场、交变电场、脉冲电场、静电场和非均匀电场。

精馏是化工生产过程中最常用的分离手段，其基本原理是汽液平衡的关系。如果能将电场与精馏耦合在一起，实现以电场作为外场强化手段的新型分离方法，对精馏学科乃至化工行业都将具有十分重大的理论意义。由于电场可变参数较多，可通过计算机对化工过程进行有效的控制及调节，具有易控、省时、高效等特点[26]，因此电场作用下强化传质的研究引起了许多专家学者们的兴趣。

二、电场对传质过程的影响

目前，电场对传质过程的强化原理还存在一定的争议，但一般认为，极化效应是其具有强化作用的原因。将电介质放入电场，表面出现电荷。这种在外电场作用下电介质表面出现电荷的现象就叫作极化效应[27]。

由于极化效应的存在，物质之间的分子作用力受到影响，介电常数大的组分会对电场做出更多响应，从而更易汽化，在气相中聚集；而介电常数小的组分对电场响应弱，从而不易被汽化，更多地存在于液相中。因此，电场可改变待分离体系的汽液平衡状态，对蒸发、蒸馏等诸多的化工过程产生影响。研究表明，把流体置于强电场下，其传递系数都有较大的提高[28]。在实验中，可以利用不同形式的电场实现质量传递的强化，如交变电场、脉冲电场、静电场和非均匀电场。不同电场的作用可能会在传质效率、能耗等方面产生差异。

对悬浮于电介质液体中的电介质气泡或液滴施加一个均匀稳定的电场时，就会在界面聚积电荷，电场与这些电荷的相互作用形成的切应力产生一个环流，这一环流会使气泡与周围液体之间的传热传质得到强化。

在固液传质方面，姚光明[29] 研究了高压脉冲电场对玫瑰精油收率的影响，结果表明，当施加的脉冲电场强度在 10 ～ 20kV/cm 之间时，玫瑰精油得率随电场强度的增加而上升，玫瑰精油得率在电场强度为 20kV/cm 时达到最大。陈桂玉[30] 在使用高压脉冲电场提取银杏叶活性成分时发现，高压脉冲电场提取银杏黄酮和内酯工艺提取时间短，仅为超声提取的 1/30，乙醇回流的 1/120，并且溶剂消耗量也比较少，表现出了优质的强化传质性质。

在气液传质方面，以色列的 Elperin 等[31] 研究了在交变电场影响下，可溶电介质气体在停滞气泡中的传热传质过程。数据计算表明在交变电场作用下，二氧化硫水溶液中停滞气泡的传质速率提高了 1.5 倍。同时，他们也研究了在交变电场影响下，由溶质、液体电介质连续相和平稳流电介质球组成的三重系统中的传质过程。数值计算表明，在电场强度大小为 $E = 2 \times 10^4 \, V/m$ 下，系统中的传质速度明显得到提高[32]。根据上述研究结果，稳定电场与电荷之间形成的力作用于传质界面，可以促进界面间的传质，而利用交变电场也可以达到同样的效果，说明交变电场下的传质过程强化不是由于带电物质在特定方向的运动引起的。唐洪波等[33] 利用自制的交流电场相平衡装置测定了不同电压下乙醇 - 水、丙醇 - 水、醋酸 - 水物系在 101.325kPa 下极化和非极化的汽液平衡数据。实验结果表明，外加电场对体系的汽液平衡均有影响，电场使体系的 T-x-y 曲线中 T-y 线与 T-x 间距缩短，使乙醇 - 水、丙醇 - 水体系的平衡温度升高，而使醋酸 - 水体系的平衡温度下降。对于乙醇 - 水体系，外加电场使乙醇在气相中的组成减小，使水在气相中的含量增大；对于丙醇 - 水体系，外加电场使丙醇在气相中的组成减小，使水在气相中的含量增大；对于醋酸 - 水体系，外加电场使醋酸在气相中的组成减小，使水在气相中的含量增大。上述结果表明，外加电场不能明显使共沸点漂移，即不能改变共沸温度和共沸组成，而且外加电场对这些体系的 T-x 线及 T-x-y 曲线的两端影响也较小。

在液液传质方面，张东翔等[34] 研究了不同方式的低压静电场对水反萃二（2-乙基己基）磷酸铜体系相间传质动力学特性的影响，发现不同方向的静电场均显著加速传质过程，其中正向静电场增幅可达到 114%。当外加电场方向不同时，对传质的促进作用也不尽相同，说明静电场下的强化传质过程具有一定的方向性。

电场的另一个可以促进液液传质的原因是电流体力学现象。由于电场诱发介电液体产生涡流和湍动的现象，被称为电流体力学[35]。电流体力学为电场强化液液萃取提供了理论基础。电流体力学强化传质主要有以下三种原因：其一，由于电场的极化作用，液体产生了许多小尺寸的振荡液滴，这些小液滴极大地增大了液体传质的比表面，从而起到了促进传质的作用；其二，电场的存在驱使带电小液滴内部产生内循环，强化分散相液滴内的传质系数，提高传质效率；其三，液 - 液萃取过程中当分散相通过连续相时，由于定向静电场的加速作用，两相界面剪应力增大，从而增强了连续相的膜传质系数。

以上研究表明，交变电场、脉冲电场和静电场等不同种类的电场都能使体系的传质得到强化，气 - 液体系与液 - 液体系的传质过程也都能被强化。虽然它们的强化传质效果存在差异，具体的传质机理也不完全相同，但本质上都是通过电场与带电物质的相互作用产生的力来实现强化传质的 [36]。

三、电场在化工过程中的应用

1. 电场强化液液萃取

电场强化液液萃取是一项新的高效分离技术，也是静电技术与化工分离交叉的学科前沿，具有潜在的工业市场。通过对电场中两相流动行为的研究，发现电场强度和交变频率对液滴聚合和分散有重要影响。电场的强化作用可以成倍地提高萃取设备的效率，能耗大幅度降低，实现无转动部件液 - 液混合等。不仅可以应用于化工分离领域，也适用于石油开采过程原油脱盐除水等工艺过程 [37]。

电场强化萃取过程主要是强化了相分离和液液体系的分散性。虽然电场强化相分离仅限于有机相中去除水相夹带，然而对于提高级效率，降低水相对萃取相的污染具有重要意义。通过电场加速相分离，可以大幅度降低混合澄清槽的澄清室体积，降低昂贵或易挥发溶剂的装载量，从而降低工业过程的设备投资和运行费用 [38,39]。

目前电场萃取的研究尚处于实验室开发阶段，存在若干重要技术难点。如防止高压击穿、设备放大、寻找有效介电材料、局限于有机相连续操作等。随着高新技术和材料科学的发展，这些问题若得到解决，电场萃取技术工业化将指日可待 [40]。

2. 电场强化传质传热 [41]

电场作用可以有效地强化物质间的传质效果。左恒等 [42] 在微生物强化浸出中首次提出利用电场强化氧气向溶浸液传质的新方法，结果表明该方法可以有效增强氧气在溶浸液中的传质效果。王发刚等 [43] 对沉浸在非极性有机液体工质苯中的平板表面自然对流和沸腾换热的外加电场强化进行了试验，得出了自然对流和沸腾换热的换热系数、强化效果与电场电压、热流密度的关系。试验数据表明外加电场对平板表面苯的自然对流换热和沸腾换热都有一定的强化效果，且自然对流换热的强化效果明显好于对沸腾换热。平板表面苯的自然对流换热强化效果与试验所给定的热流密度无关，而沸腾换热强化效果随热流密度的增大而减弱。

3. 电场强化蒸馏过程

电场可通过极化效应对待分离体系中混合物的分子间力产生影响，使得待分离体系中介电常数大的组分更易被汽化，从而在气相中聚集；而介电常数小的组分则不易被汽化，从而更多地存在于液相中。因此，电场可改变待分离体系的汽液平衡状态，对蒸发及蒸馏过程产生影响[26]。Tsouris 等[44] 使用实验室规模的两级柱，在塔板和棒状电极之间的液体区域中施加垂直于塔板的直流（DC）电场。实验结果表明，向液相施加直流电场可以提高蒸馏塔的板效率和产量。其原因似乎是由于施加的电场下传质传热速率提高所致。对水和 2- 丙醇的二元体系施加 14kV 的电压时，第二块塔板板效率增加 2.2%，采出流速增加 4 倍。而在含有 2- 丁酮和甲苯的非导电二元体系的蒸馏中，尽管施加的电压高达 30kV，依旧没有观察到蒸馏塔效率的提高。

四、小结

电场可以通过极化效应对物系的影响有效地控制和调节化工过程，它的可变参数多，易于通过计算机控制，已经成为近年来化工过程强化领域研究和开发的热点，并在干燥、蒸发、萃取、精馏、结晶等众多单元操作中获得了广泛的应用[45]。但目前的研究大多还处于实验阶段，其机理和各种因素对强化效果影响的研究还不够深入和完善。电场强化传质的作用机理和应用领域仍需新一代的科研工作者去探索和拓展，通过实验和热力学相结合的方法研究电场对不同物系的传质效果，为电场在包括精馏在内的诸多领域的应用提供更多的理论指导。

第三节 | 超声场强化精馏过程

超声场对精馏过程有一定的强化作用，本节从超声场强化精馏过程的原理、研究现状以及设备等方面进行介绍。

一、超声场强化精馏过程的原理

超声场对精馏过程的强化依赖于其独特的性质以及产生的一系列超声效应，因此对超声场及超声波的理论了解和基础研究十分重要。以下简单介绍超声场及超声波的定义、超声波的特点及超声效应。

1. 超声场的定义

超声场，即充满超声能量的空间区域或超声波振动所波及的介质，具有一定的空间大小和形状。描述超声场的特征值包括声压（P）、声强（I）和声阻抗（Z）等。声压反映了超声波扰动产生的压强，声强反映了超声场的能流密度，声阻抗反映了介质对超声波传导的阻碍作用。

2．超声波的定义

超声波是一种频率高于人类听觉上限的声波，属于机械波，其方向性好，穿透能力强，易于获得较集中的声能，传播距离远，在医学、军事、工业、农业等方面应用广泛。超声波有两个主要参数，即频率和功率密度。超声波的频率 $f \geq 20\text{kHz}$；功率密度，即发射功率与发射面积之比，通常超声波的功率密度 $p \geq 0.3\text{W/cm}^2$。

3．超声波的特点

① 超声波频率高，波长短，衍射现象不明显，在介质中传播时方向性强，能量易于集中。

② 超声波穿透能力强，在液体或固体中衰减较弱。

③ 超声波功率高，可向介质传递很强的能量。

④ 超声波能够在气体、液体、固体以及固熔体等介质中有效传播，且传播距离足够远。

⑤ 超声波与传声介质的相互作用适中，易于携带有关传声介质状态的信息或对传声介质产生效用。

⑥ 超声波在介质中存在反射、折射、透射等传播规律，同时会产生干涉、叠加、共振、多普勒等现象。

4．超声效应

超声波在介质中传播时，彼此的相互作用会使介质发生物理和化学变化，从而产生一系列力学、热学、电磁学以及化学等超声效应。

（1）空化效应　超声波作用于液体时可使其产生大量小气泡，内部为液体蒸汽或溶于液体的另一种气体，也可能是真空。气泡随周围介质的振动而不断运动，声压达到一定值时，气泡迅速膨胀，然后破裂并产生冲击波和微射流。这一系列动力学过程即为超声空化效应。空化效应促使介质微粒间产生剧烈的相互作用，可以使液体的温度骤然升高，并且有很好的搅拌作用，加速溶质的溶解，还可以促进相界面的扰动和更新，从而加速界面间的传质和传热过程。

（2）机械效应　超声波在传播过程中，会引起介质质点的交替压缩和舒张，导致压力变化，从而使介质质点振动，其原点位移、振动速度、加速度、声压、声强等力学量变化产生的各种效应即为机械效应。超声波的机械作用能向介质微粒传递巨大的能量，进而促进液体的乳化、凝胶的液化以及固体的分散。

（3）热效应　超声波频率高、能量大，在介质中传播时，振动能量被介质吸收转化为热能，同时超声波引起的介质质点振动导致介质分子间剧烈摩擦，产生显著的热效应，使介质的整体温度以及边界外的局部温度升高。

（4）传质效应　超声波作用于介质时会引起介质质点的振动，机械作用引发流体的宏观湍动以及固体粒子的高速碰撞，边界层内局部湍动程度增强，强化湍流主体中的涡流扩散；此外，超声场引起多孔介质的微扰现象，促进微孔内物质的扩散；同时，相界面不断更新，增加了传质面积，加速介质中的质量传递。

（5）化学效应　超声波可促使发生或加速某些化学反应，加速化学物质的水解、分解以及聚合等过程，对光化学和电化学过程也有明显影响。

（6）超声雾化　利用超声能量使液体形成细微雾滴的过程即为超声雾化。超声场会引起高频、高振幅的气流，将液膜撕拉成液丝，并进一步形成细小雾滴。此外高频、高振幅的气流与液滴碰撞，使其获得巨大能量，易于破碎成更小的雾滴。另外，超声波垂直气液界面通过液体时，相界面处产生表面张力波，振动幅值足够大时，液滴在与表面张力波垂直力的作用下从波峰飞出形成雾滴。空化气泡破裂产生的冲击波和微射流达到一定强度时，也会引起液体的雾化。

二、超声场强化精馏过程的研究现状

1．超声场强化精馏（USD）

传统精馏过程的能耗很高，超声精馏技术是一种能够降低能耗的新型分离技术。在超声精馏过程中，高频的超声波作用于液体混合物而产生蒸汽和雾滴，并通过气流将其移除，从而实现物质的分离。超声场产生的蒸汽和雾滴可以促进界面更新，并增大气液接触面积。有些研究者认为超声精馏产生的蒸汽和雾滴中易挥发组分的含量高于其在液相主体中的含量[46]，还有些研究者认为初始雾滴与液相主体组成相同，但在过程中发生了变化[47]。超声精馏依靠超声雾化作用，关于超声雾化原理有不同的理论解释。Sato等[46]认为超声雾化是由超声强化过程中形成的表面张力波参量衰变不稳定导致的，超声波垂直气液界面通过液体时，相界面处产生表面张力波，振动幅值足够大时，液滴在与表面张力波垂直的力的作用下从波峰飞出形成雾滴。Kirpalani和Toll[48]认为超声雾化是由超声波空化效应导致的，超声强化过程中产生空化气泡并最终在液体表面崩溃形成一团微气泡，这些微气泡向液体表面移动随后破裂，破裂过程中伴随着雾滴的产生。

Rassokhin[49]发现超声场对表面活性剂在雾化液滴中的富集作用，提出了超声精馏的概念。

Sato等[46]将超声精馏用于乙醇-水的分离过程，在精馏釜底部安装超声振荡器用于雾化乙醇-水溶液。实验表明，超声精馏可选择性地将乙醇从乙醇-水溶液中分离出来，雾滴中乙醇的含量高于乙醇-水体系在大气压下的汽液平衡组成，且低温时分离率更高，10℃条件下乙醇和水可以完全分离。

Takaya 等[50] 将超声精馏用于将表面活性剂从水溶液中分离，从收集的雾滴中获得表面活性剂。实验表明，普通薄液膜振动也可以将一部分液体转化为雾滴，但其组成与液相主体相同，引入超声场强化后溶质会优先进入雾滴中。

Nii 等[51] 将超声精馏用于将乙醇、表面活性剂等有机物从水溶液中分离。对于乙醇分离过程，加入超声振动器的能量远小于乙醇水溶液的潜热，表明过程所需的能耗远小于精馏。

一些文献表明，引入超声场可以改变物系的汽液平衡特性，提高相对挥发度，改变共沸物的组成，甚至可以打破共沸点得到纯组分。汽液平衡的改变是由于超声波在液体中传播时产生的空化效应。超声空化作为一种化学过程的能量输入源，由于能够在常温常压下使热点迅速生成和消失而受到越来越多关注。空化气泡的形成、生长和崩溃这一系列过程在微秒数量级内迅速发生，传质和传热非常迅速。这些现象可以改变混合物的物理性质，促进传质过程，进而强化分离过程。汽液平衡的变化程度主要与超声场的强度和频率有关，超声场强度存在最优值，在该值下体系的相对挥发度最大；超声波频率越低，体系的相对挥发度提高越明显。这是由于超声强度越高产生的空化气泡越多，但强度过高时产生的空化气泡没有足够的时间崩溃，从而会彼此连接在超声换能器照射表面形成屏障阻碍其传播，减小空化效应。此外超声波频率较高时，产生的空化气泡体积小且在破裂时产生的能量较低，空化作用较弱，不利于传质过程的强化，最终减少了液体混合物中易挥发组分的蒸发。

Ripin 等[52] 研究了超声波对甲醇-水体系汽液平衡的影响，实验结果表明，超声波可以提高体系的相对挥发度，该研究证明了利用超声场强化常规精馏塔中二元混合物分离的可行性。Ripin 等[53]、Mudalip 等[54] 和 Mahdi 等[55] 分别研究了超声波对 MTBE-甲醇、环己烷-苯及乙醇-乙酸乙酯共沸体系汽液平衡的影响，实验结果表明，超声场可以使体系相平衡发生有利改变，并完全消除体系共沸，得到高纯的 MTBE、环己烷及乙酸乙酯产品，证明了超声精馏单个精馏塔取代传统多塔共沸精馏的可行性。

基于上述超声场可以改变汽液平衡并改变共沸物相对挥发度的发现，Mahdi 等[56-58] 进行了一系列关于超声精馏分离共沸物的进一步探索。首先，基于一系列关于气泡膨胀的物理特性的合理假设，在 Matlab 软件中建立超声汽液平衡方程模型[56]，研究超声强度和频率对乙醇-乙酸乙酯相平衡的影响，模拟结果与实验结果吻合很好。之后进行了超声精馏分离共沸物的概念设计[57]，采用 Aspen Plus 软件对超声精馏过程进行了模拟，通过 Aspen Custom Modeler（ACM）软件设计了单级超声汽液平衡体系的数学模型，用于表示单级超声精馏过程，多个模块叠加可表示多级超声精馏过程，通过多级超声精馏模块可以得到纯度大于 99% 的乙酸乙酯产品。此外，还建立了基于守恒定律、汽液平衡和声化学的超声精馏单级汽液相平衡体系的数学模型[58]，使用 Matlab 模拟器进行编码，研究了超声频率和强度对体系相对挥发度和共沸点的影响，通过遗传算法得到最优条件，并用乙醇 - 乙酸乙酯体系进行了实验验证。该模型适用于低频率下超声场强度较低的超声精馏过程，如果将模型用于更广的强度范围，需要对其进行适当修正。

2. 超声场强化萃取精馏（US-ED）

超声场强化萃取精馏的方式有两种，一是在萃取精馏之前对原料和萃取剂的混合物进行超声处理，然后进行常规萃取精馏；二是在萃取精馏的过程中引入超声场。超声萃取精馏可以进一步提高体系的相对挥发度，减少萃取剂用量，进而减少过程中的能耗。超声场强化萃取精馏依靠其空化效应，超声空化效应极大促进了原料与萃取剂的混合，从而强化了原料分子与萃取剂分子间的相互作用。

董红星等[59]研究了超声场对苯 - 正庚烷近沸点体系的萃取精馏分离的强化。将原料与萃取剂的混合物置于功率为 200W 的超声场中 20min，然后将其加入汽液平衡仪中进行分离。实验结果表明，超声场能够使体系的相对挥发度提高 5% ～ 30%。

董红星等[60]的专利在苯 - 正庚烷近沸点体系和苯 - 环己烷共沸体系的萃取精馏分离过程中引入超声场进行强化。耦合方式可以是在萃取精馏的预处理阶段引入超声场，也可以在萃取精馏过程中间歇或连续加入超声场。结果表明超声场能够强化萃取精馏过程，可使相对挥发度提高 20% ～ 30%。

3. 超声场强化反应精馏（US-RD）

反应精馏将化学反应与精馏分离两个单元操作集成在同一设备中同时进行，具有能够突破化学平衡的限制、提高反应转化率和产品选择性、提高能量利用效率、节省过程能耗、减小设备尺寸等优势。引入超声场可以进一步强化反应精馏过程，产生协同优势。超声场不仅能够增加相际接触面积，促进相界面扰动和更新，加速传质传热过程，还可以提高反应速率，缩短反应时间，提高反应物转化率和产率，提高反应的选择性。超声场促进化学反应主要依靠以下几点：空化效应产生的空化气泡崩溃产生局部高温高压，并产生冲击波和微射流，此外超声场的机械效应可向介质传递巨大能量，这种高能环境有利于化学反应的进行，促进反应物裂解产生离子和自由基等活性物质；超声场可以促进体系的传质、传热等过程，使反应物彼此之间的接触更加充分；对于采用固体催化剂的非均相反应，超声场可以改善催化剂的分散性，清除催化剂表层钝化的部分，使催化剂分布在更有效的表面上，充分发挥其在反应中的作用；对于金属参与的反应，超声场空化效应产生的冲击波和微射流导致固体颗粒彼此碰撞，金属表面蚀变，氧化层脱落，金属保持较高的活性，另外超声清洗作用能够及时移除金属表面的产物、中间产物以及杂质，保持反应表面的清洁；超声场可以使反应在较温和的条件下进行，减少催化剂用量，甚至使反应无需催化剂即可进行。

Atherton-Todd 反应，即在碱存在的条件下亚磷酸酯在四氯化碳溶剂中进行的胺磷酰化反应，常规条件下醇类不能进行该反应，Oussaid 等 [61] 发现在超声波辐射下醇可进行磷酰化反应，收率为 86% ～ 92%。沈寒晰等 [62,63] 研究了超声强化合成碳酸二苯酯工艺，超声强化工艺在最优条件下碳酸二甲酯转化率达到 56.8%，比无超声强化的工艺提升了约 30%。Nagaraja 等 [64] 研究了超声场对芳香族硝基化合物还原反应的强化作用，结果表明超声强化下反应 2h 即可与室温回流反应 24h 达到相同的产率。Martins 等 [65] 研究了超声场强化 Novozym 435 酶催化乙酸和丁醇生成乙酸丁酯的过程，实验结果表明，超声强化与普通机械搅拌相比产率提高了 7.5 倍，此外超声可以提高酶催化剂在酸性条件下的稳定性，将其重复利用次数从 3 次提高到 17 次。Cui 等 [66] 研究了超声场对脂肪酶催化合成 D- 异抗坏血酸棕榈酸酯过程的强化，实验结果表明，超声强化可以使反应时间缩短 50%，反应动力学实验表明，超声强化条件下的反应速率是普通机械搅拌的 2.85 倍。

基于超声场能够促进化学反应，特别是酶促反应的发现，Wierschem 等 [67] 首次提出了超声酶促反应精馏（US-ERD）过程，并对丁酸乙酯和丁醇酯交换生产丁酸丁酯产品，同时副产乙醇的工业级酶促反应精馏（ERD）和超声酶促反应精馏（US-ERD）过程进行了技术经济评估。基于最近开发并通过实验证实的模型 [68]，采用 ACM 软件对酶促反应精馏过程进行基于速率的模拟，酶促反应以及超声酶促反应的动力学模型源自该研究者之前发表的文章 [69]。计算结果表明，与 ERD 相比，US-ERD 过程可以提高反应速率，降低反应段高度和总塔高，该案例中反应段高度和总塔高分别降低了 12% 和 7%。但由于超声设备的安装成本较高，US-ERD 过程对反应速率的强化作用被额外加入的超声换能器花费抵消，与 ERD 过程的成本大致相同。

4．超声场强化膜蒸馏（US–MD）

膜蒸馏（MD）利用疏水膜两侧温差造成的汽化压差以及扩散原理，使水蒸气由热侧向冷侧流动，达到分离提纯目的。根据膜冷侧蒸汽冷凝方式的不同，膜蒸馏可分为以下四种形式：直接接触式膜蒸馏（DCMD）、气隙式膜蒸馏（AGMD）、真空膜蒸馏（VMD）以及气扫式膜蒸馏（SGMD）。超声场强化膜蒸馏主要是依靠超声波空化效应导致的传质效应，强化膜蒸馏传质过程，进而提高膜蒸馏过程的渗透通量。空化效应使流体传质阻力减小，扩散系数和传质系数增大，同时减小了温度和浓差极化，此外超声清洗作用可以减少膜表面杂质。空化效应主要受超声场声强和超声波频率影响。声强决定了空化的强度与密度，影响空化气泡数量、大小以及破裂速度。提高声强可以增强超声空化的强度，然而声强过强时，空化气泡生长过大，在声源处形成屏障，阻止声波传播，使得远离声源处声强减弱，不利于空化作用。声强一定的情况下，超声波频率越低液体中越易发生空化现象，这是由于频率较高时，产生的空化气泡体积小且在破裂时产生的能量较低，空化作用较弱，不利于传质过程的强化。

刘光良与朱之墀等[70]首次将超声技术用于 AGMD 系统的强化，研究了连续和间歇超声强化对传质传热的影响。将一个压电式超声换能器固定在膜组件热侧的不锈钢板上作为实验装置。实验表明，蒸馏通量随着超声功率的增大而增加，该实验范围内蒸馏通量最高可提高 30%。间歇超声强化存在膜老化问题，效果不如连续超声强化。

尹招琴等[71]同样研究了超声场对 AGMD 过程传质的强化。超声强化系统包括功率发生器和换能器，超声波垂直作用在膜面上。实验表明，超声功率越大，超声激励作用越明显，实验获得最大增益达到 28.3%。

樊华等[72]构建了超声场强化膜蒸馏耦合工艺，研究超声场对 DCMD 系统的强化效果。膜组件直立于超声强化膜滤装置中进行超声强化。实验表明，强化传质效果随超声频率的提高呈下降趋势，超声功率的提高有利于增强通量强化效果。该实验范围内，聚四氟乙烯（PTFE）膜的通量可提高 30% 以上。

黄黉璟[73]考察了不同膜蒸馏用膜在超声波对 DCMD 过程的强化效果。研究结果表明，聚四氟乙烯（PTFE）膜在超声场作用下可以较好地满足力学性能和能耗方面的要求，并且能够在保证高截留率的前提下使得蒸馏通量提高约 30%。

段小林等[74]进行了超声场强化 VMD 的研究。膜器件采用外壳为玻璃或有机玻璃的中空纤维膜蒸馏柱，将其放置于超声波清洗器内。实验表明，由于有机玻璃对超声波的吸收较玻璃强，导致膜内超声波强度减弱，从而使得超声场对有机玻璃型膜器件强化效果减弱。实验还表明，超声波功率越大，温度越低，流速越小，蒸馏通量强化效果越明显，该实验范围可将 VMD 系统的蒸馏通量提高 31%。

5. 超声场强化水蒸气蒸馏（US–SD）

水蒸气蒸馏（SD）指将挥发性有机物与水共蒸馏，使其随水蒸气一并馏出，与不挥发或难挥发杂质分离的方法。SD 常用于蒸馏在常压下沸点较高或在沸点时易分解的物质，也常用于高沸点物质与不挥发的杂质的分离。超声场对 SD 的强化作用表现在以下几个方面：提高产物收率；缩短蒸馏时间，大大降低了过程所需的能耗；降低蒸馏所需温度，适用于热敏物质的分离提纯。超声场对 SD 的强化依靠各种超声效应，机械效应和热效应增强了传质，空化效应产生的冲击波及微射流有利于提高相界面接触面积。

李昕等[75]进行了超声微波协同强化水蒸气蒸馏（UM-SD）的研究，用于提取五味子挥发油。将装有超声波换能器的水蒸气蒸馏装置放置于微波腔。实验表明，超声微波协同水蒸气蒸馏可大大缩短提取时间，降低过程的能耗，蒸馏收率略有提高。

张伟等[76]用超声强化水蒸气蒸馏法（US-SD）提取天然右旋龙脑。采用自主研制的超声强化水蒸气蒸馏装置，超声换能器位于提取罐底部。超声强化使挥发油得率明显提高。

三、超声场强化精馏设备

超声设备的超声产生效率较低，操作费用较高，限制了其在工业中的应用，目前工业上还没有应用于精馏的超声设备[77]。关于超声场强化精馏过程的实验研究大多是实验室小试规模，超声设备通常采用超声发生器加超声换能器或超声振荡器的形式，或是直接在超声清洗器中进行实验。

参考文献

[1] 张永强，闵恩泽，杨克勇等. 化工过程强化对未来化学工业的影响 [J]. 石油炼制与化工，2001, 32(06): 1-6.

[2] 方向晨，黎元生，刘全杰. 化工过程强化技术是节能降耗的有效手段 [J]. 当代化工，2008, 37(01): 1-4.

[3] 李鑫钢. 现代蒸馏技术 [M]. 北京：化学工业出版社，2009.

[4] 朱元保，颜流水，曹祉祥等. 磁化水的物理化学性能 [J]. 湖南大学学报，1999, 26(01): 21-32.

[5] 卢贵武，周开学. 磁场对抗磁性难溶电解质溶解度的影响 [J]. 石油大学学报(自然科学版)，1998, 22(3): 110-112.

[6] 陈子瑜，朱晓莉. 磁场对共聚反应影响研究 [J]. 兰州大学学报，1995, 3l(2): 160-162.

[7] Higashitani K. Effect of magnetic field on stability of magnetic ultrafine colloid and particles[J]. Colloid Interfac Sci, 1992, 152(1): 125-131.

[8] 唐洪波，张敏卿. 磁场对烷烃和醇类表面张力的影响 [J]. 沈阳工业大学学报，2000, 22(6): 530-532.

[9] Nicholas J. Turro, Ming-Fea Chow, Chao-Jen Chung, et al. An efficient high conversion phot-oinduced emulsion polymerization: agnetic field effects on polymerization efficiency and polymer molecular weight[J]. J Am Chem Soc, 1980, 102(24): 7391-7393.

[10] 张淑仙，汤鸣，谢文惠. 磁场对丙酮碘化反应的影响 [J]. 大学化学，1996, 11(4): 3l-32.

[11] 杜娟，冯瑞玉，赵静等. 磁场改变物质理化性能及其分离效果的研究进展 [J]. 河北化工，2006, 29(11): 21-24.

[12] 曹毓娟，周存忠，史永祥. 强磁场作用下原油降粘及其作用 [J]. 石油学报，1989, 10(1): 99-114.

[13] 徐革联，祖东伟，张荣曾. 煤浆磁化对水煤浆性质影响的研究 [J]. 洁净煤技术，2006, 12(1): 38-41.

[14] 熊瑞生，姚庆钊. 磁化水对水泥活性影响的实验研究 [J]. 哈尔滨工业大学学报，2006, 38(2): 307-309.

[15] 王军，陈卫东，贾绍义等. 磁化技术在化工领域中的应用 [J]. 化学工业与工程，2000,

17(8): 177-183

[16] 陈卫东, 柴诚敬. 磁场处理乙醇 - 水二元物系精馏分离研究 [J]. 化学工程, 2001, 29(06): 7-11.

[17] 刘勇, 崔国刚, 贾亮. 磁场对正丁醇 - 水物系汽液平衡的影响 [J]. Chemical Industry and Enginefring, 2007, 24(06): 489-509.

[18] 吴松海. 磁场作用下乙酸 - 水体系分离过程的研究 [D]. 天津 : 天津大学, 2006.

[19] 胡晖. 永磁场对汽液平衡及精馏过程的影响 [D]. 天津 : 天津大学, 2000.

[20] 彭彦龙. 磁场对二元物系精馏过程的影响 [D]. 天津 : 天津大学, 2007.

[21] 吴松海, 韩平印, 贾绍义. 磁化处理对脂肪酸物理性质的影响 [J]. 中国油脂, 2003, 28(05): 39-41.

[22] 曾林久. 磁化处理对山苍子油体系物理性质及提纯过程的影响 [D]. 天津 : 天津大学, 2002.

[23] 段秀丽, 朱洋. 一种精馏塔塔板及包括这种塔板的精馏塔 [P]. CN 201521103254. 2. 2016-07-06.

[24] 段秀丽, 李世泰, 程金云等. 一种磁精馏系统 [P]. CN 201621083923. 9. 2017-03-29.

[25] 安宏. 电介质的极化与电场的相互作用 [J]. 物理与工程, 2007(06): 13-18.

[26] 李洪, 孟莹, 李鑫钢等. 蒸馏过程强化技术研究进展 [J]. 化工进展, 2018, 37(4): 1212-1228.

[27] 杨映雯, 李寿存. 极化现象与极化电场能 [J]. 湘潭师范学院学报 (社会科学版), 1999(03): 88-90.

[28] Chang L S, Carleson T E, Berg J C. Heat and mass transfer to a translating drop in an electric field[J]. Int J Heat Mass Tran, 1982, 25(7): 1023-1030.

[29] 姚光明. 玫瑰精油的高效提取与抗氧化性及微胶囊化研究 [D]. 吉林大学, 2016.

[30] 陈桂玉. 高压脉冲电场提取法在银杏叶活性成分提取中的应用研究 [D]. 山东中医药大学, 2013.

[31] Elperin T, Fominykh A, Orenbakh Z. Heat and mass transfer during bubble growth in an alternating electric field[J]. Int J Heat Mass Tran, 2004(31): 1047-1056.

[32] 肖祖峰, 陈明东, 韩光泽. 电磁场作用下的强化传质研究进展 [J]. 化工进展, 2008(12): 1911-1916.

[33] 唐洪波, 张敏卿, 卢学英. 电场对汽液平衡的影响 [J]. 化学工程, 2001(04): 39-42.

[34] 张东翔, 李安妹, 徐曦等. 静电场与表面活性剂对液 - 液体系相间传质动力学特性的影响 [J]. 北京理工大学学报, 2008(03): 267-270.

[35] Johnson R L. Effect of an electric field on boiling heat transfer[J]. AIAA J, 1968, 6(8): 1456-1460.

[36] Maerzke K A, Siepmann J I. Effects of an applied electric field on the vapor-liquid equilibria of water, methanol, and dimethyl ether[J]. J Phys Chem B, 2010, 114(12): 4261-4270.

[37] Eow J S, Ghadiri M, Sharif A O, et al. Electrostatic enhancement of coalescence of water droplets in oil: a review of the current understanding[Z]. Elsevier B V, 2001: 84, 173-192.

[38] 胡熙恩, 杨惠文, 王学军等. 电场强化液 - 液萃取 [J]. 有色金属, 1998(03): 66-71.

[39] 刘丽艳, 李鑫钢, 孙津生. 电场强化复合吸附塔过程传质理论分析 [C]. 2006 中国过程系统工程年会 (PSE 2006). 天津, 2006.

[40] 周伟伟, 李保国, 杜巍. 高压电场低温萃取法制备生物可降解骨架的胰岛素缓释微球 [J]. 中国新药杂志, 2005(06): 717-720.

[41] 马空军, 贾殿赠, 孙文磊等. 物理场强化化工过程的研究进展 [J]. 现代化工, 2009(03): 27-31.

[42] 左恒, 王贻明, 张杰. 电场强化铜矿排土场氧气传质 [J]. 化工学报, 2007(12): 3001-3005.

[43] 王发刚, 李瑞阳, 郁鸿凌等. 外加电场强化苯自然对流和沸腾换热的试验研究 [J]. 太阳能学报, 2005(02): 277-280.

[44] Tsouris C, Blankenship K D, Dong J, et al. Enhancement of distillation efficiency by application of an electric field[J]. Ind Eng Chem Res, 2001, 40(17): 3843-3847.

[45] 金付强, 张晓东, 许海朋等. 物理场强化气液传质的研究进展 [J]. 化工进展, 2014(04): 803-810.

[46] Sato M, Matsuura K, Fujii T. Ethanol separation from ethanol-water solution by ultrasonic atomization and its proposed mechanism based on parametric decay instability of capillary wave[J]. J Cheml Phys, 2001, 114(5): 2382-2386.

[47] Spotar S, Rahman A, Gee O C, et al. A revisit to the separation of a binary mixture of ethanol-water using ultrasonic distillation as a separation process[J]. Chem Eng Process, 2015, 87: 45-50.

[48] Kirpalani D M, Toll F. Revealing the physicochemical mechanism for ultrasonic separation of alcohol–water mixtures[J]. J Cheml Phys, 2002, 117(8): 3874-3877.

[49] Rassokhin D N. Accumulation of surface-active solutes in the aerosol particles generated by ultrasound[J]. J Phys Chem B, 1998, 102(22): 4337-4341.

[50] Takaya H, Nii S, Kawaizumi F, et al. Enrichment of surfactant from its aqueous solution using ultrasonic atomization[J]. Ultrason Sonochem, 2005, 12(6): 483-487.

[51] Nii S, Matsuura K, Fukazu T, et al. A novel method to separate organic compounds through ultrasonic atomization[J]. Cheml Eng Res Des, 2006, 84(5): 412-415.

[52] Ripin A, Abdul Mudalip S K, Mohd. Yunus R. Effects of ultrasonic waves on enhancement of relative volatilities in methanol-water mixtures[J]. J Teknol, 2008, 48(1).

[53] Ripin A, Mudalip S K A, Sukaimi Z, et al. Effects of ultrasonic waves on vapor-liquid equilibrium of an azeotropic mixture[J]. Sep Sci Technol, 2009, 44(11): 2707-2719.

[54] Mudalip S K A, Ripin A, Yunus R M, et al. Effects of ultrasonic waves on vapor-liquid equilibrium of cyclohexane/benzene[J]. Int J Adv Sci Eng Inform Technol, 2011, 44(11):

2707-2719.

[55] Mahdi T, Ahmad A, Ripin A, et al. Vapor-liquid equilibrium of ethanol/ethyl acetate mixture in ultrasonic intensified environment[J]. Korean J Chem Eng, 2014, 31(5): 875-880.

[56] Mahdi T, Ahmad A, Ripin A, et al. Ultrasonic enhancement of separation azeotropic mixtures via single distillation column[J]. Adv Materi Res, 2014, 909: 83-87.

[57] Mahdi T, Ahmad A, Nasef M M, et al. Simulation and analysis of process behavior of ultrasonic distillation system for separation azeotropic mixtures[J]. Appl Mechan and Mater, 2014, 625: 677-679.

[58] Mahdi T, Ahmad A, Ripin A, et al. Mathematical modeling of a single stage ultrasonically assisted distillation process[J]. Ultrason Sonochem, 2015, 24: 184-192.

[59] 董红星, 杨晓光, 姚春艳等. 糠醛加盐复合萃取剂萃取精馏分离苯和正庚烷 [J]. 石油化工, 2008(04): 356-358.

[60] 董红星, 杨晓光, 姚春艳等. 超声萃取蒸馏分离苯 - 环己烷及苯 - 正庚烷物系的方法 [P]. CN 101225012. 2008-07-23.

[61] Oussaid B, Soufiaoui M, Garrigues B. The atherton-todd reactions under sonochemical activation[J]. Synthetic Communications, 1995, 25(6): 871-875.

[62] 沈寒晰, 周魁, 张金峰等. 超声强化碳酸二苯酯合成工艺研究 [J]. 化工技术与开发, 2017(02): 1-5.

[63] 蓝伟, 黄风林, 沈寒晰等. 超声波强化催化合成碳酸二苯酯 [J]. 广东化工, 2012(16): 43-44.

[64] Nagaraja D, Pasha M A. Reduction of aryl nitro compounds with aluminium NH$_4$Cl: effect of ultrasound on the rate of the reaction. [J]. Tetrahedron Letters, 1999, 40: 7855-7856.

[65] Martins A B, Schein M F, Friedrich J L R, et al. Ultrasound-assisted butyl acetate synthesis catalyzed by Novozym 435: Enhanced activity and operational stability[J]. Ultrason Sonochem, 2013, 20(5): 1155-1160.

[66] Cui F J, Zhao H X, Sun W J, et al. Ultrasound-assisted lipase-catalyzed synthesis of D-isoascorbyl palmitate: process optimization and Kinetic evaluation[J]. Chem Cent J, 2013, 7(1): 180.

[67] Wierschem M, Skiborowski M, Górak A, et al. Techno-economic evaluation of an ultrasound-assisted Enzymatic Reactive Distillation process[J]. Comput Chem Eng, 2017, 105: 123-131.

[68] Wierschem M, Schlimper S, Heils R, et al. Pilot-scale validation of Enzymatic Reactive Distillation for butyl butyrate production[J]. Chem Eng J, 2017, 312: 106-117.

[69] Wierschem M, Walz O, Mitsos A, et al. Enzyme kinetics for the transesterification of ethyl butyrate with enzyme beads, coated packing and ultrasound assistance[J]. Chem Eng and Process, 2017, 111: 25-34.

[70] 刘光良，朱之墀，黄东涛. 空气隙膜蒸馏系统中超声应用研究 [J]. 声学学报，2000(02): 108-114.

[71] 尹招琴，田瑞，单伟忠. 空气隙膜蒸馏过程传质的强化 [J]. 膜科学与技术，2007(05): 27-30.

[72] 樊华，黄黉璟，侯得印等. 超声场强化直接接触式膜蒸馏研究 [J]. 水处理技术，2014(12): 86-90.

[73] 黄黉璟. 超声场强化直接接触式膜蒸馏技术应用性研究 [D]. 南昌：南昌大学，2014.

[74] 段小林，陈冰冰. 超声波强化真空膜蒸馏的试验研究 [J]. 化学工程师，2005(07): 15-16.

[75] 李昕，聂晶，高正德等. 超声微波协同水蒸气蒸馏 -GC-MS 分析南、北五味子挥发油化学成分 [J]. 食品科学，2014(08): 269-274.

[76] 张伟，丘泰球. 超声强化水蒸气蒸馏法提取天然右旋龙脑 [J]. 现代食品科技，2010(08): 834-836.

[77] Kiss A A, Geertman R, Wierschem M, et al. Ultrasound-assisted emerging technologies for chemical processes[J]. J Chem Technol Biotechnol, 2018, 93(5): 1219-1227.

第三篇

先进设备强化

第八章

新型填料

作为一种重要的气液传质设备，塔器长期以来在精馏、吸收等化工生产中被广泛采用。在塔内，液相在重力的作用下自塔顶向下流动，气相则靠压差作用自下而上，与液相逆流传质。两者之间的传质依靠塔内装填的塔板或者填料提供接触界面，前者称为板式塔，后者称为填料塔。板式塔是一种逐级接触方式的气液传质设备，其较为成熟的流体力学和传质模型使得它在早期的研究和应用中处于领先地位。随着对生产过程能源节约化要求的不断提高，填料塔的理论在最近几十年研究和生产应用方面取得了很大的突破和发展，改变了一直以来板式塔为主的局面[1]。填料塔与板式塔相比，具有通量大、效率高、压降低、易放大等明显优势。填料是填料塔的核心构件，它为蒸汽与液体之间的热量传递和质量传递提供广大的相界面积。填料的发展和改进都是基于改善两相分布的情况，通过扩大通量，提高传递效率，减少流动阻力以满足制备高纯产品、扩大产能、节能降耗等工业需要。

本章将对各种填料气液传质过程的强化原理进行阐述，对填料的流体力学性质和传质性能的测试和理论模型进行总结，并简单介绍新型填料在各领域的应用，最后对新型填料未来的发展方向进行展望。

第一节　填料种类和结构

填料塔及内件结构如图 8-1 所示，塔内部填装大量塔内件，包括填料（包括散堆填料和规整填料）、液体分布器、床层压紧栅板、填料支撑栅板、液体收集器和再分布器、气体分布器以及气液进口管等。

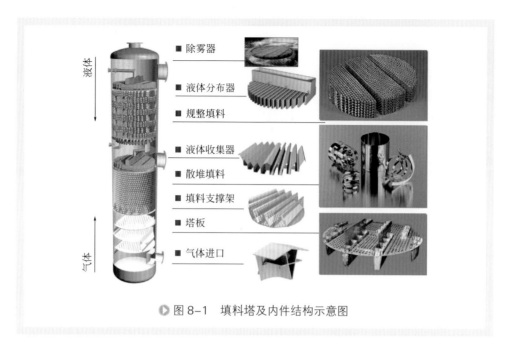

■ 除雾器
■ 液体分布器
■ 规整填料
■ 液体收集器
■ 散堆填料
■ 填料支撑架
■ 塔板
■ 气体进口

液体
气体

▶ 图 8-1 填料塔及内件结构示意图

填料是填料塔的核心部件，为气液的传热和传质过程提供较大的表面积，液相在填料表面形成液膜，气相通过填料层间空隙形成的流道不断向上流动，在交错流动过程中与不断更新的液膜进行物质交换。因此，这种流动和分布方式使填料具有效率高、压降低、持液量小等优点。另外填料塔构造简单、安装和更换方便，可以根据分离物系和操作条件对填料内部构件进行更换，保证填料塔适用于腐蚀性物料、热敏性物料和发泡性物料。因此填料塔不仅在石油、化工等过程，而且在轻工、制药以及原子能等领域中应用广泛。近几十年随着理论和应用研究的深入，尤其是新型规整填料和散堆填料的开发，填料塔的效率得到很大提高。不过填料塔仍存在放大效应及对初始分布敏感等缺点。节能减排的发展方向对填料塔的性能提出了更高的要求。为进一步提高填料塔的分离效率，增大填料塔生产能力以降低生产成本，开发新型高效的填料非常有必要。

填料种类繁多，在性能上也各有差异，一般按照填料的结构及其使用方法，将填料分为两类：散堆填料与规整填料。

一、散装填料

散装填料是具有一定形状和尺寸的颗粒状体，以散堆方式填装于塔内。散装填料也称为颗粒填料，因在填料塔内以乱堆的形式填放而得名。以 1914 年拉西环的出现为开端，散装填料在后续发展中逐渐形成较为庞大的体系。散装填料具有易于加工、装填和清洗方便、适应性强等优点。作为填料的重要分支之一，散装填料通常划分为四类填料，依次为环形填料、鞍形填料、环矩鞍填料和球形填料。

1. 环形填料

环形填料的代表有鲍尔环、改进型鲍尔环、阶梯环、阶梯短环、扁环等多种类型。作为环形填料的代表，1914 年开发的散装填料拉西环（Rashing Ring）拉开了近现代散装填料发展的序幕，是第一代填料的代表，如图 8-2 所示。与原始不规则的物质相比，拉西环具有较大的比表面积，且单个填料形状更规则。然而横放的拉西环不易被液体润湿，在现代工业生产中已经逐渐被淘汰。即便如此，拉西环的设计思维为后来散装填料的发展奠定了基础。

1948 年德国巴斯夫（BASF）公司在拉西环填料的基础上开发出了鲍尔环（Pall Ring）填料，如图 8-3 所示。它在拉西环环壁上开出两排向内伸展的长方形舌叶窗孔，舌叶弯入环内，指向环心，上下两层窗孔位置相互错开，这大大提高了环内表面的利用率，降低了气液流动过程中的压降，并且提高了传质效率。因此鲍尔环填料被称为"第二代散装填料产品"。

▶ 图 8-2　拉西环填料实物

▶ 图 8-3　鲍尔环填料实物

此后出现的阶梯环填料又是在鲍尔环基础上进一步改进得到的一种高性能填料。如图 8-4 所示，其环的直径是环高度的 2 倍；环的一端采用锥形翻边的设计，所以相对另一端呈喇叭状。这种设计缩短了绕料外壁流动气体的平均路径，在减小了气相通过填料层阻力的同时增大了填料间的空隙率和接触点，尤其是接触点的增加强化了填料层内流体的汇聚和分散作用，促进了液膜表面的更新，进而有效地提高了阶梯环的传质能力。在阶梯环的基础上，阶梯短环填料（CMR）将高径比改进为 0.3。更小的高径比降低了环的重心，环的两端由阶梯环的一端锥形翻边改为两端锥形翻边，使乱堆的填料有了整体堆砌的效果，因此其性能更加优异，尤其操作弹性进一步的增强使其对塔内操作负荷变动的适应性更强 [2]。

除此之外，随着化工技术的进步，国内的散装填料也有了迅速的发展。如清华大学开发出一种扁环状的散装填料[3]，这种填料具有内弯弧形筋片结构，又规定了填料内部流动通道，不仅加强了填料强度，而且提高了传质效率，如图8-5所示。

▶ 图8-4　阶梯环填料实物　　　　　▶ 图8-5　清华扁环填料实物

2. 鞍形填料

鞍形填料较环形填料有着更好的液体分布性，形如马鞍形状的构型使填料表面全部展开，液相在填料两侧均匀流动，因此，这种构型增加了填料的有效表面积，增强了润湿性能，减轻了气相流动阻力，有利于传质过程的进行。然而鞍形填料的通量较小，在装填时易发生堆叠现象，造成部分填料表面无法利用。除此之外，改进形矩鞍填料通过将原本光滑的填料表面改进为带花纹状的凸起，边缘呈锯齿状，可以使改进型矩鞍填料性能有所提高。

▶ 图8-6　金属环矩鞍填料实物

3. 环矩鞍填料

1978年美国诺顿（Norton）公司通过结合环形结构和鞍形结构特点，开发出了金属环矩鞍填料（IMTP）[4]，这种填料综合了鲍尔环填料、鞍形填料和阶梯环填料三者的优点，其内部流道更多，气液分布更均匀，通量和传质效率更高，结构如图8-6所示。

在结构上，一面是两边呈矩形的弧形表面，另一面是类似于环形填料的圆形结构，环壁处设有数量不等的开孔，环内与开孔边缘通过内伸舌片相连接。环矩鞍填料结合了鲍尔环的大通量、阶梯环的小高径比和鞍形填料良好的液体分布性能，具备良好的综合性能。特别地，所选用的金属材质，同时增加了翻边结构，进一步增强了填料的力学强度。环矩鞍填料在目前的工业应用中占有重要地位，是第三代散堆填料的典型代表。

4. 球形填料

作为第四代填料的代表，球形填料是塑料工业的发展产物（图 8-7）。正如前文所述，填料的优势之一就是材质的选择范围广。随着新型填料的不断开发，为满足某些特殊要求，填料的构型较为独特，采用陶瓷或不锈钢等材质无法达到要求，可利用塑料材质的强可塑性达到要求。虽然塑料不能承受过高温度，但塑料材质的填料可在不太苛刻条件下使用且润湿性能好，这有利于气液两相的分布。

球形填料具有良好的对称性，其散装密度均匀，不易产生空穴和架桥，因而具有良好的气液分散性能。瑞士苏尔寿（Sulzer）公司在传统散装填料的基础上自主研发了一种高性能的 NeXRing 填料。它与传统的第二、三代填料相比具有更高的处理能力，与鲍尔环相比，处理能力提高 50% 左右，与矩鞍环填料相比，处理能力提高 10% 左右。

● 图 8-7　球形填料实物

在上述四代填料的基础上，近年来高效散装填料的开发日趋成熟，逐步得到应用，如 θ 网环、双层 θ 网环、网鞍形填料、花环填料和压延孔环等填料。这类填料的特点是尺寸小、生产能力小，属于小型散装填料，但是比表面积大、分离效率极高、传质性能好。因此，这类高效小型散装填料适用于热敏性物系或恒沸体系等精馏过程。然而，由于其价格高和处理量小的限制，导致高效散装填料的工业应用并不广泛。

5. 散装填料特点与发展方向

总体而言，散装填料在填料塔内散乱堆砌，其装填方式杂乱无章，没有固定的气液流道。散装填料相对悠久的发展历史使其在空气分离、气体净化、萃取精馏和精密精馏等方面仍具有不可或缺的地位。散装填料未来的发展方向是结合计算机模拟软件，减轻放大效应，开发功能复合型散装填料，不断优化散装填料结构，解决壁流、沟流等不良分布现象，使应用范围更加广泛。

在四代填料的基础上，高效散装填料的开发日趋成熟。对于散装填料，目前的改进趋势主要有：

① 提高孔隙率、增大填料比表面积、降低填料压降、改善填料表面润湿性、

功能多样化。

② 通过环壁开孔、侧面添加锥形翻边等手段改善填料结构，使填料内部流动更加合理化，进而提高相间传质效率，并提高填料的结构强度。

③ 通过降低环体高度以减小散装填料的高径比，以尽量提高填料在填装时排列的有序性，从而提高处理能力和传质效率。

④ 通过对填料表面进行特殊的物理或化学处理方法，增加填料表面与液体的亲和性，改善液体在填料表面流动性能，从成股流动过渡为膜状流动，既减小液层厚度，有利于充分传质，又有利于扩大液体的流动面积，增大气液两相之间有效的接触面积，提高传质分离效率。

二、规整填料

与散装填料相比，规整填料结构规整对称，有较为规范的流道。这种特性可以有效改善气液两相分布，减轻放大效应，表面积调控灵活，有效提高分离效率。所以规整填料不仅压降低，而且具有较高的传质效率，在问世后，理论研究和工业应用中的重视和关注使其得到快速发展[5,6]。

规整填料的出现稍晚于散堆填料，最早为 1937 年开发的斯特曼填料，而真正走向产业化要追溯到 20 世纪 60 年代由瑞士苏尔寿公司（Sulzer）开发的金属丝网波纹填料（Sulzer wire gauze packing）。虽然在 20 世纪 80 年代后，越来越多性能优异的新型高效规整填料涌现，但是其最初的设计理念一直被后续的填料设计人员采用，在规整填料发展历程中占据重要地位。

规整填料发展的日趋成熟与完善与国内外各填料开发公司的不断创新和改进是分不开的。例如瑞士苏尔寿公司开发的 Mellapak 板波纹填料、MellapakPlus 板波纹填料及 Optiflow 优流型填料等；德国 Montz 公司开发的 Montz-pak 系列孔板波纹填料；美国 Norton 公司开发的 Intalox 双重波纹片规整填料等。国内在 20 世纪 70 年代亦开始对规整填料进行开发，如天津大学开发的组片式断续波纹填料 Zupak、峰谷搭片式 Dapak 填料；北京化工大学开发的 BH 型高效规整填料等，均在工业上得到了应用。纵观规整填料的发展历史，由于加工技术进步和科技水平的发展，规整填料开发周期逐渐缩短，可预见未来将涌现更多性能优异的规整填料以适应节能减排的要求。

通常根据填料结构可以将规整填料划分为三类，包括波纹填料、格栅填料和脉冲填料。

1. 波纹填料

波纹填料是由波纹板片组装成的规整填料，通过对板波纹填料表面进行物理和化学粗糙化处理，可提高表面润湿性能；还在波纹片表面上冲有小孔，达到分配板片上液体的作用。板波纹填料具有力学强度高，耐腐蚀性强，不易堵塞的优点，尤其适用于直径较大的精馏塔或气液负荷较大的工况。作为波纹填料的代表，Mellapak 填料开发于 20 世纪 70 年代，在真空系统和常压的处理场合表现优异，通过改造消除当时板式塔和散堆填料的水力学瓶颈（图 8-8）。Mellapak 填料具有如此良好的性能，因而一经开发即被广泛应用于各领域，如乙苯/苯乙烯、空气分离等化工分离过程，急冷、C_3/C_4 分离等石化行业，常压塔、减压塔等炼油行业，以及天然气脱水、干气脱硫等吸收过程。

Mellapak 填料虽然经典，但其直线型的构型使得上下两盘填料交接处气液流动通道转变较快，造成气液流动受阻，全塔压降增大。苏尔寿公司进一步优化 Mellapak 的波纹结构，在 CFD 模拟与实验测试的结合下，开发出 MellapakPlus 波纹填料[7]，其波纹构型如图 8-9 所示。填料层间的流体流动通道与塔壁几乎垂直，垂直段较短小，该填料的几何设计致力于避免填料层内任一区域内的液泛现象，降低填料层间的气速。

 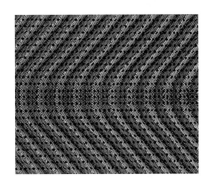

▶ 图 8-8 Mellapak 波纹规整填料示意图　　▶ 图 8-9 MellpakPlus 波纹填料构型

Optiflow 填料是苏尔寿公司于 1994 年开发的规整填料，被称为"填料几何构型设计里程碑"。将菱形沟纹状的波纹片压制成八面体，进而形成多通道的高度对称结构，气液两相独特的流动路径使其流向不断发生变化，促进液膜表面更新。此外，最优流动结构的设计使该填料的生产能力增长了 25%，但是分离效率却无任何损失。

Montzpak 填料是波纹板片厚度为 0.2mm 的孔板波纹填料，填料波纹呈弧线形，多用于真空精馏或常压蒸馏操作。除金属外，Montzpak 在材质上还采用了聚四氟乙烯，可用于腐蚀性物系的分离。如图 8-10 所示。

丝网规整填料结构与板波纹填料类似，是由垂直排列的波纹丝网条片组成的盘状规整填料，最具代表性的是苏尔寿公司开发的 Gauze 金属丝网波纹填料，早于其经典的 Mellapak 板波纹填料十多年。丝网波纹填料属高效精密型填料，利用丝

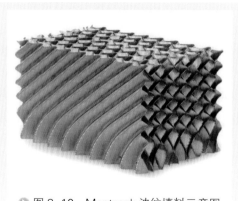

▶ 图 8-10　Montzpak 波纹填料示意图

网独具的毛细作用，润湿性能突出，因此，丝网波纹填料具有很高的分离效率、更低的压降和静持液量；但丝网的细密导致丝网波纹填料清洗难度高，对于物系清洁度的要求高于板波纹填料，应用限制较大。此外，丝网波纹填料的制作成本高于板波纹填料。因此，当操作条件允许时，相对挥发度较小的体系可选用丝网波纹填料。

Katapak 填料是由苏尔寿公司开发的催化填料，用于反应精馏或气液反应器内。该填料为双层丝网填料，催化剂以颗粒状嵌入并固定于填料层间，形成"三明治"的形状。Katapak 填料的优点是可以根据不同的催化剂组分和分离效率设计成不同形状或不同大小的填料模块。

除标准的孔板波纹填料或丝网波纹填料外，20 世纪末开发的金属板网波纹填料亦是填料开发历史的重要环节，材质构成介于金属不锈钢板（铝板）和金属丝网之间，将金属板片制成菱形网孔状的薄片，再经冲压制成波纹片。金属板网波纹填料具有优越的技术经济性，用金属板代替价格稍高的金属丝网，但保留了丝网良好的成膜性，促进了液膜的表面更新。因此，在低成本的前提下，该填料依旧保证了高分离效率，可以处理污浊或黏度大的物系。国内外对金属板网波纹填料均有较深入的开发研究，如：瑞士 Kuhni 公司开发的 Rombopak 填料[6,7]、德国开发的 Pyrapak 填料[8] 和我国开发的 SW 型网孔波纹填料[9] 等应用于多种工艺过程中。

上述介绍的波纹填料材质多为金属。金属材质的填料多为碳钢或合金钢，碳钢的抗氧化腐蚀性能和力学性能弱于合金钢，但是价格相对低廉；合金钢只能耐一般腐蚀，若分离物系为强腐蚀物系，填料的材质要更换为非金属。填料制作常见的非金属材料为陶瓷和塑料，某些特殊场合可见玻璃填料。化工陶瓷具有良好的耐腐蚀性、耐热性和亲水性，有一定的机械强度，导热性差；但经高温焙烧制造的陶瓷表面光滑，不利于液膜的形成，因此在制成填料时，通常要对陶瓷的类型进行限定。我国开发的 SK 型陶瓷波纹填料是由硬质瓷制成，苏尔寿公司开发的 Kerapak 陶瓷板波纹填料由铝 - 硅酸盐陶瓷制成。

塑料填料的材质通常为聚丙烯、聚氯乙烯和聚四氟乙烯等，具有质量轻、价格低廉、可塑性强及良好的化学稳定性，根据材质的不同通常可耐 100℃ 以下的高温。塑料可制成散堆填料、板波纹填料和丝网波纹填料，具有生产能力大、操作弹性大的优点，多用于吸收或解吸单元操作中。随着填料的不断发展，还可见碳或石墨、碳纤维等材质制造的波纹填料。此类填料利用碳纤维特有的吸附性和强耐腐蚀性，多用于处理生物废水或含高浓度强腐蚀性酸的物系。

综上所述，在填料材质的选择方面，要综合考虑被处理物料的物理特性与化学物性、操作条件、分离要求、塔的负载能力、安装与检修的难易程度及经济成本等影响因素。

2. 格栅填料

格栅填料由一定数量的条状单元体或定向排列的小板块经一定规则排布组合而成，通过改变板片的组合方式和结构形式，可构成多种类型的格栅填料。最早应用于工业上的格栅填料为木制格栅填料，但因木制格栅填料使用寿命短，更换频率高，粗糙的表面使灰尘容易沉积，浪费木材。美国格里奇（Glitsch）公司利用金属和塑料为材质，于20世纪60年代开发的格里奇格栅填料是最具代表性的格栅填料；装填时，格栅填料和填料的支撑板呈90°交叉排列，格栅填料上下两层在塔内呈45°安装，填料层间的旋转安装增强了填料床层的耐压性和耐冲击性；格栅填料的板片与塔截面是垂直的，能有效消除填料的壁流、偏流现象；板片之间距离较大，为流体提供了宽敞的流动通道，使得气相上升和液相下降的流动阻力大大降低，含尘流体也易于通过，液泛气速较高；板片表面较光滑，物系中的污阻杂质不会淤积于填料表面。由于其特殊的结构，格栅填料尤为适用于大通量、低压降、操作调节范围宽、抗结焦和防堵塞的场合。此外，较为常用的格栅填料还有FG型蜂窝格栅填料和苏尔寿开发的规整格栅填料（图8-11），其孔隙率较高；以及能有效促进气液湍动的网孔格栅填料等。

国内亦在不断研发格栅填料。天津大学精馏中心推出一种用于洗涤除尘装置的传质换热格栅填料（图8-12），这种填料包括多个平行设置的波形板，波形板的每个折峰上设有多个尺寸一致、方向相同的穿孔，波形板上每一个折峰上的穿孔均在同一水平面上，通过连接板穿过穿孔后，将若干波形板串联固定构成一个波形填料

▶ 图8-11　苏尔寿规整格栅填料实物

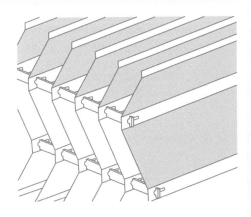

▶ 图8-12　除尘传质换热格栅填料示意图

块。穿孔的形状是两端为直径不同的圆弧，中间为长方形，穿孔的长度为两端圆弧水平轴心线的最大距离，长度大于连接板的宽度。连接板是一块带有凹槽的长方形板，板上隔设置有上下两个凹槽，相邻凹槽的水平间距即为相邻两片波形板的距离，凹槽宽度大于波纹板的厚度。填料波形板的多折向结构提高了比表面积，结构简单，便于安装，加强填料的稳定。增加粉尘被捕集的机会，反复作用，提高了除尘效率。

3. 脉冲填料

脉冲填料开发于 20 世纪 70 年代末，传统的脉冲填料由三棱柱单元体（中空的正三角形）构成，将多个单元体有序堆积装填于填料塔内；三棱柱单元体腰间略收缩，中间呈星形狭缝状，其多孔流动通道交替收缩与扩大，在收缩段流体的流速增大，气液两相湍动剧烈，传质过程得到强化；在扩大段，流体流速减小，气液两相实现相对分离和对流。正是通过流速重复交替的变化，使得流体形成脉冲式流动。脉冲填料通常分为 50mm、75mm 和 100mm 的规格，材质可采用金属、塑料和陶瓷。

脉冲填料处理量大、压降低、液体分布性能好，因此尤为适用于真空精馏或减压操作的场合。目前脉冲填料的开发方向是区别于传统的散装单元体的规则组合，将其更为波纹化、规整化，从而降低组装难度，扩大应用规模和范围。

4. 规整填料特点和发展方向

规整填料几何形状高度规则、表面利用率高、孔隙率大、持液量小，所以规整填料在保证高的传质效率的同时具有较低的压降。另外通过曲折而不改变方向的波纹板片可以有效促进液体的分散和聚合，使液相和气相充分接触，传质表面不断更新，从而提高分离效率。在填料设计开发过程中，降低能耗和提高分离效率之间的平衡是研究探索永恒的主题，单纯提高比表面积并非提高传质效率的根本方法，尤其对于高附加值产品，高纯分离带来显著的经济效益，因此开发更为性能优异的填料始终是研究的热点。

合理设计填料的波纹形状、改变波纹板结构等措施，有效改善填料塔内流体的流动形态，提高波纹填料的性能，以降低分离能耗以及生产成本，这是规整填料开发的重要方向。伴随填料塔技术的发展，规整填料的开发与日俱增。Kuhni公司的 Rombopak、Montz 公司的 Montz、Glitsh 公司的 Gempak、Norton 公司的 ISP（intalox structured packing）、Jaeger 公司的 Maxpak、德国 Rasching 公司的 Raschig-Superpak 填料等先后出现，打破了流体在填料片表面常规稳定的流动模式，形成了液相的分散 - 聚合循环交替模式，具有很高的传质效率。

我国对规整填料的研发也有很大的进展和成果。天津大学精馏中心在结合板波纹规整填料和 Intalox 散装填料的基础上开发出了一种双向金属折峰式的 Zupak 系列规整填料（图 8-13）。通过和 Mellapak 填料进行实验对比，其在流动通量、传质效率、填料刚度等方面都占有优势，通过 Zupac 规整填料结构上的优化，使气液流路得到优化、传质效率提高；开孔率加大使通量提高、压降更低；比表面积提高使理论板数有所增加，抗阻塞能力、填料刚度等方面均优于 Mellapak 填料。目前，Zupac 填料已应用于国内自行设计的最大炼油装置广西钦州 ϕ13700mm 减压塔中。

除了结构的革新，规整填料开发的另一个研究方向还体现在新型材质在填料制作中的应用。中科院金属研究所和天津大学共同研发了一种泡沫碳化硅波纹填料，如图 8-14 所示，创新性地将具有三维网络联通结构的泡沫多孔陶瓷材料用于波纹规整填料的研制，极大提高了气液两相之间传质比表面积，不仅具有明显优于常规填料的综合性能，有较大的理论板数，还具有陶瓷材料的良好性能，如耐酸碱、抗腐蚀、良好的表面润湿性能，耐高温等 [10, 11]。

通过流体力学性质和传质性能研究可知，与 BX-500 型填料对比，具有基本相同的特征结构参数的泡沫碳化硅波纹填料较金属丝网填料具有床层压降低、泛点气速高等优点，并且传质效率高、等板高度低、泛点气速高，在相同喷淋密度下理论板数较金属丝网填料提高 30% ～ 60%。

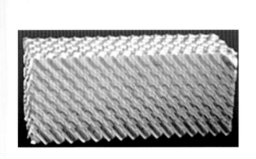
▶ 图 8-13　Zupac 填料实物

▶ 图 8-14　泡沫碳化硅波纹填料实物

第二节　填料流体力学与传质性能分析

汽液 / 气液两相的流场分布是决定蒸馏塔效率的关键因素，填料塔流体力学性能的主要参数为压降、泛点和持液量等，对填料塔的能耗、通量以及分离效率有着直接的影响。为了更好地将填料应用于实践中，需要准确预测压降、持液量、传质效率等流体力学性能。

由于填料塔气液间的相互作用十分复杂，在不同的气速、液流强度和操作工况下，气液两相的物理性质亦会有一定程度上的变化。此外，随着新型填料的不断开发，填料种类和相应特性多种多样，另外，填料塔内装填方式、填料类型和尺寸及相应流道不同，因此得到适用范围广、精确程度高的描述流动状态的模型十分困难，需要某种程度上的简化和假设，并辅以对应的实验数据进行验证。许多学者对多种填料的流体力学性能进行了深入研究并提出描述流型的模型，并不断对前人提出的模型进行改进与修正，由此应用于压降、持液量等水力学性质的预测。

一、填料压降

填料压降是填料塔设计的重要参数之一，它决定了填料塔的动力消耗，也决定了再沸器中蒸汽用量。在工业应用领域，填料的比表面积越大，传质效率越高，但是比表面积的增大往往会导致填料床层具有较高的压降。在追求高效率的同时，低压降亦是工业生产中极为重要的影响因素，低压降意味着塔的能耗低，操作成本低。为此严谨、准确地预测填料在使用过程中的压降，提出合理的压降模型，对填料的设计和优化非常重要，有利于保证可靠性的同时提高经济性。

压降的预测最早是由 Sherwood 等提出的通用压降关联图 GPDC（generalized pressure drop correlation）进行计算，不过其对液泛区域的压降预测较差。后来研究者们预测压降是在某些假设的前提下或针对某种构型、尺寸的填料及在某种特定的物系下推导得出，并对压降模型研究不断深入和修正改进。比较典型成熟的压降模型主要有 SRP 模型、S-B-F 模型和 Speigel 模型等半经验半理论模型；另外基于填料层内气液流动基本现象，研究者们提出 Delft 模型、Billet 模型和 Hanley "电子渗流器"模型等机理模型（表 8-1）。

表8-1　几种典型的压降模型

模型名称	模型公式	适用范围
SRP[12]	$$\Delta p = \left(0.171 + \frac{92.7}{Re_g}\right)\left(\frac{\rho_g u_{Ge}^2}{d_e g_c}\right)\left(\frac{1}{1 - C_3 Fr^{0.5}}\right)^5$$	载点以下波纹规整填料
S-B-F[13]	$$\Delta p = -\frac{\Delta p_d \left\{1 - \varepsilon \left\{1 - \frac{h_0}{\varepsilon}\left[1 + 20\left(\frac{\Delta p}{\rho_t g}\right)^2\right]\right\} / (1 - \varepsilon)\right\}^{\frac{2+C}{3}}}{\left\{1 - \frac{h_0}{\varepsilon}\left[1 + 20\left(\frac{\Delta p}{Z \rho_t g}\right)^2\right]\right\}^{4.65}}$$	对已知填料尺寸和孔隙率填料床层精确求解
Speigel[14,15]	$$\lg \Delta p = ax^3 + bx^2 + cx + d$$ $$x = \frac{\lg\left(\frac{F}{F_{max}}\right) - \lg 0.45}{-\lg 0.45}$$	大液相负荷、大表面张力、高黏度物系

模型名称	模型公式	适用范围
Delft[16]	$\dfrac{\Delta p}{\Delta Z} = (\xi_{GG} + \xi_{GL} + \xi_{DC})\dfrac{\rho_G u_{Ge}^2}{2h_{pb}}$	计算精度高，适用范围广
Billet[17]	$\dfrac{\Delta p}{H} = \xi_L \dfrac{a}{\varepsilon^3}\dfrac{u_V^2}{2}\dfrac{\rho_V}{f_s}\left(\dfrac{\varepsilon}{\varepsilon - h_L}\right)^3$	考虑因素较多，对散堆填料压降计算更为准确
Hanley[18]	$\dfrac{\Delta p}{H} = \left(\dfrac{\Delta p}{H}\right)_{wd}\left(1 - \dfrac{u_L}{u_{FL}}\right)^\lambda$	适用于接近液泛时的压降

　　填料床层压降关联式种类繁多，本书列出几种典型的模型以供读者参考，具体参数及解释由于篇幅所限不再赘述，如有兴趣可参考引用的相关文献。不过尽管压降模型建立日趋完善，大部分模型建立仍需要实验数据和理想假设条件的支撑，这使得它们不具备良好的通用性。随着计算机技术的提高，可以通过模拟提高模型通用性和预测性，减少对实验数据的依赖，进而指导填料开发和工业设计。

二、泛点气速

　　在填料塔内气速过高，液膜厚度将急剧增加，液相流动阻力将随之增加难以下流，逐渐转变为连续相。因此，在填料塔设计过程中，液泛气速是十分重要的参数。根据装填的填料类型确定相关液泛气速，既能确定塔径等设计参数、保证塔的稳定连续操作，又能避免操作气速过低造成的浪费及不良操作现象。

　　与压降类似，泛点气速的预测最早是通过 Sheerwood 提出的双对数坐标关联图来实现，而后 Leva 和 Eckert 等对等压线和液泛线进行进一步改进，提出适用于计算散堆填料泛点气速的通用关联图。关联图法相对而言较为准确，而且对各填料都有较为完善的关联图收录，所以是一种较为通用的方法。不过在使用时反复查图较为繁琐，因此学者们在使用过程中通常将关联图中的泛点线进行关联回归，以便于在计算机上进行计算。除此之外，与压降的研究类似，泛点气速计算也有较为成熟的半经验公式，Bain-Haugen 关联式、Billet 关联式和 S-B-F 泛点关联式等（表8-2）。

表8-2　几种典型的泛点气速模型

模型名称	模型表达式	适用范围
Bain-Haugen[19]	$\lg\left[\dfrac{u_{Gf}^2 a \rho_G \mu^{0.2}}{g \varepsilon^3 \rho_L}\right] = A - 1.75\left(\dfrac{L}{G}\right)^{1/4}\left(\dfrac{\rho_G}{\rho_L}\right)^{1/8}$	A 根据填料类型不同取不同值，可计算多种填料的泛点气速
Billet[20]	$u_{V,FL} = \sqrt{\dfrac{2gh_{L,FL}\rho_L(\varepsilon - h_{L,FL})^{4/3}}{\psi_{FL}\varepsilon a \rho_V}}$	适用于规整填料泛点气速计算

模型名称	模型表达式	适用范围
S-B-F[21]	$$\left(\frac{\Delta p}{Zg\rho_L}\right)_f^{-2} - \frac{40[(C+2)/3]h_0}{1-\varepsilon + h_0\left[1+20\left(\frac{\Delta p}{Zg\rho_L}\right)_f^2\right]}$$ $$-\frac{186h_0}{\varepsilon - h_0\left[1+20\left(\frac{\Delta p}{Zg\rho_L}\right)_f^2\right]} = 0$$	适用于计算低表面张力和低液相密度的体系

填料塔内，在气液两相流的强烈作用下，流动情况变得十分复杂。尽管准确地计算泛点对填料塔的设计与操作十分重要，但至今仍未有准确性高、适用范围广的关联式。对于液泛气速的确定目前仍主要依靠实验。

三、持液量

填料塔内的持液量是指在一定操作条件下，单位体积填料层内，在填料表面和填料空隙中所积存的液体的体积量，一般以 m³/m³ 或者百分数表示。持液量可分为静持液量 H_s、动持液量 H_o 和总持液量 H_t，其中后者是前两者之和。对填料塔性能的综合研究中，持液量是非常重要的参数。

影响持液量的因素比较多，主要包括以下几个方面：

① 填料塔操作条件，比如气液相负荷，操作温度等；

② 气液相流体的物性，比如密度、黏度、表面张力等；

③ 填料的结构特点和尺寸、表面特性、材质等；

④ 塔内件如气液分布器等结构和安装特性。

一般来说，适当的持液量对塔的操作稳定性和传质是有益的，不易引起产品的迅速变化。但过大的持液量，会增大填料层的压降，降低处理能力，增长开工时间，增加操作费用。同时持液量大意味着停留时间长，这对热敏性物质的分离是极为不利的。对持液量精准的预测可使压降模型的建立和填料有效表面积的估算更为缜密，更为通用。

假设填料表面全部被液膜覆盖，在确定液膜厚度 h_t 的情况下即可以根据填料结构计算得到填料床层内的持液量。基于这种思想，Bravo[22] 在引入有效重力加速度 g_{eff} 情况下，得到了持液量的计算公式。

$$h_t = \left(4\frac{F_t}{S}\right)^{2/3}\left[\frac{3\mu_L U_{LS}}{\rho_L(\sin\theta)\varepsilon g_{eff}}\right]^{1/3} \tag{8-1}$$

式中　F_t——基于填料有效润湿面积的总持液量的校正因子；

U_{LS}——表观液速，m/s；

θ——波纹倾角，（°）；

S——波纹边长，m；

ρ_L——液体密度，kg/m³；

ε——填料床层空隙率；

μ_L——液体黏度，Pa·s。

式（8-1）所示的持液量公式与在水-空气体系下获得的部分规整填料实验数据的关联程度良好；尤其是载点以下的数据，关联程度更佳，获得这样较为理想的结果得益于有效重力加速度的引入。但在缺少实验数据又期望对持液量进行预测时，则需要准确地预测压降。

不过填料并不总是被完全润湿，除了呈一定厚度 δ 的液膜组成的润湿区，还有气体与填料表面直接接触的干燥区。因此，Iliuta[23] 引入有效气液相界面积 a_e 这一概念来计算填料床层持液量。

$$h_t = a_e\delta \tag{8-2}$$

有效气液相界面假设在精准描述规整填料的流体力学预测模型中起到了关键的作用，系统内有效气液相界面积与持液量直接相关，尤其是动持液量。基于这种假设，随后许多学者提出了计算填料床层内持液量的计算模型，如 Billet 提出的分段模型、Stichlmair 在 S-B-F 压降模型基础上提出的持液量计算公式，以准确计算全范围操作条件下动持液量 [24, 25]。

持液量计算的准确度对提高压降模型的精准性是十分重要的。目前，常用的持液量关联式仍主要集中在载点区域附近的预测，且由于填料层内气液间的相互作用十分复杂，故研究者们仍需探索预测性更强、适用性更广的持液量关联式。近几年研究进一步深入，基于填料结构和液膜行为的数值模拟或将为持液量预测带来新的思路，通过 CFD 辅助计算填料持液量已逐渐成为重要的研究和设计手段 [26-29]。

四、有效相界面面积

如前一节描述，填料表面并不是总被润湿，计算填料内部气液两相的有效相界面面积对于计算持液量，准确预测传质过程都有较为重要的意义。有效相界面积是指填料塔中真正参与塔内传质过程的填料面积。对填料表面有效覆盖面积的估算并不容易，液体初始分布状况、液相在填料床层的流动迁移模式、填料表面润湿性能和表面张力都是需要考虑的重要因素。基于对上述因素的机理分析，Onda[30] 提出对散装填料相界面面积 a_e 的计算关联式。

$$\frac{a_e}{a_p} = 1 - \exp\left[-1.45\left(\frac{\sigma_C}{\sigma_L}\right)^{0.75} Re_L^{0.1} Fr_L^{-0.05} We_L^{0.2}\right] \tag{8-3}$$

该模型将有效传质表面积 a_e 与和流体流动有关的无量纲特数相关联，Re（雷诺数）、Fr（弗劳德数）和 We（韦伯数）分别是惯性力与黏度比值、惯性力与重力比值和惯性力与表面张力比值。该关联式提出较早，因此还有较为不成熟的部分。

此后，许多学者基于填料上流体流动行为对该模型进行修正，得到相应关联式，如描述填料内部溪流流动液体相界面的 Shi-Mersmann 关联式[31]、考虑填料表面纹理材质的 Rocha 关联式[32] 等。

有关有效相界面积的讨论一直是填料塔研究的核心问题，较为准确的计算对液膜厚度和持液量的计算都具有重要意义。近几年，随着实验技术的进步，通过探究流体流动在填料小尺度内的流动行为，计算填料塔内气液两相流的有效传质比表面积。

近几年，天津大学精馏中心课题组通过高速摄像与荧光示踪法相结合的手段，探究了填料上液体微观流动行为（图 8-15）[11]，归纳了板波纹填料、泡沫规整填料及泡沫散装填料等不同填料流动行为[33-36]。这些研究工作有助于解释填料高效性的原因，对于进一步开发新型填料具有较好的指导意义。

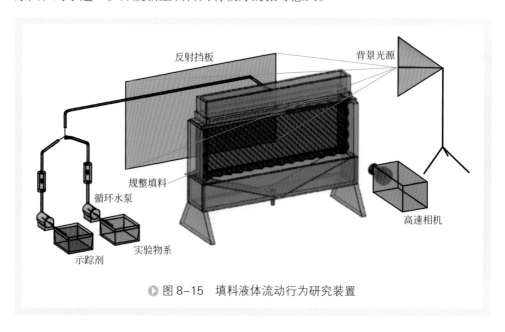

▶ 图 8-15　填料液体流动行为研究装置

五、传质性能

填料床层的传质性能是评价填料性能好坏最为重要的因素之一，在实际工业过程中使用更高传质性能的填料有利于提高产品分离纯度、降低填料塔塔高，从而减少设备投资。

从微观角度评价填料传质性能应当基于气液传质过程，即计算气液传质系数。根据双膜理论和表面更新理论，填料层内的传质阻力主要集中于假想存在的液膜和气膜内。根据分子扩散理论和传质速率方程定义了气膜传质系数和液膜传质系数以反映传质过程的强烈程度。计算传质系数的相关模型有许多，通常是根据流动行为，关联与传质有关的流体物性影响的无量纲特征数 Sc（施密特数）而得到，如：Sheerwood 关联式、Shulman 关联式、Bravo 关联式等（表 8-3）。

表8-3　几种填料传质系数关联式

模型名称	传质系数关联式	模型特点
Sheerwood[37]	$k_L = m\left(\dfrac{D_L}{a_e}\right)\left(\dfrac{\rho_L u_L}{\mu_L}\right)^{1-n} Sc_L^{0.5}$	关于传质系数最早的关联式，只适用于拉西环和鞍环和近似水的系统
Shulman[38]	$k_G = 0.0137(\rho_G u_G)\,0.65 S_G^{-2/3}$	适用于所有散装填料气膜传质控制体系的传质系数
Bravo[39]	$k_G = 0.0338\dfrac{D_G}{d_{eq}}\left[\dfrac{\rho_G d_{eq}(u_{Le} + u_{Ge})}{\mu_G}\right]^{0.8} Sc_G^{0.33}$ $k_L = 2\sqrt{\dfrac{D_L}{\pi s}\left(\dfrac{9\Gamma^2 g}{8\rho_L \mu_L}\right)^{1/3}}$	气膜传质系数以湿壁塔理论为基础，液膜传质系数以渗透理论为基础
Nawrocki[40]	$k_G = 0.0338\dfrac{D_G}{d_{eq}}\left[\dfrac{\rho_G d_{eq} u_{Le}}{\mu_G}\right]^{0.8} Sc_G^{0.33}$ $k_L = 2\sqrt{\dfrac{3D_L V_L}{2\pi s w \delta_{dyn}}}$	在 Bravo 模型基础上考虑了液膜分布的影响

在工业应用中，通常使用等板高度这一参数表示填料的传质性能。等板高度（height equivalent of theoretical plate，HETP）是评价填料传质性能的重要参数。HETP 和理论板数的乘积即为填料层高度。化工工程师在设计填料塔时，通过 HETP 数据即可快速评价填料的分离能力，充分发挥塔的经济效益。在蒸馏过程中填料的效率采用等板高度进行表示。

填料表面气液两相之间的传质过程非常复杂，难以得到严格的数学解析式，仅能依靠经验及半经验式。过去一些学者对不同类型填料和操作物系的实验数据总结得到一些，如 Rocha-Bravo-Fair 模型 [41]、Carrillo 关联式 [42] 等。

目前对于填料传质性能的评价，主要方法是使用已知热力学数据的实验物系在如图 8-16 所示的填装对

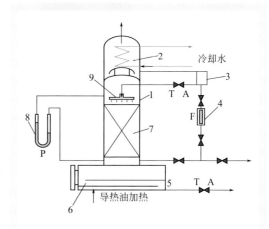

▶ 图 8-16　填料传质效率测定装置

1—填料塔；2—冷凝器；3—水封；4—液体流量计；
5—电加热棒；6—塔釜；7—填料床层；
8—U 形管压差计；9—液体分布器；T—温度测量；
A—样品取样；F—流量控制；P—压力测量

应填料的填料塔内进行全回流冷模实验，待体系达到稳定之后取塔顶和塔釜样品测定物系浓度，利用 Fenske 方程计算填料的等板高度[43]。

第三节 新型填料的应用

　　填料塔相比板式塔，在同等塔体尺寸下，具有分离效率高、生产能力大和操作弹性大等优点，对于精馏这一高能耗的化工生产过程，具有很强的应用价值，尤其适应于常减压蒸馏以及中低压下的蒸馏，亦适用于其他气液两相传质设备（如萃取塔、吸收塔和解吸塔等），被广泛应用于旧塔器的改造和新塔的建设使用中，特别是炼油分离过程大型化，如 2008 年北洋国家精馏技术工程发展有限公司为广西石化设计了直径达 13.7m 的减压塔，应用了 ZUPAC 填料，并相应地设计了导板槽式气液分布器以保证塔体内部气液充分接触，设置大型桁架梁以支撑填料床层等，从而使单套炼油能力扩大到 1000 万吨/年，蒸馏强度提高到国内外最大的 7.96t/(m²·h)，单位能耗与原有设备相比降低 20% 以上（图 8-17）。随后包括 ZUPAC 等新型填料的炼油过程大型化成功应用于中石化天津石化分公司的 1000 万吨/年炼油工程、齐鲁分公司的常减压塔设计、中石化茂名石化分公司的 1000 万吨/年常减压项目和中石化燕山石化分公司 800 万吨/年的常减压装置。

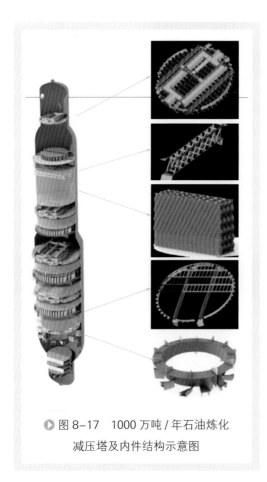

● 图 8-17　1000 万吨/年石油炼化减压塔及内件结构示意图

　　另外，由于热敏性物质的减压精馏需要严格控制塔釜温度，填料塔较低的压降决定了填料塔在分离热敏性物质及易结焦物质上独具优势，如北洋国家精馏技术工程发展有限公司设计的 80 万吨/年乙烯装置汽油分馏塔，采用金属矩鞍环填料，在直径 11.5m 的塔内大规模填装，同时相应地安装了双切向气体分布器、人字挡板等内件以保证气液分布均匀，同时采用大型桁架梁对填料床层进行支撑，使得单套乙烯生产能力达到 80 万吨 / 年，不仅是国内运行最大的填料油洗塔，还使得塔内压降相较于原有工艺降低了 10%，有效减少了油洗过程结焦情况的发生。

随着新型高效填料和其他新型塔内构件的开发，填料在各种化工过程中具有更加广阔的应用前景。近十几年，新型填料凭借其独特的优势在以下方面取得了广泛应用：

① 石油炼制以及下游石油化工产品生产领域；

② 乙烯工业及烃类产品生产；

③ 空气分离；

④ 醇 / 酮 / 酸及煤化工产品等大宗化工产品的生产；

⑤ 脱硫、脱碳、脱硝、除尘等环境领域；

⑥ 无机化工、精细化工等化学品的生产。

下面针对各领域的特点，在一些典型的领域，如石油工业、乙烯工业、空气分离等领域具体介绍一些填料塔技术的工业应用。

一、石油炼制及下游石化产品生产

随着原油品质的劣化、燃料油需求量的日益增加，而且环保上对燃料油的质量要求越来越高，原有常减压炼油塔的能力已不能满足对于增加生产能力、提高轻组分拔出率、改善产品分离精度的要求。使用高效规整填料和新型塔内件技术改造常减压炼油塔与其他炼油装置的塔器是目前国内外的趋势，数百座常减压炼油塔在改造后取得了良好的效果。早在 20 世纪 90 年代初，Sulzer 公司使用 Mellapak 填料成功改造了位于印度尼西亚原采用浮阀塔板的直径为 13.4m 的减压塔，压降从 3.73kPa 降低到 1.73kPa，证明了高效规整填料在大直径精馏塔上的适用性，改变了填料塔只能用于小塔的传统观念。此后国内进行了大规模应用，取得了极大成功。

1. 常减压蒸馏

炼油过程中，减压塔应提高塔顶的真空度以提高拔出率，从而增加裂化工段的原料来源，所以减压塔应当降低压降、提升分离效率。通过降低汽化段到塔顶的压力差，而这正是高效规整填料塔相较于原有板式塔的优势。另外，近十几年规整填料大型化技术不断取得突破，因此在大规模炼油减压蒸馏的内件设计过程中广泛采用。

随着原油和成品油市场的变化，为了增加效益，许多炼油厂开始将原有的燃料油型减压塔改造成润滑油或半润滑油型减压塔。以往的燃料油型板式蒸馏塔由于塔高的限制，常规改造是将塔体截断后长高 4 ～ 10m，不仅投资巨大而且施工困难。

采用高效规整填料和新型塔内件技术可以实现不增加塔高的改造。在 2002 年和 2006 年分别对中石化高桥炼油厂 10.2m 润滑油型常减压塔进行研制和改造，采用新型填料对于原有设备进行改造，该装置一次开车成功，运行成本降低而且产品质量高。

由于新型填料及塔内件的开发应用，减压炼油塔的全塔压降大幅降低，提高了汽化段的真空度，能耗降低，推动了填料干式与半干式减压蒸馏技术的迅速发展，因而利用新型填料对原有常减压塔进行升级改造，并在国内各大企业得到广泛应用。

表 8-4 所列数据选自天津大学精馏中心官网 [44]。

表8-4　新型填料在大型常减压蒸馏中的应用案例（产能800万吨/年以上）

企业名称	常减压装置及规模	塔径 /mm	时间
中化泉州石化有限公司	1200 万吨/年一段减压塔/二段减压塔	$\phi10800/\phi5800$	2012.04
大连西太平洋石油化工有限公司	1000 万吨/年减压系统扩能改造工程	$\phi5400/\phi7800/\phi9800/\phi5000$	2014.06
福建联合石油化工有限公司	1000 万吨/年 2# 常减压蒸馏装置适应性改造	$\phi10000$	2012.05
中石油化工股份有限公司茂名分公司	1000 万吨/年常减压装置减压塔塔内件设计与制造	$\phi11600$	2012.01
恒逸实业（文莱）有限公司	800 万吨/年 PMB 石化项目	$\phi5600/\phi9800/\phi5600$	2017.03
中石化燕山石化分公司	800 万吨/年减压深拔技术改造	$\phi9800$	2013.08
中石化股份有限公司天津分公司	1000 万吨/年减压塔塔内件设计与制造	$\phi10800$	2007.11
中石油广西石化	1000 万吨/年炼油工程	$\phi13700$	2007.09
中石化青岛炼油化工有限责任公司	1000 万吨/年常减压装置减压塔设计与制造	$\phi10800$	2006.09
大连西太平洋石油化工有限公司	1000 万吨/年常减压装置加氢原料减压塔研制	$\phi6092$	2003.04
中石化齐鲁分公司	800 万吨/年常减压蒸馏装置减压塔内件设计与制造	$\phi10800$	2008.07

2.炼油催化

炼油工业中，催化裂化可以将重质油转化为轻质的高质量汽柴油产品，是重要的原油二次加工过程。吸收稳定装置的作用是将富气和粗汽油分离成干气、液化气（C_3、C_4）和蒸气压合格的稳定汽油。催化裂化吸收稳定装置运行的好坏，直接影响到整个炼油厂的效益。新型填料便于扩大生产、降低能耗，因此在炼油催化，尤其是吸收稳定工段有较好的应用。

吸收稳定装置主要存在以下五个方面的问题：①干气不干，即吸收塔吸收效果欠佳，干气中含有大量的液化气组分（C_3），造成液化气损失。②液化气中 C_5 含量高。由于稳定塔分离能力不够，造成液化气中带 C_5 而影响质量，同时使汽油收率下降。③汽油中 C_4 含量高。因稳定塔分离能力达不到所致，造成汽油蒸气压不合格。④干气带液。再吸收塔液泛冲塔，造成干气带液。⑤能耗过大。由于解吸塔解吸量过多，导致吸收塔和解吸塔之间大量 C_3、C_4 组份循环，增大了过程的能耗。针对吸收稳定系统存在以上几个方面的问题，以及当时对扩大生产、降低能耗和发展精细化工产品的需要，对吸收稳定系统的操作优化和技术改造以降低能耗、提高分离能力和处理能力日益紧迫。

对某炼油厂吸收稳定装置共四个塔进行全规整填料改造后，运行两年表明，改造后干气产率由 5.30% 下降到 3.16%，处理能力由 60 万吨 / 年提高到 90 万～110 万吨 / 年，能够适应 60 万～110 万吨 / 年处理能力的要求。对另一炼油厂的稳定塔下半部使用槽盘式液体分布器和再分布填料进行技术改造，改造后使提馏段理论板数由 4～6 块增加到 20 块，液化气和汽油质量均大大改善，塔顶回流量由 60～80m³/h 下降到 30m³/h，节省了能耗。某炼油厂的吸收和解吸塔进行改造后，干气中 C_3^+ 含量由 8% 下降到 1% 以下，干气收率由 5.52% 降低到 2.09%，液化气收率由 13.07% 增加到 15.51%。

3. 脱硫系统改造

在原油的二次加工过程中，原油中的硫化物大部分转化为硫化氢，存在于炼厂干气和液化气中。当干气和液化气作为石油化工生产的原料或用作燃料时，会引起设备腐蚀、催化剂中毒、危害人体健康、污染环境等问题。同时，气体中的硫化氢也是制造硫黄和硫酸的原料。因此干气和液化气脱除硫化氢后，再作为石油化工原料或燃料。

炼厂中干气和液化气脱硫大部分是采用乙醇胺湿法脱硫，即采用乙醇胺溶液为吸收剂，吸收干气、液化气中的硫化氢和二氧化碳。富吸收液经加热再生，将吸收的硫化氢和二氧化碳解吸出来进行硫黄生产或焚烧。再生后的溶剂贫液循环使用。乙醇胺浓度一般为 15%～25%，以减轻溶剂的发泡现象，贫液温度一般为 25～40℃，在此范围内乙醇胺可以快速吸收硫化氢。

20 世纪末，炼油厂中的脱硫系统普遍偏小。随着原油加工能力的增加以及催化剂中干气收率的增加，原有脱硫系统已不能满足需要，出现了脱后干气和液化气中硫含量偏高，部分液化气脱硫装置还出现严重的双相夹带，影响了正常的生产，因此需要对脱硫系统进行改造。高效规整填料塔特别适合于对脱硫过程的技术改造。高效规整填料提供了大量的气液接触表面积，促使吸收速率和化学反应速率加快，因而能够实现干气和液化气的迅速脱硫。某脱硫塔在改造后，干气的硫化氢含量在 3000 ～ 20000mg/m³（标准状态）降至处理后的小于 20mg/m³（标准状态）。

某炼油厂硫黄回收装置的直径 1m 尾气吸收塔改造过程中，分别考察高效规整填料和新型塔板的改造效果。组合高效导向浮阀塔盘是矩形导向浮阀和梯形导向浮阀按照一定方式组合使用的新型塔盘，浮阀上开有导向口，与 F_1/V_1 型浮阀塔板相比，效率可提高 10% ～ 20%，生产能力可提高 20% ～ 30%；为满足较大生产能力开大塔盘的开孔率，可以保证在较大负荷下不液泛、液沫夹带，但是较容易漏液，操作弹性为 60% ～ 120%，不能达到操作弹性 20% ～ 120% 的改造需求。采用 250Y 型填料在填料层底部和顶部设置一段直边波纹填料，并适当增大开孔率，相比传统孔板波纹填料，具有压降低、传质效率高、处理能力与操作弹性大等优势。达到相同的分离能力，采用高效导向浮阀塔盘需要 15 块板，全塔压降 8.7kPa，而采用 250Y 型规整填料仅需要 6m 填料层高度，全塔压降仅为 0.14kPa；高效规整填料在塔尺寸、全塔压降和操作弹性上较新型塔板均有优势。

二、乙烯工业

乙烯急冷装置是将裂解炉出口的裂解气，经过多步冷却，达到裂解气压缩机入口所要求的温度，以便进行后续的精制分离，同时将裂解气中的重组分：裂解柴油、裂解燃料油进行回收，以及回收一部分裂解气携带的热量，减少能耗。裂解气组分复杂，温度高，流量大，难以进行模拟，与实际生产情况偏差较大，设计与放大工作难以进行，影响了装置的分离效果。同时，裂解气中含有的大量易聚合的不饱和烃类，易导致设备结垢结焦因而导致设备堵塞，降低塔器的分离效果，难以进行连续稳定操作，需要频繁进行停工检修，严重影响整套装置的运行。对乙烯急冷装置的改造和优化的需要紧迫。

汽油分馏塔将通过废热锅炉的裂解气进一步冷却，同时回收裂解气中的重组分（裂解柴油、汽油分馏塔侧线产品；裂解燃料油、汽油分馏塔塔底产品）。使用老旧技术的汽油分馏塔多存在易发生堵塞结垢的问题，原因包括两方面：

① 聚合物易聚合导致堵塞。烃类在热裂解时产生部分易聚合的苯乙烯类、茚类、二烯烃和环烯烃等不饱和芳烃，这些化合物容易在汽油分馏塔中，在设备中的微量金属元素催化下，在裂解气中的微量氧的引发下聚合，产生的黄色聚合物极易堵塞塔内的液体分布器喷淋孔和填料。导致堵塞的主要原因有：操作条件不够稳定，如气液负荷不平稳，气液分布不均匀，回流液温度不稳定；塔内件设计不合理；塔内构件死角区较多，填料和气液分布器抗堵塞能力差。

② 焦化物夹带，裂解炉中产生的大量焦化物，进入汽油分馏塔后，在气液分布不均匀、气体偏流严重以及洗涤效果差的情况下，也会堵塞中部取热段填料层及气液分布器。原有板式塔在每次大修期间塔釜都会清理出数立方焦渣。

在实际生产中，旧型号填料存在的问题有：波纹填料表面不宜压成各种形式的小皱纹，波纹倾角越大就越易被堵塞，波纹顶部圆角优于尖角，波峰高度不能太小，波纹填料块的穿钉孔周围最易堵塞并迅速扩展，整体焊接波纹填料一旦被堵塞，则难以清除堵塞物。波纹填料棱线交叉利于流体分布也容易使垢物积聚。原有抗堵塞的措施是添加阻聚剂和防垢剂，实践证明，如不采用阻聚剂，金属孔板波纹填料（250Y和125Y型）和金属矩鞍环填料（Intalox 40号、50号和70号）运行1～2年便需要进行清渣检修或更换填料。但随着技术的进步，贮垢抗堵能力强的新型塔内件为解决聚合物的堵塞问题开辟了新的途径。

除急冷设备外，水洗塔是乙烯装置裂解气预分馏系统的另一关键设备。汽油分馏塔塔顶裂解气进入水急冷塔塔底，水洗塔塔顶用急冷水喷淋，塔顶裂解气温度降至约40℃送入裂解气压缩机。水急冷塔塔釜约80～90℃，在此可分离出裂解气中大部分水分和裂解汽油。塔釜油水混合物经油水分离后，部分水（称为急冷水）经冷却后送入水急冷塔作为塔顶喷淋；另一部分水则送至稀释蒸汽发生器发生稀释蒸汽，以供裂解炉使用。油水分离所得裂解汽油馏分，部分送至油洗塔作为塔顶喷淋；另一部分则作为产品，经汽提并冷却后送出。

水洗塔的塔顶、塔底温度及全塔压力降是该塔的重要工艺参数。塔顶温度一般控制在40℃左右。塔顶温度低，可减少水分和重组分带入裂解气压缩机，降低裂解气压缩机负荷。塔釜温度一般控制在40℃。提高塔釜温度有利于急冷水的热量回收，并因增大温差而减少急冷水热回收设备的传热面积。全塔压力降一般应小于4kPa。全塔压力降越小，对裂解气压缩机的操作越有利。塔釜的油水分离器一般为重力式分离器，为保证油水分离效果，油水混合物在油水分离器的停留时间应大于7min。

水洗塔过去多采用板式塔，常见的塔盘型式为浮阀塔盘、角钢塔盘和波纹筛板塔盘。塔板约为12～20层。为尽可能减少压力损失，目前大多采用填料，可使全塔压降由浮阀塔盘时的约6kPa降至约3kPa。新型填料的应用可有效降低两塔的压降、增加蒸馏塔的效率、降低中压蒸汽的消耗量。福建联合石化公司百万吨乙烯项目已经成功应用新型填料，汽油分馏塔的压降以及中压蒸汽消耗量明显降低。

三、空气分离

规整填料塔在炼油、化工等领域中早已得到广泛的应用，并被迅速推广到空气分离（空分）行业中。德国林德公司、法国液化气体公司、美国空气制品公司和美国应用气体公司等四大公司都从1984～1985年开始研究把规整填料应用于大型空分设备的上塔和粗氩塔上，1986～1987年用于工业成套装置，技术上很快达到成熟，并开始应用于下塔[45]。

空分设备是耗电大户，其中原料空气压缩机（空压机）消耗约75%的电能，因此努力降低原料空气压缩机能耗是关键。除提高压缩机自身效率以外，降低空压机排压也是关键方法。在环境温度、压力及机器效率不变的条件下，空气压缩机的能耗由出口压力决定。空分装置中原料空压机直接连接在下塔进气管线上，空压机的出口压力则主要取决于上塔底部的操作压力、主冷凝蒸发器的传热温差和空气在塔内的流路阻力。由于主冷凝蒸发器的换热面积是限定的，在一定的传热温差下，当上塔底部压力降低时，必然导致下塔顶部压力降低，从而造成操作压力降低。

在此过程中，使用的普遍策略是上塔设计采用规整填料能有效地降低上塔的阻力、降低上塔底部压力，进而降低空压机排压，从而达到有效节能的目的。上塔采用规整填料的节能效果是最大的。与采用筛板塔相比，上塔采用填料塔后底部操作压力降低 15 ～ 20kPa，相应的下塔顶部操作压力降低约 45 ～ 60kPa，空压机轴功率可降低 5% ～ 7%。规整填料用于上塔，降低了整个精馏系统的操作压力，较低的精馏压力可加大各组分的相对挥发度，提高空分设备的整体提取率。随之粗氩塔、精氩塔也先后采用了规整填料塔，以进一步达到节能的目的。

另外，氧和氩的沸点非常接近，如果纯粹依靠低温精馏去除氩气中的氧，需要较高的理论板数。粗氩塔顶部的氩气要被与上塔相同压力下的富氧液所冷凝，粗氩冷凝器所能达到的最低温度是一定的。粗氩冷凝器需要保持一定的传热温差，所以粗氩塔顶部的压力是一定的，能使粗氩塔有效工作的总压降仅能设置 40 ～ 70 块筛板，不能将氧和氩彻底分离，塔顶的含氧量仍然高达 2% ～ 5%；而采用规整填料，每块理论塔板的压降降到 30 ～ 50Pa，这样可设置 180 块理论塔板，直接通过低温精馏法就可以生产出含氧量小于 2μg/g 的粗氩，从而实现全精馏无氢制氩。与筛板塔相比，采用规整填料塔，氩的提取率明显提高，规整填料用于粗氩塔，在总压降许可范围内，可设置更多的理论塔板数，从而提高氩的提取率。

第四节　新型填料发展方向

新型填料的研发大多从填料的结构角度进行流体性能和传质效率的改进。随着材料科学与技术的发展，未来填料强化技术倾向于从填料本身材料以及改变几何尺寸、表面改性的角度进行，以进一步提高填料性能，扩展填料在高压精馏以及反应精馏中的应用。未来填料的发展和新填料开发趋势主要集中在以下几个方面：

① 结构开发优化及过程集成；
② 填料表面改性；
③ 新材料应用于填料设计；
④ 计算机辅助填料设计。

一、几何结构和尺寸优化

随着工业对节能降耗的要求提高，需要进一步优化塔器设备、研发新型塔内构件，以提高传质性能，增加通量，减小阻力。近年来，许多学者对传统波纹填料进行了几何结构的改进。从填料的发展历程来看，填料塔的发展方向为大型高效化，因此新型填料的改进和开发主要基于压降降低和传质效率提高的目标，根据气液两相流动行为，对原有填料进行结构改进或开发新型结构的填料，以适应高压精馏、反应精馏等过程的要求。

对原有填料进行结构优化，以丝网规整填料为例，工业上常常对原有丝网填料表面开孔，不仅可以使液体从波纹片一侧流向另一侧，促进波纹片两侧液体交换，而且可以减少液体在波谷处的聚集、壁面沟流的发生；同时增加丝网层数，可以增强丝网的毛细作用，进而改善液体的流动形式和液体分布状况。流体力学实验和传质性能实验表明，丝网层数增加可以提高填料传质效率，但会导致填料通量下降；填料表面开孔可以增大填料通量，但会导致压降降低[46]。

目前板波纹或丝网填料传质效率较高且压降较低而被广泛应用，但气液在波纹填料本身的流动行为决定了气液分配还会存在一定程度的返混和不均匀分布，诸如沟流、死区等减小了液体停留时间从而限制填料效率、导致一定压降增加的问题在目前的所有填料普遍存在。垂直管滴流反应器的结构为填料开发提供了新思路，部分学者开始尝试改变填料结构通过约束液体流动来实现更小尺度上的液体规则流动，如 Grunig 等[47]研究了不同形状新填料上的降膜过程。从海峰等[48]创造性地提出将这种流动方式应用于规整填料设计过程中，将液体流动约束在螺旋间隙之间，减少液相主体返混的同时使液膜与气体充分传质，同时气体流动阻挡较小，有效降低了压降（图 8-18）。通过水力学实验和传质性能实验，这种液体约束式的填料具有比波纹填料更高的传质效率，但存在处理量较小的问题，还处于进一步研究过程中。

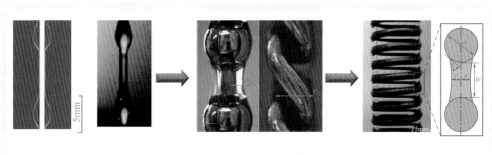

▶ 图 8-18　液体约束式填料设计历程

总之，研究层次逐渐缩小，研究液体的更小尺度流动行为，可以便于理解在宏观上液体对流与混合的方式，对于填料结构尺寸优化具有良好的意义。

二、填料表面改性

表面改性是通过处理将填料表面变得更加亲水或更加疏水，改性后的填料可以改变原有的流体性能以及传质效率。在吸收、精馏等单元操作中，气液两相传质速率决定于传质系数、浓度差和传质面积[49]，因此提高传质表面积可提高传质性能，但更为重要的是提高固体表面的利用率。影响表面利用率的主要因素有气液相流动速度、填料表面特性和流体特性。气液相速率、流体特性在具体工业应用中变化范围有限，提高固体表面利用率的主要方法是改善填料表面特性，即使填料表面润湿性较好。为了改善液体在填料表面的润湿性，需要对填料表面进行处理或特殊的表面加工。衡量润湿性改进效果的一般方法是测量液体在表面的静态接触角。值得注意的是，填料塔中液体负荷越大，表面改进对传质性能的影响越小。因此润湿改性主要对小的液体负荷才具有较好的效果。

1. 金属表面处理

金属填料从材质来讲包括不锈钢、铜、铝、铁、镍等。不锈钢使用得最多，铝的润湿性最差，使用较少。通常金属填料表面的润湿比较良好，但是对于含水和甘油等表面张力较大的物系或者液体负荷很低时，金属填料表面的润湿性也较差，尤其是对于本来润湿不良的铝制填料。

金属填料表面的改性有化学法和物理法。化学法一般采用轻微氧化法使金属表面形成一层亲水性的氧化膜，具体有碱液热空气氧化法、硫酸处理法、高锰酸钾法等。但是化学法处理污染较大，现已很少采用。物理方法一般是指在填料表面压制细纹、糙化和压延孔等。

贾绍义等[50]分别采用化学法和物理法处理不锈钢填料表面，比较了二者的差别，发现通过物理法，即采用填料表面喷砂的方法处理，金属填料表面的润湿性改善明显，经过表面喷砂处理的金属填料其传质效率可以提高约12%～20%。也有学者研究了渗铝碳钢填料和带有点纹不锈钢填料的传质效率[48]，发现传质效率也有一定的提高。

龙湘犁等[51]认为提高填料表面的利用率可以从两方面入手：①通过表面处理的方法提高表面自由能，使润湿性得以改善；②充分利用填料表面的微孔结构，强化毛细作用，增强液体在填料表面的扩散能力。由此得出多层丝网填料可以增强液体在填料表面的扩散，并使液体流动从二维变为三维立体的流动。通过测定流体力学性能和传质性能，比较发现：多层丝网可以有效提高填料的传质效率，但阻力稍有增加。

2. 塑料表面处理

由于塑料填料的临界表面张力较小、润湿性较差、表面不易亲水，导致其有效传质面积较小，因此不少学者研究了塑料填料表面的润湿改性，使塑料填料表面化学能增加。早期 Blais 等 [52] 用铬酸蚀刻法对塑料表面进行了润湿改性处理，取得了明显效果。另有学者对塑料填料的表面使用亲水膜覆盖，使有效比表面积增加了2.5 倍 [53]。塑料填料表面润湿改性的方法主要有：

① 表面糙化：对于一定几何的填料表面糙化处理可以提高有效传质面积，具体方法有表面压纹法、溶剂糙化法、化学糙化法等。

② 表面接枝：表面接枝是在化学能作用下或紫外线、高能射线辐照下，使主干聚合物与具有极性基团的单体在侧链上发生聚合反应，形成接枝共聚物，从而改善塑料填料润湿性能。

③ 表面极化：表面极化处理是一种使塑料填料表面的非极性基团变为极性基团，从而提高表面润湿性能的方法。具体方法有紫外线辐射处理、液相化学法、气相化学法。

④ 等离子体表面处理：此方法是气体在高真空条件下，借助于强电场、强磁场、高温等作用下，中性粒子会失去电子，部分或全部电离为离子或分解为自由基，形成正电荷和负电荷相等的等离子体。具体有辉光放电处理、电晕处理等。

⑤ 聚合物表面共混改性：此方法是在制品成型加工前加聚合物表面改性剂共混，加工成型后填料表面富集有一定数量的改性剂，使聚合物表面润湿性能明显提高。此方法操作简便、价格低廉、效果明显。

未来，需要对疏水或疏油材料的表面改性进行深入的研究，从而得到更为准确的模型。同时，填料的表面改性研究也期望可以针对某一特定的物系进行特殊改性，使得填料开发对分离体系更具针对性。

三、应用新型功能材料

近年来，新型功能材料在填料开发领域的应用成为人们关注的热点，比如各国学者相继对多孔介质陶瓷材料特别是泡沫碳化硅多孔介质材料展开了多领域多尺度的研究。泡沫碳化硅材料具有孔隙率高、相对密度小、比表面积大、机械强度高、抗氧化、耐磨蚀、热导率（导热系数）高、抗热震性能好、孔隙均匀可控及微波吸收能力强等一系列优良特性，因而被广泛应用于化工、能源、环保、冶金、机械、交通、电子和国防等诸多领域，例如填充床、换热器、催化剂载体等。下面将以泡沫材料为例对新型功能材料用于开发新型填料进行阐述。

泡沫碳材料是一种三维空间立体网状结构的碳质多孔材料，具有比表面积大、孔隙率高、孔隙可控、孔与孔之间相互贯通、材料耐腐蚀等特点，碳化硅骨架的相对致密度高达 99%，平均晶粒尺寸分布在 50nm ～ 10μm 的范围内，碳化硅骨架表面均匀覆盖有厚度为微米级的光滑硅单质，泡沫碳化硅材料内部的孔隙是相互连通的，但也会存在少量孔洞被独立分隔的闭孔空隙。

为了描述泡沫碳化硅材料的结构，已经提出了多种理想的几何模型，如立方体模型、体心模型、十四面体模型等，这些模型多用于泡沫碳化硅材料的流体力学性能以及传热传质性能的数值模拟研究。其中，Lacroix 等 [54] 利用 12 个五边形的多面体封闭单元模型描述泡沫碳化硅结构，由该模型数值模拟得到的流体力学性能和传热传质性能与实验数据的吻合度较高。利用 X 射线断层扫描技术对泡沫碳化硅材料的真实结构进行扫描，并将获得的二维断层图像重构还原，是目前获得碳化硅骨架尺寸、孔隙率分布等参数的有效方法 [55]。虽然 X 射线断层扫描技术能够最为准确地还原泡沫碳化硅材料的真实结构，但由于三维结构的数据量庞大，远远超过理想模型结构，难以实现与数值模拟软件的顺利对接，使该技术在流体力学模拟中的应用受到局限。

泡沫碳化硅材料因其本身的材质和结构特点，具备诸多优良的性能。泡沫碳化硅材料独特的三维贯通的空间网孔结构，使其具有较高的孔隙率和较好的透气性，无论在单相流动还是两相逆流操作中，均保持较低的压降。而且泡沫碳化硅材料具有优良的抗氧化性。裸露在空气中的碳化硅容易被氧化为二氧化硅，并在泡沫碳化硅外表面形成一层致密的薄膜，防止内部的碳化硅继续被空气氧化，使泡沫碳化硅材料具有较高的化学稳定性，即使在高温环境或腐蚀介质中也能正常使用。泡沫碳化硅材料还具有良好的导热性能而且具有良好的机械加工性能。研究发现，泡沫碳化硅材料各相均匀同性，抗弯强度和抗压强度均较高，通过改变工艺条件，可将泡沫碳化硅材料加工成多种结构。泡沫碳化硅材料可以与其他材质和形状的设备连接，实现催化、换热、搅拌等功能的耦合。同时，碳化硅原料来源广泛、制备成本较低，使泡沫碳化硅材料日益展现在多元化领域的应用前景。

2005 年，Stemmet 等 [56] 最早将 30cm×1cm×80cm 的长方体块状泡沫碳化硅材料置于矩形填料塔内，分别在气液两相并流和逆流的状态下，进行流体力学性能和传质性能的测试。实验结果表明：在气液两相逆流时，泡沫碳化硅材料的传质性能优越，轴向扩散明显，液体分布性能优于丝网填料等传统填料。

2009 年，Lévêque 等 [57] 将孔隙率为 92%、比表面积为 640m²/m³ 的圆柱体块状泡沫碳化硅作为填料，在直径为 150mm 的填料塔内对其流体力学性能和传质性能进行了测试，并与鲍尔环、丝网填料和板波纹填料等传统填料作对比。实验结果表明：块状泡沫碳化硅的持液量高达 10%，且等板高度为 0.2m，传质效率远高于传统填料，但缺点是通量小，湿填料压降高。

2010 年，李鑫钢课题组与中国科学院金属研究所合作，将泡沫碳化硅材料与波纹规整填料结构相结合，开发出了泡沫碳化硅波纹规整填料（structured corrugation foam packing，简称 SCFP，专利公开号 CN102218293A）[58]。曾菁等 [59] 对其进行了流体力学性能和传质性能的测试，研究结果表明：与 BX 金属丝网波纹填料相比，泡沫碳化硅波纹规整填料的等板高度较低、传质效率较高。在相同喷淋密度的条件下，SCFP 填料的理论板数为同型号 BX 填料的 1.3 ~ 1.7 倍。

同时，SCFP 填料规定了气液两相的流道，干、湿压降略低，与 BX 填料相比，持液量较大。在相同喷淋密度的条件下，SCFP 填料的泛点气速较高，通量大，不易液泛。通过选择适合的物理模型和数学方法，建立恰当的多孔介质模型和多相流模型，并对泡沫碳化硅波纹规整填料进行了宏观和微观两种尺度上的模拟研究[60]。结果表明：液相进入泡沫碳化硅填料后会沿着碳化硅骨架流动。液相在泡沫碳化硅波纹规整填料片上分布和流动形态受填料片倾斜角度影响。当倾斜角度（填料片与水平方向夹角）为 30° 或 45° 时，液相在填料片表面呈流股形态流动；当倾斜角度为 60° 时，液相在填料片表面呈液膜形态流动，此时泡沫碳化硅填料所提供的气液相接触面积最大。此外，接触角对流体与碳化硅骨架之间的润湿性产生影响，接触角增大，泡沫碳化硅填料的润湿性变差。王辰晨等[10]对泡沫碳化硅波纹规整填料的结构进行了优化设计，加入了垂直的脉冲区，并通过计算流体力学对其压降和内部的气相流动进行模拟。研究结果表明：脉冲结构的引入改变了填料内部气相上升运动的方式，减小了气相流动阻力，有效降低了压降。李洪等[11]利用紫外荧光技术对泡沫碳化硅波纹规整填料片上的宏观液相流动形式进行了测试，研究发现在碳化硅波纹填料片上，液体主要以渗流的形式进行流动，较少出现沟流现象，且横向扩散现象明显，液相在碳化硅波纹填料片上的停留时间长于其他类型的传统波纹填料片。

三维空间立体网状结构和孔形状的不规则性导致新型多孔材料在应用于大型填料过程中计算传质模型研究越发困难，还需进行更为深入的研究，以获得针对这种材料的传质经验或半经验模型。泡沫材料填料在特殊蒸馏过程的应用也需要更为深入的研究，泡沫碳材料的应用更为广泛，如反应精馏中泡沫碳规整填料的应用等。

四、计算机辅助填料开发

随着研究的不断深入，新型高效填料与塔内件不断更新，对于这类复杂的传质和传热过程，传统的研究方法是先建立简单的数学模型，然后依靠实验手段获取有关模型参数，或根据实验测量数据与特征数进行关联，得到经验或半经验模型以指导工业设计。这种方法缺点是只适用于特定相似情况，在条件发生变化时会有较为严重的误差，尤其是根据实验室数据设计大型工业设备，会产生"放大效应"，造成结果与预期生产实际有较大偏差。在过去的工业设计中，通常需要通过中间实验，逐级放大来实现从实验室走向实际产业，而这又是一个十分漫长的过程。另外为弥补经验公式和中试带来的偏差，通常需要引入较大的安全系数保证体系的顺利运行，而这会引入较大的设备成本和能量消耗。

伴随着计算机技术的快速发展，研究者们可通过计算机模拟软件模拟填料塔内气液两相的流动状况，进而对填料结构进行优化。自 20 世纪 60 年代初期将计算机运算引入化工过程的模拟与计算以来，不断促进了化工理论以及设备操作控制水平的发展。以计算机技术为基础的计算科学已经成为继理论科学和实验科学之后人类科学研究的第三大研究方法。计算流体力学（computational fluid dynamics，CFD）是利用数值方法通过计算机求解描述流体流动、传热和传质的数学方法，对于揭示稳态流体运动的空间物理特征和非稳态流体的时空物理特征具有极为重要的意义。计算流体力学具有费用低、耗时短、操作简单、不受实际条件影响等优点，因而这种研究方法引起了各研究和应用领域的重视，并在建筑、暖通、航空航天、汽车设计等领域发挥着越来越重要的作用。近十几年，CFD 作为一种基本的设计工具，在全球结构的产品开发和设计以及故障诊断中发挥着重要作用。除此之外，在计算流体力学基础上，又逐渐发展出计算传热学和计算传质学，并成功应用于过程工程涉及的速度场、温度差、浓度差的预测及工业设备设计 [61]。与传统实验和理论研究相比，计算机模拟化工工业过程有以下几方面的优点。

① 成本低：在大多数实际应用中，计算机运算的成本要比相应的实验研究的成本低好几个数量级。随着所要研究的物理对象变得越来越大，越来越复杂，这个因素的重要性还会不断增大。

② 速度快：与实验研究相比，计算机计算研究能在很短的时间内给出多种不同的方案，从而可以从中选择最佳的设计。

③ 信息完善：通过计算机求解的问题可以得到详尽而完备的各种信息。它能提供在整个计算域内所有的有关变量（如速度、压力、温度、浓度以及湍流强度）的值。从而反过来指导设备、工艺的改进优化。而实验研究显然难以全部测出整个计算域的所有变量的分布。

④ 具有模拟理想及真实条件的能力：在理论计算中，可以很容易地模拟真实条件，不需要采用缩小的模型或冷模流动模型，不需考虑设备大小、温度高低、物质有毒与否等。

不过需要注意，计算机模拟需要建立正确的数学模型和边界条件，模拟的结果还需要经过实验和工业规模设备的实测才能实际应用。

在填料塔内，即使在流体初始分布均匀进入填料床内的前提下，由于塔壁的影响，使得填料床孔隙率在径向上分布不均（在塔壁附近区域有较大孔隙率，且从塔壁到塔中心呈现振荡衰减趋势，离开塔壁一定距离后，孔隙率达到稳定值）；以及塔壁对流体流动的"不滑移条件"限制，共同导致填料塔或固定床内流体（尤其是液体）流动的不均匀，在塔壁近区流速达到最大，出现所谓的"壁流"（wall flow）现象，这已被大量实验研究观测到。实验研究结果表明，不均匀的流体（尤其是液体）流动分布会显著降低填料塔的传质、传热效果，只有将正确的速度分布模型嵌入到填料塔的传质、传热过程设计模拟中，才能得到正确的浓度、温度场。因此，对填料塔以及固定床内流体流动分布的实验以及理论研究一直是化学工程科研技术人员的重要研究题目。

填料床层结构具有多样性和随机性，很难从宏观上对塔内流体特性和传热、传质进行研究，因而很多学者从更小尺度上研究填料表面液膜流动特性，从而对全塔特性进行预测，通过模拟气液逆流流动的液泛现象，指导进一步的填料结构优化。

早在 20 世纪末，相关学者通过 CFD 方法对两相降膜流动进行仿真计算，与实验方法相结合，避免了繁复的实验操作和庞大的数据处理工作。Tierney 等 [62] 采用不同的商业流体力学软件 CFX4 和 FLUENT 4.2 采用多孔介质模型对环形散堆填料床内气相单相流体的流动情况（主要是考察流体通过单位床层的压降分布）进行了模拟。填料为直径 5mm 的聚苯乙烯圆珠和直径为 2mm、长径比为 1.0 的圆柱形沸石。其建立的数学模型考虑了流体的惯性力作用、与宏观速度梯度相关的黏性曳力的作用、与填料孔隙内微观流动相关的黏性曳力和湍流曳力的作用。随后 Yin 等 [63] 采用 CFD 商业软件 CFX4.2 模拟了装有金属鲍尔环的填料塔内（直径 1.22m、填料高 3.66m）精馏传质过程，采用气液两相流双流体模型，散堆填料床层对流体的阻力作用以及为传质提供的界面积通过源项引入，方程中的模型参数主要通过经验关联式来封闭。传质理论等板高度（HETP）模拟结果与实验结果较吻合。此外，通过 CFD 模拟得到液相流场的分布，发现在液体初始分布均匀的条件下，随着液体的流动，液体壁流效应逐渐明显，但是经过一定高度床层后，液体流动分布达到稳定状态；此外，二维模拟结果显示在填料层主体液体流动分布一直是均匀的；三维模拟结果显示，一开始液体的分布极不规则，从塔中心到塔壁呈现出周期脉动衰减趋势，但是经过一定填料层高度后模拟结果与二维的一样。

以规整填料结构的复杂性，建立整塔实体物理模型似乎不大可能。因此，许多学者采用整体平均方法来计算规整填料塔内的气液相宏观流动分布。在这方面，张泽廷等曾以简化的 Navier-Stokes 方程及连续方程为基础，用较简化的边界条件对填料塔内带有传质（增湿、减湿）的气液两相流动进行了模拟。所谓整体平均就是将填料塔内的填料物性进行宏观平均，不考虑单个填料微观结构对流体的作用，而是将填料看作具有一定孔隙率的连续介质，并假定流体在介质中连续流动，填料对流体的形体阻力通过 Navier-Stokes 方程的模型修正项体现 [64-66]。

基于这种思想，余国琮老师带领学生们一直致力于填料塔内气液两相降膜流动传递性质的研究，并为数值模拟奠定了良好的计算传质学模型 [67-70]。

近年来，基于多尺度模拟的基本思想，数值模拟在模拟填料表面局部液体流动方面得到了较为广泛的应用。如 Liu 等 [71] 根据波纹规整填料结构特性对填料床层进行了剖分，将填料床层内液体流动行为分隔到一个个的小微元之中，通过数值模拟的 VOF 方法，对每个微元的流体分布进行数值模拟，从而预测了整个填料床层的流体分布状态。

CFD 技术应用于填料领域方兴未艾，无论是整体平均模型还是单元综合模型，大多经过了相当的简化假设，如将具有一定结构形状的规整填料视为多孔介质；假定液相为连续相；假定填料孔道内为单相流或拟单相流等。随着计算机运算速度和计算算法的发展，今后的研究方向应是在考虑规整填料具体结构形状的基础上建立规整填料实体物理模型，以填料内的局部气 - 液两相流场为基础探究填料塔中的相间传热、传质机理，或以 CFD 模拟得到的填料塔局部流场信息为基础，估算整塔的压降、持液量、有效润湿面积、传热或传质系数等填料塔设计参数，或结合拓扑学优化方法对填料结构进行优化，从而使 CFD 技术真正地成为填料塔设计的辅助工具。

参考文献

[1] 王树楹 . 现代填料塔技术指南 [M]. 北京 : 中国石化出版社 , 1998.

[2] 李锡源 . 阶梯环填料的性能和应用 [J]. 化工炼油机械 , 1981(6): 42-53.

[3] Fei W Y, Sun L Y, Guo Q F. Studies on a new random packing-Plum Flower Mini Ring[J]. Chinese J Chem Eng, 2002, 10(6): 631-634.

[4] Nakov S, Kolev N, Ljutzkanov L, et al. Comparison of the effective area of some highly effective packings[J]. Chem Eng Process, 2007, 46(12): 1385-1390.

[5] Spiegel L, Meier W. Distillation columns with structured packings in the next decade[J]. Chem Eng Res Des, 2003, 81(1): 39-47.

[6] Fischer L, Bühlmann U, Schütze J, et al. CFD supported development of an improved structured packing with enhanced performance[J]. Chem Ing Tech, 2015. 73(6): 713.

[7] Buhlm U. Rombopak 塔填料的性能和应用 [J]. 化工装备技术 , 1990, 11(2): 36-40.

[8] Dmitrieva G B, Berengarten M G, Klyushenkova M I, et al. Effective designs of structured packings for heat and mass exchange processes[J]. Chem Petro Eng, 2005. 41(7-8): 419-423.

[9] 刘乃鸿 , 卢励生 . SW 型网孔波纹填料开发及应用 [J]. 化学工程 , 1993, 3: 5-8.

[10] 王辰晨 , 高鑫 , 李鑫钢等 . 泡沫碳化硅脉冲规整填料的气相流场模拟研究 [J]. 现代化工 , 2014(09): 161-166.

[11] Li H, Wang F, Wang C, et al. Liquid flow behavior study in SiC foam corrugated sheet using a novel ultraviolet fluorescence technique coupled with CFD simulation[J]. Chem Eng Sci, 2015, 123: 341-349.

[12] Bravo J L, Rocha J A, Fair J R. Pressure drop in structured packings[J]. Hydrocarbon Process. (United States), 1986, 65(3).

[13] Stichlmair J, Bravo J L, Fair J R. General model for prediction of pressure drop and capacity of countercurrent gas/liquid packed columns[J]. Gas Sep Purif, 1989, 3(1): 19-28.

[14] Haidl J, Rejl F J, Valenz L, et al. General mass-transfer model for gas phase in structured packings[J]. Chem Eng Res Des, 2017, 126: 45-53.

[15] Kehrer, L. Spiegel, E. Kolesnikov, et al. Experimental investigation and modelling of Sulzer I-Ring hydraulics[J]. Chem Eng Res Des, 2006, 84(11): 1075-1080.

[16] Olujic Z, Jansen H, Kaibel B, et al. Stretching the capacity of structured packings[J]. Ind

Eng Chem Res, 2001, 40(26): 6172-6180.

[17] Billet R, Schultes M. Prediction of mass transfer columns with dumped and arranged packings: Updated summary of the calculation method of billet and schultes[J]. Chem Eng Res Des, 1999, 77(6): 498-504.

[18] Hanley B, Dunbobbin B, Bennett D. A unified model for countercurrent vapor/liquid packed columns. 2. Equations for the mass-transfer coefficients, mass-transfer area, the HETP, and the dynamic liquid holdup[J]. Ind Eng Chem Res, 1994, 33(5): 1222-1230.

[19] Sherwood T K, Shipley G H, Holloway F A L. Flooding velocities in packed columns[J]. Ind Eng Chem, 1938, 30(7): 765-769.

[20] Billet R. Relationship between residence time, fluid dynamics and efficiency in countercurrent flow equipment[J]. Chem Eng Tech, 1988, 11(1): 139-148.

[21] Stichlmair J, Bravo J L, Fair J R. General model for prediction of pressure drop and capacity of countercurrent gas/liquid packed columns[J]. Gas Sep Purif, 1989, 3(1): 19-28.

[22] Rocha J A, Bravo J L, Fair J R. Distillation columns containing structured packings: a comprehensive model for their performance. 1. Hydraulic models[J]. Ind Eng Chem Res, 1993, 32(4): 641-651.

[23] Iliuta, Larachi, Faïcal. Mechanistic model for structured-packing-containing columns: Irrigated pressure drop, liquid holdup, and packing fractional wetted area[J]. Ind Eng Chem Res, 2001, 40(23): 5140-5146.

[24] Pavlenko A, Zhukov V, Pecherkin N, Chekhovich V, Volodin O, Shikin A, Grossmann C. Investigation of flow parameters and efficiency of mixture separation on a structured packing[J]. AIChE Journal, 2014, 60(2): 690-705.

[25] Stichlmair J, Bravo J L, Fair J R. General model for prediction of pressure drop and capacity of countercurrent gas/liquid packed columns[J]. Gas Sep Purif, 1989, 3(1): 19-28.

[26] Raynal L, Royon L A. A multi-scale approach for CFD calculations of gas–liquid flow within large size column equipped with structured packing[J]. Chem Eng Science, 2007, 62(24): 7196-7204.

[27] Haroun Y, Raynal L, Legendre D. Mass transfer and liquid hold-up determination in structured packing by CFD[J]. Chem Eng Sci, 2012, 75: 342-348.

[28] Haroun Y, Raynal L, Alix P. Prediction of effective area and liquid hold-up in structured packings by CFD[J]. Chem Eng Res Des, 2014, 92(11): 2247-2254.

[29] Sebastia S D, Sai G, Ranganathan P, et al. Meso-scale CFD study of the pressure drop, liquid hold-up, interfacial area and mass transfer in structured packing materials[J]. Int J Green Gas Con, 2015, 42: 388-399.

[30] Onda K, Takeuchi H, Maeda Y, et al. Liquid distribution in a packed column[J]. Chem Eng Sci, 1973, 28(9): 1677-1683.

[31] Shi M G, Mersmann A. Effective interfacial area in packedcolumns[J]. German Chem Eng, 1985, 8(2): 87-96.

[32] Rocha J A, Bravo J L, Fair J R. Distillation columns containing structured packings: A comprehensive model for their performance. 2. Mass transfer model[J]. Ind Eng Chem Res, 1996, 35(5): 1660-1667.

[33] Xingang Li, Qiaoyu Liu, Hong Li, et al. Experimental study on liquid flow behaviorin the holes of SiC structured corrugated sheets[J]. Taiwan Inst Chem Eng, 2016, 64: 39-46.

[34] Xingang Li, Qiaoyu Liu, Hong Li, et al. Experimental study of liquid renewal on the sheet of structured corrugation SiC foam packing and its dispersion coefficients[J]. Chem Eng Sci, 2018, 180: 11-19.

[35] Hong Li, Qiang Shi, Xinwei Yang, et al. Characterization of novel carbon foam corrugated structured packings with varied corrugation angle[J]. Chem Eng Tech, 2018, 41(1): 182-191.

[36] Xingang Li, Xinwei Yang, Hong Li, et al. Significantly enhanced vapor-liquid mass transfer in distillation process based on carbon foam ring random packing[J]. Chem Eng Process, 2018, 124: 245-254.

[37] Guanquan Wang, Xigang Yuan, K. T. Review of mass-transfer correlations for packed columns[J]. Ind Eng Chem Res, 2005, 44(23): 8715-8729.

[38] Shulman H L, Ullrich C F, Proulx A Z, et al. Performance of packed columns. Ⅱ. Wetted and effective-interfacial areas, gas-and liquid-phase mass transfer rates[J]. AIChE J, 1955, 1(2): 253-258.

[39] Bravo J L, Rocha J A, Fair J R. Mass transfer in gauze packings[J]. Hydrocarb Process, 1985, 64(1): 91-95.

[40] Nawrocki P A, Xu Z P, Chuang K F. Mass transfer in structured corrugated packing[J]. Can J Chem Eng, 1991, 69(6): 1336-1343.

[41] Frantisek J Rejl. 352601 Gas-phase mass-transfer characteristics of Mellapak 250Y structured packing under distillation conditions[C]. AIChE Spring National Meeting, 2014.

[42] Carillo F A, Martín A, Roselló. A. A shortcut method for the estimation of structured packings HEPT in distillation[J]. Chem Eng Tech, 2000, 23(5): 425-428.

[43] Ying Meng, Hong Li, Jing Zeng, et al. A novel potential application of SiC ceramic foam material to distillation: Structured corrugation foam packing[J]. Chem Eng Res Des, 2019, 150: 254-262.

[44] 精馏技术国家工程研究中心（天津大学）[EB/OL]. [2019-10-1]. http://www. pyd-nerc. cn/cgyj/gchcg/gcyj/

[45] 董娇娇, 董艳河, 贺阳等. 苏尔寿新一代规整填料 MellapakPlus™ 在空分设备中的应用 [C]. 青岛：大型空分设备技术交流会，2010.

[46] 姚跃宾, 李洪, 李鑫钢等. 层数和表面开孔对金属丝网填料性能的影响 [J]. 现代化工，

2014, 34(11): 127-131.

[47] Grunig J, Kim S J, Kraume M. Liquid film flow on structured wires: Fluid dynamics and gas‐side mass transfer[J]. AIChE J, 2013, 59(1): 295-302.

[48] Haifeng Cong, Zhenyu Zhao, Xingang Li, et al. Liquid-bridge flow in the channel of helical string and its application to gas-liquid contacting process[J]. AIChE J, 2018, 64(9): 3360-3368.

[49] Nicolaiewsky E M A, Fair J R. Liquid flow over textured surfaces. 1. Contact angles[J]. Ind Eng Chem Res, 1999, 38(1): 284-291.

[50] 贾绍义, 李锡源, 王恩祥. 金属填料表面处理对润湿及传质性能的影响 [J]. 化工学报, 1995(01): 114-118.

[51] 龙湘犁, 叶永恒. 表面润湿性与多孔填料的分离效率 [J]. 北京化工大学学报, 1998(4): 11-15.

[52] Blais P, Carlsson D J, Wiles D M. Effects of corona treatment on composite formation. Adhesion between incompatible polymers[J]. J Appl Polym Sci, 1971, 15(1): 129-143.

[53] 贾绍义, 李锡源, 王恩祥. 丝网波纹填料的网纹构型对其传质性能影响的研究 [J]. 化学工业与工程, 1995, 12(4): 23-27.

[54] Lacroix M, Nguyen P, Schweich D, et al. Pressure drop measurements and modeling on SiC foams[J]. Chem Eng Sci, 2007, 62(12): 3259-3267.

[55] Xiaoxia Ou, Xun Zhang, Tristan Lowe, et al. X-ray micro computed tomography characterization of cellular SiC foams for their applications in chemical engineering[J]. Mater Charact, 2017, 123: 20-28.

[56] Stemmet C P, Bartelds F, Schaaf J D, et al. Influence of liquid viscosity and surface tension on the gas–liquid mass transfer coefficient for solid foam packings in co-current two-phase flow[J]. Chem Eng Res Des, 2008, 86(10): 1094-1106.

[57] Lévêque J, Rouzineau D. Hydrodynamic and mass transfer efficiency of ceramic foam packing applied to distillation[J]. Chem Eng Sci, 2009. 64(11): 2607-2616.

[58] 张劲松, 田冲, 杨振明等. 碳化硅泡沫陶瓷波纹规整填料及其制备方法和应用 [P]. CN 201010219988. 2. 2011-10-19.

[59] 曾菁, 高鑫, 李洪等. 泡沫碳化硅波纹规整填料的流体力学及传质性能 [J]. 现代化工, 2012(10): 76-79.

[60] Xingang Li, Guohua Gao, Luhong Zhang et al. Multiscale simulation and experimental study of novel SiC structured packings[J]. Ind Eng Chem Res, 2011, 51(2): 915-924.

[61] 余国琮, 袁希钢. 化工计算传质学 [M]. 第 3 版. 天津: 天津大学出版社, 2016.

[62] Tierney C, Wood S, Harris A, et al. Prog. Computational Fluid Dynamics modelling of ultra-lean porous burners[J]. Comput Fluid Dynamic, 2010, 10(5-6): 352-365.

[63] Yin F H, Sun C G, Afacan A, et al. CFD modeling of mass-transfer processes in randomly

packed distillation columns[J]. Ind Eng Chem Res, 2000, 39(5): 1369-1380.

[64] 张泽廷，王树楹，余国琮. 填料塔液相混合的研究（Ⅱ）二维扩散模型 [J]. 化工学报，1988(03): 292-298.

[65] 张泽廷，王树楹，余国琮. 填料塔液相混合的研究（Ⅰ）假一维扩散模型 [J]. 化工学报，1988(03): 285-291.

[66] 张泽廷，王树楹，余国琮. 填料塔传质模型的研究——二维混合池随机模型 [J]. 化工学报，1989(01): 53-59.

[67] 孙树瑜，王树楹，余国琮. 规整填料塔中精馏过程的三维模拟（Ⅰ）物理模型和模型方程 [J]. 化工学报，1998, 49(5): 549-559.

[68] 谷芳，刘春江，袁希钢等. 利用 CFD 及结点网络相结合的方法研究规整填料传质效率 [J]. 化工学报，2005(04): 30-35.

[69] 陈江波，刘春江，袁希钢等. 规整填料内气液两相流动与传质的计算传质学模型（英文） [J]. Chinese J Chem Eng, 2009, 17(3): 29-36.

[70] Wenbin Li, Guocong Yu, XIgang Yuan, et al. A Reynolds mass flux model for gas separation process simulation: Ⅱ. Application to adsorption on activated carbon in a packed column[J]. Chinese J Chem Eng, 2015, 23(08): 1245-1255.

[71] Botan Liu, Yantong Wen, Chunjiang Liu, et al. Multiscale calculation on perforated sheet structured packing to predict the liquid distribution based on computational fluid dynamics simulation[J]. Ind Eng Chem Res, 2016, 55(28): 7810-7818.

第九章

新型塔板

第一节 强化气液传质过程原理

一、新型塔板技术发展方向

石油化工企业塔设备中板式塔约占 90% 以上，日益增长的分离需求促进了新型塔板技术的发展 [1]。目前工业应用最广泛的三种塔板类型为泡罩塔板、筛板和浮阀塔板，大部分新开发的塔板都是以这三种塔板为基础进行一定功能性改进而得到的，所改进的方向主要有增加有效传质面积、降低压力降、减少板上液面梯度和滞留返混、增加气液相接触面积等。下面将举例进行详细介绍。

二、增加有效传质面积

精馏塔板上能够切实发生气液接触的面积被称为塔板的有效传质面积。最基本的精馏塔板上一般包括受液区、开孔区和降液区。其中，受液区和降液区是不承担分离任务的，而发生传质传热的开孔区只占整个塔板面积的 60% ~ 80%。提高开孔区占比是增加板上有效传质面积最直接的方式。

1. 改变降液管形状

弓形降液管一般占整个塔板面积的 10% ~ 20%[2]。为了控制非传质区域的面积，国外开发了一种环形降液管 [3]。这种环形降液管的设置更加贴合圆形轮廓，将原来降液区的一部分变为了开孔区，这种改变也降低了受液区的面积，使得整个塔板的非传质区域面积降低到了 5% 以下。

2．取消受液区

除了缩小降液区的面积，利用悬挂降液管而取消受液盘也能有效增加传质面积，通常的做法是设置一块高于塔板一定高度的进口板用以替代原有受液盘的承液功能，典型代表为 NYE 塔板，塔板降液管的底部被升高，原有的受液盘被改造为开孔区[4]。

3．穿流型塔板

穿流型塔板取消了传统塔板降液区和受液区的设置，塔内气液相呈现完全逆流操作。穿流型塔板分为两种型式，一种为气液共用通道型穿流塔板[5]，上升的气相穿过板孔与液体相遇发生传质过程，而液相亦通过孔板降落至下一层塔板。另外一种为气液异通道型穿流塔板，通过在塔板上均匀分布降液管以保证每个板孔旁边均能形成液体溢流。正常操作时，气体从板孔通过与液体发生传质，而液体则从旁边的降液管降落到下一层的板孔上方。

4．泡沫材料塔板

作为一种新兴材料形式，多孔泡沫材料被广泛应用于建筑、化工、环保等领域。天津大学与中科院沈阳金属研究所共同合作，将泡沫碳化硅制作成整块塔板和固阀塔板（以及固阀），提升了开孔区的利用率[6]。

三、减少板上液面梯度和滞留返混

由于现有精馏塔绝大多数为圆柱形，所采用的塔板一般也会设计成圆形。当液体在圆形塔板上流动时，液体流向截面中间流速快，两边流速慢，加之越靠近塔壁，液体的流程越长，容易在塔板的两边形成滞留和返混。而一般认为，板上液体作平推流流动更有利于提高传质效率。当液体流程过长或黏度过高时，塔板上会形成较大的液面梯度，导致气体鼓泡不均匀，有时还会形成局部漏液，降低传质效率。因此，减小板上液面梯度和滞留返混均有利于改善塔板的传质传热性能。

1．导向筛孔塔板

在筛板上按照液体流向布置一系列的导向孔，中间导向孔按直线布置，靠近塔壁则按弧线布置；气体从导向孔喷出对板上液体有向前推进的作用，可以同时消除液面梯度和返混滞留[7]。

2．导向梯形固阀塔板

这种固阀塔板的阀件形状为梯形，气体从两侧阀孔喷出时与主体液流形成锐角，能够推进液体向前流动，同时，在阀件顶端沿主体液流方向开设两个舌孔以弥补侧向气体对于液体推动的不足，从而进一步降低液面梯度 [8,9]。

四、增加气液相接触面积

随着气相负荷的增加，塔板上的气液接触状态依次为鼓泡状、蜂窝状、泡沫状和喷射状四种。其中，传质过程中泡沫状是最理想的气液接触状态，这是因为气液相接触在泡沫状态下相界面密度最大，这种操作状态下塔板的传质效率也最高。为了进一步增加塔板在鼓泡状和蜂窝状操作下的传质效率，通过减小初始鼓出气泡的体积，可以有效改善在低气速操作状态下的塔板传质效果，提高塔板操作弹性。传质元件的微型化是减小鼓出气泡体积最直接的办法，但这种方式会大幅度增加塔板制作费用，也会引起堵塞和高压降的问题。新型微分传质元件的开发和新材料的应用可以很好地解决以上问题。

1. 气体微分浮阀

气体微分浮阀塔板的设计思路是将传统浮阀塔板上传质元件的阀帽上经过冲压形成微型固阀，清华大学以传统圆形和梯形浮阀为基础，开发了 ADV 系列微分浮阀 [10,11]。阀件的阀腿结构不做任何改变，而在阀帽上均匀开设三个微型固阀。在低气速时，阀件不会被吹起，气体主要从塔顶微型固阀鼓出，形成体积较小的气泡；随着气速的提高，浮阀逐渐打开，气体主要从阀帽与塔板的间隙鼓出，塔板上形成泡沫状。

2. 泡沫材料固阀

泡沫材料也可以被制作成阀件，天津大学与沈阳金属研究所共同开发了一种泡沫碳化硅固阀塔板 [12]。以圆形浮阀塔板为基础，用一定厚度的等直径圆形泡沫碳化硅阀片替代浮阀镶嵌在阀孔上。气体在经过泡沫碳化硅阀片孔道后被分散而进入液层，气泡直径明显减小。

五、增加液相停留时间

分析现有塔板技术，用于增加液相停留时间方法有两类：一类是通过设置挡板强制增加液相在塔板上的液流长度。将塔板的受液区和降液区放置在塔板的同一侧，中间以挡板相隔，塔板的一部分亦被挡板隔开，使得液相流动路径为 U 形。虽然这种塔板型式提高了液相停留时间，但同时也加重了液面梯度和滞留返混，适用于液流强度很小的场合。另外一类是通过利用板间空间辅助以特殊设计的传质元件形成液相拉升和降落过程，从而提高液流长度，这种塔板被称为立体传质塔板，如日本的垂直筛板和国内河北工业大学的 CTST 塔板 [13-15]。

六、塔板表面润湿性改性

传统上，针对塔板流体力学性能的改善主要从几何结构入手，但天津大学关注到塔板的界面性质，通过改变塔板表面的润湿性，从而达到改善塔板流体力学性能的目的[16]。图 9-1 是经过超疏水改性的泡沫碳化硅固阀塔板，其表面水接触角由51°增加到155°。水力学实验表明，随着塔板表面接触角的增加，泡沫碳化硅塔板的总压降明显下降，最多可降低43%。此种通过改变塔板表面性质的方法，为降低板压降提供了一种新思路。

▶ 图 9-1   超疏水改性碳化硅固阀塔板
（a）超疏水改性塔板表面水接触角；（b）超疏水改性塔板表面效果图

第二节 流体力学与传质性能分析

一、塔板上气液两相接触状态

塔板上气液两相的接触状态是决定板上两相流流体力学以及传质、传热规律的重要因素。研究表明，当液体流量一定时，随着气速的增加，可以出现四种不同的接触状态，即：鼓泡状态、蜂窝状态、泡沫状态和喷射状态，如图 9-2 所示。下面分别予以介绍。

1. 鼓泡状态

当气速较低时，气体通过塔板进入液层后以鼓泡形式通过。由于气泡的数量不多，形成的气液混合物基本上以液体为主，此时塔板上存在着大量的清液。因为气泡占的比例较小，气液两相接触的表面积不大，传质传热效果会因此受到极大影响。

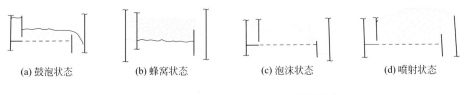

(a) 鼓泡状态　　　　(b) 蜂窝状态　　　　(c) 泡沫状态　　　　(d) 喷射状态

▶ 图9-2　塔板上四种不同气液接触状态

2．蜂窝状态

随着气速的增加，气泡的数量不断增加。当气泡的形成速度大于气泡的上浮速度时，气泡在液层中积累。气泡之间相互碰撞，形成各种多面体的大气泡，这就是蜂窝发泡状态的特征。在这种接触状态下，板上清液层基本消失而形成以气体为主的气液混合物。由于气泡不易破裂，表面得不到更新，所以此种状态不利于传热和传质。

3．泡沫状态

当气速继续增加，气泡数量急剧增加，气泡不断发生碰撞和破裂，此时板上液体大部分以液膜形式存在于气泡之间，形成一些直径较小，扰动十分剧烈的动态气泡，在板上只能看到较薄的一层液体。由于泡沫接触状态的表面积大，并不断在更新，为两相传热与传质提供了良好的条件，是一种较好的塔板工作状态。

4．喷射状态

当气速迅速增加，由于气体动能很大，把板上的液体向上喷成大小不等的液滴，直径较大的液滴受重力作用又落回到板上，直径较小的液滴被气体带走，形成雾沫夹带。前面所叙述的三种状态都是以液体为连续相，气体为分散相，而此状态恰好相反，气体为连续相，液体为分散相。两相传质的面积是液滴的外表面。由于液滴回到塔板上又被分散，这种液滴的反复形成和聚集，使传质面积大大增加，而且表面不断更新，有利于传质与传热进行，也是一种较好的工作状态。

如上所述，泡沫接触状态和喷射状态均为优良的塔板工作状态。因喷射接触状态的气速高于泡沫接触状态，故喷射接触状态有较大的生产能力。但喷射状态雾沫夹带较多，若控制不好，会破坏传质过程，所以多数塔板在设计时均控制在泡沫接触状态下工作。当然，类似于立体传质塔板和旋流塔板，在设计时就将塔板的工作状态控制在喷射状态下，以获得更高的通量。

二、塔板上液相流场

塔板上气液两相的流动分布是塔板流体力学的重要组成部分。全混流和平推流是液体流经板面时的两种极限情况，塔板上液体的实际流动状况总是介于这两者之间，即存在一定的混合或称返混，流动情况比较复杂。液体在塔板上的混合状况包括：沿板面液流方向上的横向混合，垂直于板面而沿气流方向上的完全混合，沿板面与液流方向相垂直方向上的轴向混合。一般认为，当液体流经小尺寸筛板时，可以认为各方向完全混合。当液体流经大直径筛板时，轴向和横向均不会全混，但滞流回流等现象非常普遍。图 9-3 是 Porter 等[17]在直径 1.2m 塔板上通过示踪剂测得的液体流动情况，从图中可以看出，塔板上存在着主流区和回流区，主流区内液体流动近乎平推流，而回流区内液体流动近乎全混流。余国琮和黄洁等发现在两堰之间的矩形主流区中，液体速度分布也不均匀，弓形区内液体流动分为缓慢流动区和返流区，液体的这种不均匀流动状况严重地影响塔板效率[18-20]。

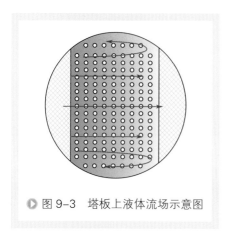

▶ 图 9-3　塔板上液体流场示意图

三、塔板压降

在适宜的操作工况下，干、湿板压降是影响塔板通量的重要指标。一般说来，多采用干、湿板压降来表示气体通过塔板的能量损失。干板压降是指塔板上无液体时气体通过的压降。干板压降由气体通过筛孔时突然收缩又突然扩大时的局部阻力引起，故可采用流体通过孔板流动的模型来表示。湿板压降是由塔板本身的干板阻力、塔板上充气液层的静压降和液体的表面张力组成的。计算塔湿板压降的关联式大体有加和、特征数关联式和与气速相关联的经验式三类。浮阀塔板压降的组成比较特殊，因为塔板上有一个活动部件——浮阀，在操作过程中存在一全开点，所以浮阀的干、湿板压降分为全开前和全开后两种。对于浮阀塔板干板压降，学者们提出了许多经验关联式，由于学者们所研究的浮阀种类不同，导致了计算公式存在较大差别[21-32]。对于浮阀塔板的湿板压降关联式，加和法应用最为广泛。

四、漏液

塔板的漏液是评价塔板操作弹性的一项重要指标。对于筛孔塔板和浮阀塔板，当上升气速减小，或板上液层高度增加，气体通过开孔的动压不足以克服塔板上液层产生的向下的压力，就会有液体从孔中流出，此时出现漏液现象。漏液发生时，塔板上气液接触不充分，使得塔板的效率下降，严重时塔板上不能维持一定液层，而无法正常操作。为了保证塔的正常操作，漏液量应不大于液体流量的 10%，此时的气体流速为漏液点速度，是塔板操作的下限气速。

计算漏液点气速的关联式较多，可简单地将其分为纯经验关联式和半经验关联式两类。前一类式子以纯经验的方法提出，其应用范围受到较大限制，通常从孔动能因子和干板压降计算漏液点气速[33,34]。后一类式子是从漏液机理出发导出的半经验、半理论的关联式。这些式子所考虑的漏液影响因素比较全面，计算精度比纯经验方法要高，因而应用范围较广[35-37]。

五、雾沫夹带

塔板的雾沫夹带是评价塔板操作弹性的另一项重要指标。上升气体穿过塔板上液层时，将板上液体带入上层塔板的现象称为雾沫夹带。雾沫的产生固然可增加气液两相的传质面积，但是过量的雾沫夹带造成液相在塔板间返混，塔板效率严重下降[38-44]。为了保证塔板的正常操作，生产中规定每 1kg 上升气体夹带到上层塔板的液体量不超过 0.1kg，即控制雾沫夹带量 $e_V < 0.1 kgL/kgG$。

六、气液传质性能

从理论上而言，通过筛板的气液两相经过充分接触传质后，气液两相组成可达到一极限值，称为理论级。但由于实际筛板上的传质过程是在有限时间内完成的，相应的传质效果也就达不到所谓的理论板要求，由此引入传质效率的概念用以表示两者间的差距。筛板传质性能的优劣通常用传质效率来衡量，而传质效率则用板效率定量描述[45-48]。板效率有多种表示方法，如针对塔板上任意点的塔板点效率，针对整块塔板不计雾沫夹带、漏液等因素影响的 Murphree 单板效率（又称干板效率）[47]，针对整块塔板及雾沫夹带、漏液等因素影响的湿板效率，Hausen 板效率及总板效率等[49]。由于塔板上气液两相传质过程极为复杂，影响传质的因素实在太多，且许多影响因素之间还相互关联，因此目前还没有一个普遍适用的板效率模型。

第三节　新型塔板及其应用

一、概述

板式塔作为一种具有悠久历史的气液和液液传质设备被广泛应用于化工、炼油、制药，环保等工业过程中。如今虽然填料塔以压降小、通量大、效率高等优点得到了广泛应用，但填料塔造价高，对于初始分布敏感，在压力增加时分离效率和通量的急速下降等缺点也限制了其发展。相比之下，板式塔结构较为简单，易于放大，对于常压和加压物系，特别是大塔径、多侧线传质过程具有较大的优势。因此，对于板式塔的开发研究一直在塔器技术发展中有着举足轻重的作用。

近年来，塔板技术得到充分的关注和发展，国内外相继推出了一系列结构新颖、性能优良的新型塔板。

本章主要将针对近期塔板的发展进行举例介绍。通过对近期国内外新型塔板结构及性能的阐述及分析使读者对新型塔板发展拥有一个清晰的理解和认识。

二、立体喷射型塔板

1. 新型垂直筛板塔板

如图 9-4（a）所示，新型垂直筛板塔板（NEW-VST）[50] 是由日本三井造船公司（MSE）于 1963 ～ 1968 年开发的一种并流喷射塔板。经过美国分馏公司（FRI）1971 年性能测试，结果表明这种塔板具有处理能力大、传质效率高且压降较低等特点。我国在 20 世纪 80 年代初开始了对于这种新型塔板的研究和应用。

与筛板、浮阀塔板和其他类型具有降液管的塔板类似，NEW-VST 在宏观意义上依然是一种错流塔板，具有降液区和受液区。不同的是板上的结构，NEW-VST 在板上开有多个圆形、方形或者矩形的大孔，同时在孔的正上方安置相同形式的帽罩。NEW-VST 的主要特点体现在帽罩的构造上，以最典型的圆筒形帽罩为例，帽罩以圆筒形罩体和盖板组成，可由碳钢、低合金钢和陶瓷等材料制作而成。罩体直径为 60 ～ 200mm，高度为 150 ～ 250mm，在罩体的上部设有孔或缝隙以便流体通过，顶部的盖板则是起到阻止气、液流体向上流动造成雾沫夹带的作用。整个罩体和塔板上的开孔是以同轴心固定的，在罩体和塔板固定连接处会留有一定大小的缝隙以便液体能够进入罩体内。与其他错流塔板类似，板上开孔以三角或者矩形排列。

在正常操作状态下，筛板、浮阀塔板或其他类型的错流塔板上的气液流动接触呈泡沫或喷射状态，而新型立体喷射塔板上气液流动 [图 9-4（b）] 则会经历托液拉膜、破膜粉碎、气液喷射和气液分离四个过程。首先，来自上层塔板的液体从降液管流出后会迅速在塔板上形成一定厚度的液层。由于液压的存在，液体从帽罩底部开始进入帽罩内部，与此同时，来自下一层塔板的上升气体从板孔进入帽罩内。在高速气流的作用下，液体流向改变，在帽罩壁面处形成液膜向上运动。之后，极不稳定的液膜被湍动剧烈的气体打碎成液滴，气液两相在帽罩内进行激烈的传质过程。而后两相流从罩壁小孔沿水平方向喷射而出，形成了帽罩外的气液分离过程，气相升至上一层塔板，而液相下落至原有塔板上，一部分又被吸入帽罩进行再次循环，另一部分随板上液流进入下一个帽罩，最后溢流进入降液管流入下一层塔板。

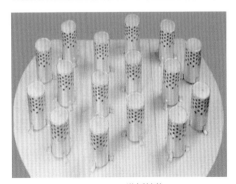 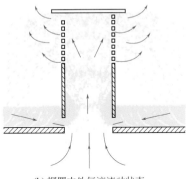

(a) NEW-VST塔板结构　　　　　　(b) 帽罩内外气液流动状态

 图 9-4　NEW-VST 塔板及其气液流动状态

通过大量的水力学和传质实验，已经对这种新型垂直塔板的综合性能有了较为全面的了解：

① 这种塔板的负荷能力大，其处理能力可以达到普通塔板的 1.5 ~ 2 倍。这主要是因为帽罩结构使气体呈水平方向喷出，这使得即使是高速的气体中所夹带的液体也能够有足够的时间得以聚并和沉降。另外，良好的气液分离能力使得进入降液管中的液体几乎不包含气相，因而降液管内液体的停留时间可以适当减少，降液管体积也可以酌情削减，增加了塔板的有效传质面积以便更多的气体通过。

② 具有较高的传质效率，超出传统浮阀塔板传质效率 10% ~ 20%。塔板上的四个过程都有传质和传热过程发生，尤其是气液喷射和气液分离过程。喷射过程保证了气液两相的良好混合，并为传质传热过程提供了足够的气液相界面。同时，部分液体的回流保证了液体充足的停留时间，使传质传热过程进行得更加完全，这些要素都是高传质效率的基础保障。

③ 操作弹性大且操作条件适应性强。与普通塔板相比，这类塔板在很大的气速下操作也不易出现降液管液泛、过量雾沫夹带等不正常现象，操作弹性可与浮阀塔板相当。另外，这种塔板可适用于高压强与较低真空以及低液气比下操作，液体流量较大范围的波动也不会对板效率造成很大的影响。

④ 压降较小。普通塔板在正常操作工况下气体需要穿过较厚的液层才能够形成有效的传质传热过程，但这也会造成较大的压降。不同于普通塔板，该类塔板的气相不用克服液层所形成的压头，只需要克服被气体所打碎的那部分液体的重力，这使得塔板压降大大降低。

此外，该塔板的板间距也比一般的塔板要小，提高了塔板间的空间利用率。同时，该塔板还具有较好的防堵性能以及操作简便可靠等优点。

2. 立体传质塔板

立体传质塔板（CTST）[51]是对河北工业大学在梯矩形立体连续传质塔板的基础上所开发的一系列塔板的总称。通过不断地调整梯矩形帽罩的局部结构，河北工业大学开发出了一系列立体传质塔板来适应各种工况的需求。同时，大量的水力学和传质实验使他们对立体传质塔板的工作原理有了充分的认识，在立体传质塔板的研究和开发上走在了国内甚至世界的前列。由于其优秀的综合性能，CTST 已经被成功运用到常压蒸馏、催化裂化、气体脱硫和溶剂再生等过程的塔器设备中，并取得了显著的经济和社会效益。

河北工业大学结合 CTST 技术开发出多项高效节能的新工艺，包括立体催化精馏塔板及应用工艺、制药难分离溶剂提纯、含硫污水及低浓度溶剂废水回收处理等新工艺，节约了工艺能耗，减轻了环保压力。在反应精馏方面，成功将催化反应与组分分离在同一塔板空间内同时完成，建立了 CTST 催化塔板的空间反应动力学模型，实现了催化剂浸没型设计，使液体能够多次通过催化剂单元，催化剂的利用率提高了一倍以上，有效地提高了反应转化率，降低了工艺能耗。所开发的工艺和装置成功应用于醋酸甲酯、醋酸乙酯、醋酸丁酯、MTBE 的合成等反应精馏工艺中。例如在 PVA 生产过程中，醋酸甲酯一次水解率由 25% 提高到 75%，生产能耗降低了 20.8%，大大简化了工艺流程，节省设备投资 30% 以上。在维生素 C 的生产过程中，开发出高效甲醇双效精馏新工艺，并针对该工艺研发出 CTST-F1 复合立体传质塔板。新工艺实施后，操作稳定，有效地降低了工艺能耗、减少了环境污染。如在与某制药公司的合作项目中，年回收甲醇 20 万吨，每年可向环境减少排放甲醇 3000t，节约蒸汽 40%，节水 30%。在环保水处理方面，开发了以 CTST 为设备核心的含硫污水净化、低浓度 DMF 废水处理等新工艺。该工艺实施后，使得生产处理量提高了 1 倍以上，节能 25%，净化水可直接回用。

大量理论研究和工业实践证明，大通量、高效率的立体传质塔板 CTST 技术具有广阔的应用前景和较高的应用价值，对板式塔的理论研究与多样化开发具有重要的意义，对其进行的研究和技术应用将对我国的化工、石油、制药等行业的发展和我国塔器技术的发展有重要意义。

三、复合塔板

1. 穿流型复合塔板

穿流型筛板拥有悠久的应用史，在操作过程中，两层塔板之间可分为两个区：鼓泡区和气、液分离区。其中鼓泡区主要承担传质传热任务，而气、液分离区主要是气相和液相之间的分离作用，区域内绝大部分为气相，对传质和传热贡献甚微。如果板间距为450mm，气相区高度大约为300mm，如果能够将这部分加以利用，同时保留鼓泡层的高效区，将会大幅度提升板式塔的传质效率。

填料塔的传质效率很大程度上取决于气液分布状态。而相对于气体分布，液体分布在实际生产中更加不易控制，即使在良好的初始分布条件下，液体通过填料层之后将会或多或少地出现分布不均和壁流现象。液体分布不均会引起径向浓度分布不均，导致填料层的传质效率下降。因此当填料层较高时需要设置液体再分布器，以便液流和浓度的均匀分布。

结合穿流型筛板和填料塔的特点，能够使两者的优缺点进行互补。因此穿流型复合塔板应运而生。如图9-5所示，穿流型复合塔板一般为穿流筛板下加装一层高为50～150mm的薄层规整填料，板间距为250～450mm，经过穿流筛板和填料的气、液两相均属于逆流流动。经过组合后，大部分的塔内空间得到利用，增加了传质能力。穿流塔板与规整填料的巧妙组合使复合塔板具有以下优点：

① 液体流过一段填料之后会降落到筛板上，再经过板上的气液接触之后从各个筛孔进入到下一层填料中。在此过程中，穿流筛板就充当了下面填料层的液体再分布器，起到了均匀分布液相的作用。

② 气体进入填料后被均分到多个独立孔道内，这有利于气相的均布，并且在进入上一层塔板时不会因为液层不均造成气相在穿过筛板时分布不均的现象发生，有利于强化鼓泡区的传质效果。

③ 板式塔的雾沫夹带是限制其生产能力和操作弹性一个很重要的因素，而安置于两个塔板之间的规整填料能够很好地消除塔板间的雾沫夹带，有利于提高塔板的操作上限从而提高整塔的处理量和操作弹性。

④ 复合塔板操作时可分为三个主要区域：塔板上的鼓泡区、填料内的液膜区和填料下的淋降区，这三个区域都具有传质效果，而传统的穿流筛板绝大部分的传质和传热过程都发生在板上的鼓泡区内。所以，复合塔板拥有更高的空间利用用以进行传质和传热过程。

穿流型复合塔板在工业上已获得成功应用，并取得显著的效果。在各个领域已有40余座穿流型复合塔投入运行，其中包括甲醇、乙醇和丙醇等溶剂回收工艺，合成甲醇的主精馏、DMF回收、废NH_3水处理、二甲苯的精馏及分子筛脱蜡装置抽出液的精馏等，塔径最大可以达到2.6m[52, 53]。

2. 并流喷射填料塔板

并流喷射填料塔板（JCPT）[54]是由天津新天进科技开发有限公司发明并委托天津大学化学工程研究所进行性能研究的一种新型填料塔板。不同于穿流型复合塔板，JCPT（图9-6）是将立体传质塔板和填料复合，是一种错流式的复合塔板，所以每块塔板都会设置受液区和降液区，在塔板上按照一定的排列方式开一定数目的圆孔或者方孔，在孔的上方安装帽罩，不同于垂直筛孔塔板，帽罩的上半部不再设置喷射孔和盖板，而是放置一个装有规整填料的方形框架，并在框架上装有盖板；而帽罩的下半部分依然为方形或者圆形的升气筒，升气筒下部有可调支脚以调节帽罩与塔板间的底隙。

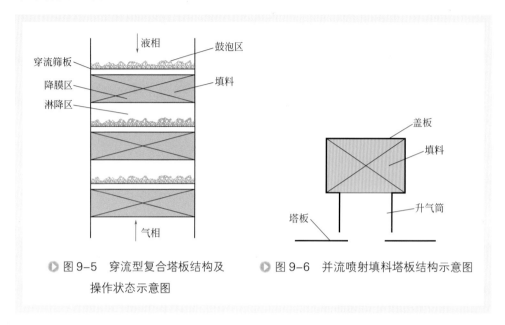

圖 9-5　穿流型复合塔板结构及操作状态示意图　　圖 9-6　并流喷射填料塔板结构示意图

在正常操作时，板上的液体由于静压的作用从帽罩底隙进入帽罩内，被下层塔板上升的经板孔加速后的高速气体提拉成环状液膜并被破碎，气液两相流以近乎乳沫状流的形式沿规整填料的规则通道向上并流，填料层可以使气液相接触面积增大并得到更新，最后形成更细小的液滴由填料层的侧面喷出，并造成相邻的罩体间激烈的对喷。

并流喷射填料塔板（JCPT）与垂直筛板塔板（NEW-VST）在工作原理上很相似，均在一定程度上有效利用了塔板上的空间。同时，JCPT 也具有生产能力大，操作压降低，操作弹性大，雾沫夹带量较低等优点。此外 JCPT 还具有结构灵活的特点，可根据工况和物系的要求选择不同型号和材质的填料。并流喷射填料塔板凭借其优越的性能一经推出便在工业上得到推广，被应用于石油炼制和化工生产过程中，作为常压及高压蒸馏、吸收、解吸和增湿等单元操作的关键设备。

四、浮阀类塔板

1. 导向浮阀塔板

导向浮阀塔板是在 20 世纪 90 年代初由华东理工大学开发的一类新型浮阀塔

板[55]，开发的初衷是为了克服 F1 浮阀塔板的固有缺陷，如液面梯度大，板上液体返混严重，塔板两侧弓形区内存在液体滞留区和浮阀容易磨损脱落等问题。

F1 浮阀塔板的阀片形状为圆形，而导向浮阀塔板的阀片形状则为矩形和梯形为主（图 9-7）。同时阀片上开有一个或两个导向孔，导向孔的方向与塔板上的液流方向一致。塔板上的梯矩形板孔按照正方形或正三角形的形式排列，阀片通过在液体流动方向上设置的阀腿与板孔进行契合。在正常的操作工况下，阀片被板孔加速的气体托起形成与液体流向垂直的水平通道，一部分气体通过通道与阀孔间流经的液体混合并进行传质传热过程，另一部分气体则通过导向孔与流经阀片的液体相遇。经过充分的传质和传热过程后，液相经过溢流堰进入降液管并流向下一层塔板，而气相则继续上升至上层塔板。

实验结果表明导向浮阀塔板克服了 F1 浮阀塔板的很多不足。从导向孔喷出的气体因为与液流方向一致，具有推动板上液体流动的功能，从而可以明显减少甚至完全消除塔板上的液层梯度。同时，排布在塔板两侧弓形区内的导向浮阀因为导向孔的存在，能够加速弓形区内液体的流动，从而消除塔板上的液体滞留区。从液流垂直方向喷出的气体很大程度上减少了因为气体吹拂引起的板上液相返混。最后，梯矩形的阀片不会再像圆形阀片在操作时进行转动，所以阀片不会那么容易磨损和脱落。

(a) 矩形导向浮阀　　　　　(b) 梯形导向浮阀　　　　　(c) 齿形导向浮阀

▶ 图 9-7　导向浮阀塔板系列产品结构示意图

导向浮阀塔板不但继承了传统 F1 浮阀塔板传质效率高，操作弹性大且生产能力大等优点，也在不同程度上克服了传统 F1 浮阀塔板的固有缺陷。目前，在国内导向浮阀塔板的应用已经非常广，已有取代 F1 浮阀塔板之势。

2. 超级浮阀塔板

超级浮阀塔板（SVT）[56] 是南京大学在其对于精馏塔能耗影响因素研究结论基础之上提出的一种新型塔板概念。他们经过研究发现塔板类型及结构参数对精馏过程的能耗有很大影响，较低的堰高、较长的溢流堰和较大的传质区面积也都有利于降低能耗。同时，他们发现板上液体的流型也对能耗有很大的影响，平推流型塔板的能耗最低，全混流型塔板的能耗则最高。总而言之，提高单板传质效率是降低精馏过程能耗的最有效途径。基于以上结论，他们认为浮阀塔板发展的极致应该是综合考虑以上因素之后的设计成果，超级浮阀塔板的概念应运而生。与传统的浮阀塔板相比，超级浮阀塔板主要包含以下三个方面的变动：

第一，弧形降液管的使用。传统塔板主要使用的是弓形降液管，这种降液管占用了很大一部分塔板面积，如果这部分面积可以用来作为传质、传热过程的话，则可以有效提高传质效率。弧形降液管的使用可将塔板的有效传质区面积提高10% ~ 30%。

第二，设置全导流装置。导流板的使用可以将整个塔板分成多个狭窄的弧形流道，可有效减少板上的返混和滞留区形成，迫使液相在塔板上基本实现"活塞流"流动。

第三，采用双层菱形浮阀传质元件。这种新型浮阀结构采用了母子双浮动结构，并且采用充分考虑流体流型的菱形结构，可以大幅度提高传质效率和生产能力。

超级浮阀塔板的核心技术是具有双菱形阀片的母子导向浮阀（图9-8）。母阀的阀片是菱形，当安放在塔板上时，阀片的长对角线垂直于溢流堰。母阀的阀腿有前后之分，靠近溢流堰一段的阀腿要高于另一条阀腿，以使母阀在全开时，母阀的阀盖与阀孔板之间向着溢流堰张开一个10°左右的夹角。母阀阀盖上有一个母阀阀孔，安放一个可以活动的子阀。子阀也为四边形，其四条边与母阀的四条边平行。同样的，子阀的阀腿也有前后之分，子阀的前腿要长于后退，使得子阀在全开时会与母阀阀盖之间向着溢流堰张开一个10°左右的夹角。此外，在子阀后面的母阀阀盖上还会设置一个导向孔，开孔方向与液流流向一致。

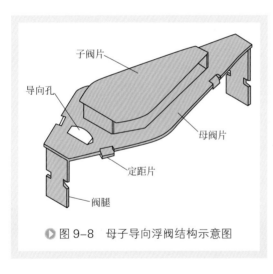

子阀片
导向孔
母阀片
定距片
阀腿

▶ 图9-8　母子导向浮阀结构示意图

在操作过程中，当气速较小时，母阀静止在塔板上，子阀升起，此时的气、液传质主要集中在子阀附近；随着气相负荷增加，子阀全部开启，母阀亦收到足够多的压力提升而逐渐开启。此时，上升气相分别从母子阀片升起的间隙进入液层，从而进行气液两相之间的传质、传热过程。这种母子阀片的配合可以有效和较大范围地调节塔板开孔率和阀孔气速，而具有较大操作弹性和生产能力。同时，这种塔板可以在较低气速下仍能保持较高的传质效率，且随着通量的增加，效率基本保持不变。此外，通过观察发现，菱形的子母阀片形式不但能够对液流起到很好的导向作用，消除液面梯度，而且能够使气体分散更加细密、均匀，增加了气液相界面面积，有利于提高传质效率。同时，不同高度的阀腿使向前的气流量大于逆向的气流量，再加上母阀阀盖上导向孔的作用，使得液体流经阀孔时获得更多向前运动的动力，有效消除了板上液面梯度。通过对比实验，这种母子双阀片结构塔板要比传统的单阀片结构塔板具有更高的传质效率、更小的压降、更大的操作弹性和通量。

五、穿流塔板

1. 穿流式栅板

穿流式栅板即开有栅条的无溢流塔板[57,58]。栅板的构造很简单，就是一块平板上面按照一定的规则开有很多的缝条。在操作时，液体由上层塔板淋下，而气体则通过板缝由下而上地穿过塔板。由于气体通过塔板有阻力，而能在板上托起一定量的液体，形成气液两相互相接触的床层，从而进行传质过程。虽然塔板结构经过了简化，但是却使整个塔板面积都得以利用，这是错流塔板所不能及的。

经过大量的实验和生产经验得出，穿流式栅板具有以下特点：

① 结构简单。塔板上无溢流装置，结构比一般筛板塔板还要简单，因而制造容易，安装维修方便，节省材料和投资。

② 生产能力大。由于没有溢流装置，节省了降液管和受液盘所占据的塔板面积（一般约占塔板面积的 15% ~ 30%），所以气体流量较大。

③ 压降小。开孔率大，孔缝气速比溢流式塔板小，其压力降比泡罩塔小40% ~ 80%，因而可用于真空蒸馏。

④ 污垢不易沉积，孔道不易堵塞。可用塑料、陶瓷、石墨、有机玻璃等非金属耐腐蚀材料制造。

⑤ 操作弹性小。这是穿流式塔板的通病，能够保持较好效率的负荷上下限之比约为 1.5 ~ 2.0，低于其他板式塔。

⑥ 塔板效率较低。比一般板式塔约低 30% ~ 60%。但穿流式塔的孔缝气速较小且雾沫夹带量也小，故塔板间距可以适当缩小，因而在同样的分离条件下，塔的总高度与泡罩塔大致相同。

国内自 1980 年以来对其性能和结构进行了系统性的研究，与此同时进行了工业应用的开发，也取得了突破性的进展，近年来应用日益广泛，主要应用于化肥生产，氟化氢吸收工艺和冶炼工业等过程。

2. 非均匀开孔率穿流塔板

理想状态下，穿流塔板正常工作时的状态是来自下一层塔板的气体能够均匀通过板上开孔，而液体则在液层压力下能够从每一个孔落下。这样塔板上不仅能够进行有效的传热和传质过程，并且还具有同时分散气、液两相的作用。然而在实际情况下，均匀开孔的穿流塔板在低气速下，板上不能够形成有效液层，气、液两相之间接触不充分造成传质效率低等现象发生。随着气速增加到一定的数值，板上出现液层，气液两相有序从板孔穿过，达到设计的理想状态，这时的塔板具有很高的传质效率；但这种状态随着气速的增加会很快被打破，塔板中央区域开始只通过气体而停止下液，液体大部分从临近塔壁处的板孔降落到下一块塔板，气体通量越大，这种现象就越明显，出现很明显的塔板中央气体冲射，液滴喷溅，而周围液层平静的现象。这不利于气、液相之间传质的有效接触，所以塔板的传质效率随着气速的增加急速下降。这就是普通穿流塔板高效区很窄的原因。

为了提高穿流塔板的操作弹性，可以通过调节不同区域的开孔率来实现对于气体均匀分布的调控。四川大学开发的非均匀开孔率穿流塔板验证了这种想法的可行性。非均匀开孔率穿流塔板的中心开孔率小，而从中心向外的开孔率逐渐变大，其他部分则与普通穿流筛板无异。

通过实验验证，这种塔板很好地解决了在高气速下气体分布不均的问题，在保证传质效率的前提下，提高了塔板的操作弹性。同时，非均匀开孔率穿流塔板具有生产能力大、清液层高度高、泡沫质量好（冲射现象少）等特点。根据生产实践，它的生产能力为填料塔的一倍以上。在板间距为 400mm 的情况下其清液层高度的水平为 50 ~ 60mmHg（1mmHg = 133.322Pa），其泡沫层高度的水平达到 300mm 左右。这和有溢流堰塔板在堰高 90mm 时的数值时相当 [59,60]。

六、高速板式塔——旋流塔板

旋流塔板是我国 20 世纪 70 年代自行开发、应用广泛的一种高速喷射型塔板，设计的初衷是为了解决塔板因雾沫夹带引起的操作范围狭窄的问题 [61-63]。如图 9-9 所示，旋流塔板与一般塔板有很大不同，塔板的叶片如固定的风车叶片，气流通过

图 9-9 旋流塔板结构 [64]

叶片时产生旋流和离心运动，液体则通过中心的盲板均匀分配的每个叶片，形成薄膜层，与旋转向上的气流形成旋转和离心的效果，喷射成细小液滴并甩向塔壁形成液膜。液膜受重力作用集流到集液槽，并通过降液管流到下一层塔板的盲板区，而气体则继续向上进入上一层塔板进行传质传热过程。

由于旋流塔板结构的特殊性，板上气液接触状态更加复杂，随着空塔气速的增加，塔板上的操作工况依次可分为以下四个区域：

（1）倾泻区　在小气速下，塔板上的液体受气流曳力甚小，主要是沿叶片直接倾泻至下层塔板，而气体则从叶片间的空隙进入上层塔板，塔板上不积液，塔壁上也无液体，气液之间接触不良，在这种状态下塔板效率很低。

（2）泡花区　随着气速的增加，根据液体喷淋密度的大小，旋流塔板的泡花区可分为两种不同的操作状态：在较大的喷淋密度下，塔板上的工况类似于筛板的泡沫态。塔板上液层湍动较为激烈，同时存在一定量因气泡破碎而产生的微小液滴，塔壁也开始出现低的液环。漏液量虽较倾泻区大为减少，但仍相当严重；在较小的液体喷淋密度下，塔板上不出现泡沫态，而呈快速旋转的水花状。虽然泡花区内塔板仍漏液多，但由于下落液体是沿叶片运动，故向下的分速度要比普通筛板要小。同时，叶片也提供一部分气液接触面积，气、液两相的接触时间较长。因而，塔板的效率得到了有效的提高。

（3）喷射区　随着气速的进一步加大，漏液量逐渐减小，从盲板流到叶片上的液流大部分被分流的剪切力破碎成大小不一的液滴，然后被气流夹带。由于喷射力较强且受离心力作用，液滴以略成螺线的轨迹越过罩筒并运动至塔壁。此时，塔板上的液体已转变为分散型，而气体则转变成连续型。旋流塔板的操作工况即进入喷射区，此时塔壁出现一明显的快速旋转的液环。喷射区内旋流塔板上的持液量明显增加。这时塔板上气液两相接触充分且界面更新速度加快，塔板效率达到最大值。

（4）全喷射区　进入全喷射区后，液体不再从叶片区滴落，而全部被高速气流喷散抛射，液滴以一定的初始抛射角自盲板边缘飞出。全喷射区内，液滴较喷射区分散得更小更均匀，塔壁液环也明显增厚，转速加快，持液量也更大。随着气速的继续加大，液环升高，大液量下液环接触到上层塔板时，即出现液泛。

旋流塔板开孔率大并且在高气速下运行，所以生产能力很大，同时这种塔板还具有压降低和操作弹性大等优点。因为气液接触时间较短，这种塔板较适用于气相扩散控制的过程，如气液直接接触换热、快速反应吸收等。

第四节　未来发展趋势

随着传质理论和传质技术的不断进步，新型塔板的开发正越来越受到广大传质工作者的重视，尤其是在老装置的改造过程中，由于受到现场情况等诸多因素的限制，需要用传质效率高、通量大的塔板来更换普通浮阀或筛孔塔板，所以开发结构简单、传质效率高、通量大的板式塔具有重要意义。

通过对新型塔板的分析研究，得出今后板式塔的研究方向是：

① 传质元件结构的改进。消除塔内液体梯度和液体滞留区，开发结构简单的

喷射型塔板，使液体雾化，气液接触更充分，提高塔的传质效率。

② 采用无降液管，优化板面结构，充分利用板上区域，增加气液接触的机会，扩大传质面积，从而提高通量，改善气液流动状况。

③ 开发液体导流装置。板上返混和降液管返混都会降低塔效率，因此，在塔板上和降液管的入口区设置液体导流装置，使气体按一定方式推动液体流动，改善流型，使板上接近活塞流，减少返混。今后应多对优良塔板进行气液流动行为的研究，在此基础上开发新塔板。

④ 利用塔板空间。使传质区域向塔板空间扩展，塔板结构趋向于立体结构，近年新开发的不少塔板就是从这点出发的，如螺旋阶梯下降分布式分离塔板等，立体结构不仅大幅度提高了气液两相的接触面积，而且使液滴的表面不断更新，因而有利于提高传质效率。

⑤ 改进降液管的结构。降液管流体力学性能直接影响塔板本身的操作和性能，操作上限直接受降液管液泛的限制，液体通过能力、气液分离效果、抗液泛能力等与降液管的设计也有直接的关系，故改进降液管是提高塔操作性能很重要的一个影响因素。

⑥ 传质元件复合化。现在板式塔内件越来越多地采用复合塔板，充分利用填料压降低、传质效果好的优点，满足了塔内各段不同的分离要求和工况，强化了板上的两相传质，提高了处理能力和分离效果。

此外，除了改进阀孔、降液管等结构参数以外，未来新型塔板的发展更倾向于阀孔或整体塔板材料的改进及塔板材料的表面改性研究。泡沫材料由于具有较大的开孔率及气体微分特性，可以使塔板上的气体分布更为均匀、提高气液接触面积从而提高塔板效率。表面改性可以通过对塔板材质的疏水和疏油改性过程，改变塔板上液体和气体的流动行为，进而对塔板的流体力学性能和传质性能产生影响。然而泡沫材料具有的特殊结构以及表面特性导致气液在塔板上的流动及传质过程改变，未来研究亟须通过实验及模拟过程研究以期得到更低压降、更大通量、更大操作弹性的塔板，并得到这两种改进方法的流体流动、传质模型及计算方法，为其广泛应用提供基础。

参考文献

[1] 董军，李建波. 塔板技术的发展现状与研究展望 [J]. 石油炼制与化工，2007, 38(11): 46-51.

[2] 周海龙，徐世民. 降液管结构优化进展 [J]. 石油化工设备，2004, 33(6): 45-48.

[3] Tuomisto H, Mustonen P. Thermal mixing tests in a semiannular downcomer with interacting flows from cold legs: International Agreement Report[J]. Technical Report, 1986.

[4] Nye J O. Downcomer, distillation tray assembly and distillation column[P]. EP 0357303 B1.

1994-3-16.

[5] 盛若瑜, 王鑫泉, 马晓华. 穿流式波纹筛板 [J]. 化学工程, 1986, (1): 13-17.

[6] Gao X, Li X, Liu X, et al. A novel potential application of SiC ceramic foam material to distillation: foam monolithic tray[J]. Chem Eng Sci, 2015, 135: 489-500.

[7] 李群生, 张满霞, 汤效飞等. 导向筛板 - 导向浮阀塔板流体力学及传质性能 [J]. 现代化工, 2013, 33(3): 84-87.

[8] 黄恒. 组合导向固阀塔板 (Ⅱ 型) 的实验研究 [D]. 上海 : 华东理工大学, 2012.

[9] Zhang L, Li Z, Yang N, et al. Hydrodynamics and mass transfer performance of vapor–liquid flow of orthogonal wave tray column[J]. J Taiwan Inst Chem Eng, 2016, 63: 6-16.

[10] 谢润兴, 刘吉. ADV 微分浮阀塔板的研究和应用 [J]. 石油炼制与化工, 1999, 28(12): 31-37.

[11] 杨宝华, 严锌. ADV 系列浮阀塔板的开发与工业应用 [J]. 石油化工设计, 2004, 21(2): 41-45.

[12] Zhang L, Liu X, Li H, et al. Hydrodynamic and mass transfer performances of a new SiC foam column tray[J]. Chem Eng Technol, 2012, 35(12): 2075-2083.

[13] 陈华艳, 李春利, 张文林. 新型立体垂直塔板的开发现状 [J]. 天津理工大学学报, 2002, 18(4): 88-91.

[14] Wang H, Niu X, Li C, et al. Combined trapezoid spray tray(CTST)-A novel tray with high separation efficiency and operation flexibility[J]. Chem Eng Process, 2017, 112: 38-46.

[15] 李春利, 于文奎. CTST 塔板的性能与工业应用 [J]. 炼油, 2000(1): 51-57.

[16] Li X, Yan P, Li H, et al. Fabrication of tunable, stable and predictable superhydrophobic coatings on foam ceramic material[J]. Ind Eng Chem Res, 2016, 55(38): 10095-10103.

[17] Porter K E, Lockett M J, Lim C T. The effect of liquid channelling on distillation plate efficiency[J]. Trans Instn Chem Engr, 1972, 50(2): 91-101.

[18] 余国琮, 黄洁, 大型塔板的模拟与板效率的研究 (一)[J]. 化工学报, 1981, 32(1): 11-19.

[19] Solari R B, Bell R L. Fluid flow patterns and velocity distribution on commercial-scale sieve trays[J], AIChE J, 1975, 32(4): 640-649.

[20] Kister H Z, Larson K F, Madsen P E. Vapor cross flow channeling on sieve trays: fact or myth[J]. Chem Eng Prog, 1992, 88(11): 86-93.

[21] Prince G H. Proceedings of the international symposium on distillation[M]. London: The Institution of Chemical Engineers, 1960: 177-180.

[22] Hughmark G A, Connell H E. Design of perforated plate fractionating towers[J], Chem Eng Prog, 1957, 53(3): 127-132.

[23] Leibson I, Kelley R E, Bullington L A. How to design perforated trays[J]. Petrol Ref, 1957, 36(2): 127-133.

[24] Zuiderweg F J. Sieve trays, a view on the state of the art[J]. Chem Eng Sci, 1982, 37(10):

1441-1464.

[25] Stichlmair J, Mersmann A. Dimensioning plate columns for absorption and rectification[J]. Int Chem Eng, 1978, 18(2): 223-236.

[26] 王忠诚 . 塔板流体力学性能研究 [D]. 天津 : 天津大学 , 1989.

[27] Brambilla A G. Hydrodynamics behaviour of distillation[J]. Inst Chem Engs Symp Series, 1969, 32-46.

[28] Bolles W L. Estimating Valve Tray Performance[J]. Chem Eng Progr, 1976, 72(9): 43-55.

[29] 姚玉英 , 化工原理 [M]. 天津 : 天津科学技术出版社 , 1992, 174.

[30] John T T. Valve tray pressure drop[J]. Ind Eng Chem Process Des Dev, 1972, 11(3): 428-429.

[31] Klein G F. Simplified model calculates valve-tray pressure drop[J]. Chemical Engineer, 1982, 89(9): 81-89.

[32] 徐孝民 , 沈复 . 浮阀塔板压力降的工程计算式 [J]. 化学工程 , 1985, 4: 1-5.

[33] 黄洁 , 吴剑华 , 王平 . 塔板漏液速率和气速下限的计算 [J]. 化学工程 , 1990, 18(3): 41-49.

[34] 尚智 , 贾斗南 , 苏光辉 . 筛板塔漏液点气速的计算模型 [J]. 化学工业与工程 , 1998, 15(4): 22-26.

[35] Lockett M J, Banlk S. Weeping from sieve tray[J]. Ind Eng Chem Process Des Dev, 1986, 25: 561-569.

[36] 曾爱武 , 刘福善 , 许松林 , 黄洁 , 余国琮 . 筛板不均匀漏液的规律及其影响 [J], 高校化学工程学报 , 1996, 10(1): 80-83.

[37] 王学重 , 张连生 , 徐孝民 , 沈复 . 浮阀塔板泄漏速率的一个通用关联式 [J], 化工学报 , 1989, 1: 123-127.

[38] Hunt C, Wilke C R. Capacity factors in the performance of perforated-plate columns[J]. AIChE J, 1995, 1: 441-456.

[39] Bain J L, Winkle M V. A study of entrainment, perforated plate column-air-water system[J]. AIChE J, 1961, 7: 363-380.

[40] Fair J R. How to predict sieve tray entrainment and flooding[J]. Petro Chem Engrs, 1961, 33(10): 45-52.

[41] Ogboja O, Kuye A. A procedure for the design and optimization of sieve trays[J]. Trans Instn Chem Engrs, 1990, 68(9): A445-A552.

[42] Kister H Z, Hass J R. Entrainment from sieve trays in the froth regime[J]. Ind Eng Chem Res, 1988, 27: 2331-2350.

[43] 刘云义 , 谭天恩 . 筛板喷射工况下的雾沫夹带 [J]. 化学工程 , 1997, 25(2): 13-20.

[44] Sinderen A H, Wijn E F, Zanting R W J. Entrainment and maximum vapour flow rate of trays[J]. Trans IChE, Part A, Chem Eng Res Des, 2003, 81: 94-107.

[45] 于鸿寿 . 大孔筛板传质性能研究 [J]. 化学工程 , 1985, (6): 27-34.

[46] Macfarland S A, Sigmund P M, Van Winkle M. Predict distillation efficiency[J]. Hydro Proc, 1972, 51(7): 112-114.

[47] American Institute of Chemical Engineers. Tray Efficiencies in Distillation Columns[M]. New York: University of Delaware, 1958.

[48] Chan H, Fair J R. Predict of point efficiencies on sieve trays[J]. Ind Eng Chem Process Des Dev, 1984, 23(4): 814-819.

[49] Garner F H, Porter K E. Proceedings of the International Symposium on Distillation[M]. London: The Institution of Chemical Engineers, 1960: 43.

[50] 杜佩衡. 立体连续传质塔板及其在精馏中的应用 [J]. 现代化工, 2008, 28(9): 77-81.

[51] 李春利, 马晓冬. 大通量高效传质技术——立体传质塔板 CTST 的研究进展 [J]. 河北工业大学学报, 2013, (01): 19-28.

[52] 姚克俭, 计建炳, 谭晓红, 徐崇嗣. 复合塔——一种新型的高效塔 [J]. 化学工程, 1992, (06): 5-9.

[53] 姚克俭, 祝铃钰, 计建炳, 徐崇嗣. 复合塔板的开发及其工业应用 [J]. 石油化工, 2000, 29(10): 772-775.

[54] 哈婧, 王金戌, 王树楹. 新型复合塔板 JCPT 的性能及工业应用 [J]. 化工科技, 1999, (2), 27-31.

[55] 李玉安, 赵培, 刘吉, 路秀林. 梯形导向浮阀塔板 [J]. 高校化学工程学报, 1997, (03), 261-267.

[56] 焦军, 易建彬. BJ 塔板的开发和应用 [J]. 石油炼制与化工, 2004, 35(9): 66-69.

[57] 赵文凯. 穿流栅板塔流体力学性能的研究 [D]. 大连: 大连理工大学, 2007.

[58] 赵文凯, 匡国柱, 于士君. 穿流栅板塔冷模实验 [J]. 沈阳工业大学学报, 2008, 30(03): 356-360.

[59] 张桂昭, 洪大章, 蒋述曾. 非均匀开孔率穿流塔的设计 [J]. 化工设计, 1997, (02): 7-11.

[60] 赵哲山. 非均匀开孔率穿流塔板传质效率的研究 [J]. 化工设计与开发, 1994, (2): 13-17.

[61] 陈建孟, 谭天恩. 旋流塔板上的两相流场 [J]. 化工学报, 1993, (5): 507-514.

[62] 陈建孟, 谭天恩, 史小农. 旋流塔板的板效率模型 [J]. 化工学报, 2004, 54(12): 1755-1760.

[63] 邵雄飞. 旋流板塔内两相流场的 CFD 模拟与分析 [J]. 杭州: 浙江大学, 2004.

[64] Tang M, Zhang S, Wang D. Hydrodynamics of the tridimensional rotational flow sieve tray in a countercurrent gas-liquid column[J]. Chem Eng Process, 2019, 201: 34-49.

第十章

高效气/液分布装置

第一节　强化气液传质过程原理

　　填料塔的大型化是与新型塔填料的开发、各种塔内件的发展分不开的；填料塔的放大，其关键问题是液体和气体在塔内的均匀分布。因此，塔内件的设计，特别是液体分布器和气体分布装置的设计，成为开发大型填料塔的核心问题，而流体均匀分布理论和技术又是发展塔填料和塔内件的先导。

一、液体分布器

　　在传质、传热操作的填料塔中，液体分布器可以有效改善液体的不良初始分布，缩短不良液体初始分布达到填料层的自然流分布时间，减少和防止填料塔的放大效应，从而减少塔高和塔径，降低造价或操作费用[1]。

　　许多著名学者开展了这方面的理论和实验研究。Kister 提出了采用 4 种不同分布器设计所得到的 HETP 与流体流动速率关联图（图 10-1）。由图可知：高性能分布器 A 在宽广的操作范围内，获得塔效率最高（HETP 最小）；中性能的通用型分布器 B，有较大的操作弹性，但操作效率较 A 低；低性能分布器 C，仅在高负荷区才能达到要求的效率，低负荷区的操作效率急剧下降；劣等分布器 D，操作效率随负荷的减小而骤降，且在正常负荷范围效率很低[2]。其他学者也得出相似的结论[3]。

　　图 10-2 所示为采用 25mm 鲍尔环精馏分离环己烷 - 正庚烷体系在使用不同形式

液体分布器时 HETP 的差别，实线代表使用堰槽型，淋降点密度 32 点 /m²；虚线指孔盘型，104 点 /m²；图 10-3 表示直径 3.2m 乙烯氧化吸收塔内分布质量与理论级数间的关系，通过改善分布质量，分离级几乎达到原来的 2 倍 [4]。计算机模拟试验结果也证明了分布器的设计对填料塔的总效率有可观的影响。实践证明没有良好的液体分布器，填料塔甚至不可能正常操作，新型高效填料的优越性便难以发挥 [5]。

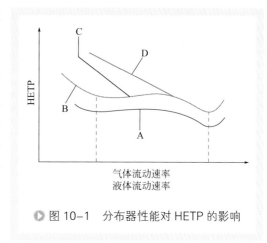

● 图 10-1　分布器性能对 HETP 的影响

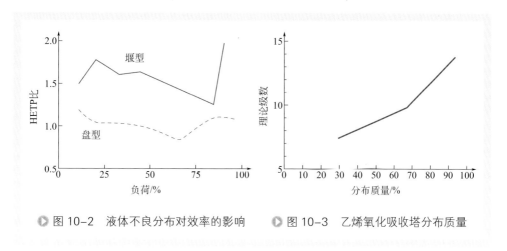

● 图 10-2　液体不良分布对效率的影响　　● 图 10-3　乙烯氧化吸收塔分布质量

　　Albright 提出了自然流分布的概念，并通过计算机模拟证明：每一种填料有一自然流分布，不论初始分布好坏，只要有一段足够高度的填料层，初始分布终会转化为自然流分布，理想的初始分布将衰变为自然流分布；不良分布，有时要经历一段很长流动距离再慢慢转化为自然流分布 [5]。这些结论被 Hoek 等的实验研究所证实 [6]。Perry 等在直径 1.2m 的精馏塔中，使用 25mm 鲍尔环作为填料测定了填料层各截面的效率与使用的液体分布器类型的变化关系，见图 10-4。由图可知不良初始分布要经过约一半床层的恢复段高度，流体流动形态才能达到自然流，操作效率趋向稳定的较高值 [4]。

　　为表示规整和散装填料液体径向分布的需要，Hoek 等发展了径向分散系数的概念。径向分散系数愈大，初始液体分布愈趋近于自然流分布，此外径向混合还会补偿液体分布不良导致传质推动力下降的影响，从这一点看，径向分散系数大的填料，性能上有明显的优越性。图 10-5 为三类填料径向分散系数的实测结果，可分析说明其变化规律 [6]。

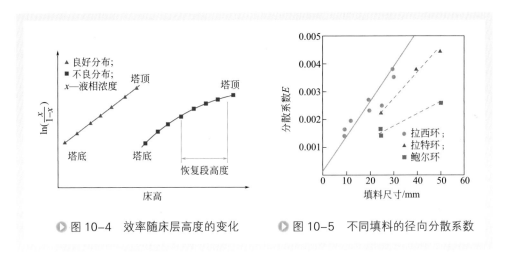

图 10-4　效率随床层高度的变化　　图 10-5　不同填料的径向分散系数

填料塔的大型化和新型填料的应用，意味着塔的直径与填料的直径之比将增大，填料层的径向分散系数将减小。因此将初始不良分布转化为自然流分布将更加困难。这也许正是现代填料塔技术更依赖于良好初始液体分布的一个重要原因。

二、气体分布器

关于塔填料和液体分布器方面的研究具备了相当基础。而对于气体分布，由于气体的流动性远大于液体，以往人们过分强调了填料床对气体速度场的均化作用，常常假定流入填料床的气体是均匀分布的。但是，随着大孔隙率、低压降新型高效填料的开发以及大直径、浅床层填料塔的使用，气流在填料床内自然达到均匀分布的看法已被人们所摒弃，许多学者对气流不均匀分布的产生原因、发展过程、影响因素，以及造成危害、均匀分布方法等进行了广泛的研究 [1]。综合有关填料塔气体分布技术的研究，可以看出以下问题：

① 低压降填料床层中应考虑气体初始分布问题，Horner 以每米填料床高度压降小于 82Pa 为界限 [7]；

② 浅床层填料塔应考核气体初始分布问题，可以将高径比小于 0.5～1.0 的床层高度作为划分浅床层的界线；

③ 大直径填料塔即使填料床的高径比比 1 大得多，气体初始分布同样是很重要的，不良气体初始分布会使传质效率显著下降；

④ 气体不均匀流入填料床，是床层内气体分布不均匀的主要原因。

因此研究填料塔内气流分布，主要是研究低压降、浅床层、大直径填料塔内气体的预分布和在床层内的均布过程。通过气体分布器的预分布作用，使气体在床层中达到均布，提高气液传质效率。

三、液（气）再分布器

当塔填料分段堆积时，必须设置液（气）体再分布器。除了确保进料中的液相能均匀地向下、气相能均匀地向上分布入填料层外，液体再分布器仍有4个重要作用：①混合液体并在整个塔截面上实现均化组分，抑制局部区域操作"夹点"的出现，减小液体不良分布而引起的分离效率下降；②混合气相，在整个塔截面上均化气体组分，这个作用类似于前者；③过高的填料床层会产生"壁流"效应。将液体从壁区导向填料层的主体区，防止过大"壁流"的形成；④再分布可将液体在填料层流动中形成的大股"溪流"分散为较小的流股，以改善填料层的湿润程度。

简言之，再分布的作用是：均化组分，均布流体，且前者比后者更加重要[1]。

第二节 高效气/液分布器的设计理念

一、液体分布器

性能优良的液体分布器除了常规的技术经济要求外，还必须满足：

（1）操作可行性　保持分布器各流道畅通无阻：防止因结垢、结晶、结焦、聚合、固化、沉淀、发泡、闪蒸、腐蚀等现象的产生，导致的堵塞、飞溅、雾化、夹带、崩溃、倒塌而破坏了液体的均匀分布及正常流动。

（2）分布均匀　由 Perry 等提出的液体均匀分布的3条标准是：①液体喷淋点密度的足够；②液体喷淋点分布的几何均匀性；③液体喷淋点间流量的均匀性[4]。

设计符合分布质量的填料塔，需要多大的喷淋点密度是一个复杂的问题。它与填料类型及其尺寸大小有关，还与塔径大小、操作条件等有一定联系；而每一个分布器所能提供的喷淋点密度与分布器的类型和结构，气、液流量大小，流体物性等均密切相关。

喷淋点在塔截面上的几何均匀分布是较之喷淋点密度更为重要的问题，最常见的情况是壁区喷淋点不足。为保证各喷淋点的流量均匀，需要分布器总体的合理设计、精细的制作和正确的安装。

（3）合适的操作弹性　分布器操作弹性定义为能满足各项基本要求条件下，液体的最大和最小负荷之比值。通用型分布器弹性在1.5～4范围，能满足连续生产的要求；对于间歇精馏等非稳定操作，回流比变化范围很大，有时要求弹性高达

10 或更大，分布器必须特殊设计。

（4）足够的气流通道　一个性能优良的液体分布器，气流通道应占塔截面积的 50%～70%。但在通用型分布器的设计中，这个指标是很难达到的。若气流通道太小，则气速过高，压降增大，当气流穿过升气管的压降大于液柱压头时，会发生局部液泛，最终导致全塔液泛，这是不允许的。此外升气通道的均匀分布也很重要，如果分布不均匀，不仅使得上段填料层气体分布不均匀，而且会干扰从液体分布器排液口下落液流的正常流动，造成液体的不均匀分布和带液。

二、气体分布器

完整的气体分布装置包括：进气结构；气体分布板；气体分布器；排气结构。性能优良的气体分布装置应能同时满足下列要求[8]：

① 均布性能好，即气体能均匀地流入填料床，评价气流均布性能有各种指标，最常用的指标是分布不均匀系数 M_f，此值越大，分布越不均匀。$M_f < 0.1$ 时，则分布比较均匀；

② 流动阻力小，在能满足均布要求下存在较小的阻力；

③ 占塔内空间小，高度低，这对于浅床层、大直径填料塔尤为重要；

④ 能高效地防止气液互相夹带；

⑤ 操作可靠，不易持液、结焦、堵塞等；

⑥ 结构简单，安装维修方便。

上述要求中，均布性能好且阻力小是基本的要求，其余各项在不同场合应有所侧重。一些学者提出的选择和设计准则可概括如下：

① 气体进口管的速度头应约小于每米填料层压力损失的 1/12，若大于此值则需设置气体分布装置[7]。

② 在塔进气管处气体动能因子 F 大于 $7.0\sqrt{\Delta p}$ 时必须设置气体分布装置，Δp 为填料层压降（mmH_2O/m，$1mmH_2O = 9.80665Pa$）。文献上常取 $F > 26.8$ 作为应该设置气体分布器的依据。在低压降填料床层中应该考虑气体初始分布问题，Horner 以压降小于 83Pa/m 为界限。这一指标将 F 界限值同 Δp 相关联，应该更加合理[7]。

③ 对于直径小于 6m 的塔，若入口气体 F 因子小于 $7.0\sqrt{\Delta p}$ 且填料层压降大于 65Pa/m，则可不必设置气体分布装置[1]。

④ 当进口气体 F 因子介于 $7.0\sqrt{\Delta p}$ 和 $10.8\sqrt{\Delta p}$ 之间，且允许的进气压降较高，则推荐使用结构比较简单的管式分布器[1]。

⑤ 通过气体分布器或分布支承板的压力损失，不应小于塔进口的速度压力，常见分布装置的压降是 25～2000Pa/m[1]。

⑥ 使用管式分布器作为中间加料管时，要避免气体射流撞击到液体再分布器或其他填料塔内件上，液面的搅动或内件的损坏会造成不良分布，降低塔效率。

⑦ 对于分离易发泡物系的填料塔，不能使用气体分布支承板。

⑧ V 形挡板有时也作为简单的气体分布器和闪蒸式进料分布器。如果进料含液体，则挡板的顶面和底面通常安装成向下倾斜。如果液体降落到分布器平板下面，它会引起发泡、飞溅和波动，故不加推荐。若下段对分布要求不高（如集液槽或塔板段），可采用这种布置[1]。

⑨ 有时在塔进口处，安装扩散叶片作为气体再分布器。需要根据塔进料口的结构，以及气体射流形式，合理设计叶片。该结构不适合具有堵塞、结焦和腐蚀的场合[1]。

三、液（气）再分布器

液体再分布器必须兼有收集、混合和再分布流体的多种功能。一般来讲其结构要较液体分布器复杂些，但仅从流体分布功能方面又是相近的。设计液体再分布器，除了按前面方法设计液体分布器外，还要附加液体收集器的功能，要做到液体分布与液体收集功能的合理组合。

第三节 **新型分布器的应用**

一、液体分布器

1. 分类

液体分布器类型繁多，结构各异，可按不同方法给予分类：

① 按用途：通用型和特殊用途型。通用型指具有常规的操作弹性、喷淋密度、气速范围，且适用于一般流体；特殊用途型包括高弹性、特大或特小喷淋密度、高气速、特殊物料（如非牛顿流体、多相流体等）等场合。本书主要介绍通用型分布器。

② 按液体流动的推动力：压力型和重力型。

③ 按液体流出方式：主要有孔流和堰流，还有毛细管流、导流板上的薄膜流等。

④ 根据液气流动参数 $FP = \dfrac{L}{V}\sqrt{\dfrac{\rho_V}{\rho_L}}$ 的大小，将填料塔大致分为 3 类[9]：

FP < 0.03——高真空或低喷淋密度操作；

FP = 0.03 ~ 0.3——低、常压或中等喷淋密度操作；

FP > 0.3——高压或高喷淋密度操作。

它们在塔填料的选用和分布器的选择和设计上有很大差别。

⑤ 按结构形状：常见的有管式、槽式和盘式。

2．常见液体分布器

（1）管式液体分布器　管式液体分布器具有结构简单，加工方便，占空间小，易于支承，造价低廉等优点，但其分布质量一般比盘式差，操作弹性比较小（约为2～2.5），是一类通用型液体分布器。最为常见的有排管［图 10-6（a）、（b）］和环管［图 10-6（c）］两种，以排管居多；根据推动力不同它又可分为重力型［图10-6（a）］和压力型［图 10-6（b）、（c）］两类。压力型管式液体分布器可提供更高的液体流动压头，故能增大孔口流速或在孔口安装上喷嘴构成带喷嘴的管式分布器（简称喷嘴式分布器）。

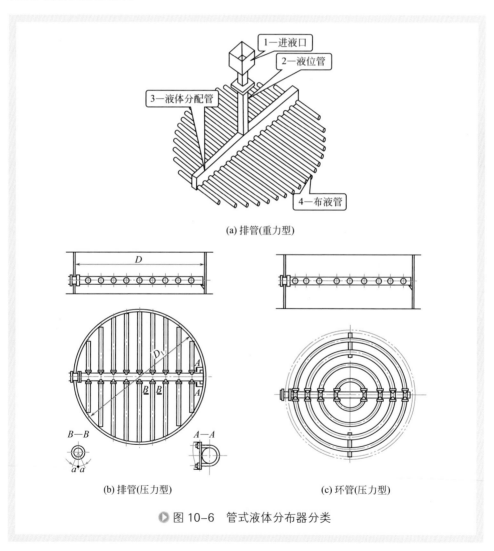

(a) 排管(重力型)

(b) 排管(压力型)　　　　(c) 环管(压力型)

▶ 图 10-6　管式液体分布器分类

管式液体分布器能提供最大的气流通道，甚至可超过 70% 塔截面 [10]，使用中对物料限制较严格，不能含固体杂质、不能夹带气（汽）体，还要防止介质对孔口的腐蚀和侵蚀使孔径变大。分布器排液口下端到填料上端面的间距（简称安装高度）应控制在 150 ~ 200mm[10]。液体在多孔管中的流动是个复杂的流体力学现象，属于变质量流动，随着管内摩阻和动量变化的规律不同，呈现出各种均匀和不均匀的分布。对此前人作了许多探讨，结合排管式分布器的流动情况，将其划分为如图 10-7 所示 5 种流型：（a）均匀分布；（b）主管流速太大，穿孔流速逐孔增大；（c）流速逐孔增大，始端吸入气流；（d）穿孔压降太小，穿孔流速逐孔减小；（e）分布均匀但入口端受到严重的水力干扰 [2]。上述情况是对同一流道在进口流量发生变化时产生的，就是说按某一工况设计分布是均匀的流道，当流量增大或减小幅度超过一定值时，分布的均匀性丧失了。排管、环管、喷嘴式液体分布器具有上述共性，但也存在各自不同的特性。

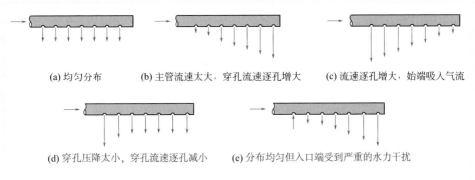

(a) 均匀分布　　　(b) 主管流速太大，穿孔流速逐孔增大　　　(c) 流速逐孔增大，始端吸入气流

(d) 穿孔压降太小，穿孔流速逐孔减小　　　(e) 分布均匀但入口端受到严重的水力干扰

● 图 10-7　管式液体分布器内液体流动流型介绍

（2）喷射式液体分布器　喷射式液体分布器（图 10-8）是一种在管子下端装有一定数量喷嘴的压力型管式液体分布器。在管内压力的作用下，液体呈锥状被喷射到填料层顶面（图 10-9），每个喷嘴的液体喷射区远大于管式液体分布器一个分布点的淋降区。因此，其结构十分紧凑，只要使用不多的喷嘴即可覆盖很大的塔截面。在小塔中仅单喷嘴就覆盖了整个截面；对于大塔分布器本身仅占据很小的空间，允许气流通量大。它最适于传热和洗涤操作中使用，而在精馏中并不多见。由于液体喷射本身也是很有效的热、质传递区域，这是浅床层真空精馏塔中使用该种喷射型分布器的部分原因。喷射式分布器的分布质量低于其他形式分布器，这是因为由液体喷射锥所构成的喷淋区内部，液体分布是不均匀的，各区之间亦难达到均匀分布。此外，大量液体还会直接喷向塔壁。喷射式分布器的其他性能与管式液体分布器相类似，如结构简单、易于支承、价格便宜等。但较之管式，可提供更大的气流通道，允许更高的液体喷淋密度，液体的喷淋区域大，易于更换腐蚀部件。不足之

处是：为克服液体通过喷射的流动阻力需消耗较大泵功率；出口气流中的雾沫夹带最大，一定要设置塔顶除雾器；较之管式液体分布器，它需要更大的操作空间[1]。

▶ 图 10-8　喷射式液体分布器

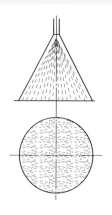

▶ 图 10-9　液体喷射锥

（3）盘式液体分布器　盘式液体分布器有孔盘式和槽盘式两种，液体流动推动力均为重力。其主要构件有：液体分布盘和升气管。盘可水平地固定于支承环上，孔盘式的底盘上均匀布置许多液体淋降孔和升气管；亦可固定于塔壁的支耳上，留出盘与塔壁间的环形空间以扩大气流通道。升气管有圆形和矩（条）形（图 10-10和图 10-11）两种，圆形最适合于直径小于 1.2m 的小塔；矩形常用于 1.2m 以上的大塔，实际上其结构已逐步演变为槽式。理论上讲孔盘式分布器是所有分布器中均布性能最好的一类分布器，不过由于受结构上的限制，气流通道、支承环、支承梁等要占据一定空间，影响了液体淋降点的合理设置；此外，孔口易被固体颗粒堵塞、物料腐蚀，盘安装水平度等均会影响液体的均匀分布，故应精心设计才能保持其优良的均布性能。

▶ 图 10-10　孔盘式（圆形升气管）

▶ 图 10-11　槽盘式（矩形升气管）

（4）槽式液体分布器　槽式液体
分布器是最通用的一种分布器（图
10-12）。它具有较大的气流通道，最
大可达塔截面的55%，此值介于管式
和盘式的上限值之间，该种分布器结
构比较简单、紧凑、占空间不大，易
于支承，较盘式造价低。但这种分布
器的淋降点均匀布置要较盘式困难，
所能达到的淋降点密度也低于其他形
式分布器[1]。

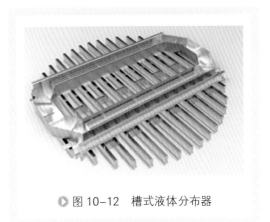

▶ 图 10-12　槽式液体分布器

二、液（气）再分布器

为了减少在填料层内出现液体逐渐流向塔壁的现象，在填料塔内每隔一定的高
度，设置液体再分布装置。常见的液体再分布装置有盘式、槽式和升气管式等。一
般情况下，液体收集装置与液体再分布装置同时使用，构成液体收集再分布装置。
下面介绍几种常见的液体再分布器。

（1）盘式液体再分布器　和盘式液体分布器一样，盘式液体再分布器也有圆形
和矩形之分，结构、设计方法等没有太大的差别，只不过为防止液体从上层填料直
接落进升气管，故在其顶上设有帽盖，除了排液外，尚可改变上升气流方向，促进
横向混合。图 10-13 所示为带圆形升气管的孔盘式液体再分布器，分布器为分块拼
接形式，以便在塔内组装；分布盘与支承环采用卡子连接，所有连接处必须加垫片
密封，且保持平整。图 10-14 所示为带矩形升气管的孔盘式液体再分布器，具有更
大的气流通道；该种液体再分布器具有结构简单、安装方便、高度小等优点，流体
混合和均布性能较好。

▶ 图 10-13　带圆形升气管的
孔盘式液体再分布器

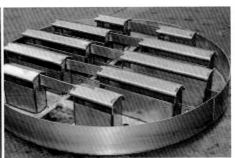

▶ 图 10-14　带矩形升气管的
孔盘式液体再分布器

图 10-15　槽式液体再分布器

（2）槽式液体再分布器　槽式液体再分布器的结构类似于槽式液体分布器。普通的槽式液体分布器无法有效收集从上段填料层流下来的液体，故在支承板和分布器间增设液体收集器[1]。图 10-15 所示为北洋国家精馏技术工程发展有限公司提供的一套典型装置，填料层高度比较高时，为了保证液体的均匀分布，需要设置液体收集再分布装置。模块化液体收集再分布器集液体收集与再分布于一体，结构紧凑，占用空间小，液体分布效果好。

（3）组合式液体再分布器　组合式液体再分布器由填料支承板和液体分布器组合而成，它兼有填料支承和再分布器的各项性能，而且缩短了高度。

图 10-16（a）为一种收集支承盘（上盘）和孔盘式液体分布器（下盘）的组合，气体从下盘的升气管流入上盘气体再分布管，再通过其两侧开孔均布入填料层；液体被收集于上盘底，经中心开孔溢流到下盘，再均布到下段填料层。上盘具有填料支承、集液、混合、气体均布等多项功能，下盘主要起气、液均布等作用。该组合尽管具有结构紧凑、安装高度低、使用效果好等优点，但要防止底部因结垢、积渣、填料破损等引起孔道堵塞而破坏了正常操作或局部区域过早产生液泛。另外，对于直径大的塔，该再分布器是不合适的。

图 10-16（b）所示为喷射式支承板和孔盘液体分布器的组合，利用喷射式支承板所具备的气、液分流特点，将分布器的升气管正对峰处布置，这样省去了其上的挡液盖帽，既简化了结构又减小了阻力损失[1]。

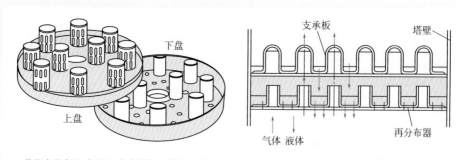

(a) 收集支承盘(上盘)和孔盘式液体分布器(下盘)的组合　　(b) 喷射式支承板和孔盘液体分布器的组合

图 10-16　组合式液体再分布器

三、液体收集器

液体收集器是液体再分布器的重要构件，其性能优劣对填料塔的生产能力、分离效率、压降大小、造价高低同样有直接影响。液体进料、侧线采出或填料层分段，都需要进行液体收集和再分布[11]。

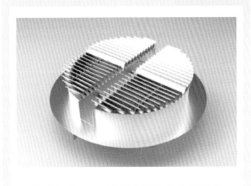

▶ 图 10-17　遮板式液体收集器结构

（1）遮板式液体收集器　遮板式液体收集器的结构如图 10-17 所示，遮板式液体分布器可将液体全部收集，而又能均匀分布气体。

（2）热补偿式液体收集器　热补偿式液体收集器上的液体主要通过收集槽和收集帽收集，并由集液渠汇入抽出斗中，气体通过集液槽之间的缝隙上升到液体收集器的上方，收集器通过自由端，避免由于温度变化引起的应力变形，该结构形式既方便安装，又可有效解决收集器受热膨胀的问题，结构如图 10-18 所示。

热补偿式液体收集器具有优良的气体分布和液体收集功能，可以在高温下自由膨胀，不受操作温度的限制，保证塔器在高温操作工况下正常运行，特别适用于大直径以及操作温度很高的塔器中。

（3）热壁式液体收集器　热壁式液体收集器是北洋国家精馏技术工程发展有限公司开发的一种专门用于抽出炼油深拔减压塔过汽化油的设备。该种液体收集器具有热补偿式液体收集器防止热膨胀的基本结构，并采用倾斜式的收集槽和收集渠，这种收集方式显著提高了液体的收集速度，避免形成高液位，大大减少了液体在收集器内的停留时间，有效解决了高温结焦问题，结构如图 10-19 所示。

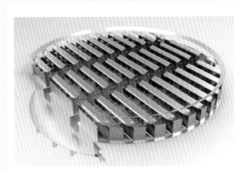

▶ 图 10-18　热补偿式液体收集器

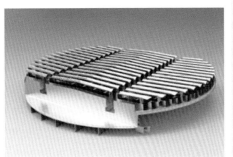

▶ 图 10-19　热壁式液体收集器

第四节　未来发展趋势

伴随着新型填料的开发和应用、填料塔的大型化，液体分布器的理论研究和应用技术也有了一定的进步。但是在以下方面还需着重力量，继续努力：

① 液体分布器中液体的不均匀分布对分离过程的影响；

② 液体分布器的标准化设计；

③ 液体分布器分布质量的判断依据；

④ 极端液体流量下的分布器精准设计；

⑤ 分布器的安装和水平度控制等。

气体分布问题，曾经在很长一段时间里被人们忽视了，伴随着大直径、浅床层和低压降填料塔的发展，其重要性才日益显示出来。之后，进气结构和气体分布器的研究、开发和应用得到了广泛的关注和研究，取得了很大的进步。但是，还有一些问题急待解决，归纳起来大致有以下几个方面内容[12]：

① 气体分布流场的模拟与分布器的结构优化；

② 不均匀分布对分离过程的影响；

③ 低压降、高性能气体分布器的设计；

④ 气体中液滴的夹带与分布等。

参考文献

[1] 兰州石油机械研究所 . 现代塔器技术 [M]. 第 2 版 . 北京 : 中国石化出版社 , 2005.

[2] Kister H. Distillation Operations[M]. New York: McGraw-Hill. 1990.

[3] Strigle RF. Distillation of light hydrocarbons in packed columns[J]. Chem Eng Prog(United States), 1985, 81: 4(4): 67-71.

[4] Perry D, Nutter D E, Hale A. Liquid distribution for a optimum packing performance[J]. Chemical Engineering Progress, 1990, 86(1): 30-35.

[5] Albright M A. Packed tower distributors tested[J]. Hydrocarbon Processing, 1984, 62: 9(9).

[6] Hoek P J, Wesselingh J A, Zuiderweg F J. Small scaleand large scale liquid maldistributionin packed columns[J]. Chemical Engineering Research & Design, 1986, 64(6): 431-449.

[7] Horner G. How to select internalaor for packed columns[J]. Proc Eng, 1985, 66: 79-81.

[8] Strigle R F. Random Packings & Packed Towers Design & Applications[M]. Houston: Gulf Publishing Company, 1987.

[9] Kunesh J G, Kister H Z, Lockett M J, Fair J R. Distillation: Still towering over other options[J]. Chemical Engineering Progress, 1995, 91(10): 43-54.

[10] Chen G K. Packed columninternals[J]. Chem Eng March, 1984, 5.

[11] 董谊仁, 侯章德. 现代填料塔技术 (二) 液体分布器和再分布器 [J]. 化工生产与技术, 1996, (3): 20-27.

[12] 董谊仁, 侯章德. 现代填料塔技术 (三) 填料塔气体分布器和其它塔内件 [J]. 化工生产与技术, 1996, (4): 6-13.

第十一章

分隔壁精馏塔

分隔壁精馏塔（dividing wall column，DWC），作为典型过程强化构型，有较高的热力学效率，在减少能量消耗和设备投资方面有巨大潜力，引起化工领域研究者们的广泛关注。但由于其加工制造困难且控制手段匮乏，使得在 20 世纪 30 年代就已经提出的该技术应用受到严重限制。20 世纪 80 年代中期，伴随着加工技术、控制理论与计算机辅助方法的不断发展，分隔壁精馏塔在工业中的应用优势逐渐显露。目前，分隔壁精馏塔已成为一种常规的精馏分离技术。

第一节 分隔壁精馏原理

一、热耦合精馏

将三元混合物分离成纯组分可使用常规两塔精馏序列，即直接精馏序列和间接精馏序列，分别如图 11-1（a）和图 11-1（b）所示。A/B/C 三元混合物进入第一座塔进行分离，在直接序列中塔顶得到轻组分 A，中间组分 B 和重组分 C 进入第二座塔进行完全分离，从而得到三种高纯度产物；在间接序列中第一座塔塔底得到重组分 C，而轻组分 A 和中间组分 B 进入第二座塔进行分离。直接精馏序列中，第一座塔塔内液相物流自塔顶向下，轻组分 A 含量逐渐减少，中间组分 B 浓度逐渐增大，在进料板下方接近塔底处，中间组分 B 的浓度达到最大，而后 B 的浓度又逐渐降低，组分 B 和 C 一起流入第二座塔，组分 B 上升到塔顶与组分 C 进行完全分离，此为常规精馏流程中的组分返混。多组分分离过程中的返混现象不可避免，而这种返混效应是常规流程中能耗较高的一个重要原因。

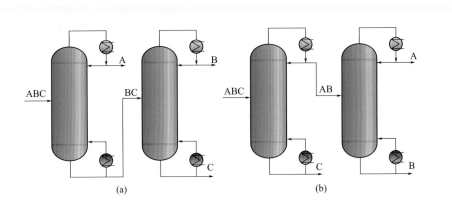

▶ 图 11-1　分离三元混合物常规两塔精馏序列

　　分离三元混合物也可使用非清晰精馏序列，如图 11-2 所示。轻组分 A 和重组分 C 在第一座塔中完全分离，中间组分 B 通过非清晰分离分布在塔顶和塔底产物中，使分离所需的能量最小化，采出的两股物流分别进入两座精馏塔，一座用于分离 A 和 B，另一座用于分离 B 和 C。该方案相比于常规两塔精馏序列更节省能量，但是需要额外的精馏塔，增加了设备投资，故此类型序列在化工行业中并不常见。然而，当常规两塔序列需要扩能改造时，可以考虑此构型，通过添加一座精馏塔实现产能增加。

　　完全热耦合精馏塔将两座精馏塔集成为一座主塔和一座没有冷凝器与再沸器的副塔形式，副塔的气、液相物流直接与主塔连接，如图 11-3 所示。A/B/C 三组分首先进入副塔进行预分离，在副塔中轻组分 A 和重组分 C 得到完全分离，而中间组分 B 则自然分配到塔顶、塔底物流中，将两股物流引入主塔，在主塔中实现三组分的清晰分离，得到符合要求的产物。完全热耦合精馏塔是非清晰精馏序列的延伸，通过主、副两座精馏塔的耦合连接实现了与图 11-2 所示的三塔同样的分离效果，在减少设备投资的同时，避免了精馏过程中不必要的返混，有效提高了塔的分离效率和能量利用效率 [1,2]。

　　完全热耦合精馏塔是由 Petlyuk 在 20 世纪 60 年代提出的一种复杂精馏技术，又称 Petlyuk 塔，主要用于三元混合物的分离，相比于常规精馏塔分离过程，可降低约 30% 的能耗，并且省去一台再沸器和一台冷凝器，设备投资也小于常规精馏塔 [3]。但是，由于主、副塔之间气液分配难以在操作中保持设计值，且分离难度越大，对气、液分配偏离的灵敏度越高，操作就越难以稳定，同时由于早期缺少完善的控制理论基础和工艺设计方法，该技术并未在工业中获得广泛应用 [4,5]。

　　化学工业应用中，常见的热耦合精馏塔还包括侧线精馏塔和侧线提馏塔，分别如图 11-4（a）和图 11-4（b）所示。侧线精馏塔装配有两台冷凝器、两座塔和一台再沸器，为防止轻组分 A 影响中间产物纯度，两塔之间的气、液相耦合流股位于进料塔板下方，即中间组分 B 浓度最高。气相物流进入侧线精馏段，得到中间产品 B，剩余物料返回主塔，主塔塔顶和塔底分别得到轻组分 A 和重组分 C。侧线提馏塔也包括两座塔，装配一台冷凝器和两台再沸器，气、液相的交互位于进料塔板上方，从主塔上段中间组分 B 浓度最高处采出液相流股进行提馏，脱除其中的轻组分 A，得到中间组分 B 产品。这两种热耦合精馏配置及其变形结构，其设计目的是为了提高期望的产物纯度，减少能量消耗和投资成本。工业应用实例中，由空气分离氩气的过程就是采用侧线精馏塔，侧线提馏塔在炼油中应用较为广泛。

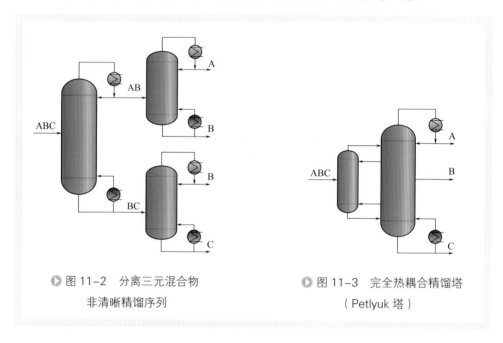

▶ 图 11-2　分离三元混合物
非清晰精馏序列

▶ 图 11-3　完全热耦合精馏塔
（Petlyuk 塔）

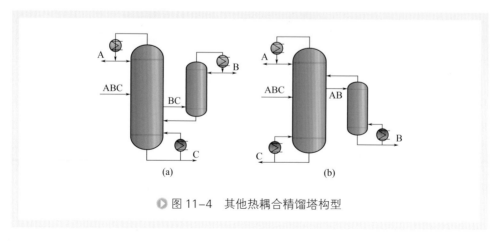

(a)　　　　　　　　　　(b)

▶ 图 11-4　其他热耦合精馏塔构型

二、分隔壁精馏

为了进一步降低投资并减少占地面积，可以将完全热耦合精馏塔的主塔和副塔合并于同一座塔内，并使用分隔壁将塔从中间分成两部分，这种集成构型称为分隔壁精馏塔，如图 11-5 所示。如果穿过分隔壁的热量可以忽略不计，分隔壁精馏塔在分离原理和计算方法上与完全热耦合精馏塔（Petlyuk 塔）相同。

一般情况，分隔壁精馏塔的进料侧为预分离部分，中间产品采出侧为主塔部分，混合物 A/B/C 在预分离部分经初步分离后分成 A/B 和 B/C 两组混合物。A/B 和 B/C 两股物流进入主塔，塔上段将 A/B 分离，塔下段将 B/C 分离，在塔顶得到产物 A，塔底得到产物 C，中间组分 B 在主塔中部采出。同时，主塔中又引出液相物流和气相物流分别返回进料侧上段和下段，为预分离部分提供回流液相和上升气相。这样，只需一座精馏塔就可得到三种纯组分，同时还可节省一座精馏塔及其附属设备，如再沸器、冷凝器、塔顶回流泵及管道等，且占地面积也相应减少。与热耦合精馏塔相比，分隔壁精馏塔有明显的经济优势，但处理宽沸点混合物时，使用热耦合精馏塔更合适，当热耦合主、副两塔都装配再沸器和冷凝器时，能够在不同压力下运行，这增加了其适用范围[6,7]。

应用较为广泛的分隔壁精馏塔是分隔壁、进料和侧线采出位置靠近中央的形式，简称为 DWC-M，如图 11-5 所示。分隔壁也可以设置在塔的上段或下段，如图 11-6（a）和图 11-6（b）所示。当分隔壁位于上段时，塔内包含两个分隔开的精馏段和一个公共的提馏段，且装配两台冷凝器和一台再沸器，热力学结构上等同于侧线精馏塔，简称为 DWC-U。同样，当分隔壁位于下段时，提馏段被分隔为两部分，精馏段完整保留，且配有一台冷凝器和两台再沸器，在热力学结构上等同于侧线提馏塔，简称为 DWC-L。在设计 DWC-U 和 DWC-L 过程中，由于受到两侧气相负荷的影响，中间分隔壁的最佳安装位置很可能偏离中心，但考虑到设备结构的稳定性，实际应用中塔内分隔壁常设置在中间，因此其节能效果受到一定影响[8]。

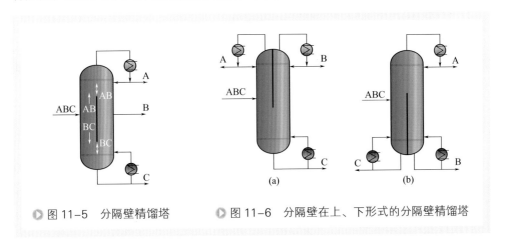

◐ 图 11-5　分隔壁精馏塔　　　　◐ 图 11-6　分隔壁在上、下形式的分隔壁精馏塔

待分离组分的特性直接影响进料位置和塔内分区，因此可以设计不同类型的分隔壁精馏塔，以适用于不同种类的分离体系。当待分离组分的相对挥发度差异较大，可将分隔壁置于中间，如图 11-5 所示。如果进料的中间组分含量很少，为了便于分离，主塔部分的截面积会远小于预分离部分的截面积，如图 11-7（a）所示。如果塔在真空条件操作，且液体流量较小时，可使用分隔壁向塔的一侧倾斜或者变形结构，如图 11-7（b）所示。进料为气相或侧线采出为气相时，使用图 11-7（c）所示结构比较有利 [9]。

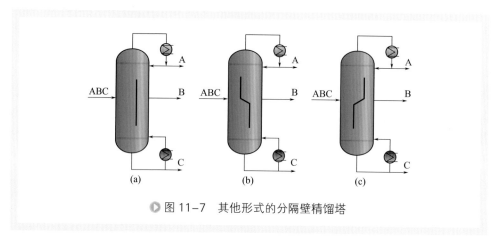

▶ 图 11–7　其他形式的分隔壁精馏塔

第二节　分隔壁精馏塔的性能和特点

一、分隔壁精馏塔节能原理

分隔壁精馏塔和热耦合精馏塔之所以能够使用较低的能量完成给定的分离任务，其原因在于避免了常规设计中塔内部物流的返混效应。同时，分隔壁精馏塔内耦合物流的组成可以更容易匹配其进料位置的物流浓度，进一步减少了返混的影响。

1. 中间组分返混

常规两塔直接精馏序列中，第一座塔提馏段内随着轻组分 A 浓度的降低，中间组分 B 的浓度逐渐增加，但在靠近塔底处，由于重组分 C 浓度增加，中间组分 B 浓度在达到最大值后逐渐减小，即组分 B 在该塔中发生返混，如图 11-8（a）所示。与之相反，在分隔壁精馏塔中，进料经预分离部分后得到 A/B 和 B/C 两组混合物，然后直接进入主塔部分做进一步分离，在主塔上段组分 A 与 B 分离，主塔下段组分 B 与 C 分离，组分 B 在塔中间某处浓度达到最大值，此时采出组分 B，能够有效避免常规两塔精馏序列中的返混现象，如图 11-8（b）所示 [3,6]。

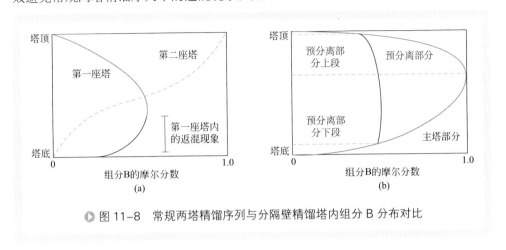

● 图 11-8　常规两塔精馏序列与分隔壁精馏塔内组分 B 分布对比

2. 塔内耦合物流返混

在分隔壁精馏塔中，中间组分同时存在于预分离部分的上段和下段，如果耦合物流 A/B 和 B/C 的组成能够较好地和主塔部分中两块进料板上组成相匹配，可以降低耦合物流进料板处的混合效应，即避免了由于进料物流与进料板处组成不同而产生的混合熵，提高了热力学效率。

最佳的分隔壁精馏塔设计方案宜将返混效应降到最低，DWC-M 的设计构型在这方面最有优势。然而，公开发表的文献证实，DWC-M 并不总是最节能的设计方案，根据进料组成和相对挥发度不同，DWC-U 和 DWC-L 的设计构型可能更节省能量。因此，需要仔细评估不同分隔壁精馏塔构型，通过对比以判断最经济的设计方案。

二、分隔壁精馏塔适用范围

理论上，对于三组分以上混合物的分离，都可考虑使用分隔壁精馏塔。如果混合物的分离在热力学上是可行的，保证一定回流量的前提下，通过增加理论板数可以实现多元混合物的任何纯度分离。但考虑到设备投资和操作费用等经济因素，分隔壁精馏塔并非适用所有的混合物分离，对分离纯度、进料组成、相对挥发度及塔的操作压力都有一定的要求。

（1）产品纯度　由于分隔壁精馏塔所采出的中间产品纯度高于常规精馏塔侧线采出的纯度，因此，当希望得到高纯度的中间产品时，可考虑使用分隔壁精馏塔。如果对中间产品纯度要求不高，则可以直接使用常规精馏塔侧线采出即可。

（2）进料组成　若中间组分质量分数超过 20%、而轻重组分含量又相当的体系，特别当进料中的中间组分质量分数达到 66.7% 左右时，是采用分隔壁精馏塔比较理想的分离体系。

（3）相对挥发度　当中间组分为进料中的主要组分，而轻组分和中间组分的相对挥发度与中间组分和重组分的相对挥发度大小相当时，采用分隔壁精馏塔节能优势更为明显。

（4）塔的操作压力　由于采用分隔壁精馏塔分离三组分混合物是在同一塔设备内完成，故整个分离过程的压力不能改变，不适合分离宽沸点混合物。

三、分隔壁精馏塔性能优劣

1. 主要优势

相比于常规两塔精馏序列（直接或间接），分隔壁精馏塔在能效、设备投资和装置占地面积等方面都具有明显优势，主要包括：

① 能耗降低 10% ～ 50% ；
② 新建装置设备投资降低 25% ～ 35% ；
③ 在单一精馏塔外壳内能够得到三种（或三种以上）的高纯度产品；
④ 占地面积通常比常规两塔精馏序列减少 30% ～ 40% ；
⑤ 在高温下时间缩短，改善分离热敏性体系产品的质量和产量。

2. 潜在劣势

分隔壁精馏塔也有潜在的缺陷，制约其适用范围，主要包括：

① 塔内只有一个操作压力，如果待分离体系需要在不同的操作压力下进行分离，则不适合选择分隔壁精馏塔；
② 当两塔合并为单塔时，理论板数增加，分隔壁精馏塔的塔体往往较高；
③ 塔内只装配了一台再沸器和一台冷凝器，当进料混合物之间的沸点差异较大时，分离需要更高品位的再沸器加热介质或冷凝器冷却介质，此时使用分隔壁精馏塔可能并不合适；
④ 分隔壁精馏塔的结构比常规塔序更为复杂，需要根据实际情况进行控制方案的特殊设计。

第三节　分隔壁精馏塔强化构型

本章在第一节中对分隔壁精馏塔的基本构型进行了介绍。此外，分隔壁精馏塔还包括其他强化构型，如多元混合物（≥4）分隔壁精馏塔、分隔壁萃取精馏塔、分隔壁共沸精馏塔、分隔壁反应精馏塔和热泵辅助分隔壁精馏塔等。

一、多元混合物（≥4）分隔壁精馏塔

分隔壁精馏塔可用于分离超过三元混合物的过程，即在多组分进料的情况下生产四种或更多种纯物质或馏分。分隔壁精馏塔所分离的组分数越多，其结构形式也就越多。由于可观的经济和环境效益，该方面的学术研究比较活跃，典型文献总结如表11-1所示。

表11-1　多元混合物（≥4）分隔壁精馏塔典型文献总结

年份	研究体系	研究内容	参考文献
2018	甲醇、乙醇、正丙醇和正丁醇	模拟及实验	[10]
2017	苯、甲苯、二甲苯和均三甲苯	稳态及动态模拟	[11]
2017	甲醇、乙醇、正丙醇和正丁醇	简捷设计及模拟	[12]
2017	苯、甲苯、二甲苯和均三甲苯	稳态及动态模拟	[13]
2016	正戊烷、正己烷、正庚烷和正辛烷	动态模拟	[14]
2015	苯、甲苯、二甲苯和均三甲苯	稳态及动态模拟	[15]
2013	四元和五元混合物	简捷设计	[16]
2013	甲醇、乙醇、正丙醇和正丁醇	气相分配实验	[17]
2013	正戊烷、苯、甲苯、二甲苯和均三甲苯	模拟及优化	[18]
2012	甲醇、乙醇、正丙醇和正丁醇	实验及控制	[19]
2011	混合芳烃	简捷设计及模拟	[20]
2011	丙醇、丁醇、3-甲基丁醇和2-乙基丁醇	稳态模拟	[21]
2011	丙烷、异丁烷、正丁烷和C_5^+组分	稳态模拟	[22]
2010	甲醇、乙醇、正丙醇和正丁醇	模型预测控制	[23]

针对多元混合物的分离，Kaibel[24]提出了具有单个分隔壁的精馏构型，称为Kaibel构型，如图11-9（a）所示。在使用该构型分离四组分混合物时，必须在分隔壁精馏塔预分离部分对两种中间组分B和C进行清晰分离，否则会影响分离过程中的热力学效率，B、C两种产品纯度也可能受到影响。实际过程中，中间组分B和C难以实现清晰分离，因此单个分隔壁的精馏构型在节能效果上有一定局限性。为了改善能量利用效率，可以考虑Sargent等[25]提出的分隔壁精馏塔构型，塔内设置三个分隔壁，称为Sargent构型，如图11-9（b）所示。通过增加塔内分隔壁数量，可以避免由于B、C发生返混而形成混合熵，降低了单个分隔壁构型所固有的返混效应，节省更多能量。但是，至今为止此种构型尚未得到工业应用。除此之

外，Agrawal[26] 也提出一种分离多元混合物分隔壁精馏塔构型，其进料位置在两块分隔壁之间，称为 Agrawal 构型，如图 11-9（c）所示。Christiansen 等 [27] 评估了上述三种构型，结果显示 Agrawal 构型在能量利用效率方面更具优势。

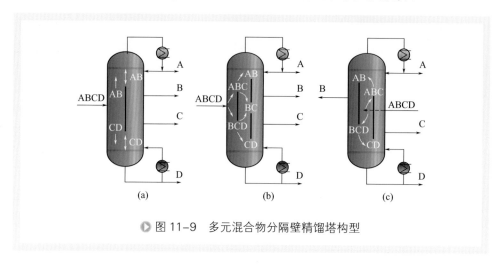

图 11-9　多元混合物分隔壁精馏塔构型

　　理论上讲，在单座精馏塔内设置多个分隔壁可以提纯多组分进料混合物，然而这种设计方案受到潜在限制。当进料组分增多，塔内理论板数也会增加，再沸器和冷凝器之间的温差可能很高，以至于分离过程无法实现。

　　多元混合物（≥4）分隔壁精馏塔工业案例比较罕见，据报道只有 BASF 和 UOP 公司分别将 Kaibel 构型用于四组分化学中间体混合物分离和催化裂化产物分离 [8]。

二、分隔壁萃取精馏塔

　　萃取精馏是通过选择一种合适的萃取剂加入适宜的塔板上，它将改变进料组分之间的相对挥发度或消除其共沸点，并采用精馏方法进行分离。当 A/B 两组分混合物加入萃取精馏塔时，需同时向塔内加入萃取剂 S，目的是降低组分 B 的挥发度，从而使组分 A 变得易挥发。因萃取剂的沸点高于被分离组分，为了使塔内维持较高的萃取剂浓度，S 的加入位置需要在进料板之上。从萃取精馏塔塔顶得到组分 A，而 B 和 S 由塔底采出，进入溶剂回收塔，组分 B 从溶剂回收塔塔顶采出，萃取剂 S 从塔底采出，并循环至萃取精馏塔。

　　将萃取精馏过程的两座精馏塔合并为一座塔，中间采用分隔壁对物流进行分割，就形成了分隔壁萃取精馏塔（extractive dividing wall column，EDWC），分隔壁萃取精馏塔的演变过程如图 11-10 所示。混合物 A/B 和萃取剂 S 进入分隔壁左侧，重组分 B 受到萃取剂的影响，挥发度降低。分隔壁左侧塔顶得到轻组分 A，而 B 和 S 进入分隔壁右侧进一步分离，重组分 B 从分隔壁右侧塔顶采出，萃取剂 S 由塔底采出，经循环回到分隔壁左侧。分隔壁两侧共用一个提馏段和一台再沸器，分隔壁的上端与塔壁相连，左右两侧各有一台冷凝器，因此在分隔壁萃取精馏塔中，分隔壁上方没有液相分配。

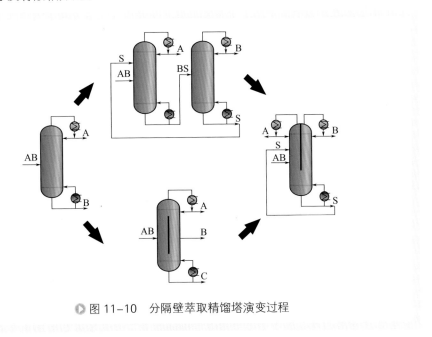

◉ 图 11-10　分隔壁萃取精馏塔演变过程

　　目前，分隔壁萃取精馏塔理论方面的研究备受关注，典型文献总结如表 11-2 所示。值得注意的是，Wu 等 [45] 研究表明，相比于常规两塔萃取精馏序列，分隔壁萃取精馏塔能够节省总的再沸器热负荷，但有可能增加公用工程成本。因为两塔序列可以设置两个不同的操作压力，通过压力微调允许一座塔使用较低品位热能（如低压蒸汽），另一座塔使用较高品位热能（如中压蒸汽），而分隔壁萃取精馏塔往往需要较高品位的再沸器加热介质，增加公用工程成本。因此，在使用分隔壁萃取精馏塔之前，需要仔细评估其经济效益。

表11-2　分隔壁萃取精馏塔典型文献总结

年份	研究体系	萃取剂	研究内容	参考文献
2018	甲醇、甲苯和水	N-甲基吡咯烷酮	稳态及动态模拟	[28]
2018	环己烷、环己烯	二甲基亚砜	稳态模拟及优化	[29]
2018	乙醇、水	乙二醇	动态模拟	[30]
2017	碳酸二甲酯、甲醇	苯胺	稳态及动态模拟	[31]
2017	乙酸乙酯、乙腈	二甲基亚砜	稳态模拟及优化	[32]
2017	2,6-二甲基吡啶、4-甲基吡啶	乙二醇	实验、模拟及控制	[33]
2017	乙腈、水	乙二醇	稳态模拟	[34]

年份	研究体系	萃取剂	研究内容	参考文献
2017	2-甲氧基乙醇、甲苯	二甲基亚砜	稳态及动态模拟	[35]
2016	四氢呋喃、水	二甲基亚砜	稳态模拟	[36]
2016	乙酸乙酯、异丙醇	乙二醇	实验及模拟	[37]
2016	正丙醇、乙腈	N-甲基吡咯烷酮	稳态及动态模拟	[38]
2015	环氧丙烷、甲醇和水	1,2-丙二醇	稳态模拟	[39]
2015	碳酸二甲酯、乙醇	糠醛	稳态模拟及优化	[40]
2015	环己烷、苯	糠醛	多目标优化	[41]
2014	三氯甲烷、丙酮	二甲基亚砜	稳态及动态模拟	[42]
2014	环己烷、苯	环丁砜、邻二甲苯	实验及模拟	[43]
2013	正丁烷、反-2-丁烯	二甲基甲酰胺	稳态模拟	[44]
2013	异丙醇、水 碳酸二甲酯、甲醇 丙酮、甲醇	二甲基亚砜 苯胺 水或二甲基亚砜	稳态及动态模拟	[45]
2012	正丙醇、水	乙二醇	实验及模拟	[46]
2012	乙醇、水	乙二醇	稳态模拟及优化	[47]
2012	甲缩醛、甲醇	二甲基甲酰胺	稳态及动态模拟	[48]
2010	甲醇、丙酮	水	稳态模拟及优化	[49]

关于分隔壁萃取精馏塔的工业案例，Uhde 公司将其应用于 Morphylane 萃取精馏工艺过程，并在德国 Aral Aromatics 公司成功建造了一座分隔壁萃取精馏塔。BASF 公司在德国路德维希港也完成了一座分隔壁萃取精馏塔的建造，主要用于生产丁二烯[9,50]。

三、分隔壁共沸精馏塔

共沸精馏与萃取精馏的基本原理类似，不同点仅在于共沸剂在影响原溶液组分的相对挥发度的同时，还与它们中的一个或数个形成共沸物。常规非均相共沸精馏系统包括共沸精馏塔和溶剂回收塔，共沸精馏塔塔底分离出组分 B，共沸剂 E、组分 A 和组分 B 混合物由塔顶进入倾析器。溶剂回收塔中，组分 A 从塔底采出，少量组分 A 和共沸剂 E 从塔顶采出，并循环利用。共沸精馏流程的合成不仅取决于各组分的相对挥发度，还取决于共沸物的类型，如最高共沸物、最低共沸物，或者均相共沸物、非均相共沸物等。

将常规共沸精馏的两塔集成到一座塔壳中，并用分隔壁将共沸塔与回收塔隔开，即称为分隔壁共沸精馏塔（azeotropic dividing wall column，ADWC），如

图 11-11 所示。分隔壁共沸精馏塔的结构与常规两塔序列有很大不同，塔顶仅装有一台冷凝器，塔底两侧各配有一台再沸器。将分隔壁精馏塔应用于非均相共沸过程，含有组分 A/B 的新鲜物料进入分隔壁左侧，共沸剂 E、组分 A 和组分 B 形成的共沸物以气相形式从塔顶采出，经冷凝后在倾析器中分离，其上层富油相（富含共沸剂 E）回流进入塔顶，而下层贫油相作为进料流入分隔壁右侧某位置。分隔壁左侧实现 B 的提纯，从塔底得到产物 B；分隔壁右侧实现 A 的提纯，从塔底得到产物 A。为了平衡共沸剂损失，需要在倾析器中加入适量补充共沸剂 E。

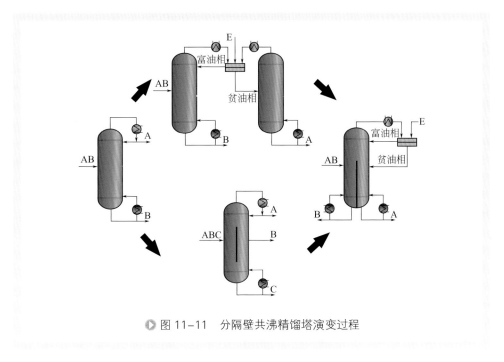

▶ 图 11-11　分隔壁共沸精馏塔演变过程

　　迄今为止，关于分隔壁共沸精馏塔的研究报道相对较少，典型文献总结如表 11-3 所示。分隔壁共沸精馏塔的工业应用仅有文献 [51] 提及，但未给出具体说明。

表11-3　分隔壁共沸精馏塔典型文献总结

年份	研究体系	共沸剂	研究内容	参考文献
2017	异丙醇、水	环己烷	动态控制	[52]
2017	乙二胺、水	乙酸正丙酯	稳态及动态模拟	[53]
2016	乙醇、水	环己烷	稳态及动态模拟	[54]
2015	乙酸、水	乙酸异丁酯	稳态模拟	[55]
2015	叔丁醇、水	环己烷	稳态及动态模拟	[56]
2014	1,4-二氧六环、水	三乙胺	稳态及动态模拟	[57]

年份	研究体系	共沸剂	研究内容	参考文献
2014	吡啶、水	甲苯	稳态及动态模拟	[58]
2013	乙腈、水和硅醚	二氯甲烷	实验及模拟	[59]
2012	乙醇、水	正戊烷	稳态模拟及优化	[60]
2009	异丙醇、水	环己烷	稳态模拟	[61]
2008	乙醇、水	环己烷	稳态模拟	[62]

四、分隔壁反应精馏塔

反应精馏是将反应过程与精馏分离有机结合在同一设备中进行的一种耦合过程。反应精馏与常规的反应和精馏相比，具有如下突出的优点：反应和精馏过程在同一个设备内完成，投资少，操作费用低，节能；反应和精馏同时进行，不仅改进了精馏性能，而且借助精馏的分离作用，提高了反应转化率和选择性；通过及时移走反应产物，能克服可逆反应的化学平衡转化率的限制，或提高串联或平行反应的选择性；温度易于控制，避免出现"热点"问题；缩短反应时间，提高生产能力。但是，反应精馏仅适用于化学反应和精馏过程可在同样温度和压力范围内进行的工艺过程。

分隔壁反应精馏塔（reactive dividing wall column，RDWC）集成了反应精馏和分隔壁精馏技术，如图 11-12 所示。塔内多组分进行反应，未反应的组分或者过

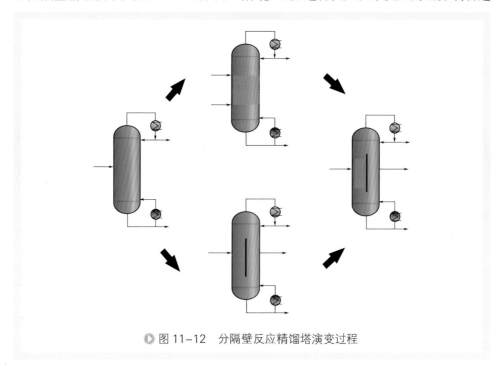

▶ 图 11-12　分隔壁反应精馏塔演变过程

量的反应物通过精馏进行分离，一般分隔壁一侧是反应部分，另一侧为分离部分，产品分别从塔顶、塔底和侧线采出。分隔壁反应精馏塔是高度集成的操作单元，使得工艺流程更简化，热力学效率更高，节能降耗的优势也更加突显，可用于酯化、水解、酯交换、烷基化及醚合成等过程。

国内外学者已经对分隔壁反应精馏过程进行了广泛而深入的研究，典型文献总结如表11-4所示。荷兰 Akzo Nobel 公开了一个分隔壁反应精馏塔的工业案例，塔内发生五种化学反应，但是并没有给出具体反应体系 [63]。

表11-4 分隔壁反应精馏塔典型文献总结

年份	研究体系	研究内容	参考文献
2018	乙酸甲酯 + 异丙醇 ⇌ 乙酸异丙酯 + 甲醇	动态模拟	[64]
2018	乙酸丁酯 + 正己醇 ⇌ 乙酸正己酯 + 丁醇	实验及模拟	[65]
2018	异丁烯 + 乙醇 ⇌ 乙基叔丁基醚	多目标优化	[66]
2018	乙酸 + 乙醇 ⇌ 乙酸乙酯 + 水	实验及模拟	[67]
2017	乙酸甲酯 + 正丙醇 ⇌ 乙酸正丙酯 + 甲醇	稳态模拟	[68]
2017	碳酸二甲酯 + 乙醇 ⇌ 碳酸甲乙酯 + 甲醇 碳酸甲乙酯 + 乙醇 ⇌ 碳酸二乙酯 + 甲醇	稳态及动态模拟	[69]
2017	乙酸甲酯 + 水 ⇌ 乙酸 + 甲醇	实验及模拟	[70]
2017	乙酸 + 乙醇 ⇌ 乙酸乙酯 + 水	实验及模拟	[71]
2017	乙酸 + 甲醇 ⇌ 乙酸甲酯 + 水	稳态模拟	[72]
2017	乙酸丁酯 + 乙醇 ⇌ 乙酸乙酯 + 丁醇	稳态模拟	[73]
2016	乳酸 + 甲醇 ⇌ 乳酸甲酯 + 水	稳态模拟	[74]
2016	乙酸甲酯 + 水 ⇌ 乙酸 + 甲醇	稳态及动态模拟	[75]
2016	C_3 选择性加氢反应	稳态模拟	[76]
2016	乙酸异丙酯 + 甲醇 ⇌ 乙酸甲酯 + 异丙醇	稳态模拟	[77]
2016	乙酸甲酯 + 正丁醇 ⇌ 乙酸正丁酯 + 甲醇	稳态及动态模拟	[78]
2015	乙酸 + 正丙醇 ⇌ 乙酸正丙酯 + 水	稳态模拟	[79]
2015	乙酸 + 正丁醇 ⇌ 乙酸正丁酯 + 水	稳态模拟及优化	[80]
2014	乙酸 + 正丁醇 ⇌ 乙酸正丁酯 + 水	稳态模拟	[81]
2014	乙酸 + 甲醇 ⇌ 乙酸甲酯 + 水	稳态模拟	[82]
2014	异丁烯 + 甲醇 ⇌ 甲基叔丁基醚 异丁烯 + 乙醇 ⇌ 乙基叔丁基醚 2 甲醇 ⇌ 二甲醚 + 水	简捷计算	[83]
2012	油酸 + 甲醇 ⇌ 油酸甲酯 + 水	简捷计算及优化	[84]
2011	碳酸二甲酯 + 乙醇 ⇌ 碳酸甲乙酯 + 甲醇 碳酸甲乙酯 + 乙醇 ⇌ 碳酸二乙酯 + 甲醇	稳态及动态模拟	[85]

年份	研究体系	研究内容	参考文献
2011	乙酸甲酯 + 正丁醇 ⇌ 乙酸正丁酯 + 甲醇	稳态模拟	[86]
2010	乙酸 + 乙醇 ⇌ 乙酸乙酯 + 水	稳态模拟	[87]

五、热泵辅助分隔壁精馏塔

热泵是采用逆卡诺循环原理，利用少量高品位能量（电能、机械能），将低温位热能的温度提高到更为有用水平的装置。对于精馏塔，如果能将塔顶气相的热量用于加热塔底物料，就能够节省外部供冷与供热。热泵精馏即是依据热力学第二定律给系统加入一定的机械功，将温度较低的塔顶气相加压升温，作为高温塔底的热源。因为回收的潜热用于过程本身，又省去了塔顶冷凝器冷却水和塔底加热蒸汽，可使精馏的能耗明显降低。

热泵技术与分隔壁精馏塔结合就构成了热泵辅助分隔壁精馏塔（heat pump-assisted dividing wall column，HP-DWC）。2009 年，英国 M.W.Kellogg 公司[88] 首次申请了热泵辅助分隔壁精馏塔的专利，且采取了中间换热的形式，拓宽了分离体系范围，如图 11-13 所示。分隔壁精馏塔顶部与底部的温差一般高于常规精馏塔，尤其在分离宽沸程体系时，因此需要较高的压缩比才能实现塔顶气相与塔底采出液的换热，但高压缩比使得压缩机消耗电量增加，反而降低了热泵精馏的节能效率。因此，使用热泵辅助分隔壁精馏之前需要考虑一些制约条件。

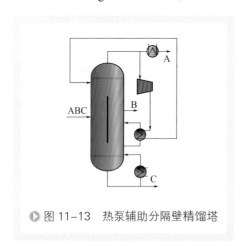

图 11-13 热泵辅助分隔壁精馏塔

Kiss 等[89] 提出了一种快速选择适合热泵辅助精馏构型的方法，该方法将分离任务的类型、产品规格、操作压力、再沸器热负荷和温度等作为主要的选择标准。Plesu 等[90] 依据卡诺循环的原理提出了一个简单的公式，如式（11-1）所示，用于评价在精馏过程中是否可以采用热泵：

$$\frac{Q}{W} = \frac{1}{\eta} = \frac{T_c}{T_r - T_c} \qquad (11\text{-}1)$$

式中，T_c 为冷凝器的温度，K；T_r 为再沸器的温度，K；Q 为再沸器负荷，kW；W 为所提供的功，kW；η 为卡诺效率。如果 Q/W 的值超过10，推荐采用热泵辅助精馏；当比值在5~10之间，需要进行经济性评价；如果比值低于5，不建议采用热泵精馏。

热泵可应用于常规分隔壁精馏塔，也可以辅助其他强化的分隔壁精馏塔，比如热泵辅助萃取分隔壁精馏塔（HP-EDWC）、热泵辅助共沸分隔壁精馏塔（HP-ADWC）和热泵辅助反应分隔壁精馏塔（HP-RDWC），典型文献总结如表11-5所示。

表11-5 热泵辅助分隔壁精馏塔典型文献总结

年份	强化构型	研究体系	研究内容	参考文献
2018	HP-ADWC	乙醇、丙酮、丁醇和水	稳态模拟	[91]
2018	HP-RDWC	乙酸甲酯 + 异丙醇 ⇌ 乙酸异丙酯 + 甲醇	动态模拟	[92]
2017	HP-RDWC	乙酸甲酯 + 异丙醇 ⇌ 乙酸异丙酯 + 甲醇	稳态模拟	[93]
2017	HP-RDWC	混合酸和甲醇酯化反应 甘油和盐酸氯化反应 生成二氯丙醇	稳态模拟	[94]
2017	HP-EDWC	乙醇、水和乙二醇	动态模拟	[95]
2017	HP-EDWC	乙醇、水和乙二醇	动态模拟	[96]
2017	HP-DWC	戊烷、己烷和庚烷 丁烷、异戊烷和戊烷 异戊烷、戊烷和己烷	稳态模拟	[97]
2017	HP-ADWC	乙二胺、水和乙酸正丙酯	稳态及动态模拟	[53]
2016	HP-ADWC	叔丁醇、水和环己烷	动态模拟	[98]
2016	HP-ADWC	叔丁醇、水和环己烷	稳态模拟	[99]
2015	HP-EDWC	乙醇、水和乙二醇	稳态模拟	[100]
2015	HP-ADWC	异丙醇、水和环己烷 吡啶、水和甲苯	稳态模拟	[101]
2015	HP-RDWC HP-ADWC	乙酸甲酯 + 正丁醇 ⇌ 乙酸正丁酯 + 甲醇 异丙醇、水和环己烷	稳态模拟及优化	[102]
2015	HP-DWC	二氯乙烷提纯 乙酸提纯 戊烷、己烷和庚烷	稳态模拟	[103]
2014	HP-DWC′	苯、甲苯和对二甲苯 苯、甲苯和乙苯 C_3、C_4 混合物 乙醇、水和乙二醇 乙醇、丙醇和丁醇 戊烷、己烷和庚烷	稳态模拟	[104]
2013	HP-DWC	对二甲苯、异丙苯和1,2,4-三甲基苯 乙烯、乙烷和丙烷	稳态模拟	[105]

精馏塔内变量间相互关系复杂，影响其操作水平和产品质量因素众多，通过实验可帮助人们了解精馏塔的各种传质状态和操作方法，探索混合物分离过程中的传质、传热机理。由于中间分隔壁的存在，相比于常规精馏塔，分隔壁精馏塔流体力学特性更为复杂，并且增加了一些设计变量，如塔内的气、液相分配比等，这些变量对分隔壁精馏塔的影响均需通过实验进行评估[106]。关于分隔壁精馏塔实验，典型文献总结如表 11-6 所示。

表11-6　分隔壁精馏塔实验典型文献总结

年份	研究体系	实验装置	参考文献
2018	戊烷、己烷、庚烷和辛烷	塔高 3300mm，塔径 30mm/40mm，θ 环填料	［107］
2018	乙酸 + 乙醇 ⇌ 乙酸乙酯 + 水	塔高 4000mm，塔径 41mm/38mm/28mm，Dixon 环填料，催化剂为强酸性阳离子交换树脂 Amberlyst-15Dry	［67］
2017	2,6- 二甲基吡啶、4- 甲基吡啶和乙二醇	塔高 9.5m，塔径 400mm，规整填料	［33］
2017	乙酸正丁酯 + 正己醇 ⇌ 乙酸正己酯 + 正丁醇	塔径 54mm/60mm，规整填料，催化剂为强酸性阳离子交换树 Amberlyst-35Dry	［108］
2016	乙酸乙酯、异丙醇和乙二醇	塔高 2100mm，塔径 40mm，Dixon 环填料	［37］
2016	油酸 + 甲醇 ⇌ 油酸甲酯 + 水	塔高 2500mm，塔径 170mm，拉西环填料，催化剂为硫酸	［109］
2015	甲醇、乙醇和正丙醇 乙醇、正丙醇和正丁醇	塔高 3700mm，塔径 100mm，θ 环和三角形弹簧填料	［110］
2014	苯、环己烷和环丁砜（助溶剂邻二甲苯）	塔高 3000mm，塔径 50mm，θ 环填料	［43］
2014	松节油（α- 蒎烯、β- 蒎烯等）	塔高 2250mm，塔径 50mm，三角螺旋填料	［111］
2013	乙腈、水、硅醚和二氯甲烷	塔高 2200mm，塔径 50mm，Dixon 环填料	［59］
2012	正丙醇、水和乙二醇	塔高 2500mm，塔径 30mm，弹簧填料	［46］
2012	乙酸 + 乙醇 ⇌ 乙酸乙酯 + 水	塔高 2500mm，塔径 170mm，Teflon 填料，催化剂为硫酸	［112］
2012	正己烷、正庚烷和正辛烷	塔高 3000mm，塔径 40mm，弹簧填料	［113］

年份	研究体系	实验装置	参考文献
2012	甲醇、乙醇、丙醇和正丁醇	塔高 8m，塔径 50mm/70mm，拉西环填料	[19]
2011	乙醇、正丙醇和正丁醇	塔高 2000mm，塔径 30mm/40mm，弹簧填料	[114]
2010	正己醇、正辛醇和正癸醇	塔高 12m，塔径 68mm，规整填料	[115]
2010	裂解汽油	塔高 7.2m，塔径 70mm/76mm	[116]

分隔壁精馏塔内构件的设计形式对工艺制定与操作流程影响较大，该方面的实验研究也十分必要。Lavasani 等 [117] 利用实验结合 CFD 模拟，探究了筛板分隔壁精馏塔的流体力学特性，考察变量分别为筛板开孔大小、液体流动方向、溢流堰高度和降液管类型等，实验测量了不同条件下的流体动力学参数。陈文义等 [118] 通过实验研究了分隔壁精馏塔的气相分配装置，测验了升气槽个数、阀片角度、V 形帽角度及其与升气槽距离对气相分配比的影响。Kang 等 [119] 开发了一种气相分配装置，通过装置上的液位调节气相流量，实验考察了不同液相分配比、装置液位和开孔大小对气相分配比的影响。

第五节　分隔壁精馏塔简捷设计、模拟与优化

一、分隔壁精馏塔简捷设计

对于一个多组分精馏过程，若指定两个关键组分并以任何一种方式规定它们在馏出液和釜液中的分配，可使用芬斯克（Fenske）公式估算最少理论板数和组分分配；使用恩德伍德（Underwood）公式估算最小回流比；使用吉利兰图（Gilliland）或耳波 - 马多克思图（Erbar-Maddox）或相应的关系式估算实际回流比下的理论板数。以这三步为主体组合构成了多组分精馏的 FUG（Fenske-Underwood-Gilliland）简捷设计方法。

分隔壁精馏塔具有复杂的内部结构，需要考虑的设计参数较多，如图 11-14 所示，这些设计参数大多缺少一个合理的初值。通过简捷设计可以粗略估算达到预期分离要求所需的理论板数和相应的操作回流比。

针对分离三元混合物的分隔壁精馏塔，Triantafyllou 等 [120] 首先提出了一种简捷设计方法，该方法以 FUGK（Fenske-Underwood-Gilliland-Kirkbride）方程为依

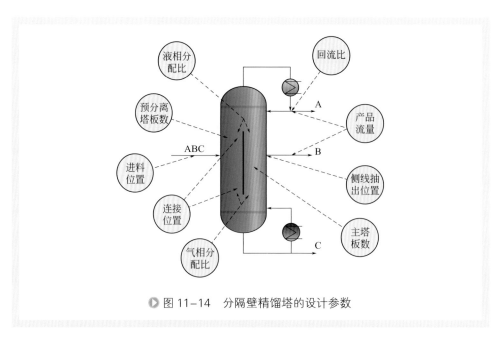

▶ 图 11-14　分隔壁精馏塔的设计参数

据，同时需满足恒定相对挥发度和恒定摩尔流假定。Amminudin等[121]指出在严格模拟中，使用Kirkbride方程计算出的热耦合位置可能导致错误，他们提出了一种基于组分平衡的半严格设计方法，并将其应用于共沸精馏。相比传统的基于FUGK方程的设计过程，其所提方法更准确，但计算量较大。Halvorsen[122]在其论文中提出了一种简单却更为有效的设计方法，该方法基于Underwood方程，将塔内最小气相流量作为进料的函数，得到一个能耗的可视化图形，因而称为最小气相流量法，又称V_{min}法。计算过程需假设理论板数为无穷大，且相对挥发度恒定，因此只适用于非共沸混合物。相关典型文献总结如表11-7所示。

表11-7　分隔壁精馏塔简捷计算典型文献总结

年份	模型	研究体系	计算方法	参考文献
2017	六段模型	六组不同分离指数体系 液化石油气	FUG 方法，建立耦合物流组成分布方程	[123]
2017	四段模型	正戊烷、环庚烷和异壬烷	FUGK 方法	[124]
2015	五段模型	戊烷、己烷和庚烷 苯、甲苯和二甲苯 乙醇、丙醇和丁醇	FUGK 方法，采用微分方程计算组成分布	[125]
2014	三段模型	苯、甲苯和二甲苯	FUGK 方法	[126]
2014	三段模型	异丁烯 + 甲醇 ⇌ 甲基叔丁基醚 异丁烯 + 乙醇 ⇌ 乙基叔丁基醚 2 甲醇 ⇌ 二甲醚 + 水	V_{min} 方法，Underwood 方法	[83]

年份	模型	研究体系	计算方法	参考文献
2014	五段模型	苯、甲苯和二甲苯 乙醇、正丙醇和正丁醇 乙烷、丙烷和正丁烷	关联塔内气、液物流以计算各塔段，未使用 Fenske 和 Gilliland 方法	[127]
2014	四段模型	正己烷、正庚烷和正辛烷	FUGK 方法	[128]
2012	三段模型	油酸 + 甲醇 $\rightleftharpoons$ 油酸甲酯 + 水	FUGK 方法	[84]
2011	六段模型	乙醇、正丙醇和正丁醇 苯、甲苯和乙苯	FUGK 方法	[129]
2010	三段模型	正戊烷、正己烷和正庚烷 正丁烷、异戊烷和正戊烷 异戊烷、正戊烷和正己烷	FUGK 方法	[130]
2007	三段模型	苯、甲苯和二甲苯	Underwood 方法	[131]
2006	多段模型	正丁烷、异戊烷、正戊烷、正己烷和正庚烷	FUG 方法	[132]
2003	两段模型	五组分混合物	V_{min} 方法，Underwood 方法	[133]
2002	两段模型	甲醇、乙醇和水 环己烷、正庚烷和甲苯 仲丁醇、异丁醇和正丁醇	Fenske 方法计算塔板数，最小值的二倍作为理论板数	[134]
2001	三段模型	$C_3 \sim C_6$ 混合物	基于组分平衡的半严格设计方法	[121]
1992	三段模型	C_4 混合物	FUGK 方法	[120]

一般情况，可以用如下方法估算分隔壁精馏塔的设计初值：

① 以常规两塔序列作为设计基准（例如直接序列）；

② 将常规两塔序列理论板数之和的 80% 作为分隔壁精馏塔的总理论板数；

③ 将分隔壁放置在塔中间 1/3 位置；

④ 分隔壁精馏塔再沸器和冷凝器的负荷设定为常规两塔序列负荷之和的 70%，由此确定塔内物料流量；

⑤ 主塔和副塔两端的气、液相初始分配比均设置为 1∶1。

二、分隔壁精馏塔严格模拟

目前普遍使用的化工流程模拟软件有美国 AspenTech 技术公司的 Aspen Plus 和 Aspen HYSYS，英国 AVEVA 公司的 PRO/Ⅱ，美国 Chemstations 公司的 ChemCAD，英国 PSE 公司的 gPROMS 等，但只有 Aspen Plus 中 MultiFrac 模块可

用于模拟热力学等效于分隔壁精馏塔的 Petlyuk 构型，其余模拟软件模型库中均没有独立的分隔壁精馏塔模块。在模拟时用户可采用现有常规精馏塔模块构建等效的分隔壁精馏塔，一般可选择 1～4 塔模型进行计算，每种模型都有特定的优点和缺点。一般而言，单塔模型（即中段回流模型）比多塔等效模型更容易收敛；多塔等效模型，如四塔模型，虽然在初始化计算方面相对困难，且收敛速度缓慢，但由于四个常规精馏塔替代了分隔壁精馏塔各个塔段，计算结果能够更准确地评估其性能。

1. 单塔等效模型

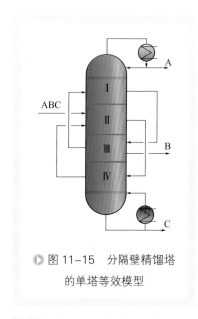

◉ 图 11-15　分隔壁精馏塔的单塔等效模型

分隔壁精馏塔的单塔等效模型，即中段回流模型，如图 11-15 所示。该模型采用液相中段回流和气相旁路调节塔内气、液相流量，以此来模拟分隔壁精馏塔。由于仅涉及单座塔的模拟，该模型的初始化相比其他构型更简单容易，在任何商业软件中都能够建立模拟流程。

2. 两塔等效模型

分隔壁精馏塔可以采用多种两塔模型等效替代，常见的两塔等效模型如图 11-16（a）和图 11-16（b）所示。该等效模型也比较容易构建，且比中段回流模型更具灵活性。不同的两塔模型运行结果和收敛时间差别不大，建模时一般首选图 11-16（a）构型，因为该形式更符合分隔壁精馏塔的主、副两塔分区结构，便于检查模拟结果。可按照以下步骤进行两塔建模。

① 按如下方法指定从预分离塔到主塔的耦合物流组成和流量：

a. 将进料混合物中重关键组分含量设置为零，保持其他组分浓度不变，将温度设为操作压力下的露点温度，根据简捷模型计算该组成下总的气相物流组成和流量，以此确定预分离塔塔顶至主塔的气相耦合物流；

b. 将进料混合物中轻关键组分含量设置为零，保持其他组分浓度不变，将温度设为操作压力下的泡点温度，根据简捷模型计算该组成下总的液相物流组成和流量，以此确定预分离塔塔底至主塔的液相耦合物流。

② 单独运行主塔，采用简捷模型计算的再沸比作为再沸器的设计规定，将直接精馏序列中最大回流比作为冷凝器的设计规定。

③ 作为独立单元，运行一次预分离塔。

④ 基于收敛的温度、组成分布和耦合物流的组成等数据，运行完整的流程，根据分离要求设置塔顶采出量和塔底产品纯度，最终确定冷凝器和再沸器的设计

规格。

　　需要注意，与单塔等效模型（中段回流模型）相比，所有多塔模型的缺点是：由于耦合物流也作为进料流股用于回收率计算，系统产品回收率不能用于冷凝器和再沸器的设计规定。

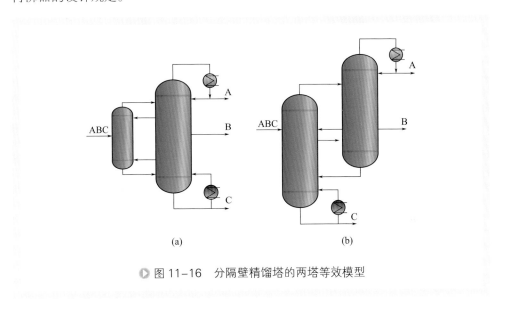

● 图 11-16　分隔壁精馏塔的两塔等效模型

3．三塔等效模型

　　分隔壁精馏塔的三塔等效模型，如图 11-17 所示。塔 1 为非清晰分离过程，主塔侧线采出的上、下段分别看作两座精馏塔，即塔 2 和塔 3。在进行三塔模拟时，应该满足以下两条规定：

　　① 为了使塔 2 和塔 3 合并等效为分隔壁精馏塔主塔部分，当中间采出为液体时，塔 2 提馏段与塔 3 精馏段气相流量和组成必须相同。

　　② 考虑到实际情况，如果分隔壁精馏塔两侧塔板数量相等或接近，可以保证精馏塔具有良好的稳定性能，所以塔 1 理论板数量宜等于塔 2 提馏段理论板数加上塔 3 精馏段理论板数之和。

4．四塔等效模型

　　分隔壁精馏塔的四塔等效模型，如图 11-18 所示。四个常规精馏塔分别代表分隔壁精馏塔的四个塔段，即预分离段、公共提馏段、公共精馏段和侧线采出段。该模型在不同塔段的设计和气、液相分配比的调控等方面非常灵活，被认为是最符合实际情况的等效模型，但也最难收敛，需要提供更多耦合物流的初值，模拟步骤类似于两塔等效模型。因为四座塔的独立性，加上对气、液两相的灵活分配，该模型最适合用于动态模拟研究，即将稳态模型导入到动态以开发控制流程。

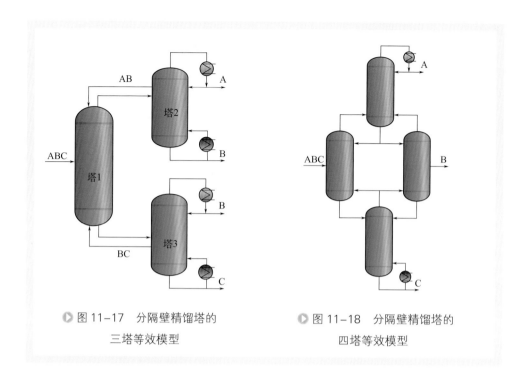

图 11-17 分隔壁精馏塔的
三塔等效模型

图 11-18 分隔壁精馏塔的
四塔等效模型

三、分隔壁精馏塔优化

分隔壁精馏塔在热力学上与 Petlyuk 塔等效，两者的优化方法可以通用。在 Petlyuk 塔优化设计过程中，主要目标是使再沸器热负荷、主塔和预分离塔的塔板总数同时最小化，并且需要满足每股产品物流纯度和回收率的要求，因此优化问题可表述为：

$$\min(Q_R, N_i) = f(Q_R, R, N_i, N_j, N_{side}, N_F, F_j)$$
$$y_k \geqslant x_k$$

（11-2）

式中，Q_R 为主塔再沸器热负荷；N_i 为塔 i（即主塔或预分离塔）的塔板总数；R 为主塔回流比；N_j 为中间耦合物流 j 的进入或采出位置；N_{side} 为侧线采出位置；N_F 为预分离塔原料进料位置；F_j 为中间耦合物流 j 的流量；x_k 和 y_k 分别为产品纯度或回收率的设定值和实际值。

Fidkowski 等 [135] 是最早解决 Petlyuk 塔最优值问题的学者，通过建立分离三组分 Petlyuk 塔的解析解，使用 Underwood 方程计算最优中间气相流量的值。Yeomans 等 [136] 基于广义析取规划（generalized disjunctive programming，GDP）模型得出复杂精馏塔序的优化设计步骤，并以理想和共沸体系作为测试，目标函数可定义为利润、总费用或总能耗。Caballero 等 [137] 针对热耦合精馏塔提出了设备投资和操作费用方面的优化设计模型，简化了优化程序并且将其应用到多组分碳氢混合物分离过程。Shah 等 [138] 提出了一种用于复杂精馏系统的优化设计框架，将优化设计简化为混合整数线性规划（mixed integer linear programming，MILP）问题进行处理，并应用于非共沸体系中进行测试。安维中等 [139] 建立了热耦合复杂精馏系统优化的混合整数非线性规划（mixed-integer non-linear programming，MINLP）模型，并用改进的模拟退火算法求解，可同时得到优化的流程结构和操作参数。

伴随计算机技术的发展，分隔壁精馏塔的建模与优化方法逐渐完善，通过一些商业软件，可以实现流程的模拟与优化。例如通过 Aspen Plus 软件构建序列二次规划（sequence quadratic program，SQP）算法，将复杂最优化问题简化为二次规划，以求解带约束条件的非线性规划问题。由于约束条件较多，使得 SQP 算法在求解非线性优化问题时需要非常大的存储空间，导致运算难度增加，也加大了二次规划子问题约束的不相容性。为了克服这个缺点，通常需要将商业模拟软件和外部优化程序相互连接，以完善优化算法。

翟建等 [41] 利用接口程序将 Aspen Plus 与 MATLAB 应用程序进行交互，在 MATLAB 中运用带约束的多目标遗传算法，将生成的设计变量作为输入数据发送至 Aspen Plus 中，模拟得到的结果再返回到优化程序中进行评价，通过整体优化以获得分隔壁精馏塔最优结构参数。张龙等 [111] 采用 ActiveX 控件技术，以基于 Excel 的 Visual Basic Application 为编译环境，将多目标布谷鸟算法与 Aspen Plus 进行交互，得到集成的优化算法程序。高景山等 [140] 运用流程模拟软件 Aspen HYSYS 结合响应面优化分析（response surface methodology，RSM）方法对分隔壁精馏塔的结构参数进行模拟优化，RSM 预测结果与模拟结果吻合良好。关于分隔壁精馏塔的优化，典型文献总结如表 11-8 所示。

表11-8　分隔壁精馏塔优化典型文献总结

年份	构型	研究体系	优化方法	参考文献
2017	DWC	丙酮、乙醇和水	响应面法	［7］
2017	DWC ADWC	苯、甲苯和二甲苯 叔丁醇、水和环己烷	SQP 遗传算法	［141］
2017	EDWC	乙酸乙酯、乙腈和二甲基亚砜	SQP	［32］
2017	DWC	乙醇、正丙醇和正丁醇	支持向量机和微粒群 算法结合	［142］
2017	DWC EDWC ADWC	苯、甲苯和二甲苯 乙醇、水和乙二醇 乙醇、水和环己烷	广义 Benders 分解法	［143］
2016	DWC	1,3- 丙二醇、2,3- 丁二醇和甘油	响应面法	［144］
2017	DWC	乙醇、正丙醇和正丁醇	支持向量机和微粒群 算法结合	［142］

年份	构型	研究体系	优化方法	参考文献
2017	DWC EDWC ADWC	苯、甲苯和二甲苯 乙醇、水和乙二醇 乙醇、水和环己烷	广义 Benders 分解法	[143]
2016	DWC	1,3-丙二醇、2,3-丁二醇和甘油	响应面法	[144]
2016	RDWC	乙酸正丁酯合成反应	SQP	[78]
2016	DWC	—	神经网络和遗传算法结合	[145]
2015	EDWC	苯、环己烷和糠醛	遗传算法	[41]
2015	DWC	苯、甲苯和二甲苯	响应面法	[140]
2015	EDWC	乙醇、碳酸二甲酯和糠醛	布谷鸟搜索算法	[40]
2015	DWC	丙酮、乙醇和水	响应面法	[146]
2015	RDWC	C_3 选择性加氢反应	微粒群算法	[147]
2015	DWC	苯、甲苯和二甲苯	遗传算法	[148]
2014	DWC	正戊烷、正己烷和正庚烷 苯、甲苯和乙苯 乙醇、正丙醇和正丁醇	神经网络和遗传算法结合	[149]
2014	DWC	松节油（α-蒎烯、β-蒎烯等）	微粒群算法	[150]
2014	DWC	苯、甲苯和二甲苯	响应面法	[126]
2014	RDWC ADWC	混合酸与甲醇酯化反应 异丙醇、水和环己烷	逐步迭代法	[151]
2012	DWC	苯、甲苯和二甲苯	响应面法	[152]
2012	RDWC	脂肪酸甲酯合成反应	模拟退火算法	[153]
2010	EDWC	正庚烷、甲苯和苯胺 四氢呋喃、水和1,2-丙二醇 异丙醇、水和二甲基亚砜 丙酮、水和辛酸	遗传算法	[154]

第六节　分隔壁精馏塔控制

一、控制自由度

分隔壁精馏塔具有七个自由度，其中六个自由度与带有侧线采出的常规精馏塔相同，包括冷凝器负荷、产品采出量（塔顶、侧线和塔底产品）、塔顶回流量和再沸器负荷（或塔底上升气相流量）。余下的一个自由度是分隔壁上方液相分配比，其数值对分隔壁精馏塔操作以及产品质量都有较大影响。需要注意的是，分隔壁下方的气相分配比对于分隔壁精馏塔的影响也不可忽视，但是气相分配比难以在操作过程中加以调节，不适合作为控制过程中的一个操纵变量。因此，设计结构确定之后，分隔壁下方气相分配比随即固定。

通常塔顶和塔底采出量分别用于控制回流罐和塔底液位，冷凝器负荷控制塔顶压力，剩余四个自由度（塔顶回流量、侧线采出量、再沸器负荷和液相分配比）可用来控制四个其他变量。在一些控制结构中，塔顶和塔底采出量会与回流量和再沸器负荷等变量进行互换，以控制其所对应变量。一般情况，三股产品纯度都应被直接有效地控制，即控制中间组分在塔顶和塔底产品中的含量，控制轻、重组分在侧线采出产品中的含量。因此，需要三个控制自由度用来确保这三股产品纯度，而余下一个自由度则可用于实现其他控制目的，如确保分离过程能耗维持在较低的水平。

二、分隔壁精馏塔控制结构

目前，关于分隔壁精馏塔动态控制相关研究报道十分活跃，研究者所选取的体系各有不同；采用的控制策略从比例-积分-微分（PID）控制到模型预测控制（MPC）；可以选择产品浓度作为被控变量，也可以选择灵敏板的温度进行推断性控制。虽然研究过程有所不同，但可以得到一个共同的结论：只要建立合适的控制结构，分隔壁精馏塔便可以表现出较好的可控性。典型文献总结如表11-9所示。

表11-9 分隔壁精馏塔控制典型文献总结

年份	构型	研究体系	控制方案	参考文献
2018	HP-RDWC	乙酸甲酯 + 异丙醇 ⇌ 乙酸异丙酯 + 甲醇	温度和浓度组合控制	[92]
2018	DWC	苯、甲苯、邻二甲苯和均三甲苯	温度控制 压力补偿-温度控制	[155]
2018	RDWC	乙酸甲酯 + 异丙醇 ⇌ 乙酸异丙酯 + 甲醇	带有前馈的温度控制	[64]
2018	EDWC	甲醇、甲苯、水和 N-甲基吡咯烷酮	带有前馈的温度控制	[28]
2018	DWC	乙醇、正丙醇和正丁醇	温度和浓度组合控制	[156]
2018	EDWC	乙醇、水和乙二醇	带有气相分配比的温度-压力串级控制	[30]
2018	RDWC	乙酸 + 甲醇 ⇌ 乙酸甲酯 + 水	两点温度控制	[157]
2017	ADWC EDWC	异丙醇、水和环己烷 乙醇、水和乙二醇	带有前馈的温度控制	[52]

年份	构型	研究体系	控制方案	参考文献
2017	EDWC	碳酸二甲酯、甲醇和苯胺	带有前馈和气相分配比的温度控制	[158]
2017	DWC	乙醇、正丙醇和正丁醇	双温差控制	[159]
2017	HP-ADWC	乙二胺、水和乙酸正丙酯	温度控制	[53]
2017	DWC	苯、甲苯和二甲苯 乙醇、正丙醇和正丁醇	浓度控制	[160]
2017	HP-EDWC	乙醇、水和乙二醇	温度和浓度组合控制	[96]
2017	DWC	乙醇、正丙醇和正丁醇	模型预测控制	[161]
2016	EDWC	正丙醇、乙腈和 N-甲基吡咯烷酮	温度-组成串级控制	[38]
2016	DWC	苯、甲苯、二甲苯和均三甲苯	温度和温差控制	[162]
2016	RDWC	乙酸 + 甲醇 ⇌ 乙酸甲酯 + 水 棕榈酸 + 异丙醇 ⇌ 棕榈酸异丙酯 + 水	温差控制	[163]
2016	DWC	正戊烷、正己烷、正庚烷和正辛烷	温度控制	[14]
2016	RDWC	C_3 选择性加氢	模型预测控制	[164]
2016	HP-ADWC	叔丁醇、水和环己烷	压力补偿-温度控制	[98]
2016	RDWC	乙酸甲酯 + 正丁醇 ⇌ 乙酸正丁酯 + 甲醇	温度控制	[78]
2015	DWC	乙醇、正丙醇和正丁醇	带有气相分配比的温度控制	[165]
2015	DWC	苯、甲苯、二甲苯和均三甲苯	浓度控制	[166]
2015	DWC	苯、甲苯和二甲苯	温差控制 双温差控制	[167]
2015	ADWC	叔丁醇、水和环己烷	温度控制	[56]
2015	DWC	四种假设组分	温度控制	[168]
2015	DWC	苯、甲苯和二甲苯	模型预测控制	[169]
2014	EDWC	三氯甲烷、丙酮和二甲基亚砜	带有前馈和气相分配比的浓度控制	[42]
2014	EDWC ADWC	甲缩醛、甲醇和二甲基甲酰胺 乙醇、水和环己烷	带有前馈的温度控制 温差控制	[170]
2014	EDWC	环己烷、苯和糠醛	浓度控制 温度控制	[171]
2014	ADWC	吡啶、水和甲苯	温度控制	[58]
2013	DWC	苯、甲苯和二甲苯	温差控制 双温差控制	[172]

年份	构型	研究体系	控制方案	参考文献
2013	DWC	乙醇、丙醇和正丁醇 苯、甲苯和乙苯	浓度控制	[173]
2012	DWC	苯、甲苯和二甲苯	模型预测控制	[174]
2011	DWC	苯、甲苯和二甲苯	浓度控制	[175]
2011	DWC	正己醇、正辛醇和正癸醇	模型预测控制	[176]
2010	DWC	苯、甲苯和二甲苯	温度控制 温差控制	[177]

1. 三点浓度控制结构

参照带侧线采出的常规精馏塔控制方案，可以建立最简单的分隔壁精馏塔三点浓度控制结构，如图 11-19（a）所示。利用塔顶回流量控制塔顶产品纯度；利用侧线采出量控制侧线采出产品纯度；利用再沸器负荷控制塔底产品纯度。根据 Wolff 等 [178] 研究，还可以建立如图 11-19（b）所示的控制结构，以乙醇-丙醇-正丁醇为分离体系，利用再沸器负荷控制侧线采出产品纯度，利用侧线采出量控制塔底产品纯度。但该结构控制效果并不理想，作者认为再沸器负荷与侧线采出产品纯度之间的强烈非线性关系是造成控制效果差的主要原因。Mutalib 等 [179] 对相同的控制结构进行了研究，选取体系为甲醇-异丙醇-正丁醇，与 Wolff 等 [178] 的结果不同，该结构控制效果较好。另外，他们将塔顶采出量和回流量与回流罐液位和塔顶产品纯度的变量匹配进行了互换，控制结构如图 11-19（c）所示，通过测试发现该控制结构同样可以取得理想的控制效果。

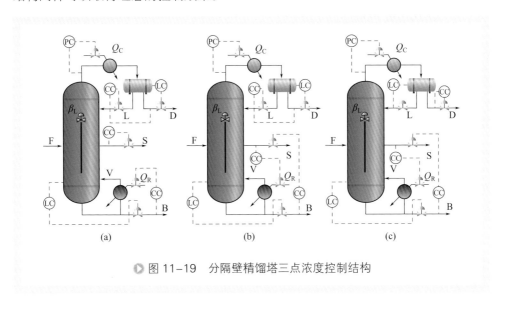

(a)   (b)   (c)

▶ 图 11-19　分隔壁精馏塔三点浓度控制结构

2．四点浓度控制结构

在三点浓度控制结构基础上，可利用分隔壁上方液相分配比控制侧线采出产品中的轻或重组分杂质含量，即构成四点浓度控制结构，如图 11-20（a）所示，但根据 Wolff 等[178]的研究表明，该结构控制效果较差。Ling 等[180]以苯 - 甲苯 - 二甲苯为研究体系，提出另一种四点浓度控制结构，如图 11-20（b）所示。利用分隔壁精馏塔液相分配比控制进料位置上方重组分含量，保证产品纯度的同时，间接控制分离过程能耗在较低的水平。

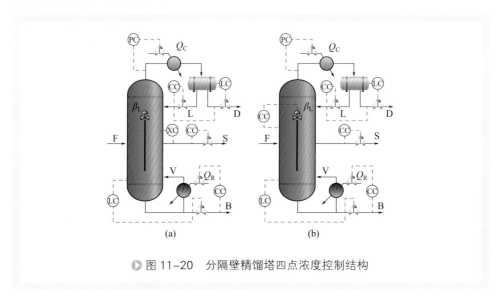

▶ 图 11-20　分隔壁精馏塔四点浓度控制结构

3．温度控制结构

在实际工业生产中采用浓度控制结构往往时间滞后较大，且成本较高，因此有研究者提出利用温度来间接控制产品纯度。Adrian 等[181]对正丁醇 - 正戊醇 - 正己醇体系设计了温度控制结构，如图 11-21（a）所示。选取的温度控制点分别为进料位置上方塔板、侧线采出位置上方塔板以及距塔底较近的一块灵敏板。在该控制结构中，分隔壁精馏塔塔底热负荷维持不变。Wang 等[182]采用温度控制结构对乙醇 - 正丙醇 - 正丁醇体系进行了控制研究，如图 11-21（b）所示。利用再沸器负荷控制预分离部分底部温度；利用回流量控制塔顶温度；利用侧线采出量控制主塔部分底部温度。以上两种温度控制结构均表现出较好的控制效果。

4．前馈控制结构

Ling 等[180]在四点浓度控制结构的基础上增加了前馈控制结构，如图 11-22（a）所示。四个浓度控制回路涵盖了反馈控制和前馈控制作用。通过测试发现，该控制结构表现出良好的抗干扰能力。随后他们又研究了带有前馈的温度控制结构[177]，如图 11-22（b）所示。设置主塔部分的三个温度控制回路和预分离部分的一个温度控制回路，并对再沸器负荷和塔顶回流量添加前馈控制结构，在控制回路的调节作用下，进料量扰动可以得到有效的控制。

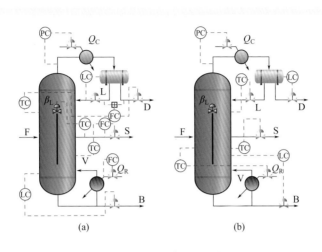

图 11-21　分隔壁精馏塔温度控制结构

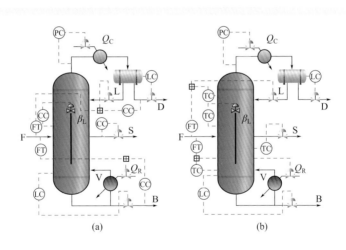

图 11-22　分隔壁精馏塔前馈控制结构

5. 模型预测控制

化工过程往往具有非线性、时变性、强耦合和不确定性等特点，由于难以得到精确的数学模型，因而控制效果较差。面对理论发展与实际应用之间的不协调，人们从工业过程控制的特点与需求出发，探索各种对模型精度要求不高而同样能实现高质量控制的方法，模型预测控制（MPC）正是在这种背景下应运而生的一类新型控制算法。

将 MPC 应用于分隔壁精馏塔的控制过程，有助于强化两种技术在工艺稳定和优化性能方面的优势。Wang 等 [161] 将 MPC 应用于乙醇 - 正丙醇 - 正丁醇研究体系，使用浓度控制和温度控制结构，比较了 MPC 和 PID 的控制效果。结果显示，MPC 控制结构的平方偏差积分（ISE）更低。Adrian 等 [181] 通过实验研究了正丁醇 - 正戊醇 - 正己醇体系的分隔壁精馏塔控制过程，分别建立 MPC 和 PID 控制方案，结果表明 MPC 控制效果优于 PID 控制。Kvernland 等 [23] 研究了 Kaibel 塔控制过程，进料分别为甲醇 - 乙醇 - 丙醇 - 丁醇，提出两种不同的 MPC 方案和一种 PID 控制方案，再沸器热负荷设置为固定值。结果表明，MPC 相比 PID 控制策略可以更好地克服过程的相互作用。Qian 等 [164] 对 C_3 物流选择性加氢的分隔壁反应精馏塔进行了 MPC 与 PID 控制研究，MPC 控制效果优于带有前馈的 PID 控制。

三、温度灵敏板选取

在精馏塔控制过程中，可以通过维持某块塔板温度来控制产品纯度，被选作控制温度的塔板即为灵敏板。在温度控制结构建立前需要选取合适的灵敏板，目前温度灵敏板选择判据均基于稳态模拟信息。常用的灵敏板选择判据可分为五种，包括：斜率判据、灵敏度判据、奇异值分解判据、恒温判据和最小产品浓度变化判据。具体说明可参考相关资料 [183]。

第七节　分隔壁精馏塔设备

一、塔设备类型

选择合适类型塔设备对于实现质量和热量的有效传递，以及得到所需产品纯度起到非常重要的作用。根据塔内气、液接触构件的结构形式，分隔壁精馏塔可分为板式塔和填料塔，用于其最佳类型的选择标准与常规精馏塔类似。由 Montz 公司建造的分隔壁精馏塔主要为填料塔，但其他公司（例如 Koch-Glitsch 公司）也开发了一系列板式分隔壁精馏塔，扩展了其应用范围 [184]。

通常板式分隔壁精馏塔更容易建造，同时由于支撑塔板的壁面间距缩短，也有助于提升塔内构件的机械强度。一般而言，分隔壁精馏塔可以安装任何类型塔板，目前大多使用的是双溢流塔板，如图 11-23 所示。另外，常规板式塔的专利技术也可应用于分隔壁精馏塔，如 Koch-Glitsch 公司的 FLEXILOCK 塔板技术，即采用一种无螺栓的塔板安装技术，能减少 30% 的安装时间 [185]。

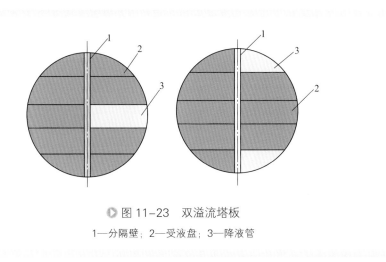

图 11-23　双溢流塔板

1—分隔壁；2—受液盘；3—降液管

　　填料分隔壁精馏塔如图 11-24 所示，其内部构造更复杂，分隔壁的焊接更困难，在安装过程中，塔内填料与分隔壁需保持一定距离。不同于板式塔，壁流效应对填料塔影响较大，当液体沿填料层向下流动时，有逐渐向塔壁流动趋势，造成气、液两相在填料层中分布不均。由于中间分隔壁的存在，塔内气、液两相可接触的壁面面积增加，提升了壁流效应的发生概率，进而降低填料的传质和传热效率。当中间分隔壁的隔热效果较差时，会进一步扩大壁流效应，严重影响分隔壁精馏塔的产品纯度。早期研究中，加热中间分隔壁被认为是解决壁流效应的可行建议，随后 Montz 公司针对分隔壁精馏塔设计了专用的液体收集器，大大降低了塔内壁流效应对产品质量的影响 [186]。

图 11-24　填料分隔壁精馏塔 [187]

　　壁流效应主要影响塔内提馏段。当塔壁或分隔壁产生轻组分冷凝液时，作为"杂质"流入到下一层塔段，降低了分离效率，而精馏段冷凝液中"杂质"回流至进料阶段，对产品纯度和分离效率影响较小。需要注意，分隔壁精馏塔中提馏段的概念与常规精馏塔略有不同，在分隔壁左侧，提馏段在进料口下方（第 2 部分），而在分隔壁右侧，提馏段位于采出口上方（第 4 部分），如图 11-25 所示。当热量由第 1 部分传递到第 4 部分，或热量由第 5 部分传递到第 2 部分时，可以减少壁面产生的冷凝液，且有利于降低能耗[188]。

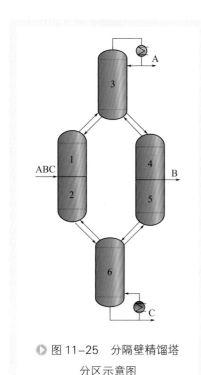

图 11-25　分隔壁精馏塔分区示意图

二、塔内分隔壁

塔内分隔壁可以由一块或多块金属板制成，分隔壁的安装主要有三种形式：焊接分隔壁、部分焊接分隔壁和非焊接分隔壁[106]。

（1）焊接分隔壁　在塔内焊接一整块金属板作为分隔壁是最简单的形式，BASF 公司建造的第一座工业分隔壁精馏塔使用的就是焊接分隔壁。该技术对焊缝等级要求较高，需要塔壳体的制造极为精准，对塔径容差较小，安装之前应对塔内部情况进行彻底检查。同时，要保证分隔壁安装在准确的位置，且绝对平坦，以减少塔内的壁流效应。

（2）部分焊接分隔壁　分隔壁的部分焊接技术也已经在工业和实验装置中被采纳。经过严格的应力计算后，分隔壁关键部位，如进料位置和侧面采出位置，可进行焊接处理，其他部位通过一些特殊设计，将分隔壁支撑在塔壳体上。根据 Montz 公司研究，分隔壁两侧气相渗透不会像液体那样影响塔性能，因此分隔壁精馏塔内非焊接部分可以使用聚四氟乙烯（PTFE）垫片进行密封，同时可在分隔壁表面附着一层 PTFE 薄膜，促使其表面更光滑。

（3）非焊接分隔壁　Montz 公司、BASF 公司与代尔夫特理工大学合作开发了非焊接分隔壁，如图 11-26 所示。非焊接分隔壁由金属薄片、紧固件（插头、卡箍

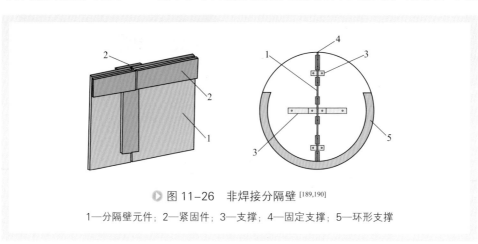

图 11-26　非焊接分隔壁[189,190]

1—分隔壁元件；2—紧固件；3—支撑；4—固定支撑；5—环形支撑

等）和支撑元件组成，由于组成元件体积小、重量轻，可通过人孔直接进入塔内，使得非焊接分隔壁组装和拆卸更快捷、更方便，有利于一些改造项目的实施。分隔壁与塔壳连接部位可设置一些特殊结构（如类似弹簧结构），允许一些弹性形变，降低了对塔壳体制造的容差要求，而且对塔内件具有一定保护作用，避免因为分隔壁的挤压而发生变形，影响分离效果。非焊接分隔壁的发明极大地扩展了分隔壁精馏塔的应用范围，因此该技术被视为分隔壁精馏塔发展和应用的里程碑。

三、液相分配装置

液相分配装置是分隔壁精馏塔最重要的内件之一，通过调节塔顶回流液可控制整塔的运行状况，直接影响产品质量。因此，选择一个可靠的液相分配装置是保证分隔壁精馏塔操作稳定的重要条件。

实验室规模的分隔壁精馏塔常采用类似摆动漏斗或铁坠形式进行内部液体分配，如图 11-27 所示。摆动漏斗内部有一磁铁，通过控制塔外电磁铁电流的通断，带动漏斗的摆动，由通电时间（即摆动时间）可以控制液体分配到左右区域的比例。这也是实验室普通精馏塔的塔顶回流控制常用装置[191]。

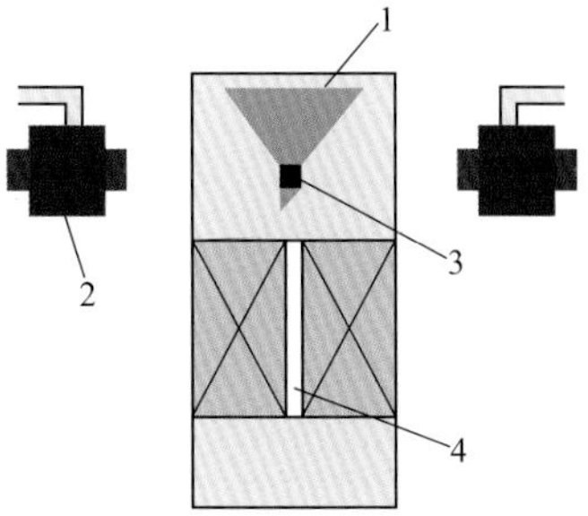

工业规模分隔壁精馏塔大多采用基于重力或动力回流的连续式装置，通过计量后按比例同

▶ 图 11-27　实验室液相分配装置结构示意图

1—漏斗；2—电磁铁；
3—磁铁；4—分隔壁

时加入分隔壁两侧区域中。液相收集区可以在塔内或塔外，起到储罐的作用或维持足够高的静态液体位差（压头），使液体通过阀门等控制单元以可调节方式继续输送，而且大多在管道上安装流量计来自动调整阀门。如果使用板式塔可从降液管直接流入内／外收集区，对于填料塔则首先采用收集器收集液体，然后由此流入内／外收集区。而回流至分隔壁两侧可以依靠自身重力或者外部泵等动力。

Montz 公司设计了一种回流分配装置，其内部由三个区域组成，包括收集区、回流区和采出区，如图 11-28 所示。根据塔内操作条件，分配装置对不同状况作出快速、灵敏的反应，经过三个区域的协同作用将液体分配到分隔壁两侧，实现连续并精准调节液体回流和采出量。分配装置由磁耦合驱动，外部装配一个气压驱动的马达，敏感部件需做防腐蚀处理。

Koch-Glitsch 公司在其工业分隔壁精馏塔改造中，提出了一种比较简单的液相分配装置设计方案。在塔内大部分液体将按照固定比例分配到分隔壁两侧，同时设置外部旁路，使用机泵将液体抽出，并利用重力驱动液体流入两侧，以对分配比例进行微调。经过对装置的全面调试，校验了旁路的控制作用，可成功调节塔内液相分配[185]。

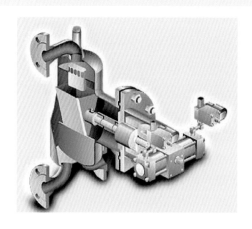

● 图 11-28　Montz 公司设计的液相分配装置 [192]

　　Lee 等 [193] 设计了一种手动控制的液相分配装置，如图 11-29 所示。流向主塔部分的管道布置在塔内，且该管道上不设置阀门，流向预分离部分的管道布置在塔外，且安装多个阀门，通过手动控制阀门开 / 关调节液相分配比。

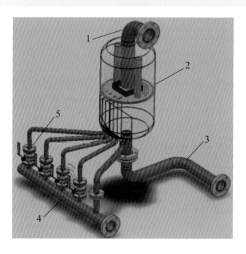

● 图 11-29　手动控制的液相分配装置

1—入口管；2—分配装置外壳；3—主塔管道；4—预分离管道；5—阀门

　　Zuber 等 [194] 设计了一种重力回流控制的液相分配装置，如图 11-30 所示。从液体收集槽中引出两股回流液，利用重力作用将其分配到分隔壁两侧，并通过管线上的阀门来调整流量，从而改变分配比。

研究人员还提出一些类似解决方案，比如安装侧面容器，将塔顶回流液引入到容器中，然后利用重力作用或机泵分配液体，同时使用阀门和管道进行控制，如图 11-31 所示。但该设计结构的工业适用性受到限制，其一，施工成本较高；其二，需要额外的控制回路以防止容器的溢流。

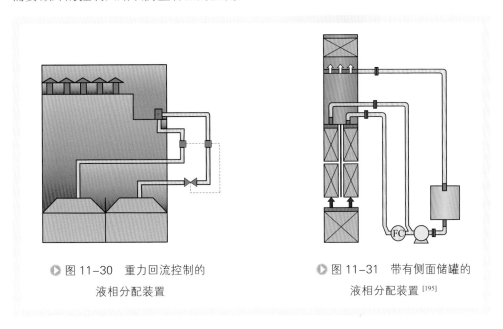

▶ 图 11-30　重力回流控制的
　　　　　　液相分配装置

▶ 图 11-31　带有侧面储罐的
　　　　　　液相分配装置 [195]

四、气相分配装置

气相分配比指分隔壁预分离部分上升气相流量与塔底产生的气相总量之比，对分隔壁精馏塔的优化设计和操作起到非常重要的作用。气相分配比在实际过程中不容易控制，所以目前大多数运行的分隔壁精馏塔只对液相进行调整和控制，气相分配比往往在设计阶段已经确定，且操作过程保持不变。伴随工业设计和制造技术的发展，使用气相分配装置对分隔壁精馏塔塔底气相进行控制成为一种可能。

Ge 等 [196] 就气相分配比对塔运行性能的影响进行了研究，设计了一种新型气相分配装置，如图 11-32 所示。V 形帽用于收集分隔壁两侧的下降液体并防止液体进入升气槽，液体经收集后通过降液管流出该装置。塔内上升气相进入升气通道时，通过改变阀片的旋转角度，调整升气通道内的通流面积，根据两侧阻力不同，上升气相被分配到两侧通道内，从而完成气相分配比的调节。

Dwivedi[197] 设计了一种能够调节气相分配比的分配阀，如图 11-33 所示。气相通过分配阀中的通道慢慢上升，依靠阀帽的高度来调整气相流量，液相则经过降液管向下流动。该分配阀由外部电机驱动齿轮转动，调节阀门开度，从而实现气相流量的改变与调配，促使装置在最优气相分配比的条件下操作，为低能耗、低成本运行提供保障。

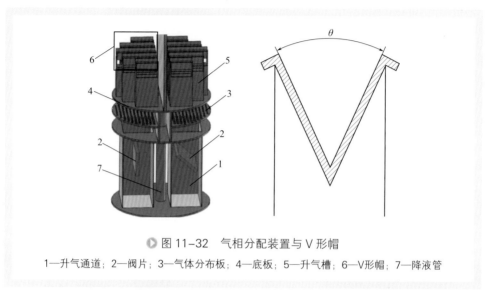

▶ 图 11-32　气相分配装置与 V 形帽

1—升气通道；2—阀片；3—气体分布板；4—底板；5—升气槽；6—V形帽；7—降液管

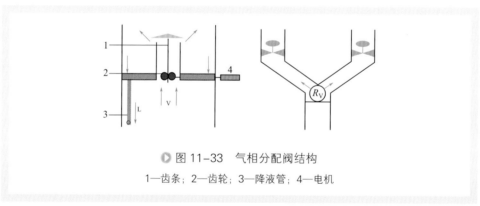

▶ 图 11-33　气相分配阀结构

1—齿条；2—齿轮；3—降液管；4—电机

　　Kang 等 [119] 开发了一种液压驱动的气相分配装置，如图 11-34 所示。通过装置上的液位调节气相流量，因此不需要外部设备（如电机等）进行驱动控制，减少了维护费用，且更安全可靠。通过实验考察了不同液相分配比、分配装置的液位和开孔大小对气相分配比的影响，测试结果表明，该装置可以成功调节塔内的气相分配。

　　作为分隔壁精馏塔重要构件，气相分配装置提高了塔的稳定性和操作方便性，为节能创造了必要的条件。但要实现大规模工业应用还需要不断完善。将来的发展，一方面继续向可靠性和结构简单等目标发展；另一方面，也要和分隔壁精馏塔本身的发展结合起来，以满足不同构型的生产要求。

预分馏段　　主分馏段

▶ 图 11-34　液压驱动的气相分配装置 [119]

第八节　分隔壁精馏塔工业应用

　　早在 1933 年，因裂解气分离问题，Luster[198] 就提出了分隔壁精馏塔的概念，并申请了美国专利，但由于设计变量较多，操作及控制过程复杂，大大制约了其工业应用。1985 年 BASF 公司首次将分隔壁精馏塔应用于工业生产环节，此后工业应用的分隔壁精馏塔由 2000 年时全世界不足 20 座发展到 2006 年时近 100 座，其中 BASF 公司拥有约 70 座分隔壁精馏塔，并由 Montz 公司提供塔内件。表 11-10 总结了公开报道的工业分隔壁精馏塔特征参数。

表11-10　工业分隔壁精馏塔特征参数[8]

直径 /mm	高度 /m	压力 /mmHg	分隔壁形式	塔设备类型
40 ～ 5800	5 ～ 107	2 ～ 7500	焊接分隔壁；部分焊接分隔壁；非焊接分隔壁	板式塔；填料塔

　　近年来，由于能源价格的持续上涨，瑞士 Sulzer 公司，美国 Koch-Glitsch、Kellogg 和 UOP 公司，德国 Linde 和 Uhde 公司，日本 Sumitomo 公司等世界巨头纷纷开始分隔壁精馏塔技术的研发与应用。截至 2016 年 3 月，全球投入使用的分隔壁精馏塔已经超过 250 座，其中南非 Sasol 用于回收合成汽油混合物中 1- 己烯塔器是目前世界上最高的一座分隔壁精馏塔，其高达 107m，直径 5.2m[6,199]。典型工业案例总结如表 11-11 所示。

表11-11 分隔壁精馏塔典型工业案例总结

国别	公司	应用对象	特征	参考文献
德国	BASF	四组分混合物	塔径 3.6m,高 34m,填料塔	[200]
英国	BP	烷基化或重整工艺	间歇操作,改造后产量增加 50%	[3]
南非	Sasol	1-辛烯和 1-己烯提纯	塔径 4.6m/5.2m,高 64m/107m,板式塔	[187]
美国	Exxon Mobil	重整汽油回收二甲苯	塔径 3.7m/4.3m,板式塔,节能 53%	[201]
日本	Kyowa Yuka	乙酸乙酯提纯	塔径 1.1m,高 21.5m	[186]
德国	Bayer AG	甲苯二异氰酸酯工艺	—	[202]
韩国	LG Chemical	2-乙基己醇工艺	双模式切换操作	[203]
瑞士	Lonza	—	塔径 0.5m,高 10m,填料塔	[204]
印度	BPCL	$C_5 \sim C_6$ 异构化	减少能耗 27%	[205]
中国	扬子石化	石脑油分离	塔径 4m,共 80 层塔板	[206]
中国	中石化某炼厂	重芳烃分离	塔径 1m,高 52m,填料塔	[207]
日本	Tonen General	混合芳烃分离	塔径 4m,高 80m	[208]
中国	—		塔径 3m,高 60m,板式塔	[209]
德国	Veba Oel Ag	汽油分离苯	年处理能力 1700 万吨	[9]
美国	Chevron	—	年处理能力 1400 万吨	[9]
西班牙	CEPSA	正构和异构烷烃分离	减少能耗 40%	[199]
美国	Valero	汽油分离苯	—	[210]

通过以上案例可以看出,分隔壁精馏塔的应用越来越受到人们的重视,许多化工企业都开始尝试使用分隔壁精馏塔进行工业生产。有理由相信,随着更多研究人员和化工企业参与到该项技术的研发,分隔壁精馏塔将会得到更大的发展和应用空间。

参考文献

[1] 孙兰义,昌兴武,谭雅文等.热耦合技术应用于共沸精馏系统的研究 [J]. 化工进展,2010, 29(12): 2228-2233.

[2] 叶青,裘兆蓉,韶晖等.热偶精馏技术与应用进展 [J]. 天然气化工,2006, 31(4): 53-56.

[3] Schultz M, Stewart D, Harris J, et al. Reduce costs with dividing-wall columns[J]. Chem Eng Prog, 2002, 98(5): 64-71.

[4] 冯霄,王或斐.化工节能原理与技术 [M]. 第 4 版. 北京:化学工业出版社,2015.

[5] 胡雨奇, 方静, 李春利. 隔壁塔设计与控制的研究进展 [J]. 天津工业大学学报, 2015, 34(03): 41-46.

[6] 孙兰义, 李军, 李青松. 隔壁塔技术进展 [J]. 现代化工, 2008, 28(9): 38-41.

[7] 裘兆蓉, 叶青, 李成益. 国内外分隔壁精馏塔现状与发展趋势 [J]. 江苏工业学院学报, 2005(01): 58-61.

[8] Kent J A. Handbook of Industrial Chemistry and Biotechnology[M]. Cham: Springer Science & Business Media, 2013.

[9] Yildirim Ö, Kiss A A, Kenig E Y. Dividing wall columns in chemical process industry: A review on current activities[J]. Sep Purif Technol, 2011, 80(3): 403-417.

[10] 方静, 相宁, 李晓春等. Kaibel 隔壁塔用于四组分精馏的模拟优化和实验研究 [J]. 化工进展, 2018, 37(05): 1646-1654.

[11] Tututi-Avila S, Domínguez-Díaz L A, Medina-Herrera N, et al. Dividing-wall columns: Design and control of a kaibel and a satellite distillation column for BTX separation[J]. Chem Eng Process, 2017, 114: 1-15.

[12] 宋二伟, 王二强. Kaibel 隔板塔简捷设计和稳态分析 [J]. 计算机与应用化学, 2017, 34(02): 103-108.

[13] 段圆梦, 沈海涛, 凌昊. Agrawal 分壁精馏塔分离芳烃的稳态和动态研究 [J]. 石油学报, 2017, 33(06): 1072-1081.

[14] Fan G, Jiang W, Qian X. Comparison of stabilizing control structures for four-product Kaibel column[J]. Chem Eng Res Des, 2016, 109: 675-685.

[15] 蔺锡钰, 吴昊, 沈本贤等. Kaibel 分壁精馏塔分离芳烃的稳态和动态模拟 [J]. 化工学报, 2015, 66(04): 1353-1362.

[16] Halvorsen I J, Dejanovic I, Skogestad S, et al. Internal configurations for a multi-product dividing wall column[J]. Chem Eng Res Des, 2013, 91(10): 1954-1965.

[17] Ghadrdan M, Halvorsen I J, Skogestad S. Manipulation of vapour split in Kaibel distillation arrangements[J]. Chem Eng Process, 2013, 72: 10-23.

[18] Kiss A A, Ignat R M, Landaeta S J F, et al. Intensified process for aromatics separation powered by Kaibel and dividing-wall columns[J]. Chem Eng Process, 2013, 67: 39-48.

[19] Dwivedi D, Strandberg J P, Halvorsen I J, et al. Steady state and dynamic operation of four-product dividing-wall(Kaibel)columns: experimental verification[J]. Ind Eng Chem Res, 2012, 51(48): 15696-15709.

[20] Dejanovic I, Matijasevic L, Halvorsen I J, et al. Designing four-product dividing wall columns for separation of a multicomponent aromatics mixture[J]. Chem Eng Res Des, 2011, 89(8): 1155-1167.

[21] 李清元, 朱志亮. 4 组分隔板塔热耦合精馏节能技术 [J]. 化学工程, 2011, 39(12): 6-10.

[22] Long N V D, Lee M. Improvement of natural gas liquid recovery energy efficiency through

thermally coupled distillation arrangements[J]. Asia-Pac J Chem Eng, 2012, 7(S1): 71-77.

[23] Kvernland M, Halvorsen I, Skogestad S. Model predictive control of a Kaibel distillation column[D]. Trondheim: Norwegian University of Science and Technology, 2009.

[24] Kaibel G. Distillation columns with vertical partitions[J]. Chem Eng Technol, 1987, 10(1): 92-98.

[25] Sargent R W H, Gaminibandara K. Optimum design of plate distillation columns[J]. Optimization in Action, 1976, 58: 267-314.

[26] Agrawal R. Processes for multicomponent separation[P]. US 6286335. 2001.

[27] Christiansen A C, Skogestad S, Lien K. Complex distillation arrangements: extending the Petlyuk ideas[J]. Comput Chem Eng, 1997, 21: S237-S242.

[28] Yang A, Wei R, Sun S, et al. Energy-saving optimal design and effective control of heat integration-extractive dividing wall column for separating heterogeneous mixture Methanol/Toluene/Water with multiazeotropes[J]. Ind Eng Chem Res, 2018, 57(23): 8036-8056.

[29] 唐建可, 翟丽军. 分壁式萃取精馏分离环己烷 - 环己烯的模拟与优化 [J]. 现代化工, 2018, 38(05): 215-218.

[30] Luyben W L. Vapor split manipulation in extractive divided-wall distillation columns[J]. Chem Eng Process, 2018, 126: 132-140.

[31] 彭家瑶. 特殊精馏分离碳酸二甲酯 - 甲醇共沸物的工艺优化与控制策略 [D]. 青岛: 青岛科技大学, 2017.

[32] 王晓红, 田光珍, 谢力. 萃取精馏隔壁塔分离乙酸乙酯 - 乙腈共沸物系的模拟与优化 [J]. 青岛科技大学学报, 2017, 38(06): 24-31.

[33] Staak D, Grützner T. Process integration by application of an extractive dividing-wall column: An industrial case study[J]. Chem Eng Res Des, 2017, 123: 120-129.

[34] 赵云鹏, 张健, 白金等. 萃取精馏隔壁塔精制含水乙腈流程模拟与优化 [J]. 现代化工, 2017, 37(12): 186-189.

[35] Li L, Guo L, Tu Y, et al. Comparison of different extractive distillation processes for 2-methoxyethanol/toluene separation: Design and control[J]. Comput Chem Eng, 2017, 99: 117-134.

[36] 马春蕾, 唐建可. 萃取精馏分离四氢呋喃 - 水共沸物的模拟研究 [J]. 现代化工, 2016, 36(09): 182-185.

[37] 索潇萌, 戴昕, 虞昊等. 分隔壁萃取精馏塔分离乙酸乙酯 - 异丙醇 [J]. 石油学报, 2016, 32(01): 111-118.

[38] 田鹏. 特殊精馏分离乙腈 - 正丙醇共沸物系的工艺设计与控制研究 [D]. 青岛: 青岛科技大学, 2016.

[39] 高晓新, 谭建凯, 陶阳等. 分壁式萃取精馏分离环氧丙烷 - 水 - 甲醇混合物的模拟 [J]. 南京工业大学学报, 2015, 37(06): 110-113.

[40] 张文星 . 隔壁萃取精馏塔分离乙醇 - 碳酸二甲酯的模拟及优化 [D]. 福州：福州大学，2015.

[41] 翟建，刘育良，李鲁闽等 . 萃取精馏分离苯 / 环己烷共沸体系模拟与优化 [J]. 化工学报，2015, 66(09): 3570-3579.

[42] 曹松 . 特殊精馏分离丙酮 - 三氯甲烷共沸物的设计与控制 [D]. 上海：华东理工大学，2014.

[43] 秦继伟，张浩，熊晓娟等 . 分隔壁萃取精馏塔分离苯 - 环己烷体系的研究 [J]. 石油学报，2014, 30(04): 687-693.

[44] 高思亮，田龙胜，唐文成等 . 分隔壁萃取精馏塔分离 C_4 烯烃与烷烃的模拟 [J]. 石油化工，2013, 42(06): 641-645.

[45] Wu Y, Hsu P H C, Chien I L. Critical assessment of the energy-saving potential of an extractive dividing-wall column[J]. Ind Eng Chem Res, 2013, 52(15): 5384-5399.

[46] 刘树丽，赵俊明，齐鸣斋 . 分壁式萃取精馏塔制取无水正丙醇的实验与模拟研究 [J]. 上海化工，2012, 37(12): 11-14.

[47] Kiss A A, Ignat R M. Innovative single step bioethanol dehydration in an extractive dividing-wall column[J]. Sep Purif Technol, 2012, 98: 290-297.

[48] Xia M, Yu B, Wang Q, et al. Design and control of extractive dividing-wall column for separating methylal-methanol mixture[J]. Ind Eng Chem Res, 2012, 51(49): 16016-16033.

[49] 昌兴武 . 隔壁塔应用于萃取精馏及共沸精馏体系的研究 [D]. 青岛：中国石油大学，2010.

[50] Asprion N, Kaibel G. Dividing wall columns: fundamentals and recent advances[J]. Chem Eng Process, 2010, 49(2): 139-146.

[51] Kaibel B, Jansen H, Zich E, et al. Unfixed dividing wall technology for packed and tray distillation columns[C]. IChemE Symp Ser, 2006, 152.

[52] 刘立新，陈梦琪，刘育良等 . 共沸精馏隔壁塔与萃取精馏隔壁塔的控制研究 [J]. 化工进展，2017, 36(02): 756-765.

[53] Chen M, Yu N, Cong L, et al. Design and control of a heat pump-assisted azeotropic dividing wall column for EDA/Water separation[J]. Ind Eng Chem Res, 2017, 56(34): 9770-9777.

[54] Li Y, Xia M, Li W, et al. Process assessment of heterogeneous azeotropic dividing-wall column for ethanol dehydration with cyclohexane as an entrainer: Design and control[J]. Ind Eng Chem Res, 2016, 55(32): 8784-8801.

[55] Le Q K, Halvorsen I J, Pajalic O, et al. Dividing wall columns for heterogeneous azeotropic distillation[J]. Chem Eng Res Des, 2015, 99: 111-119.

[56] Yu H, Ye Q, Xu H, et al. Design and control of dividing-wall column for tert-butanol dehydration system via heterogeneous azeotropic distillation[J]. Ind Eng Chem Res, 2015, 54(13): 3384-3397.

[57] Wu Y, Huang H P, Chien I L. Investigation of the energy-saving design of an industrial 1, 4-dioxane dehydration process with light feed impurity[J]. Ind Eng Chem Res, 2014, 53(40): 15667-15685.

[58] Wu Y, Lee H Y, Huang H P, et al. Energy-saving dividing-wall column design and control for heterogeneous azeotropic distillation systems[J]. Ind Eng Chem Res, 2014, 53(4): 1537-1552.

[59] 方静, 王宝东, 李春利等. 隔板塔共沸精馏分离二氯甲烷 - 乙腈 - 水 - 硅醚体系 [J]. 化工学报, 2013, 64(03): 963-969.

[60] Kiss A A, David J, Suszwalak P C. Enhanced bioethanol dehydration by extractive and azeotropic distillation in dividing-wall columns[J]. Sep Purif Technol, 2012, 86: 70-78.

[61] 李军, 昌兴武, 孙兰义等. 隔壁共沸精馏塔分离异丙醇水溶液的模拟 [J]. 化学工业与工程, 2009, 26(03): 235-239.

[62] 李军, 孙兰义, 胡有元等. 用共沸精馏隔壁塔生产无水乙醇的研究 [J]. 现代化工, 2008(S1): 93-95.

[63] Kiss A A, Pragt J J, van Strien C J G. Reactive dividing-wall columns-how to get more with less resources?[J]. Chem Eng Commun, 2009, 196(11): 1366-1374.

[64] Feng S, Ye Q, Xia H, et al. Controllability comparisons of a reactive dividing-wall column for transesterification of methyl acetate and isopropanol[J]. Chem Eng Res Des, 2018, 132: 409-423.

[65] Egger T, Fieg G. Dynamic process behavior and model validation of reactive dividing wall columns[J]. Chem Eng Sci, 2018, 179: 284-295.

[66] Kaur J, Sangal V K. Optimization of reactive dividing-wall distillation column for ethyl t-butyl ether synthesis[J]. Chem Eng Technol, 2018, 41(5): 1057-1065.

[67] Xie J, Li C, Peng F, et al. Experimental and simulation of the reactive dividing wall column based on ethyl acetate synthesis[J]. Chinese J Chem Eng, 2018, 26(7).

[68] 冯加双. 正丙醇与乙酸甲酯的酯交换反应的反应精馏过程设计 [D]. 北京 : 北京化工大学, 2017.

[69] Zheng L, Cai W, Zhang X, et al. Design and control of reactive dividing-wall column for the synthesis of diethyl carbonate[J]. Chem Eng Process, 2017, 111: 127-140.

[70] Wang X, Wang H, Chen J, et al. High conversion of methyl acetate hydrolysis in a reactive dividing wall column by weakening the self-catalyzed esterification reaction[J]. Ind Eng Chem Res, 2017, 56(32): 9177-9187.

[71] 李春利, 董立会, 马帅明等. 共沸 - 反应精馏隔壁塔制备乙酸乙酯的实验与模拟研究 [J]. 现代化工, 2017, 37(10): 197-200.

[72] 熊小然, 苑杨, 陈海胜等. 乙酸甲酯外部环流隔离壁反应蒸馏塔的设计与比较 [J]. 现代化工, 2017, 37(10): 148-151.

[73] 郝阳洋, 马超, 熊小然. 外部环流强化乙酸丁酯反应隔离壁蒸馏塔 [J]. 化学工程, 2017, 45(12): 26-29.

[74] 李文业, 黄克谨, 吴晨露. 外部环流反应隔离壁精馏塔的综合与设计 [J]. 现代化工, 2016, 36(09): 143-145.

[75] Li L, Sun L, Yang D, et al. Reactive dividing wall column for hydrolysis of methyl acetate: Design and control[J]. Chinese J Chem Eng, 2016, 24(10): 1360-1368.

[76] 王易卓, 罗祎青, 钱行等. C_3 选择性加氢热耦合催化精馏流程模拟 [J]. 化工学报, 2016, 67(02): 580-587.

[77] 鲍长远, 林美虹, 蔡璇等. 隔壁塔反应精馏合成异丙醇模拟及节能效益研究 [J]. 计算机与应用化学, 2016, 33(03): 325-329.

[78] 陈梦琪, 于娜, 刘育良等. 反应精馏隔壁塔生产乙酸正丁酯的优化与控制 [J]. 化工学报, 2016, 67(12): 5066-5081.

[79] 满杰, 陈小平, 田晖. 隔壁催化精馏合成乙酸正丙酯模拟研究 [J]. 现代化工, 2015, 35(08): 169-172.

[80] 杨柳. 反应精馏隔壁塔制备乙酸正丁酯的模拟和优化研究 [D]. 成都: 西南石油大学, 2015.

[81] 田晖. 反应隔壁精馏塔合成乙酸丁酯模拟研究 [J]. 计算机与应用化学, 2014, 31(05): 627-631.

[82] 安登超, 蔡旺锋, 张旭斌等. 乙酸甲酯催化反应隔板塔的设计 [J]. 现代化工, 2014, 34(08): 123-126.

[83] Sun L, Bi X. Shortcut method for the design of reactive dividing wall column[J]. Ind Eng Chem Res, 2014, 53(6): 2340-2347.

[84] Gómez-Castro F I, Rico-Ramírez V, Segovia-Hernández J G, et al. Simplified methodology for the design and optimization of thermally coupled reactive distillation systems[J]. Ind Eng Chem Res, 2012, 51(36): 11717-11730.

[85] 齐彩霞. 反应精馏隔壁塔合成碳酸二乙酯工艺的模拟与控制研究 [D]. 青岛: 中国石油大学, 2011.

[86] 孙兰义, 王汝军, 李军等. 反应精馏隔壁塔的模拟研究 [J]. 化学工程, 2011, 39(07): 1-4.

[87] 王丹阳. 反应精馏制备乙酸乙酯新工艺研究 [D]. 大连: 大连理工大学, 2010.

[88] Derek W T. Dividing wall column with a heat pump[P]. EP 20090827980. 2009.

[89] Kiss A A, Landaeta S J F, Ferreira C A I. Towards energy efficient distillation technologies-making the right choice[J]. Energy, 2012, 47(1): 531-542.

[90] Plesu V, Ruiz A E B, Bonet J, et al. Simple equation for suitability of heat pump use in distillation[J]. Comput. Aided Chem Eng, 2014, 33: 1327-1332.

[91] Patraşcu I, Bîldea C S, Kiss A A. Eco-efficient downstream processing of biobutanol by enhanced process intensification and integration[J]. ACS Sustain Chem Eng, 2018, 6(4):

5452-5461.

[92] Luyben W L. Series versus parallel reboilers in distillation columns[J]. Chem Eng Res Des, 2018, 133: 294-302.

[93] Feng S, Ye Q, Xia H, et al. Integrating a vapor recompression heat pump into a lower partitioned reactive dividing-wall column for better energy-saving performance[J]. Chem Eng Res Des, 2017, 125: 204-213.

[94] Shi L, Wang S, Huang K, et al. Intensifying reactive dividing-wall distillation processes via vapor recompression heat pump[J]. J Taiwan Inst Chem E, 2017, 78: 8-19.

[95] Luyben W L. Improved plantwide control structure for extractive divided-wall columns with vapor recompression[J]. Chem Eng Res Des, 2017, 123: 152-164.

[96] Patrașcu I, Bildea C S, Kiss A A. Dynamics and control of a heat pump assisted extractive dividing-wall column for bioethanol dehydration[J]. Chem Eng Res Des, 2017, 119: 66-74.

[97] 李沐荣. 带中间换热器的热泵精馏隔壁塔的模拟研究 [D]. 天津：天津理工大学, 2017.

[98] Luyben W L. Control of an azeotropic DWC with vapor recompression[J]. Chem Eng Process, 2016, 109: 114-124.

[99] Li R, Ye Q, Suo X, et al. Improving the performance of heat pump-assisted azeotropic dividing wall distillation[J]. Ind Eng Chem Res, 2016, 55(22): 6454-6464.

[100] Luo H, Bildea C S, Kiss A A. Novel heat-pump-assisted extractive distillation for bioethanol purification[J]. Ind Eng Chem Res, 2015, 54(7): 2208-2213.

[101] Shi L, Huang K, Wang S, et al. Application of vapor recompression to heterogeneous azeotropic dividing-wall distillation columns[J]. Ind Eng Chem Res, 2015, 54(46): 11592-11609.

[102] Liu Y, Zhai J, Li L, et al. Heat pump assisted reactive and azeotropic distillations in dividing wall columns[J]. Chem Eng Process, 2015, 95: 289-301.

[103] Long N V D, Lee M. A novel self-heat recuperative dividing wall column to maximize energy efficiency and column throughput in retrofitting and debottlenecking of a side stream column[J]. Appl Energ, 2015, 159: 28-38.

[104] Chew J M, Reddy C C S, Rangaiah G P. Improving energy efficiency of dividing-wall columns using heat pumps, Organic Rankine Cycle and Kalina Cycle[J]. Chem Eng Process, 2014, 76: 45-59.

[105] Navarro-Amoros M A, Ruiz-Femenia R, Caballero J A. A new technique for recovering energy in thermally coupled distillation using vapor recompression cycles[J]. AIChE J, 2013, 59(10): 3767-3781.

[106] Kiss A A. Advanced distillation technologies: design, control and applications[M]. New York: John Wiley & Sons, 2013.

[107] 王洪海, 王宝正, 李春利等. 垂直双隔板隔壁塔分离四组分的模拟优化和实验研究 [J].

化工学报 , 2018, 69(7).

[108] Ehlers C, Egger T, Fieg G. Experimental operation of a reactive dividing wall column and comparison with simulation results[J]. AIChE J, 2017, 63(3): 1036-1050.

[109] López-Ramírez M D, García-Ventura U M, Barroso-Muñoz F O, et al. Production of methyl oleate in reactive-separation systems[J]. Chem Eng Technol, 2016, 39(2): 271-275.

[110] 高凌云 . 分壁式精馏塔节能及实验研究 [D]. 上海 : 华东理工大学 , 2015.

[111] 张龙 . 隔壁精馏塔分离松节油的实验研究及过程模拟 [D]. 福州 : 福州大学 , 2014.

[112] Delgado-Delgado R, Hernández S, Barroso-Muñoz F O, et al. From simulation studies to experimental tests in a reactive dividing wall distillation column[J]. Chem Eng Res Des, 2012, 90(7): 855-862.

[113] 叶青 , 杜雷 , 薛青青等 . 分隔壁精馏塔分离三组分烷烃混合物的研究 [J]. 石油化工 , 2012, 41(01): 51-55.

[114] 汪丹峰 . 分壁式精馏塔的模拟和实验研究 [D]. 上海 : 华东理工大学 , 2011.

[115] Niggemann G, Hiller C, Fieg G. Experimental and theoretical studies of a dividing-wall column used for the recovery of high-purity products[J]. Ind Eng Chem Res, 2010, 49(14): 6566-6577.

[116] 叶青 , 李浪涛 , 裘兆蓉 . 分隔壁精馏塔分离裂解汽油 [J]. 石油学报 , 2010, 26(04): 617-621.

[117] Lavasani M S, Rahimi R, Zivdar M. Hydrodynamic study of different configurations of sieve trays for a dividing wall column by using experimental and CFD methods[J]. Chem Eng Process, 2018, 129: 162-170.

[118] 陈祥武 , 孙姣 , 陈楠等 . 隔板塔中气体调配装置数值模拟与实验研究 [J]. 河北工业大学学报 , 2014, 43(04): 47-52.

[119] Kang K J, Harvianto G R, Lee M. Hydraulic driven active vapor distributor for enhancing operability of a dividing wall column[J]. Ind Eng Chem Res, 2017, 56(22): 6493-6498.

[120] Triantafyllou C, Smith R. The design and optimization of fully thermally coupled distillation columns[J]. Chem Eng Res Des, 1992, 70(2): 118-132.

[121] Amminudin K A, Smith R. Design and optimization of fully thermally coupled distillation columns: Part 2: Application of dividing wall columns in retrofit[J]. Chem Eng Res Des, 2001, 79(7): 716-724.

[122] Halvorsen I J. Minimum energy requirements in complex distillation arrangements[D]. Trondheim: Norwegian University of Science and Technology, 2001.

[123] Seihoub F Z, Benyounes H, Shen W, et al. An improved shortcut design method of divided wall columns exemplified by a liquefied petroleum gas process[J]. Ind Eng Chem Res, 2017, 56(34): 9710-9720.

[124] 苏蕾 . 芳烃抽提车间石脑油体系热耦合精馏的模拟研究 [D]. 西安 : 西北大学 , 2017.

[125] Benyounes H, Benyahia K, Shen W, et al. Novel procedure for assessment of feasible design parameters of dividing-wall columns: Application to non-azeotropic mixtures[J]. Ind Eng Chem Res, 2015, 54(19): 5307-5318.

[126] 黄国强, 靳权. 隔壁精馏塔的设计模拟与优化 [J]. 天津大学学报, 2014, 47(12): 1057-1064.

[127] Uwitonze H, Han S, Kim S, et al. Structural design of fully thermally coupled distillation column using approximate group methods[J]. Chem Eng Process, 2014, 85: 155-167.

[128] 方静, 祁建超, 李春利等. 隔壁塔四塔模型的设计计算 [J]. 石油化工, 2014, 43(05): 530-535.

[129] Chu K T, Cadoret L, Yu C C, et al. A new shortcut design method and economic analysis of divided wall columns[J]. Ind Eng Chem Res, 2011, 50(15): 9221-9235.

[130] Ramírez-Corona N, Jimenez-Gutierrez A, Castro-Agüero A, et al. Optimum design of Petlyuk and divided-wall distillation systems using a shortcut model[J]. Chem Eng Res Des, 2010, 88(10): 1405-1418.

[131] Sotudeh N, Hashemi S B. A method for the design of divided wall columns[J]. Chem Eng Technol, 2007, 30(9): 1284-1291.

[132] Calzon-McConville C J, Rosales-Zamora M B, Segovia-Hernández J G, et al. Design and optimization of thermally coupled distillation schemes for the separation of multicomponent mixtures[J]. Ind Eng Chem Res, 2006, 45(2): 724-732.

[133] Halvorsen I J, Skogestad S. Minimum energy consumption in multicomponent distillation. 2. Three-product Petlyuk arrangements[J]. Ind Eng Chem Res, 2003, 42(3): 605-615.

[134] Kim Y H, Nakaiwa M, Hwang K S. Approximate design of fully thermally coupled distillation columns[J]. Korean J Chem Eng, 2002, 19(3): 383-390.

[135] Fidkowski Z, Królikowski L. Energy requirements of nonconventional distillation systems[J]. AICHE J, 1990, 36(8): 1275-1278.

[136] Yeomans H, Grossmann I E. Optimal design of complex distillation columns using rigorous tray-by-tray disjunctive programming models[J]. Ind Eng Chem Res, 2000, 39(11): 4326-4335.

[137] Caballero J A, Grossmann I E. Generalized disjunctive programming model for the optimal synthesis of thermally linked distillation columns[J]. Ind Eng Chem Res, 2001, 40(10): 2260-2274.

[138] Shah P B, Kokossis A C. New synthesis framework for the optimization of complex distillation systems[J]. AICHE J, 2002, 48(3): 527-550.

[139] 安维中, 袁希钢. 基于随机优化的热耦合复杂精馏系统的综合（Ⅰ）模型化方法 [J]. 化工学报, 2006(07): 1591-1598.

[140] 高景山, 张英, 薄德臣. 分壁塔响应面法优化分离芳烃混合物研究 [J]. 当代化工, 2015,

44(07): 1457-1460.

[141] 何方 . 分壁式精馏塔的优化方法研究 [D]. 重庆 : 重庆大学 , 2017.

[142] Jia S, Qian X, Yuan X. Optimal design for dividing wall column using support vector machine and particle swarm optimization[J]. Chem Eng Res Des, 2017, 125: 422-432.

[143] Franke M B. Design of dividing wall columns by mixed integer nonlinear programming optimization[J]. Chem Ing Tech, 2017, 89(5): 582-597.

[144] 曹梦习 , 赵培 , 张辉等 . 响应面法应用于隔壁塔优化的研究 [J]. 现代化工 , 2016, 36(11): 197-200.

[145] Gutiérrez-Antonio C, Briones-Ramírez A. Multiobjective stochastic optimization of dividing-wall distillation columns using a surrogate model based on neural networks[J]. Chem Biochem Eng Q, 2016, 29(4): 491-504.

[146] 梁建成 . 基于隔壁塔分离丙酮 - 乙醇 - 水体系的优化及控制分析 [D]. 天津 : 河北工业大学 , 2015.

[147] Qian X, Jia S, Luo Y, et al. Selective hydrogenation and separation of C_3 stream by thermally coupled reactive distillation[J]. Chem Eng Res Des, 2015, 99: 176-184.

[148] 李军 , 王纯正 , 马占华等 . 基于 Aspen Plus 和 NSGA- Ⅱ 的隔壁塔多目标优化研究 [J]. 高校化学工程学报 , 2015, 29(02): 400-406.

[149] Ge X, Yuan X, Chen A, et al. Simulation based approach to optimal design of dividing wall column using random search method[J]. Comput Chem Eng, 2014, 68: 38-46.

[150] 张龙 , 阮奇 , 吴开金等 . 分隔壁精馏塔分离松节油中蒎烯的多目标优化 [J]. 计算机与应用化学 , 2014, 31(08): 902-908.

[151] Wang S, Chen W, Chang W, et al. Optimal design of mixed acid esterification and isopropanol dehydration systems via incorporation of dividing-wall columns[J]. Chem Eng Process, 2014, 85: 108-124.

[152] Sangal V K, Kumar V, Mishra I M. Optimization of structural and operational variables for the energy efficiency of a divided wall distillation column[J]. Comput Chem Eng, 2012, 40: 33-40.

[153] Kiss A A, Segovia-Hernández J G, Bildea C S, et al. Reactive DWC leading the way to FAME and fortune[J]. Fuel, 2012, 95: 352-359.

[154] Bravo-Bravo C, Segovia-Hernández J G, Gutierrez-Antonio C, et al. Extractive dividing wall column: design and optimization[J]. Ind Eng Chem Res, 2010, 49(8): 3672-3688.

[155] 邱洁 , 华涛 , 何桂春等 . Kaibel 分壁精馏塔的压力补偿 - 温度控制 [J]. 化工学报 , 2018, 69(11).

[156] 李春利 , 彭飞 , 谢江维 . 热模隔板塔分离三组分混合物的模拟与控制研究 [J]. 现代化工 , 2018, 38(01): 183-187.

[157] 马超 , 吴晨露 . 单环流反应隔离壁蒸馏塔的设计与控制 [J]. 化学工程 , 2018, 46(01): 21-

26.

[158] 彭家瑶 , 张青瑞 , 郭通等 . 隔壁塔萃取精馏分离碳酸二甲酯 - 甲醇的优化与控制 [J]. 石油学报 , 2017, 33(05): 901-909.

[159] Yuan Y, Huang K, Chen H, et al. Configuring effectively double temperature difference control schemes for distillation columns[J]. Ind Eng Chem Res, 2017, 56(32): 9143-9155.

[160] 宗鑫 . 过设计隔离壁精馏塔动态控制与性能分析 [D]. 北京 : 北京化工大学 , 2017.

[161] Wang J, Yu N, Chen M, et al. Composition control and temperature inferential control of dividing wall column based on model predictive control and PI strategies[J]. Chinese J Chem Eng, 2017, 26(5): 1087-1101.

[162] 吴昊 , 沈本贤 , 蔺锡钰等 . 分壁精馏塔分离芳烃的温差控制 [J]. 石油学报 , 2016, 32(01): 88-100.

[163] 胡文泽 . 反应精馏塔的温差控制及评价 [D]. 北京 : 北京化工大学 , 2016.

[164] Qian X, Jia S, Skogestad S, et al. Model predictive control of reactive dividing wall column for the selective hydrogenation and separation of a C_3 stream in an ethylene plant[J]. Ind Eng Chem Res, 2016, 55(36): 9738-9748.

[165] 葛化强 . 隔板塔控制系统模拟及基于温度监测的气体调配装置控制实验研究 [D]. 天津 : 河北工业大学 , 2015.

[166] 杨剑 , 沈本强 , 蔺锡钰等 . 分壁精馏塔分离芳烃的稳态及动态研究 [J]. 化工学报 , 2014, 65(10): 3993-4003.

[167] Gupta R, Kaistha N. Role of nonlinear effects in benzene-toluene-xylene dividing wall column control system design[J]. Ind Eng Chem Res, 2015, 54(38): 9407-9420.

[168] 魏志斌 . 隔壁塔的建模与控制研究 [J]. 石油化工自动化 , 2015, 51(06): 46-49.

[169] Dohare R K, Singh K, Kumar R. Modeling and model predictive control of dividing wall column for separation of Benzene-Toluene-o-Xylene[J]. Syst Sci Control Eng, 2015, 3(1): 142-153.

[170] 夏铭 . 用于分离共沸物的节能隔壁塔的设计与控制研究 [D]. 天津 : 天津大学 , 2014.

[171] Sun L, Wang Q, Li L, et al. Design and control of extractive dividing wall column for separating benzene/cyclohexane mixtures[J]. Ind Eng Chem Res, 2014, 53(19): 8120-8131.

[172] 黄克谨 , 吴宁 , 陈海胜等 . 隔离壁精馏塔的简化温差控制 [J]. 中国科技论文 , 2013, 8(09): 878-882.

[173] Wang W J, Ward J D. Control of three types of dividing wall columns[J]. Ind Eng Chem Res, 2013, 52(50): 17976-17995.

[174] Rewagad R R, Kiss A A. Dynamic optimization of a dividing-wall column using model predictive control[J]. Chem Eng Sci, 2012, 68(1): 132-142.

[175] Ling H, Cai Z, Wu H, et al. Remixing control for divided-wall columns[J]. Ind Eng Chem Res, 2011, 50(22): 12694-12705.

[176] Buck C, Hiller C, Fieg G. Applying model predictive control to dividing wall columns[J]. Chem Eng Technol, 2011, 34(5): 663-672.

[177] Ling H, Luyben W L. Temperature control of the BTX divided-wall column[J]. Ind Eng Chem Res, 2009, 49(1): 189-203.

[178] Wolff E A, Skogestad S. Operation of integrated three-product(Petlyuk)distillation columns[J]. Ind Eng Chem Res, 1995, 34(6): 2094-2103.

[179] Mutalib M I A, Smith R. Operation and control of dividing wall distillation columns: Part 1: Degrees of freedom and dynamic simulation[J]. Chem Eng Res Des, 1998, 76(3): 308-318.

[180] Ling H, Luyben W L. New control structure for divided-wall columns[J]. Ind Eng Chem Res, 2009, 48(13): 6034-6049.

[181] Adrian T, Schoenmakers H, Boll M. Model predictive control of integrated unit operations: Control of a divided wall column[J]. Chem Eng Process, 2004, 43(3): 347-355.

[182] Wang S J, Wong D S H. Controllability and energy efficiency of a high-purity divided wall column[J]. Chem Eng Sci, 2007, 62(4): 1010-1025.

[183] 孙兰义, 刘立新, 薄守石等. 过程模拟实训-Aspen HYSYS 教程 [M]. 第 2 版. 北京: 中国石化出版社, 2018.

[184] Jobson M. Dividing wall distillation comes of age[J]. Chem Eng, 2005, (766): 30-31.

[185] Slade B, Stober B, Simpson D. Dividing wall column revamp optimises mixed xylenes production[C]. IChemE Symp Ser, 2006, 152.

[186] Dejanović I, Matijašević L, Olujić Ž. Dividing wall column-A breakthrough towards sustainable distilling[J]. Chem Eng Process, 2010, 49(6): 559-580.

[187] Olujić Ž, Kaibel B, Jansen H, et al. Distillation column internals/configurations for process intensification[J]. Chem Biochem Eng Q, 2003, 17: 301-309.

[188] Suphanit B, Bischert A, Narataruksa P. Exergy loss analysis of heat transfer across the wall of the dividing-wall distillation column[J]. Energy, 2007, 32(11): 2121-2134.

[189] Helmut J, Jochen L, Thomas R, et al. Dividing wall[P]. EP 1088577. 1999.

[190] Egon Z, Helmut J, Thomas R, et al. Partition assembly for packed or tray column[P]. US 7287747. 2001.

[191] 王二强. 隔板塔内部气液分配装置的研究进展 [J]. 现代化工, 2013, 33(11): 101-103.

[192] Constant reflux ratio for all operation conditions [EB/OL]. [2019-10-1]. http: //montz. de/en/products/montz-reflux-splitters/.

[193] Lee B, Kim G, Lee M, et al. Liquid splitter[P]. KP 10-2010-0120467. 2010.

[194] Zuber L, Bachmann C G, Ausner I. Reflux divider for a column having portions for the transfer of material arranged in parallel[P]. US 8052845. 2011.

[195] Long N V D, Lee M. Review of retrofitting distillation columns using thermally coupled distillation sequences and dividing wall columns to improve energy efficiency[J]. J Chem

Eng Jpn, 2014, 47(2): 87-108.

[196] Ge H, Chen X, Chen N, et al. Experimental study on vapour splitter in packed divided wall column[J]. J Chem Technol Biot, 2016, 91(2): 449-455.

[197] Dwivedi D, Strandberg J P, Halvorsen I J, et al. Active vapor split control for dividing-wall columns[J]. Ind Eng Chem Res, 2012, 51(46): 15176-15183.

[198] Luster E W. Apparatus for fractionating cracked products[P]. US 1915681. 1933.

[199] 王洪海, 边娟娟, 梁建成等. 分离丙酮-乙醇-水物系的隔壁塔设计与优化[J]. 石油化工, 2017, 46(2): 217-221.

[200] Olujić Ž, Jödecke M, Shilkin A, et al. Equipment improvement trends in distillation[J]. Chem Eng Process, 2009, 48(6): 1089-1104.

[201] Parkinson G. Dividing-wall columns find greater appeal[J]. Chem Eng Prog, 2007, 103(5): 8-11.

[202] Marcus P G, Bill B, Berthold K, et al. Process for the purification of toluene diisocyanate incorporating a dividing-wall distillation column for the final purification[P]. US 7108770. 2006.

[203] Lee M., Shin J, Lee S. Manage risks with dividing-wall column installations[J]. Hydrocarbon Processing, 2011(90): 59-62.

[204] Staak D, Grützner T, Schwegler B, et al. Dividing wall column for industrial multi purpose use[J]. Chem Eng Process, 2014, 75: 48-57.

[205] Chaudhary K S, Shanware P A. Hexane as a byproduct of isomerization unit using a top dividing wall column [EB/OL]. [2019-10-1]. http: //www. cewindia. com/kondapalli_ prateek_features. html.

[206] 孙兰义. 精馏过程的节能 [EB/OL]. [2019-10-1]. https: //wenku. baidu. com/view/ fc5ed06c58fb770bf78a555d. html?re=view.

[207] 张英, 刘元直, 陈建兵等. 拼接式隔板精馏塔的工业应用 [J]. 炼油技术与工程, 2017, 47: 39-42.

[208] Bhargava M, Kalita R, Gentry J C. Dividing wall column provides sizable energy savings. Chemical Processing, 2017 [EB/OL]. [2019-10-1]. https: //www. chemicalprocessing. com/ articles/2017/dividing-wall-column-provides-sizable-energy-savings/.

[209] ZEHUA. 隔板精馏技术介绍 [EB/OL]. [2019-10-1]. https: //wenku. baidu. com/ view/634b060df46527d3250ce01a. html.

[210] Valero starts up benzene reduction at refineries. OGL, 2011 [EB/OL]. [2019-10-1]. https: //www. ogj. com/articles/2011/02/valero-starts-up-benzene. html.

第四篇

先进控制强化

第十二章

蒸馏过程的控制基础

第一节　蒸馏过程控制的重要性

在化学工业中，分离过程往往是花费最高的部分。根据近期发表于《自然》期刊的一篇论文指出 [1]，分离过程占了全球能源消耗的 10% ~ 15%，相当可观。而在各种分离过程中，又以精馏塔最为广泛应用。以笔者之前服务的杜邦公司的一项内部调查显示，精馏塔约占所有分离设备的 90% ~ 95%[2]，而由另一份调查，在全球有超过四万座工业级精馏塔在各类化工、石化及炼油厂内操作，几乎所有市场上化工产品的生产过程中，均需要用到精馏塔 [3]。而精馏塔的能耗约占所有化工行业的操作能耗高达 40% ~ 60%[4]，非常巨大。一般精馏塔的配置在塔底由再沸器给热，而在塔顶由冷凝器移热，以达成混合物分离的方式，其能源效率甚低，仅达 5% ~ 10%[5]，故本书前面各章中介绍各类蒸馏过程强化技术的设计，以增强精馏塔的能源使用效率。而实际在工业界应用时，随时可能会发生各种不预期的进料组成变化以及产量的增减需求等干扰。以上各章中蒸馏过程强化后的设计及设备一般会较传统精馏塔更为多样且动态的影响更为复杂，故本章及下一章的主题是对于各类蒸馏过程提出合适的控制策略，目的是在各类进料或其他干扰下，仍能够使蒸馏过程操作平稳，并且能够保持蒸馏过程的产物纯度。本章将说明建立蒸馏过程合适控制策略的要点，而下一章会对于各类强化后的蒸馏过程的控制进行应用实例的说明。

一、PID控制器介绍

一般工业级精馏塔的控制策略大多数仍是采用多个单回路的控制方式，意即有多个单回路，而每一个控制回路有一个操纵变量（manipulated variable，MV）对应于一个被控制变量（controlled variable，CV）。每个单回路中的控制器均是采用比例-积分-微分（portional-integral-derivative，PID）的计算方式。而整体蒸馏过程的控制是否良好，除了看其如何将操纵变量及被控制变量进行合适的配对外，一个重要的前提是各个控制器是否均能够达到此单回路的控制目的，故在本节会先介绍 PID 控制器及其参数的调谐。

PID 控制器中有三个控制参数，其中第一个参数称为控制器增益（controller gain），符号为 K_c，其计算公式为：

$$CO = CO_{ss} + K_c (SP - PV) \tag{12-1}$$

式中　CO——控制器输出值，%（或无单位）；

　　　CO_{ss}——控制器初始稳态值，%（或无单位）；

　　　SP——控制回路的设定值，%（或无单位）；

　　　PV——被控制变量的测定值，%（或无单位）；

　　　K_c——控制器增益，无单位。

由式（12-1）可知，当 K_c 的值越大，代表控制器会越激烈地进行修正。

另外，决定此值为正或负是一重要前提，代表控制器修正的方向是否为对的。若 K_c 为正值称为此控制是反向的（reverse-acting），意思是当 PV 值变大时，CO 是往反方向变化。最明显的例子是流量控制器，一般均为反向控制器，因为当流量变大时，控制器输出值要变小才能将流量转回至设定值。反之，若 K_c 为负值则称此控制是正向的（direct-acting），最明显的例子是精馏塔的底部液位控制器，若此控制回路的操纵变量为塔底出流，正确的控制方向应是采用正向，意即当液位上升时，应该增大塔底出流，才能使液位回到原设定值。不过以上的分析解释是假设控制阀是选用 Air-to-Open（AO）阀，意即当控制器输出值大时，其代表为注入控制阀的空气压力为大时，控制阀的开度是往愈大的方向。若选用的控制阀是 Air-to-Close（AC）阀，则以上两个例子的控制器正确选择方向要与原选择方向相反，因为此时当控制器输出值大时，意即空气压力愈大时，控制阀的开度反而是愈小的。AO 或 AC 阀的选定主要是安全上的考虑，例如再沸器的蒸汽阀主要是选择用 AO 阀，如此，当空气压力的供应突然失效时，此时蒸汽阀是会全关的。而冷凝器的冷却水供应阀主要是选择用 AC 阀，如此，当空气压力的供应突然失效时，此时冷却水供应阀会全开，防止冷凝器的移热失效。

若控制器只有如前式（12-1）的比例控制时，控制的结果会与设定值有偏差，故只有液位控制能够容许这种情况，其他如流量、压力、塔板温度或产品纯度控制等回路不会容许被控制变量在稳定的状态时仍然与设定值有所偏差。故而在控制器的计算公式内会加入积分的效应，见式（12-2）：

$$CO = CO_{ss} + K_c[(SP - PV) + \frac{1}{\tau_I} \int (SP - PV)dt] \qquad （12-2）$$

式中，τ_I 为积分时间，min（或其他时间单位）。

此式中除了原有的参数 K_c 外，又多了一个参数积分时间要决定，其符号为 τ_I。由此式可知当被控制变量与设定值持续有偏差时，式（12-2）中的积分项的值会随着时间的增加不停地改动增加或减少，一直到没有偏差时，此积分项随着时间的继续增加才会为一定值。故由此分析得知，在控制器的计算中加入积分效应最大的好处是使得此控制回路没有偏差，加入积分效应后会使被控制变量的响应变得较容易上下震荡。由式（12-2）可知 τ_I 为时间的单位，且当 τ_I 值越小时积分效应的改动越大，时间响应越快，但也可能越会震荡，反之，当 τ_I 值越大时代表积分效应较小，不易震荡，但被控制变量达到设定值的整体时间会较长。

PID 控制器中第三个效应是微分效应，目的是用微分（切线的斜率）来预测未来被控制变量的走向。如此，当被控制变量往设定值的方向变化时，可以适时减少控制器输出值的改动，而当被控制变量越偏离设定值的方向时，可以适时加大控制器输出值的改动。整体 PID 控制器的计算公式如下：

$$CO = CO_{ss} + K_c[(SP - PV) + \frac{1}{\tau_I} \int (SP - PV)dt + \tau_D \frac{d(-PV)}{dt}] \qquad （12-3）$$

式中，τ_D 为微分时间，min（或其他时间单位）。

此式中又多了一个控制器参数，叫作微分时间（derivative time），其符号为 τ_D。在原始的控制器计算中，是对于（SP - PV）项进行微分，但是因为此项在设定值若有阶梯改变的情况下，其微分值为接近正或负无限大，如此控制器的输出值会有突然非常大的改动。若要使此不利的情况不致发生，且仍要能够预测出被控制变量的走向，目前工业级 PID 的计算均是采用如式（12-3）的方式。由式（12-3）可知 τ_D 也为时间的单位，且当 τ_D 值越大时微分效应的改动越大，代表预测被控制变量走向的修正项改动越大；反之，当 τ_D 值越小时，微分效应的改动越小。另外，值得注意的是一般被控制变量的测定值均有或多或少的噪声（noise），而微分后会使噪声的影响放大，故一般控制器计算中的 PV 值会先进行一滤波（filter）计算，使得噪声的影响得以削减。

二、PID控制器参数的调谐

以上三个控制器参数的同时选定，对于现场工程师或操作员而言颇为困难，故 τ_D 值时常会设为零，意即使得控制器的计算只有比例及积分的修正。如此在一些较难控制的回路时，控制器的表现会有所受限，无法根据被控制变量未来走向的预测做进一步的修正。就算是只要选定 K_c 及 τ_I 这两个参数，因为 K_c 变大或 τ_I 变小都有使控制器的改动变得较大的效应，故如何找到此两个参数的最好组合，对于现场工程师或操作员也是一个挑战。

文献中有多位研究者提出 PID 控制器参数的调谐方法，整体来说分成两大类。一类是由各种工厂开环试验，如控制器输出值的阶梯（或其他上下改变）的改变，然后记录被控制变量的测定值，之后用收集到的数据，包括时间、控制器输出值以及被控制变量测定值的开环数据，可以用各种动态模式识别的方法，找出此控制回路合适的开环动态模式，然后用调谐公式可以建议出合适的 PID 控制器参数。其中一种 PID 调谐公式即是由笔者在杜邦公司服务时与另一位工程师共同提出[6]，可以适用于多样的程序动态，均能建议出合适的 PID 控制器参数，此方法现今为工业界广泛使用。以上这类利用工厂开环试验，得到控制回路的开环动态模式，然后由调谐公式得到 PID 控制器参数的方法可以参见一本过程控制的重要教科书[7]。

第二种方法是直接在此控制回路做闭环试验，不过控制器的输出值不是由 PID 控制器决定，而是由一继电反馈（relay feedback）来决定。此种闭环试验方法的最大好处是被控制变量不至于在做试验的阶段失控，而是会保持一定的区间内。整体的做法是由厂方先决定出一个控制器输出值上下改变可以放心的区间，假设为 $\pm h\%$，然后在此控制器回路表现较为平稳的时期，将控制器输出值由平稳时的位置向上调至 $+h\%$ 的位置，见图 12-1 的说明。图 12-1 中将被控制变量及控制器输出值的初始稳态值均设为零。若此回路本来控制平稳，则当有此向上改变的控制器输出值后，以时间上而言在经过一段程序时间延迟后即会看到被控制变量值往上移动。注意此时的说明是假设程序的影响是正向的，若是负向程序，则只是将图 12-1 中的往上或往下的动态图形对调而已，此种闭环连续试验仍能适用。

此处进一步说明如图 12-1 中的继电反馈测试结果。当观察到被控制变量有此向上移动的趋势后，此时立即将控制器输出值往下调至 $-h\%$ 的位置。因为被控制变量受之前控制器输出值向上调至 $+h\%$ 的动态影响，此时的趋势是向上的，直到经过一段程序时间延迟后，往下调至 $-h\%$ 的影响才会慢慢动态地显现，造成被控制变量转弯向下。直至被控制变量往下刚好通过原稳态值时，此时则立即将控制器输出值再往上调至 $+h\%$ 的位置。如此，反复在被控制变量往上或往下刚好通过原稳态值时，改动控制器输出值至 $-h\%$ 或 $+h\%$ 的位置，可以使得被控制变量值上、下震荡，直至达到稳定循环的状态，如图 12-1 的动态。

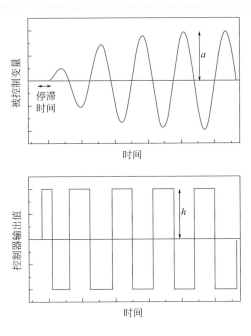

● 图 12-1　闭环连续试验示意图

由图 12-1 可以观察出被控制变量最终会达到的连续循环的振幅为 a，且其周期称为极限周期（ultimate period，P_u），之后可以用如下的公式计算出一极限增益（ultimate gain，K_u）值。

$$K_u = \frac{4h}{a\pi} \qquad (12\text{-}4)$$

之后根据控制回路的闭环连续试验所得到的极限增益及极限周期，可以由以下的两种公式组算出 PI 或 PID 控制器的参数值。第一组公式是于多年前由 Ziegler 及 Nichols[8] 两人所提出，控制程度较为激烈，第二组公式是由 Tyreus 及 Luyben[9] 两人及 Luyben[10] 所提出，控制程度较为缓和。两组公式各有 PI 及 PID 的公式如下：

Ziegler-Nichols

PI：
$$K_c = 0.45K_u; \quad \tau_I = \frac{P_u}{1.2} \qquad (12\text{-}5)$$

PID：
$$K_c = 0.6K_u; \quad \tau_I = \frac{P_u}{2}; \quad \tau_D = \frac{P_u}{8} \qquad (12\text{-}6)$$

Tyreus-Luyben

PI：
$$K_c = 0.31K_u; \quad \tau_I = 2.2P_u \qquad (12\text{-}7)$$

PID：
$$K_c = 0.45K_u; \quad \tau_I = 2.2P_u; \quad \tau_D = \frac{P_u}{6.3} \qquad (12\text{-}8)$$

目前集散控制系统（distributed control system，DCS）大多均将以上说明的闭环连续试验的方法纳入其系统中，故工业界可以很方便地使用在任一控制回路，进行此类试验以获得 PID 控制参数的建议。

第三节　串级控制及比率与前馈控制

在各类工业界的过程控制中，最常见的是使用多个单回路的 PID 控制，将一些需要控制住的程序变量以对应操纵变量的改动将其维持在设定点（set point），例如流量控制、液位控制、压力控制、温度控制、组成控制等。本节将介绍除了 PID 反馈控制回路外，工业界还常用的一些较复杂的控制方式，介绍时均以在精馏塔的控制应用作为例子。

一、串级控制

串级控制的设计是由两个 PID 控制回路串联在一起，但是只有一个操纵变量，例如只有一个控制阀。其中一个 PID 控制器在外回路，而另一个 PID 控制器在内回路，并听从外环 PID 控制器的命令，意即外回路的控制器输出值即为内控制回路的设定值。故此类串级控制常将外回路称为主回路（master loop），而将内回路称为副回路（slave loop），而整体控制方式是包括两个 PID 控制器，一个操纵变量（如控制阀），及两个量测器。

以图 12-2 所示的精馏塔某一塔板的温度控制为例，此塔板的温度控制回路为

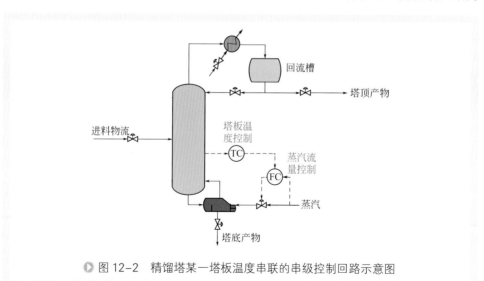

▶ 图 12-2　精馏塔某一塔板温度串联的串级控制回路示意图

外回路，再沸器的蒸汽流量控制回路为内回路。此控制方式的最终目的是利用再沸器蒸汽控制阀的改动，在有一些干扰（如精馏塔的进料流率或进料组成）的改变下，仍能将某一板的温度维持在设定点。若为单纯的PID反馈控制回路，则是将此温度控制器的输出值直接送至再沸器蒸汽控制阀即可，加入此一稍微复杂的控制设计的目的是由于蒸汽控制阀的上游压力有可能会时常改变，此改变是因为蒸汽不但是供应至此处的再沸器，也会供应至他处。当有此上游压力的改变时，会影响到该处的蒸汽流量，然后进一步会影响到塔板温度。此类较易排除的干扰可以由如图12-2所示的控制方式，在此蒸汽控制阀上游压力的干扰尚未影响到塔板温度时，就由此中间变量（蒸汽流量）的测定先察觉到，而及时将此干扰排除。

　　以上这一类串级控制在动态分析时可以视为再沸器蒸汽阀的改动，先影响到蒸汽流量，然后再由再沸器热负荷的改变，影响到塔板温度，故而此类串级控制称为串联的串级控制（series cascade）系统。就程序的动态影响而言，还有一种串级控制系统，其操纵变量并非先影响到中间变量，然后才由中间变量的改动影响到最终被控制变量。以下另以一精馏塔的塔底组成串级板温控制为例，如图12-3所示，其中假设塔板温度控制器是直接操纵再沸器蒸汽阀的，不然会有三级串级控制的设计，解释起来会较复杂。此种串级控制的设计是用在当塔底组成有实时测量存在时，故而最终被控制变量为塔底的组成，而塔板温度为中间控制变量，再沸器蒸汽量为操纵变量。由精馏塔的动态可知，再沸器蒸汽量并非先影响到某一板的温度，然后才因为此

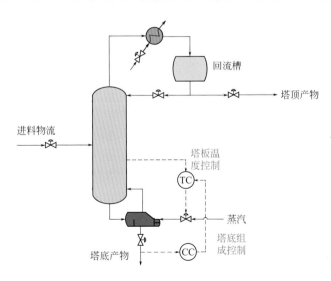

> 图 12-3　精馏塔塔底组成并联的串级控制回路示意图

板温度的改变影响到塔底的组成，而是再沸器蒸汽量既会影响到某一板的温度，也会影响到塔底组成，故而此类串级控制称为并联的串级控制（parallel cascade）系统。

以上两类串级控制的不同是针对操纵变量对于中间变量及最终被控制变量的影响途径的不同，然而对于控制系统而言是相同的架构，意即有一外环的主回路及一内环的副回路，故有两个控制器及一个控制阀。而此两个控制器中的 PID 参数也要调谐正确，才能达到控制的效果。控制器调谐的顺序是要由副回路的控制器调起，故而先将主回路置于手动（manual），可以先将副回路进行如本章第二节第一点提及的闭环连续试验，然后找出合适的 PID 控制参数。之后再将内环的控制回路置于自动（auto），接着进行外回路的闭环连续试验，找出合适的外环控制器 PID 参数。

若内回路只是简单的流量控制回路时，则可以略过内回路闭环连续试验的步骤，直接使用 $K_c = 0.5$（无单位）及 $\tau_I = 0.3\text{min}$ 的调谐参数组。此直接 PI 控制器参数的使用是因为一般的流量控制器的动态影响均甚为直接且很快，意即调整控制器输出值后会直接改动控制阀的开度，然后很快地影响到流量，故控制参数可以很容易获得。另外的建议是要使得串级控制的表现良好，一般内回路要控制得较为紧或激烈，意即内回路若有设定值与中间变量的偏差时，其控制器要能够修正得更用力，才能更有效地听从外回路的命令，故内回路一般会采用 Ziegler-Nichols 的 PI 调谐公式［式（12-5）］，而外回路则可采用较缓和的 Tyreus-Luyben 调谐公式［式（12-7）或式（12-8）］。有时因为内回路就算有持续的偏差也无妨，故内回路甚至可以使用 Ziegler-Nichols 的 P-only 调谐公式也会使得整体串级闭环能够得到控制良好的结果，此 P-only 公式为设 $K_c = 0.5K_u$，而外回路仍是采用较缓和的 PI 或 PID Tyreus-Luyben 调谐公式。

二、比率控制

在蒸馏过程的控制策略中常需将一变量随着另一变量做动态改变，意即将此两个变量之间的比率保持定值。这种借由比率控制的想法，使得过程的动态情况能够大致不变的应用，在工业界很常见，例如：反应器中两个反应物的流量应保持在一固定化学剂量比（stoichiometric ratio）；工业炉的燃料与空气的比率应保持在一定值以使得燃烧效率最佳等。以下说明两个蒸馏过程中比率控制常见的应用及如何配置此控制回路。

图 12-4 是一个精馏过程中最常见的回流比率保持定值的控制示意图，其目的是要将精馏塔的回流流量与塔顶液相出料流量的比率保持一定值。图中已经有一回流槽液位控制回路，其控制的想法是以塔顶液相出料流量的改动来保持回流槽的液位。此为整体控制策略的一个控制回路，有关精馏塔的控制策略如何决定将在第四节中说明。图中回流比率控制的做法是先测量塔顶液相出料流量，然后将此测量值

经过一个相乘的运算与某一固定值（回流流量与塔顶液相出料流量的比值）相乘，其结果即可视为回流流量的设定值，然后可以很简单地由回流流量控制在内回路里达成目的。由图 12-4 中可以看出此种比率控制的做法不会牵涉任何新的调谐任务，因为图中外回路仅是一个相乘的运算，而内回路流量控制的调谐是很容易决定的。另外要注意的是相乘运算中的定值应与塔顶液相出料流量及回流流量的两个测量的跨度相关，因为图中的信号折线均是无单位的（0 ~ 100% 的信号）。

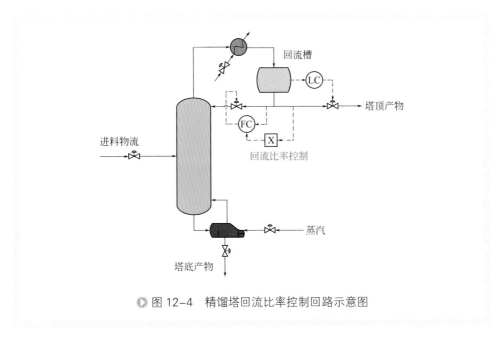

图 12-4　精馏塔回流比率控制回路示意图

在某些蒸馏过程的控制策略应用时，将精馏塔的回流流量与进料流量保持一定值，与将回流比保持定值相比，更能使蒸馏过程在有进料流量或进料组成干扰时保持住产物纯度，此时的比率控制回路示意图如图 12-5 所示。图中是测量出进料流量，然后将此信号乘上一固定值，此值为回流流量与进料流量的比值，乘完之后的信号值即为回流流量的设定值，然后可以轻易地由一回流流量控制回路达成此命令。

三、前馈控制

以上两个比率控制的例子，其实是本节所要说明的前馈控制的最简应用，意即当有一干扰变量得以测量知道其有改变时，若能够将某一操纵变量根据此改变而做等比率的改动，则可以将此过程大致维持在原状况。前馈控制与比率控制修正的想法类似，但是更进一步地考虑过程动态的影响，试图将干扰变量对于过程的动态影响，由一操纵变量动态修正，使原干扰改变的动态影响得以消除。

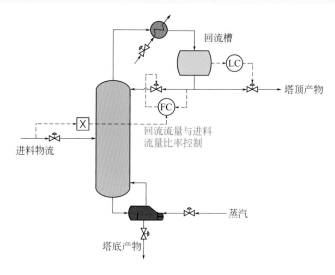

回流槽

塔顶产物

回流流量与进料
流量比率控制

进料物流

蒸汽

塔底产物

● 图 12-5　精馏塔回流流量与进料流量比率控制回路示意图

以下用一个精馏塔控制策略的例子加以说明。本例控制策略示意图如图 12-6 所示，其中进料流量可视为一干扰变量，在分离过程的处理量要改变时会改动此进料流量。例如当进料流量经测量有所减少时，根据对精馏塔过程的了解，可知再沸器的热负荷（或蒸汽流量）也一定要减少，才能让塔底组成不改变，故有将再沸器热负荷与进料流量进行比率控制的构想。不过根据对精馏塔动态了解可知，若用比率控制策略来设计一定会有问题。因为当进料流量阶梯形减少时，若只用前节的比率控制，则再沸器的热负荷会以阶梯形方式立即减少。如此，不但不能消除进料流量减少对塔底组成的影响，反而会使塔底组成因为再沸器热负荷的马上减少而受到反向扰动，造成塔底产物组成不合格。故以图 12-6 的做法是最合适的，其设计是察觉到进料流量改变时，先将此信号送入一个相乘的运算，算出再沸器热负荷应为何值，然后将此信号送入一阶过滤器（first-order filter 或 first-order lag）运算，使得进料流量以及再沸器热负荷的改变对于塔底组成的动态影响得以同步，如此才能有效地消除进料流量改变对于塔底组成的动态影响。

图 12-6 所示的前馈控制回路常与前面述及的串级控制合用，意即在最下层级有一蒸汽流量控制回路，其设定值的信号是由一阶过滤器的输出值而来。另外图 12-6 的控制想法仅是大致消除进料流量改变的影响，其消除也许会不致完善，或者过程会有其他的干扰（如进料组成的改变），故而一定要有一个上层级的控制回路来控制塔底组成（或控制住某一塔板的温度）。此上层级的控制器输出值即是能够修正进料流量与再沸器热负荷的比值。

以上本节的所有控制做法在工业级的集散控制系统均能够很轻易地设置出来。

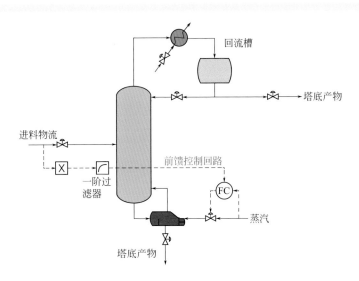

图 12-6　精馏塔进料流量前馈控制回路示意图

控制策略建立步骤

　　蒸馏过程的控制目的是希望在有各类干扰的改变之下，仍然能够保持各蒸馏产物的纯度。而本节及下一节所说明的控制策略是工业界中最广泛应用的情况，即假设实时产物组成测量不可行、或购置成本太昂贵且时常需要维护或校准，故产物组成的维持是由一些容易测量的变量（如塔板温度等）来间接控制。另外本节也不讨论高阶的控制策略，如多变量模式预测控制系统（multivariable model predictive control system），此类高阶控制系统的使用是当过程动态很复杂或有很长的时间延迟、单回路之间有很强的交互作用、过程有许多限制条件需要考虑的场合。本章及下一章的所有应用实例均可以用多个单回路 PID 控制以及前几节所说明的控制策略，完成整体蒸馏过程控制的目的，故不需使用较复杂的高阶控制策略。因此本节及下几节仅说明可以广泛应用在工业界的常见控制策略。整体蒸馏过程控制策略的建立可以分为以下几个步骤：

　　步骤 1：确定蒸馏过程的控制自由度

　　以一座标准的包括全冷凝器（total condenser）、再沸器以及塔顶与塔底两个产物的精馏塔为例，首先保留进料流量控制阀作为架设流量控制回路，改变其设定值以调整产量的增加或减少。故如果不包括进料流则共有五个控制自由度，最多可设置五个控制回路，以用掉这五个控制自由度。图12-7可以说明此五个控制自由度为：塔顶产物馏出阀、塔底产物馏出阀、冷凝器冷却水（或冷媒）阀、塔顶回流阀及再沸器蒸汽阀。

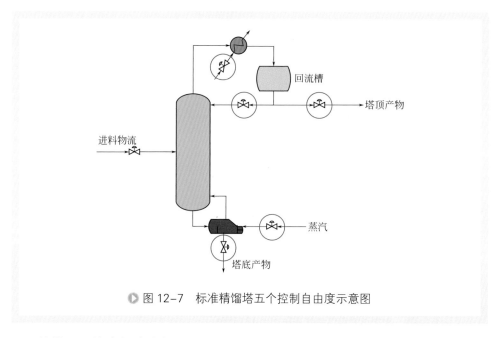

▶ 图12-7　标准精馏塔五个控制自由度示意图

若塔顶设计为部分冷凝器（partial condenser）且另有一塔顶气相出料，则由此可以多设置一个控制阀，而使得控制自由度再增加一个。同理，精馏塔若有侧流（side draw）出料时，则控制自由度也再多增加一个。当精馏塔为无再沸器，且气相进料在塔的最后一层塔板进入时，则控制自由度会少一个再沸器蒸汽阀；而当精馏塔为无冷凝器，且液相进料在此塔的最上一层塔板进入时，则会减少冷凝器冷水阀及回流阀这两个控制自由度。其他如第十三章介绍蒸馏过程强化设计的应用实例时，会再进一步说明可利用的控制自由度。

步骤2：确定蒸馏过程储量控制（inventory control）回路

各种过程控制最基本的要求是能够保持过程中进出物流的均衡，而是否能够达到均衡的测量很简单，若一个液体槽的液相流量进出均衡，则其表征为此槽的液位不会持续上升或下降；同理，一个气体槽的气相流量进出均衡，则其表征为此槽的压力不会持续上升或下降。故以一座标准精馏塔为例，共有三个储量控制回路是必须要有的，包括塔顶回流槽液位控制、塔底液位控制及塔压力控制。其中塔底液位的累积若为热虹吸再沸器则是在精馏塔壳底部进行测量；若为釜式再沸器则在此再沸器内的液体累积区进行测量。在下章的应用实例中，塔顶气相经冷凝成液相后进入分相槽，则此时有两个液位需要控制住，包括密度较轻的液相及另一密度较重的液相。而塔的压力一般是在塔的顶部进行测量。整座塔会有压力差，塔顶压力较低而塔底压力较高，当塔顶压力由控制回路固定后，整塔的压力分布可大致固定。

以上最常见的标准精馏塔的三个储量控制回路的操纵变量，一般是选定此操纵变量对于此被控制变量的动态影响最大、最快且最直接者。故塔顶回流槽液位一般是由塔顶出流来控制，除非此精馏塔的回流比甚大（如大于10），则此时塔顶出流对于回流槽液位的影响过小，则可以换为用回流来控制。同理，塔底液位一般是由塔底出流来控制，在极少数再沸比过高的应用中，此时塔底流量过小，则可以换为用再沸器的蒸汽流量来控制。只是此时蒸汽流量对于塔底液位的影响较不直接，必须经过传热使得塔底液相汽化才能影响到液位，故其控制器的调谐要特别注意。精馏塔压力一般是用冷凝器的冷却水流量（或可视为冷凝器的热移除）来控制，若热移除较多时，有较多的气相转变成液相，塔的压力会变小。在一些部分冷凝器（partial condenser）精馏塔的应用时，塔的压力则是一般由气相出流来控制。

以上这些储量控制回路的PID调谐，可以说明如下。一般液位控制只需用比例（P-only）控制即可，其原因是比例控制的调谐简单，且液位不必一定要保持在既定的设定值，只要液位随时间不至于一直往上或往下即可。常见的调谐参数值是设 $K_c = 2.0$（无单位），在一些应用中，当液位控制的操纵变量是过程内部的回流时，若要加速整体过程的动态响应，则可将 K_c 设为较大的值，如5.0或10.0。塔的压力控制则要控制得较紧，意即当有干扰时应该使其动态的表现尽快回到设定值，原因是当压力在不停变化时，塔内各板温度及塔顶与塔底产物的组成均会随之而变化，常见的压力控制参数组为：$K_c = 2.0$（无单位）及 $\tau_I = 10min$。若此参数组的动态表现不佳，则可以用第二节闭环连续试验的方式仔细再调谐。

在此步骤也同时确定出一些容易确定的冷却或加热控制回路，例如分相槽的温度一般设定为可以用冷却水降至的最低温度（如320K），此温度的维持则用设置温度控制回路来实现，此回路的操纵变量则为冷却水控制阀，而温度控制回路的PID调谐也可以参阅闭环连续试验的方法，很容易确定。

步骤3：确定蒸馏过程的质量控制回路及整体控制策略

前述步骤蒸馏过程的储量控制回路已经使用了步骤1控制自由度的一些操纵变量，剩下的自由度将用来控制蒸馏过程的产物质量，使得各产物在有干扰变化的情况下，仍能够达到一定的纯度。本节的开始已经表明，实时的产物组成测量不可行或测量设备昂贵且时常需要维护或校准，故产物纯度的控制是由一些容易测量的变量来间接控制。因此，必须决定如何使用剩下的控制自由度，以及要借助哪种容易测量变量来间接控制产物纯度。因为塔板温度容易测量，且整体塔压力已经在储量的塔压回路中得到控制，故若能将整座精馏塔的温度分布控制住，即在有干扰变化的情况下，仍能够大致保持原有的温度分布，则精馏塔的各出料纯度应能大致保持。如何确定这些温度控制点，将会在下节中详细阐述。

良好的控制策略时常并不是设计出多余的温度控制点，将剩下的控制自由度全部用完。意即有一部分的剩下控制自由度将作为合适温度控制点的操纵变量，而仍然有少数的控制自由度在此类温度控制回路中保留未用。不设计出过度多余的温度回路的原因，是由于温度控制回路之间时常有很强烈的交互作用，意即某一温度回路的操纵变量不但会影响到本回路的温度，同时也会影响到另一温度回路的被控制变量。同时另一温度回路的操纵变量也会影响到本温度回路的温度。如此，互相不断的影响会使得两温度回路不易调谐，且温度的控制表现要使其闭环的动态较为缓慢，才能够消除互相影响。此类回路间交互作用最简单易懂的例子，是再沸器热负荷及回流流量这两个操纵变量，根据对蒸馏过程的了解可知，再沸器热负荷增加应该会造成各塔板温度均增加，只是温度增加的程度不同而已；反之，回流流量的增加会造成各塔板温度均降低。故若一个温度回路的操纵变量为再沸器热负荷，且另一温度回路的操纵变量为回流流量，则当某回路的温度偏离设定值时，例如温度偏低，则控制器会使再沸器热负荷增加，以使得此回路的温度能够回到设定值。但是再沸器热负荷增加会造成另一回路的温度也增加而偏离其设定值，故而另一控制器会计算出让回流流量增加，以使得另一回路的温度能够回到设定值。然而，回流流量增加会造成本回路的温度又降低，减弱了原再沸器热负荷增加的影响，使得再沸器热负荷要增加更多。如此增加又会使得另一回路的温度又增加，减弱了回流流量增加对于另一回路修正的影响，造成另一控制器要求回流流量再增加。由此情况的描述，可知当有强烈的回路间交互作用时，控制器的参数设定要特别小心，必须要使得控制器修正得小且慢，不然会可能发生控制表现不稳定的状态，使得再沸器热负荷及回流流量持续增加。

由上段的叙述可知，良好的控制策略应尽量使温度控制回路设计得刚好足够即可，否则会有多余设计出的温度回路与原温度回路间不停相互影响的情况。故剩下的控制自由度（例如回流流量）要如何利用，是保持回流流量固定（设计流量控制回路），或是保持回流比固定（设计比率控制回路），亦或是保持回流与精馏塔进料比率固定，以下将介绍一种简单的分析方法来帮助建立最合适的控制策略。

一般蒸馏过程在设计时均已建立稳态模拟过程，用此稳态模拟即可进行分析，设计控制策略，以利用这些剩下的控制自由度。首先，可以测量到的干扰如进料流量的变化，其控制策略的设计较为简单，可以利用第三节中第三点所说明的前馈控制，额外地设计出前馈控制策略。例如在下一章的应用实例中，利用进料流量增减的改变，来调整温度控制的设定值或额外控制自由度的值，目的是在此进料流量增减的改变下，仍然能够保持分离产物的高纯度。控制策略最难排除的是无法测量的未知干扰，例如进料组成的改变，故控制策略的目的是在这些未知干扰下，也能够保持分离产物的高纯度。因此，决定最佳控制策略的方法，是先选定一下本过程可能会承受的未知干扰范围，然后由稳态模拟来决定在此干扰的最大值或最小值下，仍能够保持分离产物在原有纯度的操作条件。因为一般控制自由度是足够的，所以应该可以得到除了原基本设计条件之外，完美实现控制目的的另两个有此干扰的操作条件。之后再观察各模拟结果的剩下控制自由度与各个可以测量到的变量，观察在此两个进料组成变大或变小的完美控制条件下，是否剩下的控制自由度（例如回流流量），或者是控制自由度与另一测量变量的比率（例如回流比、回流与进料流量的比例等）可以与基本设计的条件大致维持不变。如此，则控制策略可以将此剩下的控制自由度以流量控制，或如第三节第二点所说明的比率控制，将该控制自由度用掉。此种决定控制策略想法的依据，是因为完美控制的条件既然是大致将此控制自由度（或者是控制自由度与另一测量变量的比率）保持不变，故而在此流量或比率控制之下，分离产物的纯度应大致不会改变。

以上说明的干扰完美控制的分析，在下一章也有应用实例说明。

根据以上步骤应可确定整体控制策略，唯一尚未详细说明的温度控制点的选择会在下一节说明。

第五节　温度控制点的选择及其配对

当储量回路决定后，还会剩下一些控制自由度，故本节讨论如何选择可以测量的塔内温度控制点，然后与这些控制自由度进行配对，最后确定整体控制策略。当然如上节的最后所言，设计的控制策略应是愈简单愈容易被现场所接受而执行，故有些剩下的控制自由度若能采用流量或比率控制是最理想的。但是由以上说明的干扰完美控制的分析，也许无法找到方案使剩下控制自由度（或者控制自由度与另一测量变量的比率）保持不变，故而这些控制自由度必须与塔内温度控制点进行配对，由温度控制回路来改动。

若温度控制回路控制得当，必须使控制自由度对塔内温度控制点的影响够大、够快且直接，其中影响够大最为重要。意即控制自由度的值进行稳态改变时，要能使塔内控制点的温度有足够的改变，如此当此温度因为有干扰而偏离设定值时，才能够改动控制自由度而使得该温度回到设定值。

以一座标准有塔顶及塔底液相出料的精馏塔为例，若储量回路是由冷凝器的冷却水控制阀来控制塔顶压力，且分别由塔顶及塔底液相出料控制阀来控制回流罐及塔底的液位，则会剩下两个控制自由度，为回流控制阀及再沸器的蒸汽阀。此时以之前说明的干扰完美控制分析，可以分为以下两种情况。

一、情况一

剩余两个控制自由度的其中一个，可以由完美控制分析（见第四节），设定为以流量或比率控制的策略来使用。

在此情况下，只需设计一个塔板温度控制回路，来改动剩下的一个控制自由度，例如来改动再沸器的蒸汽阀。该控制回路设计的分析，可以很容易地用稳态模拟来进行开环敏感度分析（open-loop sensitivity analyses）。其做法是由基本操作条件出发，将再沸器蒸汽阀（或再沸器热负荷）进行小量改动。注意当再沸器控制阀改动时，要维持回流控制阀在原流量，或保持回流流量与另一测量变量的原比率，这样才能代表再沸器蒸汽阀改动时，其他一个控制自由度是在执行前述的流量或比率控制策略。且因为一控制阀往更开一些或更关一些的方向改动时，因为精馏塔是非线性程序，造成塔板温度的影响会有所不同，所以应该两方向且同幅度都要做稳态模拟，例如分别做再沸器控制阀 ±1% 的稳态模拟，然后将两个稳态模拟结果的塔内温度分布分别减去原基本设计条件的塔内温度分布，可以得到两条曲线，如图 12-8 所示。

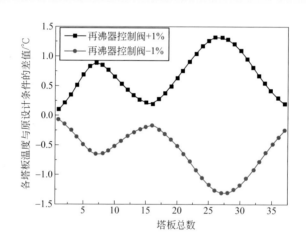

▶ 图 12-8　标准精馏塔再沸器控制阀 ±1% 开环敏感度分析示意图

由图 12-8 的例子可知用再沸器控制阀来控制 27 板的温度，其控制的效果应该会很好，因为再沸器控制阀对于此板的稳态影响度很大，且不至于有严重的非线性现象。将此板温度控制在原基本设计条件的温度之下，是否能够代表塔顶及塔底产物在有干扰的情况时仍能够保持产物原有的高纯度？答案是不确定的。故而以上的开环敏感度分析应该再加上干扰完美控制的分析结果，才能够得到更多的信息，以设计出最佳的控制策略。在此重复说明一下前述的干扰完美控制分析，其实也是由稳态模拟可得结果，做法为将可能会发生的正或负进料组成改变输入稳态模拟，然后将塔顶及塔底纯度维持在原纯度，这样可以得到正及负进料组成改变的两个稳态模拟结果，然后再将此两个稳态仿真结果的塔内温度分布分别减去原基本设计条件的塔内温度分布，也可以得到两条曲线，如图 12-9 所示。

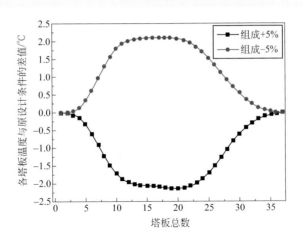

● 图 12-9　标准精馏塔干扰完美控制分析示意图

此时找的温度控制点应该是其温度与基本设计条件时的温度偏差最小的位置，因为保持此板温度在此设定点与干扰完美控制时的结果最为接近，由此图应该选第35板为温度控制点。以上的分析是指出在有未知干扰时维持第35板温度不变，最能够相近于塔顶及塔底纯度维持不变的结果。但此分析完全未能得知若要将再沸器控制阀与此温度控制点配对成为一个温度控制回路，是否此温度控制的效果会好。此点应要由图12-8所示的开环敏感度分析示意图来回答。由图12-8所示可知，再沸器控制阀对此温度控制点的影响甚小或甚为非线性，意即控制阀单方向有影响度，但是反方向几乎完全无影响度。故而温度控制点的选取，应是由图12-8及图12-9中选出一折中点，意即在图12-8中正、负方向有足够影响度，以及图12-9中温度的偏差不大。由此两图可以选定温度控制点应以第31板较为理想，而此温度回路的PID控制参数，可以采用本章第二节介绍的闭环连续试验来选定。

由此两图也可回答上段的问题，前开环敏感度最大的第27板的温度设定值应该要上下改动，才能够最接近干扰完美控制时的结果。但是因为进料组成干扰为未知的干扰，无法据此而改变第27板的温度设定值。故若维持此温度设定值一定，代表塔顶及塔底产物纯度在未知进料组成干扰时会偏离。

二、情况二

剩余两个控制自由度，由干扰完美控制分析无法找到合适的流量或比率控制的策略。

此情况以一标准的精馏塔为例，假设储量控制已经用了冷凝器冷水阀、液相塔顶及塔底出料阀等三个控制自由度，然后由干扰完美控制分析得知，若要保持塔顶及塔底纯度不改变，回流流量及再沸器蒸汽流量，或是这两个变量与其他测量变量的比率都需要变动，这样就必须采用两点温度控制的架构方为妥当。因此接下来必须要决定的问题是要选择塔内哪两点温度，以及如何与回流阀及再沸器蒸汽阀配对。

首先决定两控制点的方法也是由两种分析的结果取其折中。其一为分别对回流阀或再沸器蒸汽阀进行开环敏感度分析，注意此时若对回流阀进行此分析时，必须保持再沸器蒸汽阀在原基本设计条件下的位置，反之也相同，这样可以得到两种如图 12-8 所示的分析结果。接着进行干扰完美控制的模拟，在正或负进料组成改变下，仍然保持塔顶及塔底纯度时可以分别得到两组塔内温度分布的结果，然后分别减去原基本设计条件下的塔内温度分布，可以得到如图 12-9 所示的结果。因为控制的最终目的是将塔顶及塔底两个产物的纯度控制住，故一个温度控制点应该在精馏塔的上部，而另一个应该在精馏塔的下部，这样才能兼顾塔顶及塔底的组成。选择的方法与前述选一个控制点的原则相同，即尽量在图 12-9 的示意图中在塔上部及塔下部分别找到某一个塔板，其温度与基本设计条件时的同一板温度几乎相同。同时，从图 12-8 的示意图中得知，回流阀或再沸器蒸汽阀的改动对于该板的温度是有影响的，这样就将塔上部的选择控制点与回流阀配对，并将塔下部的选择控制点与再沸器蒸汽阀配对即可。同样的，以上的原则若要遵行，可能选不出完全合适的控制点，则要作一折中，目的是温度环的闭环控制效果不能太差，但是在进料组成未知干扰下的塔顶及塔底产物纯度的偏差也不可太大。

以上决定两个温度控制回路的分析，并未考虑到动态的影响，而两个温度控制回路的 PID 参数的决定，则可以参照第二节第二点的闭环连续试验的方式来选定。因为现在有两组 PID 参数要决定，其做法是先将一回路定为手动，而在另一回路进行闭环连续试验，得到 PID 参数组后将此回路改为自动，然后再进行原手动回路的闭环连续试验。得到 PID 参数组后，应该要再进行一次另一回路的闭环连续试验，如此来回迭代数次后即会得到收敛的两组 PID 参数。以上的迭代步骤可以在现场的集散控制系统或动态模拟软件（如 Aspen Plus Dynamics）中很容易地施行。

三、其他控制点的选择方法

（1）温度变化斜率法　该法的主要思想是认为在精馏塔中，相邻塔板间温度变化幅度最大者，即是适宜的温度控制位置。此原因在于当温度有大幅改变时，可间接代表塔中的重要成分组成有大幅度变动。故若将此处的温度控制住，有助于维持塔中的温度分布，避免较重成分自塔顶流出，以及较轻成分自塔底流出。

此法相当容易，于 Aspen Plus 软件中，取出各个 RADFRAC 模型的温度分布情况，即可进行判定，十分便捷，但控制住温度变化幅度最大者并不能代表塔顶及塔底组成不变。

（2）奇异值分解法（singular value decomposition，SVD）　该法为前述开环敏感度分析的延伸。假设某精馏塔中含有NT个塔板，另有m个操纵变量。在该法中，首先针对操纵变量一一进行开环敏感度分析试验，而其他的操纵变量维持不变，并观测在此情形下，塔内的温度分布变动情况。之后，将各板温度的改变量，除以各个操纵变量的改变量，即可分别得到各板温度对某操纵变量的稳态增益（steady-state gain）。接着将所有数据整合为一个含有m行与NT列的矩阵，称为增益矩阵（gain matrix，**K**），此矩阵中记录了塔中各个塔板分别对m个操纵变量的稳态增益，至此进行SVD分解的前置步骤已完成。

　　进行SVD分解时，将**K**矩阵拆解成三个部分，见式（12-9）：

$$\mathbf{K} = \mathbf{U\Sigma V}^{\mathrm{T}}$$ （12-9）

式中，**U**的维度为$m \times$ NT、**Σ**的维度为$m \times m$、$\mathbf{V}^{\mathrm{T}}$维度为NT $\times m$，此分解可使用Matlab软件中的内部函数（名称即为svd）来进行。将**U**的每一个行向量（column vector），针对板数作图，所得的最大值发生位置，即为最适合利用该操纵变量控制的位置。**Σ**为一个对角矩阵，在对角线的元素为奇异值（singular value）。将较大的奇异值与较小者相除，即得到此系统的条件数（condition number，CN）。条件数必定大于1，数值越大即代表该多回路系统越难进行控制。

　　（3）温差控制法（temperature difference control）　前述的闭环敏感度分析方式，在二元混合物（binary mixture）蒸馏系统可有效使用，然而在多元混合物蒸馏过程应用或较困难。其原因是当存在组成扰动时，各个非关键成分（non-key component）的组成将可能有大幅变动，导致无法找到温度不变的位置加以控制，此现象在接近塔顶或是塔底处将更有可能发生。解决该问题的另一可行的方式是使用温差控制。具体做法是在每一个温度控制回路中，找寻两个（或多个）测量点，该两点具有明显的开环敏感度差异，并且在进料组成扰动且进行完美控制之下，该两点的温度与其在基础设计温度的偏离程度相似。若能满足上述现象，则该两点为适宜的温差控制位置，因为此温差在完美控制时大致不会改变。虽需较多的温度测量点，但此控制方式仍不失为一个有效的控制策略。此法将于第十三章第一节以实例说明。

第六节　压力补偿温度控制回路的使用时机及其设计

　　以上采用以塔板温度控制来间接控制塔顶及塔底产物纯度的方式，一般是在工业界最为实用且容易施行的控制方式，只是在以下两种情况下此塔板温度控制的方式必须加以修正。

第一种情况是该精馏塔时常需要改变进料流率时。当在不同的进料流率下，虽然塔顶的压力可以由冷凝器的冷却水阀的调节而固定，但是因为各板的压力差会与基本设计条件的各板压力差有所不同，一般进料流率大时，要保持塔顶及塔底产物的纯度不变，则塔内的液相及气相流率都要变大，因而造成各板压力差变大，也即控制板的压力会较基本设计条件时该板的压力大；而进料流率小时，此控制板的压力会较小。由于压力改变也会造成塔板温度的改变，故而将此控制点的温度保持不变，显然不是一正确的决定，必须作一修正才更合适。

第二种情况是在一些热耦合的蒸馏过程中，时常将高压塔需要移热的冷凝器与低压塔需要加热的再沸器进行配对，将此两装置整合成一个两物流的热交换器，主要就可以省去再沸器的蒸汽和冷凝器的冷却水。一般有可能冷凝器须移除的热量与再沸器需加入的热量无法完全配合，故由一辅助冷凝器或一辅助再沸器来移除或提供相差的热量。在不需要辅助冷凝器的热耦合实例中，因为此时缺少了能够独立调动的冷却水控制阀，使得此高压塔的塔顶压力只能在各情况下让其变动，因而会造成控制点的那一板压力也会浮动，不会是一定值。

而修正的方法其实很简单，即由原稳态模拟结果得知在基本设计条件下控制点那板的温度及压力值，将此温度称为 T_{ss} 及此压力称为 P_{ss}，其中下标"ss"代表原稳态操作点。然后另做一稳态模拟，将塔顶的压力定在另一可能会浮动到的最大值，然后模拟的条件是保持塔顶及塔底产物的纯度不变，如此可以得到该控制塔板的温度及压力，将会改变至何温度及压力，并将此温度和压力分别称为 T_{new} 及 P_{new}。如此则可经由随时测量到的此板温度 T_m 及此板压力 P_m，用公式（12-10）计算出某一压力补偿温度信号如下：

$$T_{PC} = T_m - (P_m - P_{ss}) \frac{(T_{new} - T_{ss})}{(P_{new} - P_{ss})} \qquad (12\text{-}10)$$

一般的集散控制系统应该均能将以上公式输入至温度控制器的计算中，而此温度控制回路的设定值仍为此控制点在基本设计条件下的温度（T_{ss}），而随时测量到的此板温度及压力（T_m 及 P_m）则导入以上的公式，计算出压力补偿温度（T_{PC}），此信号就为被控制变量，输入至温度控制回路，进行 PID 的修正计算。由上式可知当动态控制渐渐到达新的稳态时，此 T_{PC} 将会与设定值（T_{ss}）相同，故将 T_{ss} 代入上式的左项，而若最终的此板压力为 P_{new}，则由此式可知最终的此板温度为 T_{new}，此即为最理想的结果，因为 T_{new} 就是在此 P_{new} 压力下仍能保持塔顶及塔底产物纯度不变的温度。而若此板的压力非为 P_{new} 时，则此板的理想温度可由内插估计出。

由以上第四~六节的内容，决定出蒸馏过程的整体控制策略后，可以用动态模拟软件（如 Aspen Plus Dynamics）来验证控制策略的设计是否得当。做法是先在此蒸馏过程的动态模拟中架设好预期的控制策略，然后在某一模拟时间加入干扰以试验设计出的控制策略。加入干扰的时间最好不是初始时间，而是让此软件已经模拟了一段时间（例如 0.5h）后，这样也可试验出所有初始条件是否输入无误，使得每一个动态变量均在基本设计的范围。干扰的试验为两类，一是在时间 0.5h 的时候将进料流率做正或负的改变，常见的试验幅度为正或负 20% 的改变；二是做进料组成正或负的改变，而幅度可由制程工程师来决定此过程可能会承受的最大改变。然后观察各控制回路的动态表现，看看是否各个被控制变量可以回到设定值，如液位可否稳定在一个新的位置。若是有一些被控制变量的动态表现不佳，例如太慢或太快而造成太大幅度的震荡，则可以修正其 PID 的参数（参阅第二节）。另外更重要的是观察塔顶及塔底产物的纯度，看看是否设计出的控制策略能够间接地控制该两个最重要的变量。

储量回路所用的控制阀一般是选择对此压力或液位控制影响最大、最快、且最直接的控制自由度，但是在一些实例中，其实选择不同的控制阀都可以将压力或液位控制得不错。若如此，则储量回路所用的控制自由度与质量控制回路的控制自由度互换也可以，按照以上三节的说明会发展出不同的控制策略。而到底哪一个控制策略为最佳，则可以用动态模拟软件分别做以上所提的干扰试验，然后比较闭环的控制结果，就可以得出控制策略。

第七节　小结

本章主要的目的是对蒸馏过程控制的各设计要点做一完整的说明，因为在工业界实际施行的控制器大多数均为 PID 控制的形式，故首先对此控制器的计算公式及一些实际应用时需要注意的事项作一说明。且因每一 PID 控制回路的动态表现与输入的控制器参数极其相关，故本章接着讲述如何将此 PID 参数调谐至最佳程度。接着在第三节介绍了在工业界除了单纯的 PID 控制回路外，还常有应用实例的一些进一步能改善控制效果的控制方式，如串级控制及前馈控制与比率控制等，并用一些精馏塔的控制来说明。之后在第四、第五两节中说明如何设计蒸馏过程的整体控制策略，包括有多少控制回路、被控制的测量变量为什么，以及如何最佳地将被控制变量与本过程的控制阀进行配对。主要的决策是采用层级式的步骤，先设计出本过程的储量回路，包括压力及液位控制，然后再设计出上一层级的质量控制回路。有鉴于在工业界实时组成的测量困难（可能非常昂贵，或是需要实时维护，或是根本无实时量测器的存在），本章说明以精馏塔塔内温度控制的方式来间接控制塔顶及塔底产物的组成。第六节说明在一些特殊情况时，塔内控制点位置的压力会变动很大，此时单纯地将此控制点温度固定住，很明显不是好的控制策略，此时可采用压力补偿温度控制的方式来间接控制塔顶及塔底产物的组成。

以上内容在下一章一些复杂及强化蒸馏过程中均有实例说明。

参考文献

[1] Sholl D S, Lively R P. Seven chemical separations to change the world[J]. Nature, 2016, 532: 435.

[2] Tyreus B D. Distillation—energy conservation and process control, a 35 year perspective[C]. AIChE Annual Meeting. Minneapolis MN, USA, 2011.

[3] Kiss A A. Distillation technology—still young and full of breakthrough opportunities[J]. J Chem Technol Biotechnol, 2014, 89: 479-498.

[4] Waheed M, Oni A, Adejuyigbe S, Adewumi B, Fadare D. Performance enhancement of vapor recompression heat pump[J]. Appl Energy, 2014, 114: 69-79.

[5] Jana A K. Heat integrated distillation operation[J]. Appl Energy, 2010, 87: 1477-1494.

[6] Chien I L, Fruehauf P S. Consider IMC tuning to improve controller performance[J]. Chem Eng Prog, 1990, 10: 33-41.

[7] Seborg D E, Edgar T F, Mellichamp D A, Doyle F J. Process Dynamics and Control[M]. 4th Ed. Hoboken, NJ: Wiley, 2016.

[8] Ziegler J G, Nichols N B. Optimum settings for automatic controllers[J]. Trans ASME, 1942, 64: 759-768.

[9] Tyreus B D, Luyben W L. Tuning PI controllers for integrator/deadtime processes[J]. Ind Eng Chem Res, 1992, 31: 2625-2628.

[10] Luyben W L. Tuning proportional-integral-derivative controllers for integrator/deadtime processes[J]. Ind Eng Chem Res, 1996, 35: 3480-3483.

第十三章

强化蒸馏过程的控制方案

第一节 传统精馏塔及中分隔壁精馏塔的控制架构及应用实例

本节将以苯（benzene，B）、甲苯（toluene，T）、邻二甲苯（ortho-xylene，X）混合物分离系统（以下统称 BTX 分离系统），来分别探讨传统精馏塔以及中分隔壁精馏塔的控制问题。本节先从三种不同的稳态分离设计来进行探讨，分别为直接序列法、间接序列法、前置塔与主塔法，三种方法中均使用传统精馏塔进行分离。此三种设计各自经过优化，选出最优流程，并将其整合为中分隔壁精馏塔架构，再继续进行后续的控制探讨。

动态控制的目标，为在系统中出现扰动之下，仍能维持产物纯度与操作平稳。因此决定适宜的控制架构，将是首要的课题。本节将以 BTX 系统为例，详细介绍几种常用的方法，以从稳态模拟的角度来决定控制架构。随后将此架构进行扰动分析，以观察其动态控制表现。

一、BTX分离系统稳态模拟

在探讨动态控制架构之前，将首先讨论 BTX 系统的稳态过程。BTX 系统中三个成分的沸点为 $T_b(B)/T_b(T)/T_b(X) = 80.1℃/110.6℃/144℃$。本节探讨的进料组成为 $x(B):x(T):x(X) = 30:30:40$（%，摩尔分数），进料流量为 1kmol/s；

分离的目标为三个产物皆达 99.9%（摩尔分数）。为达成上述目标，可行的分离过程有四种不同设计架构，分别叙述如下。

1. 直接序列法（direct sequence，DS）

此法为最简单构造。过程中包含两个精馏塔。第一个精馏塔中，先将沸点最低的组分（B）自塔顶分离，剩余两个较重的组分则自塔底分离。第一塔塔底产物再进入第二塔进行进一步分离，轻组分（T）自塔顶流出，重组分（X）自塔底流出。在此过程中，两个精馏塔皆为带有塔顶冷凝器和塔底再沸器的传统精馏塔，亦皆使用 Aspen Plus 中的 RADFRAC 单元进行模拟。为使塔顶冷凝器的冷源可使用较便宜的冷却水，两塔皆设计在真空状态下操作，控制塔顶温度不低于 47℃，在 48 ~ 50℃ 之间较佳。在本例中，将操作压力定为允许使用冷却水的最低压力。第一塔设置操作压力为 370kPa，第二塔设置操作压力为 130kPa。第一塔的分离目标为塔顶 B 纯度为 99.9%（摩尔分数）、回收率 99.9%；第二塔分离目标为塔顶 T 纯度 99.9%（摩尔分数）、塔底 X 纯度 99.9%（摩尔分数）。为达到该分离目标，可通过 Aspen Plus 内置的 Design Spec/Vary 功能。故本设计中，两塔各自以调整回流比与再沸器热负荷来实现此两个分离目标。

本例中亦进行优化探讨（optimization）。在流程经济评估中，优化过程的目标函数常为使年度总成本（total annual cost，TAC）最小化，将会涉及设备费用与公用工程费用（utility cost）等相关计算。Seider 等 [1]、Luyben[2]、Turton 等 [3] 皆提出相关的经验式，可用以计算 TAC。但考虑到不同 TAC 经验式所得到的优化结果不同，而本节将着重探讨后续的动态控制行为，故本例中将优化目标设为两塔的总再沸器热功率需求最小化。为方便进行比较，将本例以及后几例的两塔板数总和定为 100，使各例间的比较在同一基准上。本例所得的优化后流程如图 13-1 所示。受篇幅限制，优化过程中各设计变量与目标函数的变化情形不列于此书中，后续数例亦同。

2. 间接序列法（indirect sequence，IS）

此法与前述的 DS 构造相反，先将沸点最高组分（X）由第一塔塔底分离，其余较轻的组分于第一塔塔顶出料。其后再进入第二塔中进行后续分离，塔顶得到 B，塔底得到 T。设计时将第一塔操作压力设为 250（kPa），第二塔操作压力设为 370（kPa）。过程中第一塔的分离目标为塔底 X 纯度为 99.9%（摩尔分数）、X 回收率 99.9%；第二塔分离目标为塔顶 B 纯度 99.9%（摩尔分数）、塔底 T 纯度 99.9%（摩尔分数）。与前例相同，亦可通过 Aspen Plus 内置的 Design Spec/Vary 功能，调整两塔各自的回流比与再沸器热负荷，来实现分离目标。优化后流程如图 13-2 所示。

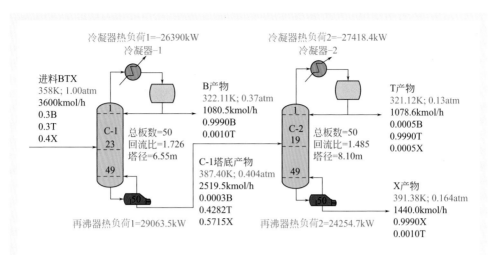

图 13-1　DS过程架构的优化后流程（物流组成：摩尔分数）

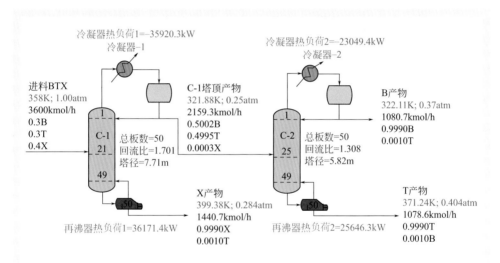

图 13-2　IS 过程架构的优化后流程（物流组成：摩尔分数）

3. 前置塔与主塔法（pre-fractionator + main-column，PF+MC）

本序列与前述两种较为不同。本序列中，第一塔又称为前置塔（pre-fractionator，PF），该塔只是针对混合物进行粗分，不会分离出任一产物。PF 的塔顶产物将进入第二塔（称为主塔，main-column，MC）的上半部分；而 PF 的塔底产物则将进入MC 的下半部分。因此在 PF 中，大致可知塔顶混合物中含有绝大多数的沸点最低成分（B），以及一定比例的沸点中间成分（T）；而塔底混合物中则是含有剩下的沸点中间成分（T）以及绝大部分沸点最高成分（X）。进入 MC 后，将会分出三个产物。MC 的塔顶产物即为混合物中的沸点最低成分（B）、下产物为沸点最高成分（X）；而沸点位于中间的成分（T），则于 MC 的中段位置，以侧线（side stream）抽出。同样为使冷却水能在两塔塔顶使用，此处将 PF 的操作压力设为 300kPa，而 MC 操作压力设为 370kPa。

本序列下的分离目标如下。在 PF 塔中，要求塔顶 B 的回收率 99.9%、塔底 T 的回收率 99.9%，由调整 PF 塔回流比与再沸器热负荷实现。在 MC 塔中，要求塔顶 B 的纯度 99.9%（摩尔分数）、塔底 X 的纯度 99.9%（摩尔分数）、侧线 T 的纯度 99.9%（摩尔分数）；这三个目标由调整 MC 塔回流比、再沸器热负荷以及侧线流率实现。

需要注意的是，若 PF 的分离目标设置过宽，亦即塔顶 B 与塔底 X 含量不够高，将会造成 MC 的再沸器热功率提高，原因说明如下。以塔顶为例，当 PF 塔顶的 B 含量过低时，相当于有较多部分的 B 由 PF 塔底流出，进入 MC 的下半部分。这样 MC 中需要花费更多的能量将这些残余的 B 蒸到塔顶，因而丧失 PF 的优势。此外在 PF 的设计目标中，并未针对中间沸点组分（T）进行设定。在后续所述的优化过程中，随着 PF 进料位置的变动，T 在 PF 塔顶与塔底的比例将会有所不同，进而使 MC 的分离表现有所差异。

此分离序列的优化过程，亦与前两例相同，以总再沸器热功率最小为目标。待优化的设计变量有六个，包含 PF 的总塔板数、PF 进料位置、MC 的两个进料位置、MC 总板数以及侧线采出位置。此处进行两个假设，第一为和前述二例同，将两塔总板数定为 100；第二为考虑到后续将把该序列整合为一个中分隔壁精馏塔（dividing-wall column）的构造，故此处先假设 PF 的总板数，与 MC 两进料位置间隔的板数相等。因此上述待优化的变量，将仅剩下四个。优化后的流程如图 13-3 所示。

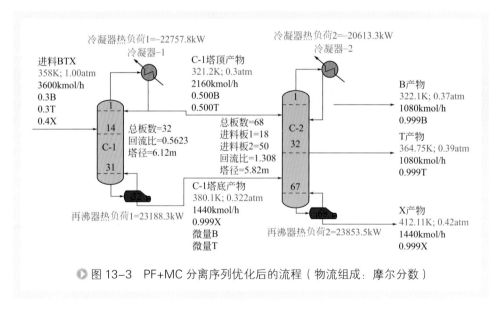

▶ 图 13-3　PF+MC 分离序列优化后的流程（物流组成：摩尔分数）

前述三种优化过程序列的再沸器热功率总需求列于表 13-1 中，由表可知，PF+MC 的分离序列具有很好的节能潜力。因此后续再进一步将其整合为中分隔壁精馏塔结构。

表13-1　三种过程架构的再沸器热功率总需求

分离结构	DS	IS	PF+MC
Q_r/kW	53320.38	61817.65	47041.41

4. 中分隔壁精馏塔（dividing-wall column，DWC）

前述 PF+MC 的分离序列，可以进一步整合成一个中间部分分隔的 DWC 架构，如图 13-4 所示。图中，隔壁的左半部分（C-2）为原本的 PF，上半部分（C-1）、分隔壁的右半部分（C-3）以及下半部分（C-4），为原本的 MC。在此架构下，可以省去原本 PF 的冷凝器和再沸器，进一步实现节能。图 13-4 为将 DWC 拆解的热力学等效示意图，是在 Aspen Plus 中进行流程模拟时常采取的方式。图中的 C-1 以一个仅有塔顶冷凝器的上精馏塔来模拟；C-2 与 C-3 为中间分隔壁的部分，将左右各以一个仿吸收塔构造、不含冷凝器与再沸器的塔来模拟；最后 C-4，以一个仅有塔底再沸器的汽提塔来模拟。整体而言，进料自 C-2 进入，沸点最低的产物（B）自 C-1 的顶部采出，沸点最高的产物（X）自 C-4 的底部采出，而沸点居中的产物（T）自 C-3 的中段以侧线采出。

整合成 DWC 构造的过程中，需要决定两个分流比。首先是来自 C-1 底部，分别流向 C-2 与 C-3 的液相分流比（liquid split ratio，LS）；其次是来自 C-4 顶部，流向 C-2 与 C-3 顶部的气相分流比（vapor split ratio，VS）。这两个分流比，可视为设计时待优化的设计变量；不过如果选择不适当，也可能造成分离目标无法实现。

本例中，直接将上例所得的最优 PF+MC 流程架构图进行热耦合（thermally-coupled），故不针对各段塔板总数、进料位置以及侧线采出位置等变量进行再一次优化。至于上段提及的 LS 与 VS，则通过优化过程，以 Q_r 最小化来决定。本例的设计结果如图 13-4 中所示，其与 PF+MC 设计结果的比较见表 13-2。由此结果得知，进一步整合成 DWC 结构可较原分离结构节省约 17.44% 的能量需求。

表13-2　DWC与PF+MC两种分离结构的比较

分离结构	PF+MC	DWC
Q_r/kW	47041.41	40055.90（-17.44%）

对于大多数蒸馏系统而言，分离目标皆是要满足产物纯度，因此最理想的控制策略，即是测量产物组成，由此调动操纵变量（manipulated variables，MV），如回流流率（reflux flowrate）、再沸器热功率（Q_r）等。然而如第十二章所提及，在实际过程中组成的测量较慢，且测量仪器的购买与维修价格昂贵或根本不可行，因此采取组成控制策略的蒸馏系统并不多。取而代之的是温度控制，除其较快、成本

较低之外，更重要的是在蒸馏系统中温度可以有效对应出组成。对双组分蒸馏系统而言，在固定的操作压力下，塔中每个位置的组成，将仅对应到一个温度；亦即决定温度即决定了组成。然而对多组分蒸馏系统而言并非如此，但在塔中的某些特定位置，其温度亦能够有效并准确地描述出物质的纯度。因此，如何挑选适合的温度控制点，将是非常重要的课题。关于温度控制点的选择观念，在本书第十二章中已经进行了针对常见的开环（open-loop）敏感度分析与干扰完美控制分析，本章则是进行实例的应用与其延伸概念的说明，并进一步讲解如何进行。

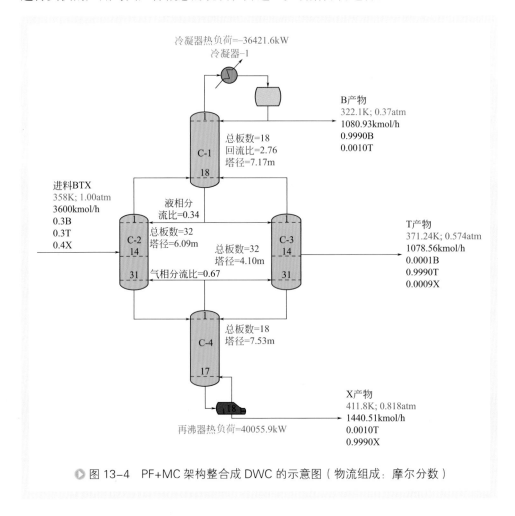

▶ 图 13-4　PF+MC 架构整合成 DWC 的示意图（物流组成：摩尔分数）

二、传统精馏塔控制结构

1. 前置步骤简述

此处传统精馏塔的控制探讨，采用的例子为前边建立的 PF+MC 过程中的 PF。

在探讨动态模拟之前，需先将 Aspen Plus 模型进行数个前置步骤，才可汇出至 Aspen Plus Dynamics 进行后续探讨，而此步骤通常是进行动态模拟时最花时间且繁琐的一部分。这些前置步骤，以及如何操作 Aspen Plus Dynamics 软件的功能，在 Luyben 于 2006 年出版的一书第六章已有非常详细的教学 [4]，故此处仅针对重点再行提醒，而不深入描述。

首先，在 Aspen Plus 中，先进入「Setup」中，将模式（Mode）由原本的「Steady State」改成「Dynamics」。其后，在单元中将会出现需要输入尺寸大小之处，以传统精馏塔而言，即是需要输入塔顶回流罐（reflux drum）的大小，以及塔釜的大小。塔顶回流罐依照流出的总液体体积流量（此即为回流流量加上塔顶采出流量的总合）来决定，而塔釜则依照塔内最后一板流至再沸器的体积流量决定。在两罐中皆假设5min 的滞留时间，并且液相占总罐体积 50%，另罐的长径比（aspect ratio，length/diameter）为 2。上述决定两罐大小的体积流量，可在 RADFRAC 中「Profile」页面上方的「Hydraulic」子页面中读取。

在给定塔顶与塔底罐尺寸后，需要在流程图上加入控制所需的泵与控制阀。若是作为控制阀，压降设在 1.5 ~ 2atm 的范围中较合理。另须注意的是，连接两个单元的物流，压力必须自高到低，上一单元的流出物流，其操作压力须与上一压力单元的压力相同，且物流的压力要比其注入的下一单元的压力要高。上述步骤完成后，点击「Pressure Driven」，即可导出至 Aspen Plus Dynamics 软件。

2. 温度控制点的选择与整体控制策略探讨

控制架构的决定，可分为储量控制回路（inventory control loop）与温度控制回路。在储量控制回路方面，包含下列三个回路：

① 塔顶压力控制回路操纵冷凝器热移除功率（PI 控制，$K_c = 20$，$\tau_I = 12$min）；
② 塔顶回流罐液位控制回路操纵塔顶液相采出（$K_c = 2$，$\tau_I = 60000$min）；
③ 塔釜液位控制回路操纵塔底产物采出（$K_c = 2$，$\tau_I = 60000$min）。

上述第②与第③点控制回路中，其本质上为 P 控制，但在 Aspen Plus Dynamics 软件中输入控制器参数时，须以 PI 控制器模式输入，故输入一个很大的 τ_I，如上述的 60000min 即为常见的设定。

另外，进料流率控制回路操纵进料阀的开度必须设定，其 PI 控制的参数设为：$K_c = 0.5$，$\tau_I = 0.3$min。进料流率控制回路的目的是可以用其设定值的增加或减少来进行产量增减的改动。

对于温度控制点的决定，以下针对第十二章所讲解的方法进行探讨。承第十二章所述，温度控制回路的设置尽量简捷，故首先对进料组成做改变以进行完美控制分析的探讨。此分析可以用稳态模拟（例如 Aspen Plus）来完成，做法是将进料的个别组成进行改变，然后假设此改变是知道的，先观察各个操纵变量在组成扰动之下维持完美控制结果所需的变动程度，以判断是否可以简单地保持此控制自由度为定值，或是与某可测量变量的比率为定值即可，这样能够使整体控制架构简捷而容易被现场实际操作人员所接受。因此此处先探讨当进料组成增减扰动为 +20% 与 -20% 的情形，组成扰动的方式叙述如下。

对组成扰动中，每次仅针对一个成分进行单独增量与减量，其余两个成分则维持与原本进料组成相同的比例，以下举例说明。若针对 B 做 +20% 组成测试，则在扰动下，B 的含量变为 36%（原为 30%，摩尔分数，余同），余下的部分则由 T 与 X 依照与原进料相同的比例分配，因此 T 为 27.42%，X 为 36.58%。不同组成扰动例子下各成分的含量值整理于表 13-3。

表13-3　不同组成扰动例子下各成分的含量值

项目	B/%	T/%	X/%
B +20%	36	27.42	36.58
B -20%	24	32.57	43.43
T +20%	27.42	36	36.58
T -20%	32.57	24	43.43
X +20%	26	26	48
X -20%	34	34	32

由于 PF 塔的用途为仅对 B、T、X 三组分进行初步分离，并不产生任一产物，各在进行干扰完美控制分析之前，需特别对「完美控制」的目标进行讨论。此处的控制目标应加入后续 MC 塔来考虑，因为组成扰动之后，PF 所表现出的任何动态响应，皆会成为后续 MC 塔的扰动，进而对产物纯度造成改变。由于在 MC 塔中，T 的产物是以侧线方式采出，故其纯度将很容易受到 PF 塔的塔顶和塔底采出影响。

试想如果 PF 塔顶采出液中 X 的含量大幅增加，则将会送入 MC 塔的上半部，因为 X 是系统中沸点最高组分，就会冷凝成液相往下部移动。当过量的 X 向 MC 下部流动时，经过侧线采出位置，将会伴随着 T 一起采出，进而影响产物 T 的纯度。另一方面，类似地，若 PF 塔底出料中含有过量的 B，则将会进入 MC 塔的下半部，并随塔中气相向上部移动。虽也会经过侧线采出位置，但因为侧线是液相采出，而 B 存在于气相中，故将不会对侧流的纯度有过大影响。至于沸点居中的成分 T 将会以某一比例分配于 PF 塔的塔顶与塔底液中，而当进料组成扰动之后，即使 B 与 X 皆达成分离目标，T 的分布情形亦将可能会有所不同，此则属合理现象。

综上所述，PF 塔控制首要注意之处是确保不应有过多的 X 自塔顶流出，故在稳态设计时的分离目标（见 Design Spec 设定）可作为此处完美控制的目标。

此测试结果列于表 13-4 与表 13-5 中。由此结果显示，此塔的再沸器热功率变动幅度最小，故可将其控制住。实际上，为使系统能够因应流量增减的扰动，并减少在流量增减扰动下所需的动态适应时间，可设计前馈控制回路，固定再沸器热功率与进料流量的比例（Q_r/F）。

表13-4　组成扰动+20%的各操纵变量闭环分析结果

项目	原组成	B +20%		T +20%		X +20%	
	数值	数值	变动 /%	数值	变动 /%	数值	变动 /%
D	1483.7566	1642.8450	10.72	1485.0643	0.09	1300.1372	-12.38
R	924.1134	874.7067	-5.35	999.9088	8.20	910.7015	-1.45
RR	0.6233	0.5324	-14.57	0.6733	8.03	0.7005	12.38
Q_r	23188.5485	23490.6480	1.30	23864.6149	2.92	22294.6177	-3.86
B	2116.2435	2268.5641	7.20	2114.9357	-0.06	2299.8629	8.68
Q_c	-22758.0478	-23593.0088	3.67	-23676.6310	4.04	-20918.2514	-8.08
Q_r/D	15.6238	14.2988	-8.51	16.0698	2.82	17.1479	9.72
Q_r/R	25.0928	26.8555	7.02	23.8668	-4.89	24.4807	-2.44
Q_r/B	10.9574	10.3549	-5.50	11.2838	2.98	9.6939	-11.53
D/Q_r	0.0640	0.0699	9.30	0.0622	-2.75	0.0583	-8.86
R/Q_r	0.0399	0.0372	-6.56	0.0419	5.14	0.0408	2.50
B/Q_r	0.0913	0.0966	5.82	0.0886	-2.89	0.1032	13.03

注：单位为 D（kmol/h）；B（kmol/h）；R（kmol/h）；RR（mol/mol）；Q_c（kW）；Q_r（kW）。

表13-5　组成扰动-20%的各操纵变量闭环分析结果

项目	原组成	B -20%		T -20%		X -20%	
	数值	数值	变动 /%	数值	变动 /%	数值	变动 /%
D	1483.7566	1331.4359	-10.27	1485.8680	0.14	1681.5900	13.33
R	924.1134	985.5448	6.65	859.7437	-6.97	937.4260	1.44
RR	0.6233	0.7402	18.76	0.5786	-7.17	0.5575	-10.56
Q_r	23188.5485	23086.6673	-0.44	22680.8285	-2.19	24513.0000	5.71
B	2116.2435	2268.5641	7.20	2114.1320	-0.10	1918.4100	-9.35
Q_c	-22758.0478	-22118.2576	-2.81	-21981.2197	-3.41	-24760.7000	8.80
Q_r/D	15.6283	17.3397	10.95	15.2644	-2.33	14.5773	-6.72
Q_r/R	25.0928	23.4253	-6.65	26.3809	5.13	26.1493	4.21
Q_r/B	10.9574	10.1768	-7.12	10.7282	-2.09	12.7778	16.61
D/Q_r	0.0640	0.0577	-9.87	0.0655	2.38	0.0686	7.21
R/Q_r	0.0399	0.0427	7.12	0.0379	-4.88	0.0382	-4.04
B/Q_r	0.0913	0.0983	7.67	0.0932	2.14	0.0783	-14.25

注：单位：D（kmol/h）；B（kmol/h）；R（kmol/h）；RR（mol/mol）；Q_c（kW）；Q_r（kW）。

上述分析中，已将 Q_r 用掉，故剩下另外一个自由度可用。此处挑选塔顶回流比（RR）来进行接续的分析，以探讨用调整 RR 以控制何板温度较佳。首先以温度变化斜率法来决定，该塔的温度分布如图 13-5 所示。该法将挑选相邻两板间温度差异最大的位置，亦即温度分布图中斜率最大之处，来进行控制。由此图得知，该塔在第 2 板、第 11 板、第 17 板以及第 31 板处，温度变化皆明显。然而第 2 板与第 31 板分别距离塔顶与塔底太接近，会导致非线性现象明显，故不适合作为温度控制的位置。至于第 11 与第 17 板，第 11 板较靠近塔的上半部，调整 RR 时对其影响将会较快，故预期为较佳的控制位置。

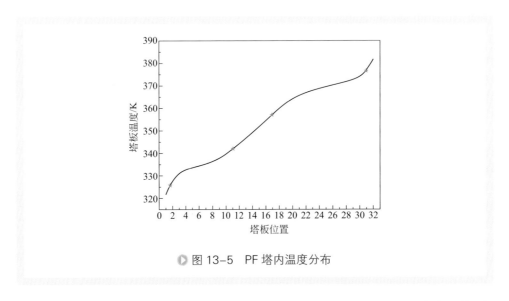

图 13-5　PF 塔内温度分布

连续进行 RR 的开环敏感度试验，使其变动 +0.1% 并观察塔内温度变化情形。开环敏感度测试结果如图 13-6 所示。由图得知，第 11 板和第 17 板处，具有相对最大的开环敏感度，所得结果与前述以温度变化斜率法所得结果非常类似。由于温度变化已能对塔中各位置的敏感度提供足够的信息，故此章不再进行后续的 SVD 分解，若读者有兴趣请自行尝试。

承第十二章所述，确定温度控制位置时，须同时考虑开环敏感度分析与干扰完美控制分析的结果，此塔干扰完美控制分析结果列于图 13-7，图中纵轴为在扰动存在下，新的塔板温度与原本塔板温度的相差值。故若纵轴的值越接近零，表示在扰动之下，该板温度几乎不变，故越适合作为温度控制的位置。然而，并不能找到任何一个温度不变位置来进行控制。以第 11 板为例来说明，在 B、T、X 分别减少20% 例子中，若要达成完美控制，则该板温度将会分别增加约 3℃、降低约 0.7℃以及降低约 2℃。故在此情形下，若强行挑选此板温度进行控制，将无法保持完美控制之下塔内温度的变化行为，进而导致产物纯度有明显的稳态偏差。

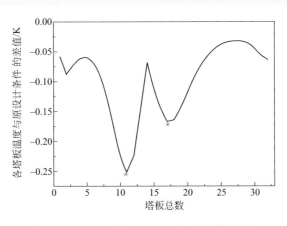

▶ 图 13-6　PF 塔 RR 开环敏感度测试结果

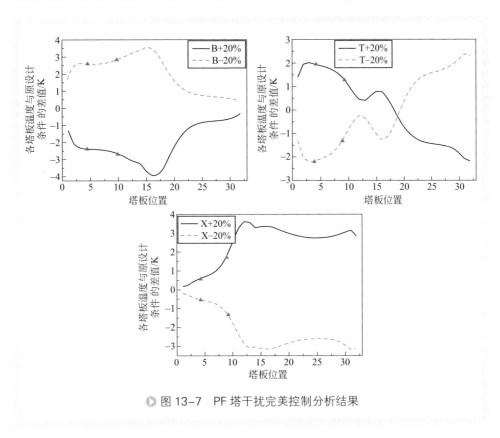

▶ 图 13-7　PF 塔干扰完美控制分析结果

由干扰完美控制分析结果可知,无法找到适合固定的板温,在各个组成扰动之下均与基本操作条件下的原板温大致相同,因此采用温差控制法是下一个可能的选择。在挑选温差控制的测量点时,有下列两处需要注意:

① 操纵变量对两个不同位置的温度测量点，需有明显的开环敏感度的差异。两个温度测量点之中，并不一定需要为敏感度最大与最小的位置，仅要使两个测量位置有足够的敏感度差异即可。

② 挑选两个不同位置的温度，需有几乎相同的干扰完美控制分析结果。亦即在组成扰动之下，两个不同位置各自的温度皆可与原本温度有偏差，且偏差的幅度相似，故而此两温度点的温差会与原温差改变不大。因此可知，挑选温度控制位置时，需同时依据到开环分析与干扰完美控制的分析结果。

由图 13-6 中得知，第 11 板处对于 RR 有最高的开环敏感度，随着塔中位置向上，开环敏感度越来越低。然而在图 13-7 中，无法找到与第 11 板具有类似的干扰完美控制分析结果的位置，故第 11 板并非适合进行温差控制的测量点之一。经由比较得知，第 9 板与第 4 板的干扰完美控制分析结果较为接近，另开环敏感度亦有足够的差异，为一可行的控制策略选择。另须注意的是，若选择测量温度的位置太过接近，将会因其具有过度相似的动态行为，而使得开环敏感度接近，导致无法针对目标进行有效控制。

决定温度控制位置后，接续进行控制器参数调谐。本例中采用第十二章第二节所述的闭环连续试验，以及 Tyreus-Luyben 经验公式，以决定控制器参数。得到的 PI 控制器参数为 $K_c = 0.46$，$\tau_I = 46.5\text{min}$。至此本例的控制策略已完成确定，列于图 13-8 中，于后续的子节中将对此控制策略进行动态模拟扰动测试。

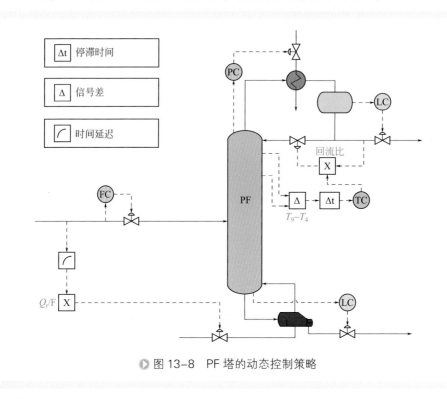

▶ 图 13-8　PF 塔的动态控制策略

3．控制表现

针对上述所提出的控制架构，进行进料流量与组成的增减扰动。为使文章简洁，此处亦仅简述动态控制下的结果。首先是进料流量变动的幅度为 +20% 与 −20%，控制表现相当快速，在扰动进入系统中约 1h 内即可达到新的稳态位置。接续进行进料组成扰动，分别针对 B、T、X 变动 +20% 与 −20%。整体而言，控制亦相当快速。由前述稳态讨论可知，PF 塔操作的关键在于，塔顶的 X 不可过多，否则将导致后方 MC 塔的侧线产物的纯度不合格。此处特别观察到，在进料 B 增量 20% 时，塔顶的 X 纯度会有一较大的超越量，但随即会回到原本稳态位置附近，故对于后方 MC 塔不会造成负面影响。另外，在进料中 T 增量 20% 以及 X 增量 20% 之组成扰动中，塔顶 X 的含量会产生稳态偏离值。在进料 T 增量的情形下，塔顶 X 含量将会自原本约 0.0001（摩尔比）达到将近 0.00015（摩尔比）。在进料 X 增加条件下，塔顶 X 含量则会偏离至 0.0002（摩尔比）。即使如此，后续 MC 塔中仍亦可达到产物 T 的纯度目标值，表示在扰动下造成塔顶 X 含量的偏离仍在容忍范围内，因此本控制架构的表现良好。

三、中分隔壁精馏塔控制结构

1．前置步骤简述

本小节将探讨中分隔壁精馏塔的控制架构与表现。在自 Aspen Plus 汇出至 Aspen Plus Dynamics 之前，仍需经过前置步骤，大致与前第二点所述内容相同。特别须注意本例以四个不同部分的精馏塔来模拟中分隔壁精馏塔，故以物流连接不同部分时，仍须满足压力与进入的单元相同，并且物流从压力高处流向压力低处。因此，为满足模拟需求，将在不同部分之间，加入虚拟的泵、压缩机与阀门。

所需加入上述虚拟单元有下列几处。首先为 C-2 与 C-3 顶部，流往 C-1 的气相出料。为了使动态模拟过程中，气相流动的方向正确，此处加上一个虚拟的压缩机来进行连接。该压缩机提供一个非常小的压力提升，仅使能在动态模拟过程中不至于受到流量增减扰动影响而出错即可。实际上，C-2 与 C-3 顶部压力较 C-1 底部压力略高，因此实际上可以正常流动而不会有问题。故此设置仅是为了使在 Aspen Plus Dynamics 中能正常进行模拟而已。同样地，在 C-4 顶部流往 C-2 与 C-3 底部的气相流，同样也加上一个虚拟的压缩机。而气相分流在稳态模拟中，利用 Aspen Plus 内置的 FSPLIT 单元来模拟，再将分流后的物流送至 C-2 与 C-3。故在 FSPLIT 单元与两塔之间，各加入一个虚拟的阀门来连接。实际上，此压缩机与阀门亦不存在。

最后，在各塔之间的液相流动，在流线上皆加入虚拟的泵以及阀门以连接。在后续探讨控制策略时，这些阀门将用于控制各部分塔底部的塔釜液位（sump level）。在实际操作上，仅有第四部分的塔釜液位控制是存在的，其余部分皆不存在，如此设置亦仅是为使动态模拟能够正常操作。

由上述前置步骤可知，再转至 Aspen Plus Dynamics 前需要对原本稳态流程进行少许修改，故新的稳态结果将会与原结果产生微小差异。原优化后稳态流程中，再沸器总功率需求为 40055.90kW，而修改后流程中此功率需求为 39670.7kW，变动幅度约为 1%，因此尚在可接受的范围。

2．整体控制策略探讨

本例的控制目标，亦为使三个产品的纯度尽量维持在设计目标。控制架构分成储量控制与温度控制方面来叙述。储量控制方面包含九个控制回路，具体如下：

① C-1 塔顶压力控制回路操纵其冷凝器热移除（PI 控制，$K_c = 20$，$\tau_I = 12\text{min}$）。

② C-2、C-3、C-4 塔顶压力控制回路个别操纵其上方的压缩机功率（$K_c = 20$，$\tau_I = 12\text{min}$）。

③ C-1 塔顶回流罐液位、C-1 ～ C-4 所有的塔釜液位控制回路，各别操纵对应采出（$K_c = 2$，$\tau_I = 60000\text{min}$）。

另外必须设定进料流率控制回路操纵进料阀的开度，其 PI 控制的参数设为：$K_c = 0.5$，$\tau_I = 0.3\text{min}$，此进料流率控制回路的目的亦与控制架构的设定相同，是用其设定值的增加或减少来进行产量增减的改动。

本例同样采取温度控制的策略以维持三个产物纯度。除三个产物流股的纯度外，亦须特别注意由 C-2 塔顶流往 C-1 塔底的气相物流纯度。此气相物流纯度非常重要，尤其是其中 X 的含量。如果过多的 X 流至 C-1，因其为此系统中沸点最高的物质，故其将再冷凝，并依比例流向 C-3，进而影响到侧线产品的纯度。因此该气相物流纯度的控制，对本例系统将有重要影响。另外，本例中有四个可操作的操纵变量，分别为 C-1 塔顶回流流率（reflux rate，R）或回流比（RR）、第四部分底部再沸器热负荷（Q_r）、C-3 侧流流率（sidedraw flow rate，S），以及 C-1 底部液相流流至 C-2 与 C-3 的分流比（liquid split ratio，LS）。此四个操纵变量，将用以控制上述四个物流的纯度。接下来将继续探讨四个操纵变量与控制目标如何进行配对，以及控制位置的选择。

首先，针对四个操纵变量进行 +0.1% 的开环敏感度分析，分析结果如图 13-9 所示。图中每个子图皆有两条曲线，而 C-2 的结果标示为 PF，C-1、C-3 与 C-4 结果标示为 MC。由图中初步可知，MC 第 11 板、第 44 板、第 57 板对于所有四个操纵变量而言，皆有较高的开环敏感度。而 PF 部分，仅第 27 板处对于 LS 有明显且最高的开环敏感度。在设计控制架构时，原则上采取动态的考虑而将各个操纵变量与较为邻近的塔板温度互相配对。故得知，在仅考虑开环敏感度分析结果之下，RR 将与 MC 的第 11 板温度配对；S 将与 MC 第 44 板温度配对；Q_r 将与 MC 第 57

板温度配对，而 LS 则与 PF 第 27 板温度配对。但实际上在决定整厂控制架构时，亦须考虑干扰完美控制的分析结果，因此有可能并不一定挑选上述四个位置的塔板温度，亦有可能是上述位置附近的板温。在干扰完美控制分析的部分，分别探讨 B、T、X 的 +20% 与 −20% 组成增减扰动，测试结果见图 13-10。

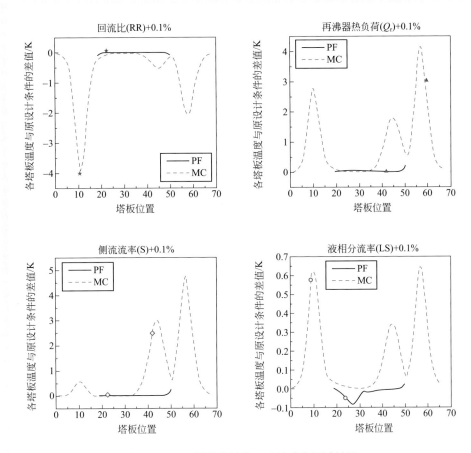

◗ 图 13-9　操纵变量的开环敏感度测试结果

★由R/F控制；○由LS控制；◇由S/F控制；▲由Q_r/F控制

由干扰完美控制的分析结果可知，无法找到适合固定的塔板温度，在各个组成扰动之下均与基本操作条件下的原塔板温度大致相同，因此采用温差控制法是下一个可能的选择。在挑选温差控制的测量点的方法时，原则上与上述观念类似，须同时兼顾开环敏感度与干扰完美控制的分析结果，以下再以此例说明。

从图 13-9 可知，MC 第 60 块塔板温度在 Q_r 变动 +0.1% 时颇为敏感，然而 PF 第 42 板塔板温度在该变动下非常不敏感。故虽 MC 第 60 板并非 Q_r 变动之下改变

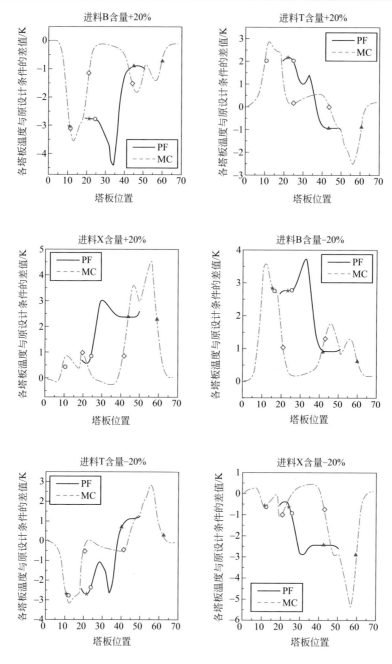

▶ 图 13-10 各组成扰动的闭环敏感度测试结果

★由R/F控制；○由LS控制；◇由S/F控制；▲由Q_r/F控制

最敏感的位置，但此两个测量位置的温差仍能满足开环敏感度明显差异的要求。此外，从图13-10可知，不论B、T、X的组成增减扰动如何，此两个位置的温度偏离程度皆相近，故其温差在干扰完美控制时应与原基本操作条件时的温差十分类似。因此可知，以Q_r来控制此两个位置的温差应为可行。值得一提的是，倘若挑选MC受Q_r开环测试最敏感的第57板来进行控制，则由图13-10知，在组成增减扰动之下，尤其是T与X的组成扰动，无法找到合适的其他位置来进行温差控制。

在精馏系统中，常采用前馈控制（feed-forward control）回路，来加速扰动下的动态响应，特别是针对进料流量增减的扰动。故本例中，亦将设置三个前馈控制回路，分别将再沸器热功率（Q_r）、回流流率（R）与侧线流率（S）对进料流率（F）进行比例控制。如此在进料流量增减扰动之下，Q_r、R、S可以立即做出对应的改变。也由于采取前馈控制之故，上述提及温度控制回路，Q_r、RR、S此三个操纵变量，将变为Q_r/F、R/F、S/F此三个比值。另在测量进料流率时，假设控制回路的信号经过一阶过滤器（first-order lag），将时间参数设为1min，如此可使进料流量变化以及对应的操纵变量改变得以大致同步。

综合上述，本例所建立的温度控制回路架构如下，挑选的位置皆注记在图13-9与图13-10中。四个回路的控制参数，皆以第十二章第二节提及的闭环连续试验测定，并采用较保守的Tyreus-Luyben关系式进行调谐[5]。另外在各个温度控制回路中，亦皆于后方设置一个一阶过滤器，并将时间参数设为1min。

① MC第60板温度与PF第42板温度的温差控制回路操纵Q_r/F（$K_c = 2.52$，$\tau_I = 6.6$min）。

② PF第22板温度与MC第10板温度的温差控制回路操纵R/F（$K_c = 0.51$，$\tau_I = 23.76$min）。

③ MC第43板温度与MC第21板温度的温差控制回路操纵S/F（$K_c = 1.49$，$\tau_I = 31.68$min）。

④ PF第24板温度与MC第10板温度的温差控制回路操纵LS（$K_c = 1.95$，$\tau_I = 43.56$min）。

最后，尚未提及的气相流率（VS），在少数文献中仍将其视为操纵变量。然而实际上，气相流率在塔中非常不易调整，故将其视为操纵变量并不适合。本例中，在各个扰动之下，皆将VS固定在稳态优化后之值。在稳态设计中，塔径大小的计算与塔中气相流率大小非常相关。故在将VS进行优化时，除了求取最适宜的VS值之外，也相当于间接决定了分隔壁两侧的相对塔径大小。故不论在扰动之下的瞬时气相总流率为多少，将其依照分隔壁部分的塔径大小，依比例流向分隔壁两侧，仍是一较符合实际的方法。

至此本例中的动态控制架构已完成建立，其架构可见图13-11。在后续一子节中，会对此控制策略进行实际扰动测试，以评估此架构是否有好的控制表现。

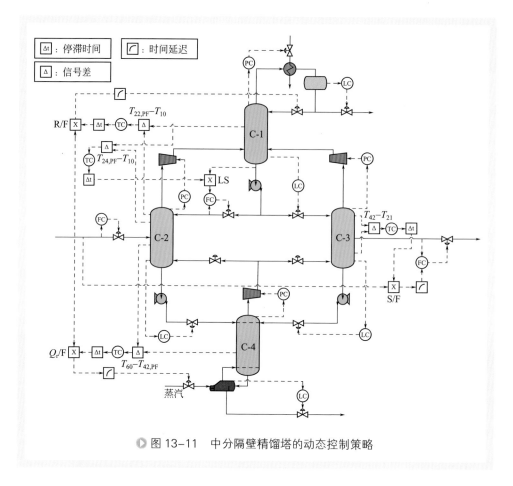

图 13-11　中分隔壁精馏塔的动态控制策略

3. 控制表现

在此针对所提出的控制架构，进行流量与组成的增减扰动。与上述传统精馏塔控制结构相同，流量变动的幅度为 +20% 与 -20%，另外进料组成扰动 B、T、X 分别变动为 +20% 与 -20%，不同进料组成扰动下各成分的组成变化可参照表 13-4、表 13-5。为使文章简洁，此处亦仅简述动态控制下的结果。

进料流量增减扰动下，整体控制的结果相当好。在扰动进入时，各变量皆会有较大幅度的垂直变化，或是有一些震荡的情形发生，此是由于前馈控制回路存在造成的影响。也因有前馈回路存在，而加速了控制表现，而且三个产物的纯度最终的稳态位置变化皆在 0.03%（摩尔分数）以内，且在扰动进入之后 4h 内即能回到稳态。

继续进行 B、T、X 的进料组成增减扰动下，整体控制的结果皆相当好，三个产物的纯度变化皆在 0.03%（摩尔分数）以内，且在扰动进入后约 4 ～ 6h 内可回到稳态。值得注意的是，在三个组成扰动之下，T 的纯度变化会有相对于 B、X 而言较大的瞬时超越值（overshoot），但亦很快地能够回到设计值附近。此原因在于T是从侧线采出，与进料位于隔板的两侧，故在进料组成扰动下动态响应较为缓慢，是合理的结果。

四、小结

本节探讨了传统精馏塔（PF）以及中分隔壁精馏塔的动态控制架构，包含储量控制以及温度控制回路。在温度控制回路的决定中，通过开环敏感度与干扰完美控制的分析，可以在精馏塔中选出最适合的控制位置，并实际以进料流量与组成扰动进行测试。在挑选温差控制位置时，操纵变量需对两个不同位置的温度测量点有明显的开环敏感度差异，另外此两个测量点需有相似的干扰完美控制的分析结果。如此可同时确保控制表现快速，以及能够准确地控制产物纯度。

建议读者自行尝试不同的温度控制位置，并且比较不同架构下控制表现的差异。

第二节 **共沸精馏塔及下分隔壁共沸精馏塔过程控制及应用实例**

共沸精馏为工业界上常见的分离共沸混合物的方法。其原理是在混合物系统中加入共沸剂，使得系统中产生一个或多个新的共沸物。其中之一共沸物沸点为整个系统中最低，并且在系统中处于液-液分相区间。因此在精馏塔顶部使用液-液分相罐进行分离，以减低过程中所需的再沸器热功率。

本节所安排的架构如下。第一小节中，以吡啶脱水系统为例，介绍如何使用剩余曲线图（residual curve map，RCM）进行过程的概念设计，并提出节能共沸精馏过程。在第二小节中，将以前一小节提出的节能共沸精馏过程为例，建立控制架构，并探讨其动态表现。在第三小节中，将此节能强化的共沸精馏过程，再进一步整合为下分隔壁共沸精馏塔，并建立合适的控制架构。第四小节为本节的总结。通过此节介绍，期望读者对此主题有更深入的了解。

一、工业共沸精馏塔实例介绍——吡啶脱水系统

笔者曾探讨过许多共沸精馏塔的设计与控制问题，包含异丙醇（isopropyl alcohol，IPA）脱水系统[6]、醋酸（acetic acid）脱水系统[7]、吡啶（pyridine）脱水系统[8, 9]、丙二醇单甲醚（propylene glycol monomethyl ether，PM）脱水系统[10]

等。上述皆是工业实际的应用例子，且各系统中的特性不尽相同，也可通过各自的 RCM 图大致设计出过程。此小节介绍的目的是使读者了解共沸精馏的设计概念，以及不同系统所具有的特征，因此不讨论各例的模拟细节，而仅以吡啶脱水系统来介绍其节能设计与控制相关内容。若读者有进一步兴趣，可参考笔者已发表的相关期刊论文。

吡啶与水在常压下存在一共沸物，组成为 $X_{pyd} : X_{water} = 77 : 23$（摩尔比），沸点为 94.89（℃）。加入甲苯（Toluene）做共沸剂后，将额外产生两个新的共沸物。其一为甲苯与水的非均匀相共沸物，沸点 84.53℃，另一为吡啶与甲苯的二组分共沸物，沸点 110.15℃。吡啶 - 水 - 甲苯系统的 RCM 与质量平衡图如图 13-12（a）所示，流程设计图如图 13-12（b）所示。该体系形成的三个共沸物，形成三个以一般传统蒸馏不可跨越的蒸馏边界（distillation boundary），将整个 RCM 图分成三个蒸馏区间（distillation region）。借由自然发生的液液分相，则可解决此问题。

流程设计概念说明如下。首先新鲜进料（FF）先进入一前置塔，塔底分出部分纯水，塔顶受限于蒸馏边界，故为 D1 的位置。D1 随后送入共沸精馏塔，与塔顶分相器分出的有机物流（OR）结合后，于塔底分出 PM 产物，而剩余的水分则由塔顶分相器的水相产物流（AO）流出。这样可由塔顶分出位于 V2 处的气体，由塔底得到高纯度的吡啶产物。V2 气体经由冷凝与分相，即可得到接近纯水的水相产物（位于 AO）以及接近纯甲苯的有机相产物（位于 OR）。

由图 13-12（a）中可发现此系统较特别处，即在 RCM 图中，共沸精馏塔塔顶产物（V2）位于蒸馏边界狭缝的尾端。故虽然此共沸物为系统中最低沸点，但欲获得此共沸物，仍需要耗费大量的塔板数与再沸器能量。然而，若共沸精馏塔塔顶无法得到此组成的气相产物，又会导致部分的吡啶自分相罐的水相（AO）产物流失，故此设计架构实有改善空间。

为解决此问题，Wu 与 Chien 提出一个更节能的吡啶脱水过程[8]，该节能过程的分离策略列于图 13-13 中，依此概念所设计出的优化过程则列于图 13-14。在此过程中，新鲜进料（FF）与来自分相罐的水相先进行混合，进入图 13-14 的 C-2 塔进行分离，塔底分出水、塔顶得到一股接近于吡啶与水的二元共沸组成的混合物，如图 13-13 中的 D2 位置。故 C-2 塔同时兼具前置提纯与分离水的用途。C-2 塔的塔顶物流接着送入 C-1 塔，与来自分相罐的有机相（OR）结合，自塔底分出吡啶产物，塔顶则分出一股接近甲苯与水非均相共沸组成的物流，如图 13-13 中的 V1 位置。图 13-13 的设计流程与图 13-12（a）最大不同之处，在于共沸精馏塔的塔顶产物，不强迫要求在甲苯与水二组元非均相共沸点上，而是在图中蒸馏边界狭缝的入口附近，这样可避免为达成实际共沸组成所产生的过度能量需求。在 Wu 与 Chien 的研究论文中[8]，依照序列迭代法（sequential iterative method），以使年度总成本（total annual cost，TAC）最小化为目标进行优化。但由于本章旨在讨论动态控制的架构及控制表现，故此处将不针对优化的细节详述，而仅列出优化后的过程，见图 13-14。

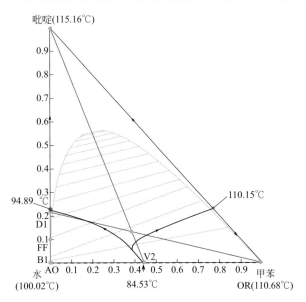

(a) 吡啶-水-甲苯系统的RCM与质量平衡图

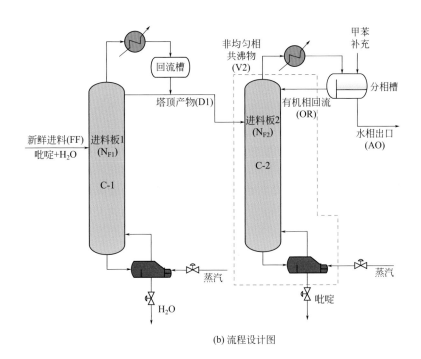

(b) 流程设计图

◉ 图 13-12 吡啶 – 甲苯 – 水共沸系统

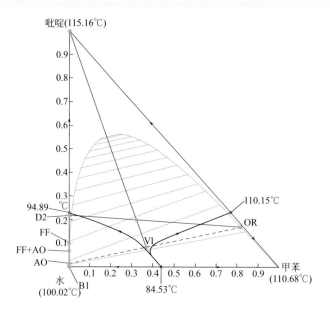

● 图 13-13　吡啶脱水系统的节能设计概念

　　此处针对图 13-14 优化后过程中重要的设计结果进行描述。首先，C-1 塔底部的吡啶产物以及 C-2 塔的水产物，目标纯度皆定在 99.9%（摩尔分数）。此两个目标纯度，分别以两塔各自的再沸器热功率调整，可于 Aspen Plus 软件中使用 RADFRAC 单元内置的 Design Specification/Vary 功能。其次，C-1 塔顶部的冷凝器，将塔顶气体出流冷凝至 40℃，而液 - 液分相罐亦操作在此温度，以进行冷凝后液体的分相。至于 C-2 塔塔顶，仍有一个自由度可以运用。然而，若该塔塔顶产物距离蒸馏边界太远（即吡啶含量过少），则表示该塔分离效果不佳，会造成 C-1 塔分离负担增加，提升再沸器热功率需求。但若 C-2 塔顶产物距离精馏边界太近（吡啶含量越接近共沸组成），则 C-2 塔自身的分离负荷增加。故此分离目标实际上是一个待优化的决定变量，其决定的细节已于 Wu 与 Chien 的论文中详述[8]，此处仅提及最后的结论，即调整 C-2 塔顶部回流比，使得此塔塔顶产物吡啶含量达 21%（摩尔分数）。

二、吡啶脱水系统节能共沸精馏过程的控制

　　本小节中，针对图 13-14 所提出的吡啶脱水系统节能优化流程探讨动态控制的表现。此处简单提及由稳态至动态的前置步骤。在前置步骤中，最重要的是决定该过程中各单元的尺寸。在该两个精馏塔中，塔顶与塔底罐皆假设滞留时间为 10min，其中 50% 体积为液体。在分相罐中，因液相分相所需时间较长，故将滞留

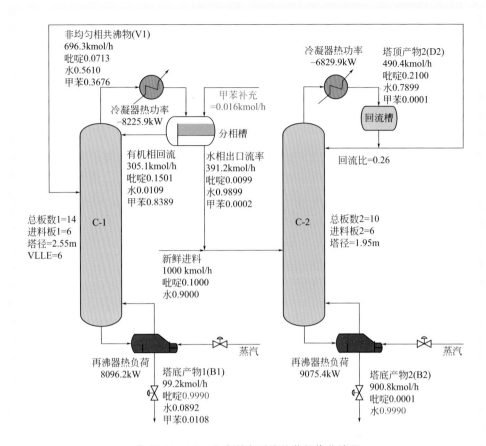

図13-14 吡啶脱水系统的节能优化流程

时间设为20min。最后，将C-1精馏塔塔顶压力设为1.1atm（约111.45kPa），以允许塔顶冷凝器及分相罐有一定压力降，较符合真实情形。在C-2精馏塔中，则将塔顶压力设在常压。至于两塔的压力降，则使用Aspen Plus内置的「Tray Rating」功能，由塔内的液体与气体的流动行为决定。

在控制策略部分，针对储量控制回路（inventory control loop）与温度控制回路（temperature control loop）分别讨论，另外有一新鲜进料的流率控制回路，其设定值的改动是用来调整产量的增减。本例的储量控制回路叙述如下：

① 分相罐中水相的液位控制回路操纵水相流率。

② 分相罐中的有机相液位控制回路操纵补充液流率。做此配置而不以调整有机相流出口阀进行控制的原因，为避免雪球效应发生。

③ C-2 的塔顶回流罐液位控制回路操纵塔顶产物流率。

④ C-1 与 C-2 塔釜液位控制回路分别操纵两塔各自的塔底产物流率。

⑤ C-1 塔塔顶压力控制回路操纵塔顶气相产物流率。

⑥ C-2 塔塔顶压力控制回路操纵冷凝器热移除。

上述储量控制各回路的控制器设置说明如下。在各个液位控制回路中，皆采用比例控制（P-only control），并依典型的设定，设置 $K_c = 2$。但在有机相液位控制回路，为使在扰动下能通过快速调整补充液体流率，而不使有机相液位波动太大，故将此回路 K_c 设为 10。另两个压力控制回路，皆采用 PI 控制模式，设置 $K_c = 20$，$\tau_I = 12\text{min}$。

在上述储量控制回路设置完成之后，本例中仍有四个可操作的变量，分别为回流至 C-1 的分相罐出口有机相流率、C-1 的再沸器热功率、C-2 塔顶回流流率以及 C-2 再沸器热功率。由于本过程中的两塔，仅各有一个产物，故本例的控制架构采取最简单的单点温度控制。控制策略为调整两塔再沸器热负荷，以分别控制两塔中选定的控制位置板温。在本书第十二章的第五节已详述各种温度控制点选择的方法，此处不再重复。两个回流流率则采用比例控制，其中 C-1 塔的有机相流率是与进入该塔中的进料流率比例固定，而 C-2 塔回流流率则以固定回流比的方式为之。

大致拟定控制策略后，接下来必须决定温度控制位置，选择控制点的方法为开环敏感度分析。具体做法是对两塔分别探讨当再沸器热功率进行小幅增减时，两塔塔内的温度变化情形，并找出变化幅度大且较线性的位置。经此测试，选定 C-1 塔第 10 板温度为温度控制点，而 C-2 塔第 8 板为温度控制点。开环敏感度分析的测试相当简易，故此处亦不将结果列出，读者可自行尝试。此两个控制回路皆采用 PI 控制模式，亦使用 Aspen Plus Dynamics 内置的闭环连续测试，并使用 Tyreus-Luyben 关系决定控制器参数。调谐的结果简述如下，C-1 塔温度控制回路中设置 $K_c = 1.7$ 与 $\tau_I = 9.0\text{min}$；C-2 塔温度控制回路则设置 $K_c = 5.3$ 与 $\tau_I = 6.6\text{min}$。

至此为止，本过程的控制架构已决定，完整的控制策略图列于图 13-15 中。接着对此控制架构进行进料流量与组成增减的实际扰动测试，以观察其动态控制的表现。

首先针对进料组成增减的扰动进行测试，测试的项目为进料中吡啶含量 +20% 与 -20%。在此控制架构之下，两塔中选定的控制板温在扰动之下皆能迅速地回到设定点（set point），再沸器热负荷也能随其增减而产生对应的变动。另外，两塔的产物纯度也并未有明显偏移，故本控制架构控制表现相当好。其次进行流量 +20% 与 -20% 扰动的动态测试，同样地，温度控制非常迅速，并且产物纯度也大致能保持在原纯度附近。整体而言，控制的表现亦相当理想。若想将产量增减时的产物纯度保持得更接近原纯度，则可以用前馈控制的方式，当进料流率测量到有所增减时，据以调整温度控制回路的设定值。

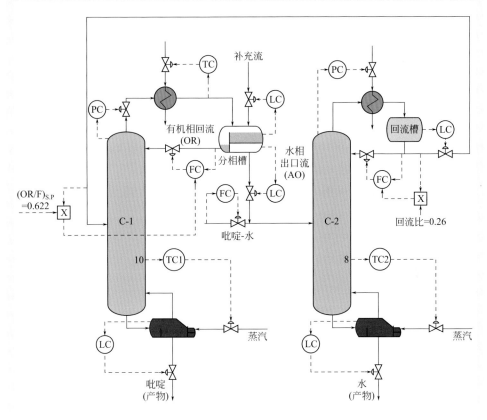

▶ 图 13-15　吡啶脱水过程的控制策略架构

三、吡啶脱水系统下分隔壁共沸精馏塔过程的控制

　　在本小节中，拟将图 13-14 中的两塔流程，进一步整合为分隔壁精馏塔架构。具体做法是尝试将图中回收提纯塔（C-2）塔顶冷凝器移除，取而代之的是塔顶气体采出直接送回共沸精馏塔（C-1）中。在此架构下，为了让回收提纯塔能够正常操作，必须在其顶部输入一股液相物流。此液相物流则可从共沸精馏塔中抽取，且抽取的位置将与回收提纯塔塔顶气体输入位置相同。依此想法，前置提纯塔可视为共沸精馏塔下半部的一部分，故可将此两塔整合为一个下分隔壁共沸精馏塔。此下分隔壁共沸精馏塔的优化设计结果见图 13-16，所标示的 C-1 与 C-2 为共沸精馏塔部分，C-3 则为前置提纯塔部分。

　　为简化稳态设计流程，直接将图 13-16 中两塔板数进行整合。故共沸精馏塔总板数（C-1 与 C-2 总和）为 14 块，前置提纯塔（C-3）总板数仍为 10 块。由于前置提纯塔实际上为共沸精馏塔的一部分，故上段所述两塔气相流与液相流的交换将会发生在共沸精馏塔的第 4 板处，亦即共沸精馏塔在第 4 板下方至塔的最下端，皆为分隔壁构造。在此架构下，两塔的再沸器皆仍保留下来，故依旧可调整 C-2 塔再沸器热功率使吡啶产物达 99.9%（质量分数），另调整 C-3 塔再沸器热功率使水的纯度达 99.9%（质量分数）。此外，此架构下仍有两个需要确定的变量，其一为自 C-1 中流入 C-3 的液相流率，另一则是分相罐中水相流股及新鲜进料的混合物进入 C-3 塔的位置。对这两个变量进行简单优化，以使整个过程再沸器总热功率最小为目标。基于本章节旨在探讨过程的动态控制，故详细的稳态模拟信息以及优化过程，请见 Wu 等[9]的论文所述，此处不多加说明，而仅将结果列于图 13-16 中。从图 13-16 中设计结果得知，所需再沸器总热功率为 12116.3kW，与图 13-14 结果相比，减少了 29.44%。可见整合成下分隔壁精馏塔，具有很大幅度的节能潜力。

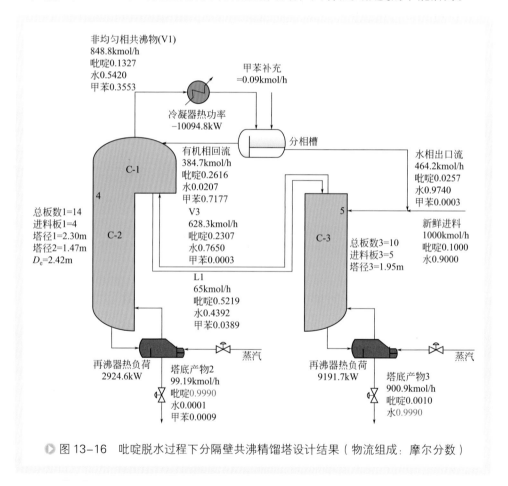

▶ 图 13-16　吡啶脱水过程下分隔壁共沸精馏塔设计结果（物流组成：摩尔分数）

接下来探讨此过程的控制架构。在储量控制回路部分，大致与图 13-15 中所示相同，但有一处需特别注意。在图 13-15 中，为避免雪球效应发生，特别改为将分相罐中有机相的液位，以补充流股的流率加以控制，并将有机相流股的流率与进入共沸精馏塔的进料流率的比例固定。然而在分隔壁精馏塔构造中，此时进入共沸精馏塔的进料流率为塔内气相流率，理论上而言为不可测量，因此图 13-15 中固定有机相流率与进入共沸精馏塔的进料流率的比例不可行。本例中，将采用有机相流率以控制分相罐中有机相液位，而共沸剂补充流率则以新鲜进料流率的比例加以固定。在后续的动态响应中，亦将特别注意是否有雪球效应发生。

下分隔壁精馏塔构造中，仅有两个操纵变量，可用以维持两个产物的组成。此两个操纵变量分别为 C-2 与 C-3 的再沸器热功率。本章第一节中，将分隔壁精馏塔液相分流比也视作一操纵变量。然而，若依更严密的考虑，此变量或应视为一个过程内部的潜在扰动。视为扰动的理由是在实际操作时，液相分流比也许不按设计的条件分流，而产生一些差异。故本例拟仅操作两个再沸器热功率，采取双点温度控制，以观察在进料流量增减、进料组成增减以及液相分流比增减等扰动之下系统的控制表现。

选定温度控制位置时，仍然依照开环敏感度的测试结果。分别调整两个再沸器热功率，并观测塔中的温度改变情形，测试结果列于图 13-17 中。图中板数 1～4 的位置，对应至 C-1 部分；板数 5～14 的位置，则为分隔壁的部分，左侧（L）为 C-2 部分，右侧（R）为 C-3 部分。由图 13-17 可得，左侧第 8 板位置（L8）与右侧第 12 板位置（R12）对再沸器热功率的改变最为敏感。操纵变量与板温的配对亦非常容易了解，以动态角度而言，左侧的再沸器将优先对左侧的板温产生影响，故直接将左侧的再沸器与 L8 温度进行配对；而右侧再沸器热功率与 R12 温度进行配对。此两个温度控制回路，皆以比例 - 积分（PI）模式操作，控制器参数亦利用 Aspen Plus Dynamics 中的闭环连续测试方法，以及 Tyreus-Luyben 关系式而得。至此整体控制架构已经拟定完成，见图 13-18。特别需要说明的是 C-3 塔上方的压缩机为虚拟单元，目的仅为满足动态模拟正常进行所需。与本章第一节的中分隔壁精馏塔相同，实际上 C-3 顶部的压力较 C-1 底部压力略高，故气体可以自然流动，而不需要此压缩机。

针对改善后的流程，进行数个动态扰动控制分析。首先是进料中吡啶含量 +20% 与 -20% 的动态控制测试。在此干扰下，选定的塔板温度很快会回到设定点。至于产物组成方面，水的纯度在进料组成增减时皆能维持相当好；而在吡啶进料含量减少 20% 的例子中，当扰动进入时，吡啶纯度产生很大的瞬时偏差，使纯度大幅降至 99.2%（摩尔分数）左右，但此偏差很快会消除，最终回到设定值附近。其余重要变量，例如两塔再沸器热功率、塔底与塔顶产物流率，在扰动下皆能做出快速的对应行为。故整体而言，控制表现相当好，亦没有发生雪球效应。

另一方面，针对流量增减 20% 进行动态控制测试。整体而言，在流量变化的干扰下，控制目标皆能达到，产物组成也能快速地回到设定值附近。另外分相罐中的有机相回流也能依照进料流量增减作出对应的改变，故也没有雪球效应发生。同前面第二小节所述，若想将产量增减时的产物纯度保持得更接近原纯度，则可以用前馈控制的方式，当进料流率测量到有所增减时，据此调整温度控制回路的设定值。

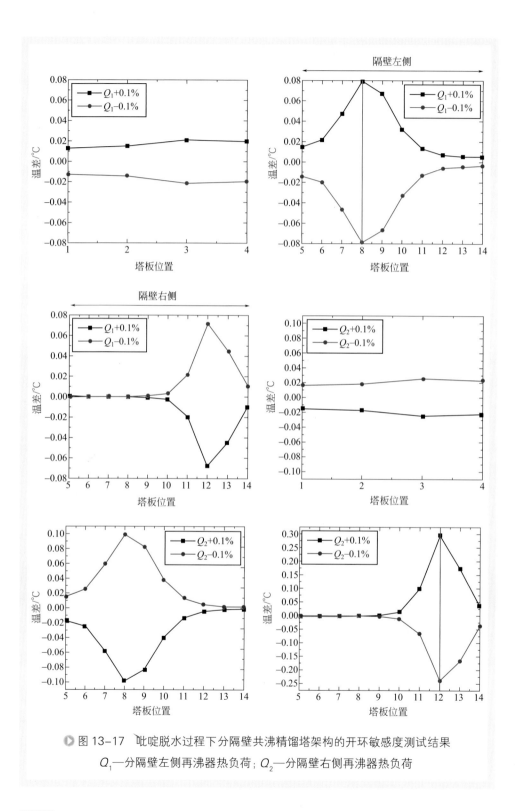

图 13-17 吡啶脱水过程下分隔壁共沸精馏塔架构的开环敏感度测试结果

Q_1—分隔壁左侧再沸器热负荷;Q_2—分隔壁右侧再沸器热负荷

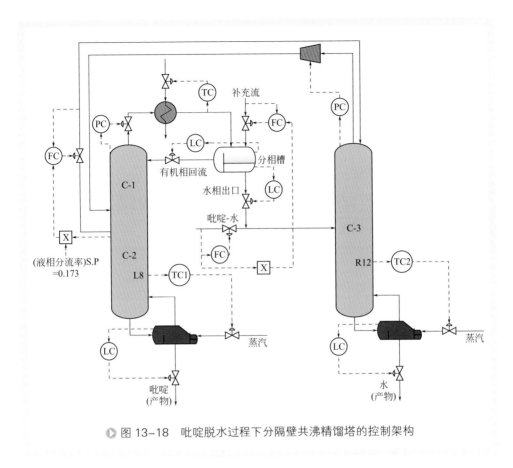

图 13-18 吡啶脱水过程下分隔壁共沸精馏塔的控制架构

最后，则是探讨分隔壁精馏塔内部液体分流比扰动所造成的影响，探讨的扰动幅度为增减 10%。此扰动下的动态控制结果表现亦相当好。

关于上述控制表现的详细介绍，有兴趣进一步了解的读者，请参阅笔者发表的期刊论文[9]。

至此可得出以下结论，本控制架构虽简单，仅在整个分隔壁精馏塔中设置两个温度控制回路，但控制表现仍然相当好，在进料流率、进料组成以及液体分流比扰动之下皆能有效地维持产物组成。

四、小结

本节以吡啶脱水过程为例，介绍了共沸精馏的动态控制。吡啶脱水过程若以典型的共沸精馏模式进行设计，则会有操作不易的问题，因其共沸温度最低的双组分非均相共沸物于 RCM 图中为在一个蒸馏边界狭缝的尾端。本节首先设计另外一种节能的过程架构，此架构中含有一个共沸精馏塔与一个回收提纯塔，在操作过程中并不需要采出双组分非均相共沸物。该两塔可分别用简单的单点温度控制，来维持产物纯度品质，而温度控制点的选择依照开环敏感度分析即可，十分便捷。

后续再将此节能的双塔设计进一步整合为下部分隔的分隔壁精馏塔架构。虽在整合的过程中，将其中一塔的冷凝器去除，但由于两个再沸器皆保留下来，故并未损失重要的控制自由度。本例亦采取开环敏感度分析，在分隔壁的部分各选定一个温度控制的位置，即可得到良好的控制表现。

第三节　萃取精馏塔及上分隔壁萃取精馏塔过程控制应用实例

萃取精馏亦为工业上常见的分离共沸混合物的技术之一。本节先以甲醇（MeOH）与碳酸二甲酯（dimethyl carbonate，DMC）混合物分离系统为例，详述萃取精馏的概念设计，以及如何运用等挥发度曲线（isovolatility curve）与挥发度等位曲线（equivolatility curve）来辅助设计。其后，以丙酮（ACE）与甲醇的分离系统为例，分别探讨进行传统萃取精馏，以及整合成上分隔壁精馏塔构造的设计与控制。

一、萃取精馏原理与设计概念

萃取精馏的概念与物质之间的相对挥发度（relative volatility）密不可分。众所周知，在共沸点处两两物质间的相对挥发度为 1.0，故无法利用传统精馏方式进行分离。萃取精馏技术的核心概念，是在待分离共沸混合物系统中加入第三成分，以提升此待分离物质之间的相对挥发度，进而破除共沸组成在精馏上的限制。

上述所提的第三组分，与前节所提的共沸精馏有很大差异。首先，共沸精馏中第三组分为整个系统中纯组分中沸点最低者，其目的是产生新的共沸温度最低的两组分或三组分共沸物，并由共沸精馏塔顶获得，然后根据该新共沸物会液液分相的特点，故在塔顶设置分相罐分成两液相以助物质间的分离。然而，萃取精馏中所加入的第三成分，一般是整个系统中沸点最高者，目的为提升待分离物质之间的相对挥发度，且提升越多越好。另外，加入新组分与原组分之间也需容易分离，故不可产生新的共沸物。基于此两种外加组分功能上的差异，在名词上也有所区别。共沸精馏中，多称外加组分为"共沸剂"，亦即此共沸剂会与原组分产生共沸，并往上带至塔顶；而萃取精馏过程中，则称此外加重组分为"夹带剂"，会使其中一个原组分因相对挥发度的提升而至塔顶，而另一组分则会被此新组分夹带至塔底。

若以萃取精馏技术分离双组分共沸混合物，需要两个精馏塔。第一塔为萃取精馏塔（extractive distillation column），双组分混合物与夹带剂进行接触，塔顶分出其中一个组分，塔底分出另一个组分与夹带剂。萃取精馏塔塔底的出料送至第二塔，称为夹带剂回收塔（entrainer recovery column）或回收塔，该塔顶部分出另一个产物，而塔底则为夹带剂，可回到共沸精馏塔循环使用。若原待分离的混合物可以在一个前置塔将大部分的轻组分先分离，与双塔精馏过程比较，含前置塔的三塔序列更为节能。

萃取精馏过程，可以使用等挥发度曲线（isovolatility curve）来帮助设计，以下以常见的碳酸二甲酯与甲醇系统来做说明[1]。图 13-19 为系统中加入苯酚（Phenol）做夹带剂的三组分相图。由图可知，DMC 与 MeOH 将形成一个最小沸点的二元均相共沸物（minimum-boiling azeotrope），其中的虚线即为等挥发度曲线。此线的起点为 DMC 与 MeOH 双组分共沸组成处，一路延伸至 MeOH 与苯酚的双组分边上。在此线上的任何一点，相对挥发度皆是 1.0。若将位于共沸组成的 DMC 与 MeOH 混合物中缓慢加入苯酚，则由质量平衡线得知，新混合物的组成将会向图中苯酚的端点移动，如该图箭头所示，因此得知萃取精馏过程将会在等挥发度曲线下方的区域进行。而在此区域中，MeOH 之于 DMC 的相对挥发度大于 1.0，故MeOH 成为萃取精馏塔塔顶产物。此处需特别提及，在原混合物中，沸点较低的组分未必一定从萃取精馏塔的塔顶分出，而需依加入夹带剂后，系统中挥发度等位曲线（equivolatility curve）的位置来决定。

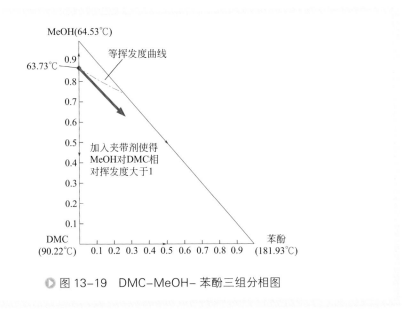

▶ 图 13-19　DMC–MeOH– 苯酚三组分相图

在挑选夹带剂时，对原混合物相对挥发度的提升能力是最重要的因素。若仅加入少量夹带剂，即可提升一定程度的相对挥发度者为佳，可同时实现减少夹带剂回收塔的分离能耗。类似挥发度等位曲线，亦可在三组分相图中，绘出代表不同数值的挥发度等位曲线，这样可非常容易地比较出在不同夹带剂下，将共沸混合物相对挥发度的提升效果。

本小节以 DMC 与 MeOH 系统为例，比较加入苯酚与苯胺两个夹带剂的效果。图 13-20 所示为 DMC 与 MeOH 混合物系统中，加入上述两种不同夹带剂的挥发度等位曲线。此两种夹带剂都能满足基本的需求，即不与原组分产生新的共沸物。至于提升相对挥发度的能力，则是以苯胺较佳，此结论可很容易在图中获得。以提升 MeOH 对于 DMC 相对挥发度至 2.0 为例。若加入苯胺做夹带剂，则将 DMC 与 MeOH 共沸组成与相图中苯胺的端点连线，其与表示相对挥发度为 2.0 的挥发度等位曲线的交点，即是此时的组成。在图 13-20（b）中，此点与苯胺顶点的距离，大约为其与共沸组成距离的 2 倍；故由杠杆定理可知，仅需加入相当于共沸组成混合物约一半量的夹带剂，即可提升相对挥发度至 2 倍。同理，倘若加入苯酚作为夹带剂，则由图 13-20（a）可得知，需加入约相当于共沸组成混合物约两倍量的夹带剂，才可提升相对挥发度至 2 倍。

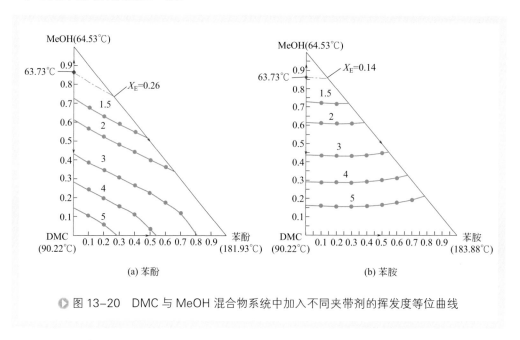

▶ 图 13-20　DMC 与 MeOH 混合物系统中加入不同夹带剂的挥发度等位曲线

另外一种描述相对挥发度提升效果的方式，则是以如图 13-21 所示。此图 X 轴为夹带剂与共沸混合物流量的比值（entrainer to azeptropic feed ratio，EF），Y 轴为相对挥发度。在不加入任何夹带剂时，相对挥发度为 1.0。随夹带剂的加入，相对挥发度开始提升。此图比较了苯酚与苯胺两个夹带剂的效果。由图中直接可知，苯胺具有较佳的相对挥发度提升能力。如前一段所述，当 EF 值约为 0.5 时，亦即外加的夹带剂量为共沸混合物量的一半流量时，即可提升相对挥发度至约 2.0。

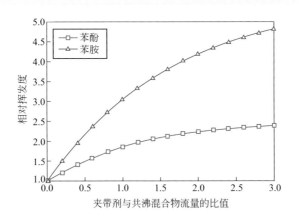

◉ 图 13-21　在不同 EF 值之下系统的相对挥发度

　　图 13-20 与图 13-21 的制备相当简易。等挥发度曲线图，在 Aspen Plus 软件中内置的「Residue Curve Map」功能即可勾选。不同挥发度的等位线图则可通过内置的 Flash2 单元来求得，做法如下。先挑选出三相图上任一点，进入 Flash2 来进行分离。此单元中须给定两个自由度，其一为将压力设在欲探讨的目标压力（前例中为常压），另一自由度则使气相流率很小，通常假设「Vapor Fraction」小于 0.0001。在此指定条件下的汽液平衡结果，即可算出相对挥发度。随后，将所有具有相同相对挥发度的位置，标记在三相图上即得。

　　后续两子节中，将以使用水作夹带剂以分离丙酮与甲醇混合物的萃取精馏过程作为例子。于下一小节中先探讨传统萃取精馏系统，下下小节中则将其整合为上分隔壁精馏塔的构造，分别建立动态控制的架构，并探究其控制表现。

二、传统萃取精馏系统设计与控制实例

　　丙酮与甲醇利用水为夹带剂的萃取精馏分离过程，先前已由 Luyben 于 2008 年发表的论文提出并进行优化 [12]。其优化后的流程重制如下图 13-22 所示。此处直接引用，作为与后续上分隔壁精馏塔构造的比较基准。图 13-22 的 C-1 为萃取精馏塔，C-2 为夹带剂回收塔。丙酮自 C-1 塔顶分出，纯度目标值为 99.4%（摩尔分数）；而 MeOH 自 C-2 塔顶分出，纯度目标值为 99.5%（摩尔分数）。此过程中 C-1 塔的组成分布如图 13-23 所示。值得注意的是，MeOH 的纯度于接近塔底处，先上升而后下降，而此在塔底纯度并非最高的情形称为再混合效应（remixing effect），在一般萃取精馏塔是常见的现象，将会造成能量的过度需求，可利用热

集成（heat integration）的方式来加以改善，待下一小节探讨上分隔壁精馏塔时再叙述。

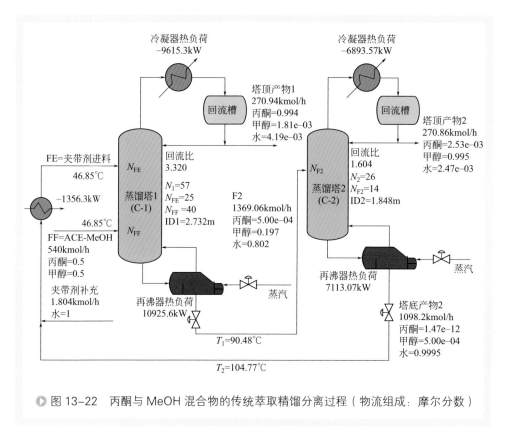

▶ 图 13-22　丙酮与 MeOH 混合物的传统萃取精馏分离过程（物流组成：摩尔分数）

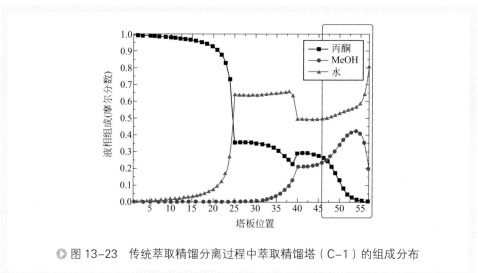

▶ 图 13-23　传统萃取精馏分离过程中萃取精馏塔（C-1）的组成分布

本例的控制策略采用 Luyben 于 2008 年发表论文所提出的架构[12]。此处仅针对重点进行说明。首先，有一进料流量控制回路操纵进料阀的开度，其 PI 控制的参数设为：$K_c = 0.5$，$\tau_I = 0.3\text{min}$，此进料流量控制回路的目的是用其设定值的增加或减少来进行产量增减的改动。而进入萃取精馏塔夹带剂的流量设计为与进料流量进行比率控制，亦即保持两者的比率固定。之后储量回路的设置叙述如下：

① 两塔顶部压力控制回路分别操纵各自塔顶冷凝器热移除（$K_c = 20$，$\tau_I = 12\text{min}$）。

② 塔顶回流罐的液位控制回路操纵各塔塔顶产物流率（$K_c = 2$，$\tau_I = 60000\text{min}$）。

③ C-1 塔底液位控制回路操纵塔底流率（$K_c = 2$，$\tau_I = 60000\text{min}$）。

④ C-2 塔底液位控制回路操纵夹带剂补充流率（$K_c = 2$，$\tau_I = 60000\text{min}$）。

值得一提的是 C-2 塔底液位控制回路的操纵变量是选用夹带剂的补充流量，其原因是整体控制架构的设计已将夹带剂流量与进料流量保持比率固定，故无法用 C-2 塔底流量来控制塔底液位。因为夹带剂补充流率甚小，故其实这个液位控制回路也可以看成不加以控制，整体的流率进出会大致自行保持均衡，只需少量调动夹带剂的补充流率来补足夹带剂由两产物流的极少量流失即可。

除此之外，此过程中仍有四个操纵变量，可用以来控制塔板温度。此四个操纵变量分别为两塔的塔顶回流流率，以及塔底再沸器热功率。首先进行进料组成干扰完美控制分析，以探讨在组成扰动之下，上述的操纵变量何者适合固定。表 13-6 中记录了当进料中丙酮组成增加与减少 5% 之下，各个操纵变量的改变情形。由表 13-6 中可知，当组成扰动进入系统，且须维持各自产物纯度的前提下，两塔的回流比（即 R1/D1、R2/D2）变动幅度较小，因此适合固定。故本例的控制架构，将采取固定两塔回流比，并对各塔采取单点温度控制，以调整各自的再沸器热功率控制所选择的板温。

表13-6　传统萃取精馏进料组成干扰完美控制分析结果

测试条件	原本进料	丙酮含量 +5%	丙酮含量 -5%
R1/(kmol/h)	899.29（0%）	983.48（+9.36%）	825.57（-8.2%）
R2/(kmol/h)	434.69（0%）	416.51（-4.18%）	450.89（+3.73%）
Q_r1/kW	10914.5（0%）	11727.3（+7.45%）	10177.4（-6.75%）
Q_r2/kW	7113.3（0%）	6756.4（-5.02%）	7427.9（+4.42%）
R1/D1	3.319（0%）	3.456（+4.13%）	3.208（-3.34%）
R2/D2	1.605（0%）	1.605（+0.92%）	1.585（-1.26%）
R2/F2	0.318（0%）	0.307（-3.22%）	0.326（+2.7%）
Q_r1/B1/(kW·h/kmol)	7.972（0%）	8.652（+8.53%）	7.361（-7.67%）
Q_r2/B2/(kW·h/kmol)	6.477（0%）	6.152（-5.02%）	6.764（+4.43%）

注：表中的括号内数值为与原本进料条件的设计结果相比的改变幅度。

对于温度控制点的选择，则采取开环敏感度分析，以选择出在个别调整两塔再沸器热功率之下，塔内温度改变最敏感且表现较线性的位置。经由测试，选定萃取精馏塔第 51 板、回收塔第 21 板进行温度控制。选定后，进行闭环连续实验，并使用 Tyreus-Luyben 关系式来决定 PI 控制器参数。此测试与调谐的结果可参见 Luyben 于 2008 年发表的论文 [12]，此处不再赘述。本例的控制架构，如图 13-24 所示。

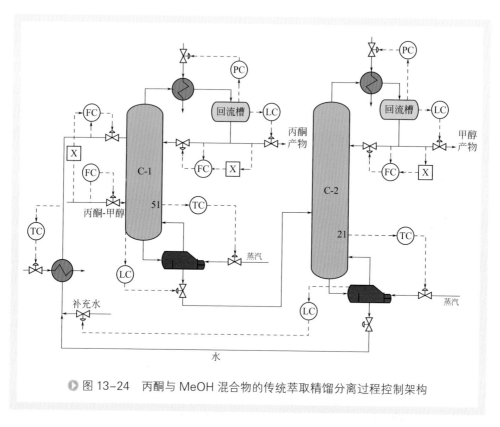

▶ 图 13–24　丙酮与 MeOH 混合物的传统萃取精馏分离过程控制架构

至此已完成本例控制架构的建立，下一步进行动态扰动测试。由于流量增减可视为可测量的扰动，工程实践上较易应变，因此仅特别针对组成变化的扰动进行测试。有别于表 13-6 的扰动幅度，此处测试探讨进料丙酮增减 20% 的动态控制情形，整体而言，选定的板温在扰动进入后约 4h 内即可回到设定位置，且两个产物在扰动下的最终纯度，也不至于偏离原设定值太多。因此，本控制架构表现相当好。

三、上分隔壁萃取精馏塔过程控制应用实例

本小节进一步将图 13-22 所示的两塔架构，整合成一个上分隔壁萃取精馏塔 [13]。

具体做法是将 C-1 再沸器移除，使得 C-1 与 C-2 的精馏段成为分隔壁的两侧，整合后的设计结果如图 13-25 所示。须注意在原图 13-22 中，C-1 总板数共有 57 块，而 C-2 进料上方板数仅有 14 块。在实际设计时，分隔壁的两侧高度相同为佳，此处将分隔壁左右侧同设为 57 块，而原 C-2 进料下方 13 块板保留，故整合后上分隔壁精馏塔共有 70 块塔板。

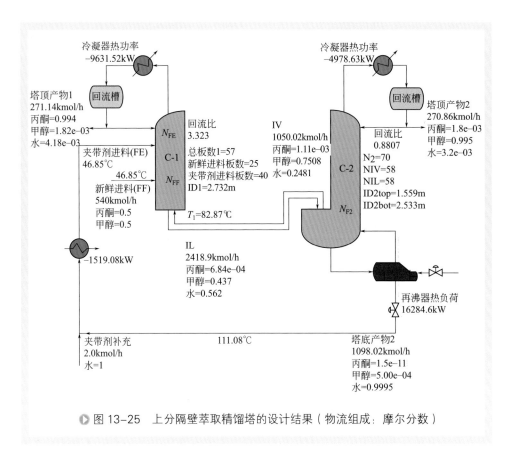

▶ 图 13-25 上分隔壁萃取精馏塔的设计结果（物流组成：摩尔分数）

将整合前后的结果对比，得知整合后总再沸器热功率需求较整合前减少约 9.72%。另外，虽然大幅增加了分隔壁右侧的塔板数，但是因为整体仅需要一个塔壳，故总的年度总成本仍较整合前略小，其比较结果如后表 13-7 所示。此外，笔者过去另有论文探讨，在萃取精馏过程进行整合时，须注意两塔再沸器的热源等级，因为萃取精馏需要加入沸点较高的成分作为夹带剂[13]。若两塔的热源等级需求不同，则虽整合后所需热源功率降低，但所有热功率都将以较高等级的热源提供，则不具有经济效益。在此例中，C-1 塔底出料温度为 90.48℃，C-2 为 104.77℃，皆可以用工业级低压蒸汽（344.7kPa，147℃）加热。故此处进行分隔壁精馏塔整合，可同时具有节能与经济效益。

表13-7　丙酮/MeOH传统萃取精馏塔与上分隔壁精馏塔的结果比较

过程架构	传统萃取精馏塔分离		上分隔壁精馏塔分离	
	C-1	C-2	C-1	C-2
精馏塔塔壳设备成本/（1000 美元/年）	988.57	335.15	1165.69①	269.01②
精馏塔塔板设备成本/（1000 美元/年）	183.48	43.69	232.47①	35.61②
再沸器设备成本/（1000 美元/年）	156.05	141.42	0	270.96
冷凝器设备成本/（1000 美元/年）	403.90	236.33	403.94	191.39
精馏塔热源（蒸汽）成本/（1000 美元/年）	984.47	640.17	0	1466.80
精馏塔冷源（冷却水）成本/（1000 美元/年）	32.07	22.98	32.08	16.62
冷却器设备成本/（1000 美元/年）	80.18		86.50	
冷却器冷源（冷却水）成本/（1000 美元/年）	4.51		5.07	
夹带剂补充花费/（1000 美元/年）	—		—	
再沸器总热功率/kW（差异%）	18038.67（0%）		16284.60（−9.72%）	
总蒸汽费用/（1000 美元/年）（差异%）	1624.64（0%）		1466.80（−9.72%）	
年度总成本 TAC/（1000 美元/年）（差异%）	4252.96（0%）		4176.77（−1.79%）	

① 以上分隔壁精馏塔的上半部为基础计算。

② 以上分隔壁精馏塔的下半部为基础计算。

　　然而，整合成分隔壁精馏塔构造之后，将 C-1 与 C-2 的再沸器合并，故少了一个重要的控制自由度。此处将仔细探讨是否能提出一个合适的控制架构，以使得在各种扰动下分离过程仍然能有效进行。首先在整体控制架构中，亦有一进料流量控制回路操纵进料阀开度，其 PI 控制的参数设为：$K_c = 0.5$，$\tau_I = 0.3\text{min}$，此进料流率控制回路的目的是用其设定值的增加或减少来进行产量增减的改动。而进入萃取精馏塔的夹带剂流量亦设计为与进料流量进行比率控制，亦即保持两者的比率固定。在储量控制回路的部分，分别叙述如下：

　　① C-1 与 C-2 顶部压力控制回路分别操纵两塔塔顶冷凝器热移除（$K_c = 20$，$\tau_I = 12\text{min}$）。

　　② C-1 与 C-2 顶部回流罐液位控制回路分别操纵两塔塔顶产物流率（$K_c = 2$，$\tau_I = 60000\text{min}$）。

　　③ C-1 塔底液位控制回路操纵 C-1 塔底流至 C-2 中的液体流率（$K_c = 2$，$\tau_I = 60000\text{min}$）。

　　④ C-2 塔底液位控制回路操纵夹带剂补充流率（$K_c = 2$，$\tau_I = 60000\text{min}$）。

　　另在动态模拟中于分隔壁处，将 C-2 内部气相流与流向 C-1 气相流进行比例控制（即气相分流比）维持于设计值。在实际操作时，并无法针对气相分流比进行操作，故后续探讨动态模拟时，将此分流比视为一个扰动，以观察此控制策略能否有效排除。

此过程中仍有三个操纵变量可用来进行塔板温度控制，分别为分隔壁部分各自的回流流率（或回流比），以及底部再沸器热功率。

先进行进料组成干扰完美控制探讨，而测试的扰动与前一小节相同，亦为将进料丙酮含量增减 5%。此测试的结果如表 13-8 所示。然而由表 13-8 得知，在完美控制之下，各个操作变量都有一定程度的变动，故皆不适合固定，而必须要设计出一个分别调整三个操纵变量来控制三个选定板温的三点温控架构。

表13-8　上分隔壁萃取精馏塔分离过程进料组成干扰完美控制分析结果

测试条件	原本进料	Acetone 含量 +5%	Acetone 含量 −5%
R1/（kmol/h）	901.19（0%）	989.108（+9.76%）	970.062（+7.64%）
R2/（kmol/h）	238.56（0%）	280.727（+17.68%）	246.562（+3.34%）
Q_T/kW	16284.60（0%）	17396.00（+6.82%）	16866.80（+3.58%）
R1/D1	3.324（0%）	3.484（+4.81%）	3.759（+13.09%）
R2/D2	0.881（0%）	1.092（+23.95%）	0.868（−1.48%）
Q_r/B/（kW·h/kmol）	14.83（0%）	15.830（+6.74%）	15.365（+3.61%）

注：表中的括号内数值，为与原本进料条件之设计结果相比的改变幅度。

以下针对三个操纵变量，进行开循环敏感度分析，以决定适合的控制板温。开环测试结果如图 13-26 所示。图中标示 L 者为分隔壁的左侧（即 C-1），标示 R 者为分隔壁的右侧（即 C-2），而未标示者则为分隔壁下方的部分。由此测试结果，可将各个操纵变量与塔板温度进行配对。首先，分隔壁左侧第 50 板温度以 C-1 顶部回流流率控制（$K_c = 5.5$，$\tau_I = 22\text{min}$）；其次，分隔壁右侧第 23 板温度以 C-2 顶部回流流率控制（$K_c = 2.2$，$\tau_I = 21\text{min}$）；最后，无分隔壁部分的第 66 板温度以再沸器热功率控制（$K_c = 2.2$，$\tau_I = 21\text{min}$）。三个控制回路的参数调谐，皆采用闭环连续实验方法，并以 Tyreus-Luyben 关系式求得[5]。至此控制策略已经完成建立，整个控制架构如图 13-27 所示。

下面探讨实际的动态控制情形，先探讨进料中丙酮含量增减 20% 的结果。整体而言，挑选的控制板温度皆能回到设定值位置，只是所需的干扰排除时间略长（约 25h）。但尽管如此，产物组成的维持与响应的表现并不理想，在扰动下各产物纯度最终值如表 13-9 所示。首先，当丙酮含量增加 20% 时，丙酮产物的纯度由设定值的 99.4%（摩尔分数）下降至 98.5%（摩尔分数）。另外，当丙酮含量减少 20% 时，丙酮产物的组成在大约 8h 时有一个很大的瞬时偏离，降至 95.7%（摩尔分数），同时 MeOH 产物的组成更是降到 86%（摩尔分数）以下。另一方面，亦针对分隔壁精馏塔内部的气相分流比进行增减 10% 与 20% 的扰动测试。各个产物组成最终值也列于表 13-9 中。在此表中，亦将第二小节传统萃取精馏过程的控制结果最终值一起列入比较，不难发现传统萃取精馏过程的控制结果较好。这是由于整合为分隔

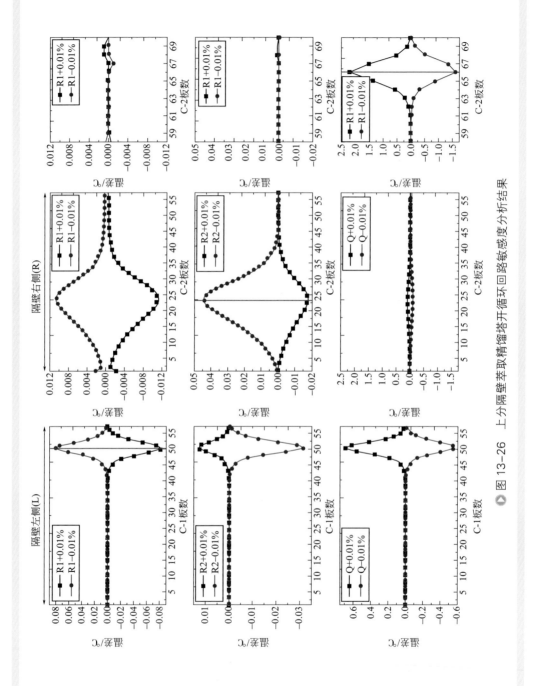

▲ 图 13-26　上分隔壁萃取精馏塔开循环回路敏感度分析结果

壁精馏塔构造后，损失一个塔底再沸器作为操纵变量的后果。此结果可由表13-6及表13-8明显得知。在表13-6中，在组成增减时，为满足完美控制，各个操作变量需要做出对应的增减。然而，在表13-8中得知，整合为分隔壁精馏构造后，不论组成增加或减少，在完美控制条件下，各个操纵变量皆是增加。故可推出，若要在减少一个再沸器为操纵变量的情形下，又必须能够应对组成增减扰动，则需要在控制回路中设置一个能够依据不同情形来调整控制增益方向的设备，而此也是传统的PID模式控制器无法达到的功能。因此，并不难预期即使采取三点温控，亦无法在有干扰变动下更有效地控制产物组成。

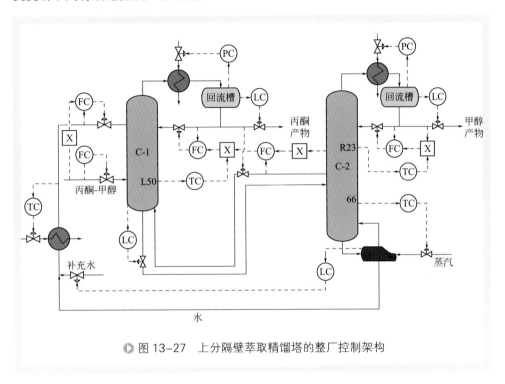

◐ 图13-27 上分隔壁萃取精馏塔的整厂控制架构

表13-9　传统萃取精馏与上分隔壁萃取精馏过程在扰动下组成控制最终值一览表

扰动	上分隔壁萃取精馏过程		传统萃取精馏过程	
	丙酮产物纯度	甲醇产物纯度	丙酮产物纯度	甲醇产物纯度
丙酮含量 +5%	0.992830	0.995284	0.993609	0.994779
丙酮含量 −5%	0.994449	0.99486	0.994308	0.995129
丙酮含量 +10%	0.991173	0.995579	0.993116	0.994437
丙酮含量 −10%	0.995294	0.994477	0.994548	0.99518
丙酮含量 +20%	0.985317	0.996201	0.991728	0.993015

扰动	上分隔壁萃取精馏过程		传统萃取精馏过程	
	丙酮 产物纯度	甲醇 产物纯度	丙酮 产物纯度	甲醇 产物纯度
丙酮含量 −20%	0.995595	0.994025	0.994876	0.995047
气相分流（IV）流率 +10%	0.994267	0.994881	—	—
气相分流（IV）流率 −10%	0.992821	0.995250	—	—
气相分流（IV）流率 +20%	0.994267	0.994881	—	—
气相分流（IV）流率 −20%	0.990696	0.995348	—	—

四、小结

本节以丙酮与甲醇的分离为例，探讨传统萃取精馏与上分隔壁萃取精馏过程的设计与控制，此处再将重点整理如下。在设计方面，有别于前两节的例子，将萃取精馏整合成分隔壁萃取精馏塔虽然能减少能源消耗，但未必能带来经济效益。因为在萃取精馏过程中，需要额外加入一个沸点最高的夹带剂，并且需要将其回收利用。若夹带剂的沸点过高，且整合前两塔热源等级需求不同，则整合后热源需要用较高等级，使得整体操作费用不降反升。

在控制方面，整合成分隔壁萃取精馏塔将会把原先两个再沸器整合为一个，这将失去一个重要的操纵变量。由传统两塔过程的控制得知，在进料组成扰动之下，两塔各自的再沸器功率需求会做出对应的增减；即当 C-1 再沸器热功率增加时，C-2 再沸器热功率需求将会下降。在这种情形下，整合成分隔壁萃取精馏塔构造后，将无法用仅剩的再沸器作出上述两塔对应的调整。

第四节　反应精馏塔及分隔壁反应精馏塔过程控制应用实例

一、反应精馏简介

反应器及精馏分离装置同为化学工业上极为重要的操作单元。近年来在工业界中逐渐有结合此两装置设备于一个单元操作设备的应用。此类过程强化后的装置称为反应精馏塔，能够大幅度节省投资成本、改良反应的转化率、节省操作能源、增加经济效益。但是并非所有的化学反应均能以反应精馏的方式进行。欲能达到足够的经济效益，一般而言化学反应必须具备以下条件才能使得反应精馏具备优势：

① 可逆的化学反应，且原化学反应的转化率甚低：因此在一般反应器流程设计时，为了达到足够的转化率，时常使其中之一反应物大量过量，以使反应向生成物的方向移动。大量未完全反应的反应物需要分离及回流，可能使得整体流程不符合经济效益。若使用反应精馏的方式时，因生成物由精馏方式不断被分离移除，因此反应转化率可以大幅度提高。

② 某些化学反应有很大的反应热：一般反应器流程设计时需花费除热或供热的必要装备，使反应温度不至变化太大。而反应精馏会经由混合物的蒸发或冷凝来吸收反应热，达到同样的效果。

③ 化学反应必须可以在较低的精馏温度下，仍能有足够的反应速率。若反应速率过低，则仍可尝试将反应精馏塔操作在高压下以增加反应温度。

④ 由于流程不断地进行分离操作，因此对于进料浓度变化有较高的容忍度，所以反应物进料纯度不需要太高。

⑤ 此装置是结合反应器与精馏分离装置于一个设备中，因此减少一个设备以及附属的装置，可以节省设备投资成本及处理程序。

⑥ 可将现有精馏塔改造成反应精馏塔，而不需额外装置。

⑦ 对于反应系统中各物种之间有共沸点的情况，可能通过反应精馏来克服共沸点的限制。

反应精馏流程优点颇多，但因为一种设备集合反应、精馏、汽提、甚至萃取等功能于一身，故反应精馏塔稳态、动态模拟、程序分析、设计及操作条件的最适化乃至于适宜控制策略的选定，均较为复杂且困难。本节将探讨几类反应精馏过程的合适控制架构，以使得此类较复杂的强化过程在有反应物进料组成变化以及产量增减的干扰下，仍然能够保持产物在高纯度。

文献中现有反应精馏流程的实例，以操作设备的配置来作分别，可以分为以下两类：

1. 单反应精馏塔

此类反应精馏塔是以反应物采用化学剂量比的方式进料，因产物不停地由精馏塔抽出，故可以突破原可逆反应平衡转化率的限制，使反应物得以完全转化。最为经典的应用实例是美国田纳西伊士曼公司的醋酸甲酯反应精馏塔[14]，其可逆反应式见式（13-1）：

$$醋酸 + 甲醇 \rightleftharpoons 醋酸甲酯 + 水 \tag{13-1}$$

由此一座反应精馏塔取代了原醋酸甲酯过程中的一个反应器和九座精馏分离塔，过程改善的优势非常明显。此反应精馏塔主产物醋酸甲酯的沸点较低，故在塔顶抽出，而副产物水则是由塔底抽出，其示意图见图 13-28。

　　另一种酯化反应精馏塔的主产物沸点高，故会由塔底流出。而系统的最低温度为醇 - 酯 - 水的三元共沸物，且此共沸物在三元液 - 液分相区内，故在塔顶经冷却为液相后，将在分相器自然分为两液相。其中有机相含未反应完全的醇，故会回流至反应精馏塔，而水相产物已经够纯故可抽出。此类重质酯化过程包括醋酸丁酯、醋酸戊酯、醋酸己酯、丙烯酸丁酯等，以醋酸正丁酯为例，其可逆反应式见式（13-2）：

$$醋酸 + 正丁醇 \rightleftharpoons 醋酸正丁酯 + 水 \qquad （13\text{-}2）$$

　　其反应精馏示意图可见图 13-29，醋酸正丁酯详细的设计流程可见 Tang 等的论文 [15]，而以上两类反应精馏塔适宜的控制架构可见 Hung 等的论文 [16]。

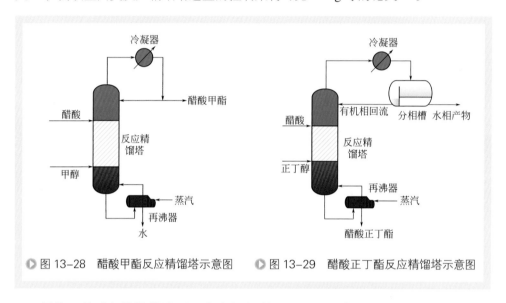

　　◉ 图 13-28　醋酸甲酯反应精馏塔示意图　　◉ 图 13-29　醋酸正丁酯反应精馏塔示意图

　　另外，单反应精馏塔即可生产有用化学品的过程还有一些醚类，如甲基叔丁基醚（methyl *tert*-butyl ether，MTBE）及乙基叔丁基醚（ethyl *tert*-butyl ether，ETBE）等，以甲基叔丁基醚为例，其可逆反应式见式（13-3）：

$$异丁烯 + 甲醇 \rightleftharpoons 甲基叔丁基醚 \qquad （13\text{-}3）$$

　　由反应式可知仅有一个生成物，一般丁烯反应物无法以纯异丁烯的方式提供，而是经常会有一些正丁烯掺杂，故此沸点较低的正丁烯正好可以由反应精馏塔的塔顶抽出，而甲基叔丁基醚的沸点是系统的最高温，故可由塔底抽出。反应精馏塔的示意图可见图 13-30，而详细的设计流程及合适的控制架构可见 Luyben 和 Yu 合著的一本有关反应蒸馏过程设计与控制的书 [17]。

　　在本小节第 2 点将会详细介绍另外一个仅有一个反应精馏塔的应用实例，与图 13-28 ～图 13-30 不同之处为系统中还加入一共沸剂，其目的是以沸点排序而言，此共沸剂的加入会与反应的副产物水形成系统温度最低的共沸物，以助于将水由塔顶分相器的水相抽出。详细的反应精馏塔设计及控制架构将会在后续说明。

2. 反应精馏与其他分离过程

第二种反应蒸馏过程的形式是包括不只一座反应精馏塔，以实现反应及纯化产物的双重目的。此类反应蒸馏过程形式一般因为反应物以化学剂量比的方式进入反应蒸馏塔时无法达到几乎完全的转化率，需要其中一个反应物过量来达到另一反应物几乎完全转化。而反应未完的过量反应物须由反应精馏塔抽出，若另有两种反应产物，则反应精馏塔下游一定会有至少一个精馏塔，以达到将未反应的过量反应物分离并循环回反应精馏塔的目的。以下生产碳酸二乙酯的流程就是一个典型的例子。其

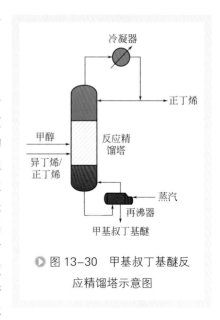

> 图 13-30　甲基叔丁基醚反应精馏塔示意图

总反应式为进行酯交换反应（transesterification reaction），两个反应物为碳酸二甲酯及乙醇，而最终主产物为碳酸二乙酯以及副产物甲醇。反应形式如式（13-4）及式（13-5），对于碳酸二甲酯而言为串联反应（series reaction），先反应成碳酸甲乙酯、之后再反应成碳酸二乙酯；而对于乙醇而言为并联反应（parallel reaction），式（13-4）及式（13-5）均需用到乙醇为另一反应物。

$$碳酸二甲酯 + 乙醇 \rightleftharpoons 碳酸甲乙酯 + 甲醇 \tag{13-4}$$
$$碳酸甲乙酯 + 乙醇 \rightleftharpoons 碳酸二乙酯 + 甲醇 \tag{13-5}$$

由以上两个反应式可得总反应式的化学剂量比为碳酸二甲酯：乙醇 = 1：2，必须使乙醇过量才能提高转化率至几乎完全转化，故而会有以下的反应蒸馏过程，示意图可见图 13-31，由第二个精馏塔分离未反应完全的过量反应物乙醇，由回流返回反应精馏塔，这样乙醇的新鲜进料仅需化学剂量比即可。注意图 13-31 的示意图并未画出此回流，但整体设计概念应该很容易被了解。此碳酸二乙酯反应蒸馏过程详细的设计及控制可见 Wei 等的论文[18]。

有些反应蒸馏过程中的后段分离，因为牵涉到共沸物的分离，故无法由一个分离塔完成对未反应的过量反应物的分离，此时后段的分离过程可能会包含两座塔，例如以酯交换反应来生产碳酸二甲酯的流程，包括一个反应精馏塔、一个萃取精馏塔和一个夹带剂回收塔三座精馏塔。此碳酸二甲酯反应蒸馏过程详细的设计及控制可见 Hsu 等的论文[11]。

值得一提的是，另一种反应精馏过程如醋酸乙酯或醋酸异丙酯的流程，以醋酸乙酯为例来说明。酯化反应过程是以醋酸及乙醇来生产醋酸乙酯，可逆反应式见式（13-6）。

$$醋酸 + 乙醇 \xrightleftharpoons{\qquad} 醋酸乙酯 + 水 \qquad (13\text{-}6)$$

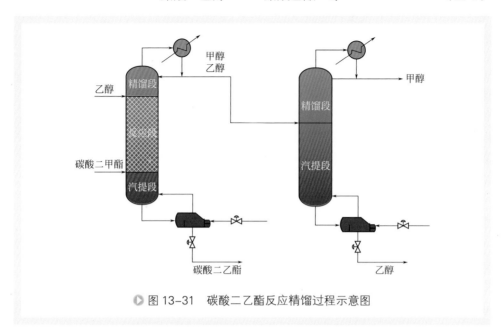

▶ 图 13-31　碳酸二乙酯反应精馏过程示意图

　　将此系统所有的纯组分与共沸物沸点排序，可知产物醋酸乙酯既非沸点最高也非沸点最低，反而是乙醇-醋酸乙酯-水三元共沸物与醋酸乙酯-水二元共沸物的两个共沸温度为系统最低温度，故以下的反应蒸馏过程是能够产出纯度够的醋酸乙酯以及副产物水的设计流程，示意图见图 13-32。

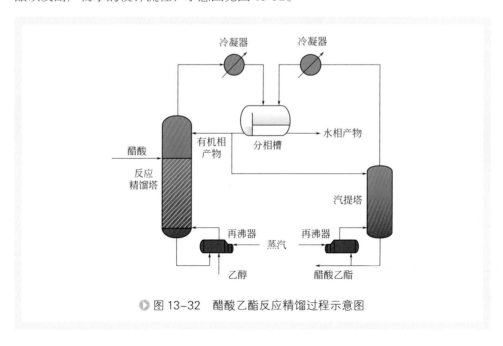

▶ 图 13-32　醋酸乙酯反应精馏过程示意图

设计理念是反应精馏塔的塔底不出料，否则系统中沸点最高的醋酸将会由塔底流失；反应精馏塔塔顶出料设计为接近乙醇 - 醋酸乙酯 - 水三元共沸物及醋酸乙酯 - 水两组分混合物，且混合物冷凝后分相。其中在有机相中因为共沸物含有未反应的乙醇，因而必须部分回流至反应精馏塔；另外有机相中也含有大量醋酸乙酯产物，故部分抽出至另一汽提塔，塔底提纯得到醋酸乙酯，塔顶经冷凝后返回分相器。这其中水相若纯度满足要求则直接排出，如图 13-32 所示，若不满足则需要将水再经一个小塔提纯。

醋酸乙酯详细的设计流程可见 Tang 等的论文 [19]，而此反应精馏过程的合适控制架构可见 Tang 等的另一论文 [20]。

后续将详细介绍与图 13-32 流程相似的另外一个醋酸异丙酯反应精馏过程的应用实例，主要不同之处是假设醋酸新鲜进料含有一些水分而非纯组分，且异丙醇的新鲜进料也非为纯组分，而是接近异丙醇 - 水的二元共沸物，这样两新鲜进料的单位进料价格将较纯组分降低许多。详细的醋酸异丙酯反应精馏过程的设计及控制架构将会在该点说明。而之后会介绍一个过程强化的设计，将反应精馏塔与汽提塔整合成一座分隔壁反应精馏塔，有关此强化过程的设计与控制架构将会在以下第四点详细说明。

二、三醋酸甘油酯反应精馏塔过程控制应用实例

1. 三醋酸甘油酯反应精馏塔的设计

随着全世界生物质柴油的大量生产，导致副产物甘油生产过剩，因此如何能够利用甘油进一步生产有价值的化学品是一个重要的研究课题，而其中一种反应途径是由甘油与醋酸来生产三乙酸甘油酯。此三级可逆反应的反应式见式（13-7）～式（13-9）：

$$甘油 + 醋酸 \rightleftharpoons 一醋酸甘油酯 + 水 \qquad (13-7)$$
$$一醋酸甘油酯 + 醋酸 \rightleftharpoons 二醋酸甘油酯 + 水 \qquad (13-8)$$
$$二醋酸甘油酯 + 醋酸 \rightleftharpoons 三醋酸甘油酯 + 水 \qquad (13-9)$$

此三级反应对于甘油而言为串联反应（series reaction），先反应生成单乙酸甘油酯、之后再反应成二乙酸甘油酯、最后再反应生成产物三乙酸甘油酯；对醋酸而言为并联反应，式（13-7）～式（13-9）的三级反应均需用到醋酸为另一反应物。采用酸性阴离子交换树脂（Amberlyst 15）为催化剂的动力实验数据可见 Gelosa 等的论文 [21]，Hung 等 [22] 由实验数据回归出此三级可逆反应的动力学参数，且进一步探讨出此过程可以简化用一座反应精馏塔来实现，即可以理想地用化学剂量的进料比（甘油：醋酸 =1∶3）达到高转化率。

由沸点排序可知产物三乙酸甘油酯应由反应精馏塔的塔底采出，副产物水应由

塔顶采出。本研究的塔底主产物纯度为99%（摩尔分数），而副产物水中醋酸浓度则遵循工业界的规格为0.01%（摩尔分数）。因为塔顶水出料的纯度规格颇为严苛，且醋酸与水的分离在接近纯水区域存在切线夹点（tangent pinch）的现象，不易分出纯水，故此反应精馏塔的回流比很高，也就需要很高的再沸器能耗。Hung 等 [21] 的论文中提出可以用醋酸异丁酯作为夹带剂，在反应精馏塔的上半部循环使用，将副产物水由塔顶带出，塔顶气相经冷凝后会自然分为两液相，其中水相的组成可以达到严苛的醋酸不纯物规格，而有机相大部为醋酸异丁酯则可回流至反应精馏塔，继续将副产物水带出此塔。详细的过程模拟及最佳设计流程如何确定，可以参考Hung 等的论文 [22]，改善过后包含夹带剂循环的三醋酸甘油酯反应精馏塔的各项设计流程可见图 13-33。

以下将详细介绍如何将此改善过后的反应精馏塔的控制架构建立出来。合适控制架构的最终目的是在进料组成变化及产量增减的干扰时仍然能够保持塔底产物及塔顶水出料在高纯度。

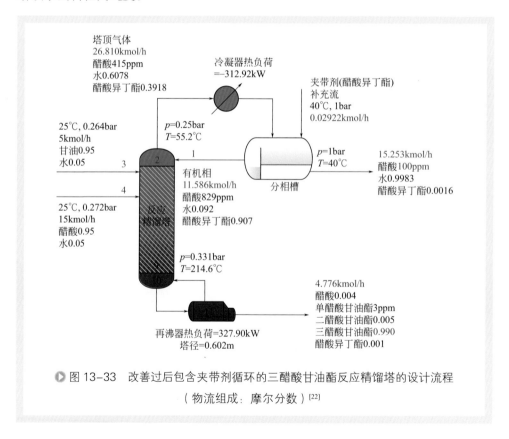

▶ 图 13-33　改善过后包含夹带剂循环的三醋酸甘油酯反应精馏塔的设计流程

（物流组成：摩尔分数）[22]

2. 三醋酸甘油酯反应精馏塔的控制结构

三醋酸甘油酯反应精馏塔包括进料流共有九个控制自由度，包括：甘油进料流率、醋酸进料流率、再沸器热负荷（或蒸汽控制阀）、塔底流率、塔顶气相流率、有机相回流流率、水相出流流率、冷凝器移热率（或冷却水控制阀）及醋酸异丁酯补充流率，其中醋酸异丁酯的补充流率甚小，主要是补充夹带剂在塔内循环使用时由水相出流及塔底出流所流失的少量醋酸异丁酯。以上控制自由度中显然冷凝器移热率可以用来将分相槽的温度控制在40℃，另由第十二章的说明可知，其中一个控制自由度要用于调控整个过程的流量大小，本控制架构是选择由甘油进料流率来担任此任务，故在此甘油进料流要配置一流量控制回路，然后由此控制回路设定值的改变来调控整个过程的产量。

而对于另一醋酸进料而言，首先很自然地应该配置一个比率控制回路，当甘油进料流量改大或改小时方能对应地调动醋酸进料流量以保持两进料的化学剂量比率，有关比率控制回路要如何配置可以参阅第十二章第三节第二点。在设计整体控制架构时要注意的一个要点是，不可仅配置比率控制回路，原因其实很容易了解，因为控制架构的目的是要能够在有进料组成变化的干扰时仍然能够保持塔底产物及塔顶水出料保持在高纯度，而进料组成变化是无法测量而察觉的，故保持固定的进料流量比率必然使实际的甘油对醋酸的比率无法维持在理想的化学剂量比率，导致过量的反应物要由塔底或分相罐水相流出，破坏两产物的纯度。对应的控制架构设计想法是一定要有一个反应精馏塔塔内温度控制回路的操纵变量是可以调整此进料比率回路的比率，此配置的做法也非常简单，其概念与串级控制相似，塔内温度控制回路即为外回路，而比率控制回路即为内回路。有关串级控制的说明可以参阅第十二章的第三节第一点。

控制架构设计的下一步骤是确定本系统的所有储量控制回路。本系统的四个储量控制回路包括：反应精馏塔塔顶压力、分相罐有机相液位、分相罐水相液位及反应精馏塔塔底液位，而各个储量回路的操纵变量是选择对其被控制变量的影响最大、最快且最直接者，故各回路的配对是由塔顶气相流率来控制反应精馏塔塔顶压力；由有机相回流流率来控制分相罐有机相液位；由水相流出流率来控制分相罐水相液位；以及由塔底流率来控制塔底液位。以上储量回路中的压力控制回路是一个简化的方式，方便由动态模拟软件（如Aspen Plus Dynamics）来验证此控制架构的适宜性。实际上为了满足反应段内催化剂的操作温度，本反应精馏塔在负压状态下操作，塔顶压力的维持靠抽真空系统来实现。

除由以上步骤确定出的控制回路外，还剩下三个控制自由度可以用来控制两产物的纯度，此三个控制自由度为：醋酸进料流对甘油进料流的比值、再沸器热负荷及醋酸异丁酯补充流率。其中的醋酸进料流对甘油进料流的比率由前段的说明可知一定要用来当作塔内温度控制回路的操纵变量，而温度控制点应该在何处？是否还应该再有另一温度控制回路？剩下的控制自由度要如何使用？以上这些问题均可以由开环敏感度分析及进料组成干扰完美控制分析来回答，此两类分析的说明可以见第十二章的第四及第五两节。

前面已经说明剩下的三个自由度中"醋酸进料流对甘油进料流的比值"一定要由某塔内温度的控制回路来调动，如此才能在有进料组成的未知干扰时能够有效地调动此比率，以使实际醋酸对甘油的进料比保持在化学剂量比。至于剩下的另外两个控制自由度则可以由进料组成干扰完美控制分析来决定。将两反应物进料组成改变，然后假设此改变是知道的，调动醋酸进料流对甘油进料流的比值，使得纯醋酸对于纯甘油的化学剂量比与原稳态相同，进而可用再沸器热负荷及醋酸异丁酯补充流率控制三乙酸甘油酯产物的纯度仍在99%（摩尔分数）以及水出料中的醋酸不纯度仍在0.01%（摩尔分数）。

表13-10列出了进料组成干扰完美控制时这两个控制自由度（或此控制自由度与其他测量变量比值）所应该与其稳态值（或稳态比率）的差异，其中所谓"甘油中的水+50%"指的是甘油进料中水的不纯物突然由5%（摩尔分数）改变至7.5%（摩尔分数），其余各项进料组成的改变均是相似的意思。对于反应精馏塔的再沸器热负荷而言，在进料组成改变时其值需要改动才对，但是再沸器热负荷对醋酸进料流率的比值在各种未知进料组成改变的完美控制时保持在稳态的比值即可，如此的控制架构如何来施行会在之后整体控制架构图中再详细说明。而对于最后一个剩下的自由度"夹带剂补充流率"而言，由表13-10可知控制架构是保持夹带剂补充流率对醋酸进料流率的比值固定即可，不需要再设计出另一塔内温度控制回路。

表13-10　进料组成干扰完美控制分析

项目	甘油中的水		醋酸中的水	
	+50%	−50%	+50%	−50%
再沸器热负荷	−2.21%	2.24%	2.34%	−2.19%
再沸器热负荷/醋酸进料流率	0.44%	−0.38%	−0.35%	0.38%
再沸器热负荷/塔底流率	0.44%	−0.38%	2.34%	−2.19%
夹带剂补充流率	−1.95%	1.98%	2.24%	−2.09%
夹带剂补充流率/醋酸进料流率	0.70%	−0.63%	−0.45%	0.49%
夹带剂补充流率/塔底流率	0.70%	−0.63%	2.24%	−2.09%

由以上的分析可知，高层级的控制架构仅需设计塔内温度控制回路即可，而此回路的操纵变量为"醋酸进料流对甘油进料流的比值"。接下来的分析是要找出塔内温度回路的控制点是在何处最为合适。由图13-34（a）的进料组成干扰完美控制分析图可知，最好能够找到一个温度控制点，在各种进料组成未知干扰的完美控制时均不需要改变；在图13-34（a）的右图可知，选择第9板的温度为控制点时，其温度值在醋酸进料组成改变时完美控制的结果也大致不需要改变，但是由图13-34（a）的左图可知在甘油进料组成改变时完美控制的结果是需要此第9板的温度值改变的，因为进料组成改变是未知干扰，并不知何时会有何种干扰进入本系统，故选择

第9板是不太合适的。另一可能的选择是兼顾各种进料组成干扰而选择第2板的温度为控制点，在图13-34（a）的左、右图中完美控制的结果均不需要此板温度做大改变。而此温度回路是否控制效果好，需要看图13-34（b）的开环敏感度分析图，由图13-34（b）可知进料的比值对于第二板的温度还是有一些敏感度的，亦即当此板温度偏离设定值时可以由进料比值的改变将此板温度拉回设定值。由此开环敏感度分析图亦可发现若只考虑进料组成干扰完美控制的分析［图13-34（a）］，其实第一板的温度为控制点最为理想，因为所需温度的改变最小，但是再考虑开环敏感度分析可知，选择此板为控制点是不合适的，因为进料比值的改变对于此板的温度几乎没有影响。

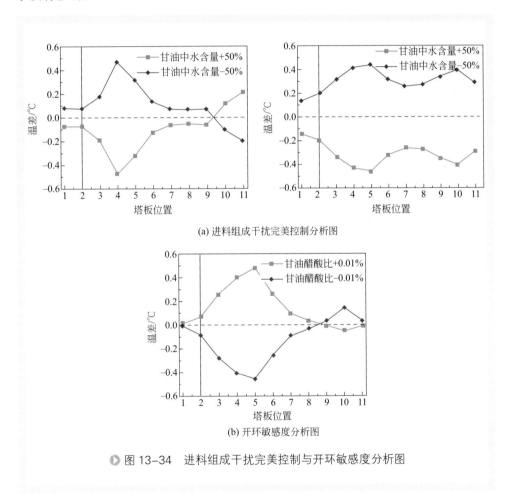

(a) 进料组成干扰完美控制分析图

(b) 开环敏感度分析图

● 图13-34　进料组成干扰完美控制与开环敏感度分析图

　　以上表13-10及图13-34（a）的完美控制分析是针对未知的进料组成干扰，若产量的增减是通过改动甘油进料流量控制回路的设定值实现，而流量的增减是可以测量到的，所以可以用产量增或减时的完美控制结果来调动第二板温度控制回路的

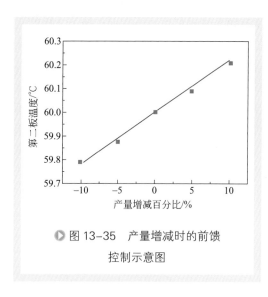

图 13-35 产量增减时的前馈
控制示意图

设定值，这是采用前馈控制的概念，由甘油进料流量的测量来规划出第二板温度设定值，其示意图见图 13-35。

此三醋酸甘油酯反应精馏塔的整体控制架构见图 13-36，其中有关产量增减时可采用的前馈控制以改动第二板温度设定值的策略并未画入。应用第十二章第四节起所说明的建立控制架构步骤的顺序，各控制回路详细说明如下：

① 甘油进料有一流量回路，其设定值的改动是用来调动产量的增加或减少。

② 分相罐有机相液位控制回路操纵有机相回流。

③ 分相罐水相液位控制回路操纵水相采出。

④ 反应精馏塔塔底液位控制回路操纵塔底采出。

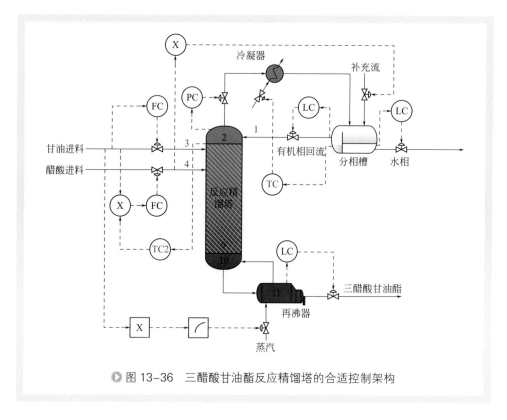

图 13-36　三醋酸甘油酯反应精馏塔的合适控制架构

⑤ 反应精馏塔塔顶压力控制回路由抽真空系统来实现。

⑥ 分相罐温度控制回路操纵冷凝器移热率。

⑦ 再沸器热负荷对于醋酸进料有一比率控制回路，固定住两者的比值，其做法为测量出醋酸进料流量，然后乘以一定比值，其输出值则为再沸器蒸汽流量回路的设定值。

⑧ 夹带剂补充流率对于醋酸进料有一比率控制回路，其做法类似前项。

⑨ 醋酸进料对于甘油进料有一比率控制回路，其做法类似第⑦项，其比率非为一定值，而是由第二板温度控制回路来改动，亦即第二板温度回路为串级控制的外回路，而比率控制回路为内回路，温度回路的控制器输出值即为内回路的比率。

以上各类回路中控制参数的调谐建议，可以参阅第十二章的第二节。整体控制架构是否能够达到控制的目的可以用动态模拟（例如 Aspen Plus Dynamics）轻易得知，模拟的做法是在某一模拟时间（例如 0.5h）做产量增减的改变以及进料组成的改变。动态模拟中必须观察每一个控制回路，看看其被控制变量是否最终能够再回到设定值。因为液位回路只用比例控制方式，故液位会与设定值有一定偏差，故观察的重点是看经过一段时间后此液位是否不会再有持续往上或往下的现象，若仍有此现象则必须将模拟时间再延长直至不再有此现象为止。除了观察各控制回路外，最重要的是要看控制架构的最终目的是否能够实现，亦即要观察在产量增减或进料组成改变导入此反应蒸馏过程后，三醋酸甘油酯产物是否仍能维持在高纯度，以及水出料中的醋酸不纯物仍然甚少。有了动态模拟工具后，可以很容易地比较并评估几种可能的控制架构，然后选出最合适的控制架构。

三、醋酸异丙酯分隔壁反应精馏塔过程控制应用实例

1. 醋酸异丙酯反应精馏过程的设计

醋酸异丙酯反应精馏过程的设计概念如图13-32所示，其可逆反应式见式（13-10）：

$$醋酸 + 异丙醇 \rightleftharpoons 醋酸异丙酯 + 水 \qquad (13-10)$$

将此系统所有的纯组分沸点或共沸物温度由低至高排序见表 13-11。由表可知产物醋酸异丙酯既非沸点最高也非沸点最低，反而是异丙醇/醋酸异丙酯/水三元共沸物与醋酸异丙酯/水二元共沸物的共沸温度为系统最低温及次低温。此类混合物的塔顶气相经过冷凝后会自然分为两液相，其中水相已达高纯度可以抽出，而有机相中含有未反应完全的异丙醇，亦含有主产物醋酸异丙酯，故而部分回流回反应精馏塔，而另一部分则至另一气提塔进一步提纯醋酸异丙酯至产物的纯度要求，此气提塔的塔顶气相冷凝后送回至分相罐。另外由表 13-11 可知，反应式（13-10）中任一产物沸点亦非本系统的最高沸点，故而反应精馏塔的塔底不出料，否则反应物醋酸将会由塔底流出，使反应转化不完全。

表13-11　系统纯组分沸点或共沸物温度由低至高排序（101325Pa下）

纯组分或共沸物	沸点或共沸温度 /℃
异丙醇 / 醋酸异丙酯 / 水①	74.22
醋酸异丙酯 / 水①	76.57
异丙醇 / 醋酸异丙酯	78.54
异丙醇 / 水	80.06
异丙醇	82.35
醋酸异丙酯	88.52
水	100.02
醋酸	118.01

① 代表此共沸物会液液分相。

此反应精馏过程的反应动力式及热力学性质的描述可见 Lai 等的论文 [23]，论文中建立了年度总费用最少的最优设计流程，详细流程数据可见图 13-37。两股进料的最佳位置均是由釜式再沸器进料，因为此位置的反应体积可以比任一个反应板高，进料中异丙醇的纯度假设接近与水的共沸组成（仅为 64.91%，摩尔分数，下同），此外假设醋酸含 5% 的水。注意此反应精馏塔的塔底不出料，以防止反应物醋酸由此塔底流失。反应精馏塔的反应段共 15 块板（包括釜式再沸器），精馏段为 10 块板。反应精馏塔的塔顶气相经冷凝后，会自然分成两液相，其中水相中的纯度已经颇高（水占 96.19%）可以抽出，若还要进一步提纯可设置一个小汽提塔，此处不加以讨论。分相罐有机相含有 17.26% 未反应完全的异丙醇，故其中 246.610kmol/h 物料部分回流到反应精馏塔继续反应；而分相罐有机相内亦含有大量的醋酸异丙酯（59.94%），故有 171.928kmol/h 抽出至第二个汽提塔进一步提纯，醋酸异丙酯产物（纯度 99.00%）在汽提塔的塔底采出，而汽提塔的塔顶气相经冷凝后回流至分相罐，作为反应精馏塔的另一部分回流。整体过程的两进料均由反应精馏塔的釜式再沸器进入，最佳的设计是以异丙醇稍为过量的方式（醋酸 47.2kmol/h；异丙醇 50.0kmol/h），而两出料一个是主产物醋酸异丙酯，由汽提塔的塔底出料；而副产物水则由分相罐的水相出料，整体反应转化率（以醋酸来计算）可以高达 99.99%。

2. 醋酸异丙酯分隔壁反应精馏塔的节能设计

由图 13-37 的最优化设计结果，将反应精馏塔的液相组成绘出可得图 13-38，由图中反应精馏塔中位于顶部数个塔板的液相可知，产物醋酸异丙酯的液相组成会高至接近 90% 然后再降低。注意此图所绘的液相组成其实是总合的液相组成，因为顶部数板的液相是会发生液 - 液分相的。另同本章第三节探讨的萃取精馏过程结果，也发现"再混合效应"，故可以将此两塔过程进行热耦合（thermally-coupled）强化设计，较图 13-37 的流程更加节能。

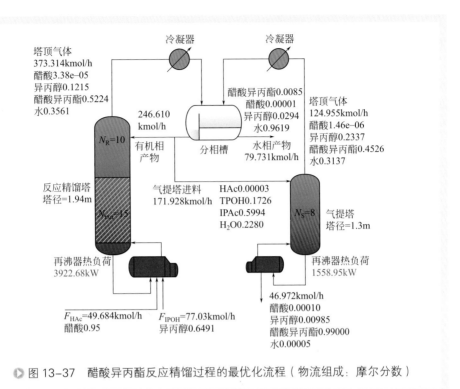

● 图 13-37　醋酸异丙酯反应精馏过程的最优化流程（物流组成：摩尔分数）

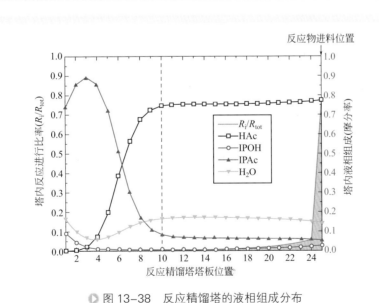

● 图 13-38　反应精馏塔的液相组成分布

　　两塔热耦合的设计概念图如图 13-39（a）所示。主要思想是将两塔的塔顶冷凝任务合并在原汽提塔的塔顶来完成，且冷凝过后的分相罐则是置于第二座产物提纯塔（原汽提塔）的顶部。原来由反应精馏塔塔顶冷凝后的部分有机相要进入汽提塔的流程，现在则是由反应精馏塔的塔顶气相直接进入第二塔。此设计会使得进入第二塔物流的热值提高，使第二塔的再沸器热负荷降低，节省整体过程的能耗。而原反应精馏塔所需的液相回流，如今则可以由第二塔在进料的同一板侧线抽出来实现。图 13-39（a）所示的热耦合流程亦可设计成分隔壁反应精馏塔，此分隔壁精馏塔在整个塔的下部有一分隔壁，分隔壁的左侧可以视为图 13-39（a）中的反应精馏塔，右侧可以视为现有第二塔的汽提段，而分隔壁的上部可视为现有第二塔的精馏段。此分隔壁反应精馏塔的示意图见图 13-39（b）。

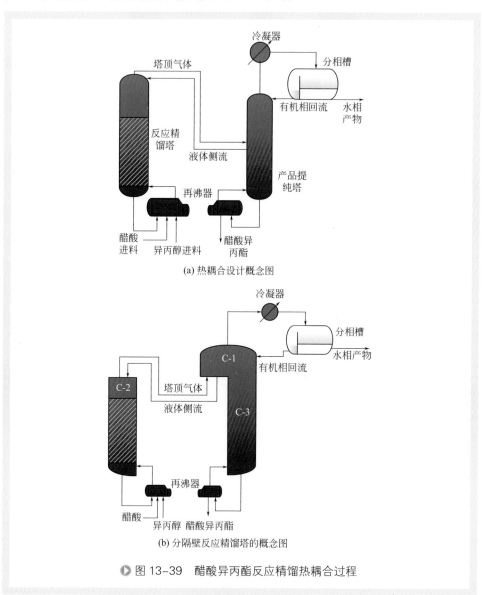

(a) 热耦合设计概念图

(b) 分隔壁反应精馏塔的概念图

图 13-39　醋酸异丙酯反应精馏热耦合过程

此节能设计的许多设计变量必须要确定，其中假设原反应精馏塔的反应段及精馏段的板数均不改变（反应段 15 块板；精馏段 10 块板），且原汽提塔的总板数亦不改变（总板数为 8 块板），故由图 13-39（a）可知仅剩下第二塔的进料位置（N_F）以及侧线液相抽出的流率（F_L）要确定。详细的最优化设计讨论可见 Lee 等[24]的论文，最优化的设计流程见图 13-40，其中最佳进料位置为第 5 板，最佳液相侧线抽出流率为 303.50kmol/h。由图 13-40 可知此强化过程反应精馏塔部分的再沸器热负荷与原过程大致相同，主要的节能是在第二塔，原再沸器热负荷为 1558.95kW，而过程强化后可大幅度降为 265.67kW，总的再沸器热负荷节省了 23.14%。图 13-41 绘出强化过程中反应精馏塔部分的液相组成，由图中可以很明显地看到原"再混合效应"已经不再存在。

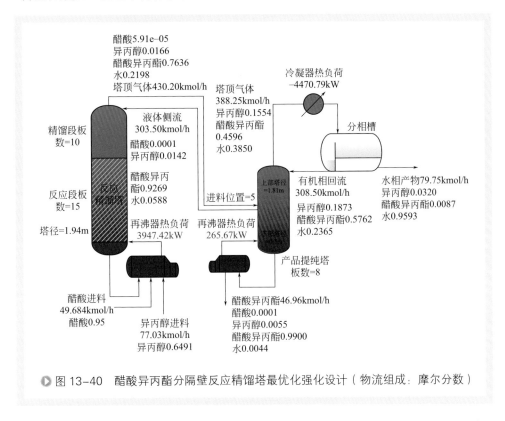

▶ 图 13-40　醋酸异丙酯分隔壁反应精馏塔最优化强化设计（物流组成：摩尔分数）

3．醋酸异丙酯分隔壁反应精馏塔的控制架构

本节将讨论图 13-40 反应精馏强化过程设计的适宜控制架构，控制的主要目的是在产量增减以及两进料组成改变之下仍然能够维持醋酸异丙酯在高纯度，且主产物的醋酸不纯物组成保持在甚少的幅度。本反应蒸馏过程共有十个控制自由度，包括：分相罐有机相回流、分相罐水相采出、产物提纯塔塔底醋酸异丙酯产物采出、分隔壁塔左部反应精馏塔再沸器热负荷、分隔壁塔右部产物提纯塔再沸器热负荷、

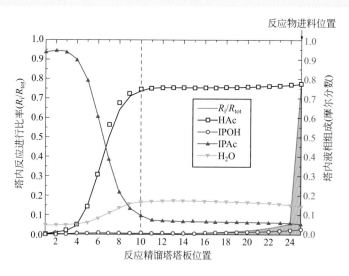

图 13-41　强化过程中反应精馏塔部分的液相组成

产物提纯塔塔顶气相流率、冷凝器移热率、醋酸进料流率、异丙醇进料流率以及一股实际上在分隔壁塔内的物流（由提纯塔侧线至反应精馏塔的液相流率）。其中的冷凝器移热率可以用于控制分相罐的温度保持在50℃，另外有五个储量控制回路也很容易决定出，包括：用分相罐有机相回流控制有机相液位、用分相罐水相采出控制水相液位、用产物提纯塔塔底醋酸异丙酯产物采出控制分隔壁塔右部的塔底液位、用产物提纯塔塔顶气相流率控制整塔的塔顶压力。另外分隔壁塔左部的塔底液位必须要找一控制自由度进行控制，可能的控制方式是选用分隔壁塔左部反应精馏塔再沸器热负荷、醋酸进料流率或异丙醇进料流率，其中异丙醇进料流率是选择保留用于调动整体过程产量的增减，而醋酸进料流率与异丙醇进料流率的比率必须用塔内温度控制回路来调动，使得整体过程在无法测量的进料组成改变时仍能保持反应的化学剂量比，故而此液位可以选用分隔壁塔左部反应精馏塔再沸器热负荷来控制。整体过程在操纵态模拟时在分隔壁塔左部反应精馏塔的最上部还加入一个虚拟的小型压缩机，然后将其压力用此虚拟压缩机的动力来控制，如此的假设是保证在任何动态模拟时间，气相流均可由分隔壁塔左部上方流向产物提纯塔的精馏段，此顾虑在实际的分隔壁塔操作时并不会发生，因为控制整体的分隔壁塔塔顶压力后，各板压降会使得分隔壁塔下方左部及右部的压力均会大于产物提纯塔的精馏段，故而左部及右部的气相流均会自然地往上流至分隔壁塔的上方（此即为产物提纯塔的精馏段）。

　　用完以上讨论的控制自由度后，还剩下三个控制自由度并未使用，包括：醋酸进料流率与异丙醇进料流率的比率、分隔壁塔右部产物提纯塔再沸器热负荷，以及实际上在分隔壁塔内的物流（由提纯塔侧线至反应精馏塔进料的液相流率）。其中此侧线在实际分隔壁塔的应用时是由分隔壁塔上方流至分隔壁塔下方左部的液相流，实际上分隔壁塔设计时由分隔壁塔上方流至分隔壁塔下方左及右部的分流比应该保持在一定值。剩下的两个重要控制自由度将用来控制分隔壁塔的两板温度，这样可以间接保持醋酸异丙酯产物的高纯度，以及此产物中的醋酸不纯物在甚低的程度。

本应用实例是单独用开环敏感度分析来决定两个温度控制点，得到的控制点可以保证温度控制回路的动态控制效果良好。因为控制自由度对选用的控制点的影响度是很大的，但是最终控制的目的（产物纯度）能否实现，则可以用动态模拟（例如 Aspen Plus Dynamics）导入产量增减或进料组成改变等干扰，测试控制架构是否合适。

图 13-42 为醋酸进料流与异丙醇进料流的比率改变 ±0.1% 的开环敏感度分析图，此图是将反应精馏塔及产物提纯塔两部分中所有板的表现画在一起，其中反应精馏塔即为此分隔壁塔的左下部，而产物提纯塔即为此分隔壁塔的上部及右下部。由图中显示进料比率改变对于反应精馏塔第 7 块板的温度影响最大且表现非常线性，而进料比率改变对于产物提纯塔各板温度的影响小许多，故而选择用进料比率来控制反应精馏塔第 7 块板温度的控制效果应该会很好。

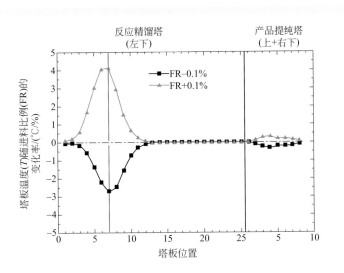

● 图 13-42　醋酸异丙酯分隔壁反应精馏塔的进料比率开环敏感度分析图

图 13-43 为本分隔壁塔的右下部再沸器热负荷改变 ±0.1% 的开环敏感度分析图，由图可见再沸器热负荷对于产物提纯塔第 4 块板的温度影响最大且表现非常线性，虽然此再沸器热负荷对于反应精馏塔第 7 块板的温度影响也不小，但是以对于

程序动态的了解来看，反应精馏塔的温度控制点当然应该配对进料比率且产物提纯塔的温度控制点应该配对其再沸器热负荷较为合理。

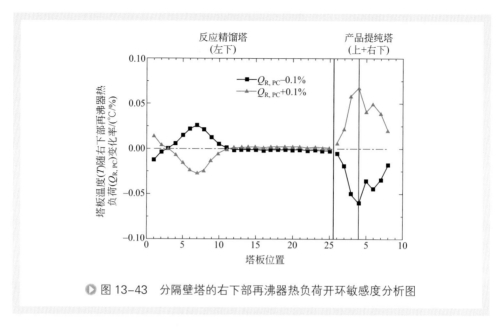

● 图 13-43　分隔壁塔的右下部再沸器热负荷开环敏感度分析图

　　此醋酸异丙酯分隔壁反应精馏塔的整体控制架构见图 13-44，以应用第十二章第四节起所说明的建立控制架构步骤顺序，各控制回路详细说明如下：

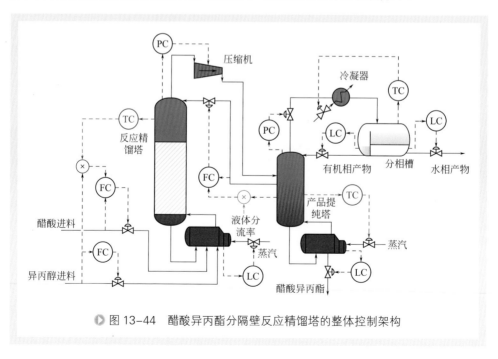

● 图 13-44　醋酸异丙酯分隔壁反应精馏塔的整体控制架构

① 异丙醇进料有一流量回路，其设定值的改动是用来调动本过程产量的增加或减少。

② 分相罐有机相液位控制回路操纵有机相回流。

③ 分相罐水相液位控制回路操纵水相采出。

④ 分隔壁塔右下部塔底液位控制回路操纵醋酸异丙酯产物采出。

⑤ 分隔壁塔左下部塔底液位控制回路操纵分隔壁塔左下部再沸器热负荷。

⑥ 整体分隔壁塔塔顶压力控制回路操纵塔顶气相流率。

⑦ 图中反应精馏段塔顶压力为一虚拟控制回路，其气相流得以往上流至分隔壁塔上部可自然实现。

⑧ 分相罐温度控制回路操纵冷凝器移热率。

⑨ 图中有一塔内液相流至分隔壁塔左下及右部的虚拟分率控制回路，此分隔壁塔内液相分流亦会自然实现。

⑩ 产物提纯塔第 4 板的温度控制回路操纵分隔壁塔右下部再沸器热负荷。

⑪ 醋酸进料对于异丙醇进料有一比率控制回路，其比率是由反应精馏塔第 7 板的温度控制回路来改动。

此控制架构中各流量、液位、压力回路中控制器参数的调谐建议，可以参阅第十二章的第二节中第二点。此过程最为重要的是两个板温回路的控制器参数，建议用迭代式的闭环连续试验来求得控制器参数组，做法为先将产物提纯塔第 4 板温度回路的控制器参数组输入一组较为保守的数值，例如 $K_c = 0.5$ 及 $\tau_I = 20\text{min}$，然后对反应精馏塔第 7 板温度回路进行闭环连续试验，得到测试结果后使用较保守的 Tyreus-Luyben 调谐法 [5] 得到此回路的控制器参数组，然后将此回路置于自动状态。之后再对产物提纯塔第四板温度回路进行闭环连续试验，得到建议的控制器参数组后将此组新参数导入，然后重新再做反应精馏塔第 7 板温度回路的闭环连续试验，如此往复数次后就可得到大致收敛的两组控制器参数。有关闭环连续试验的详细说明亦可见第十二章的第二节中第二点。

与前述应用实例相同，接着要进行闭循环动态模拟的评估，亦即在某一模拟时间（例如 0.5h）分别做产量增减的改变或者两进料组成的改变。最主要的控制目的是评估本控制架构能否在以上各干扰下均能保持醋酸异丙酯产物在高纯度，并且使得此产物中醋酸不纯物保持在甚小的幅度。在做产量增减的闭循环动态模拟时，若最终产物的纯度无法回至原高纯度的要求，则因为此产量增减的干扰是可以测量到的，故可以设计出前馈控制进而调动两个塔内温度控制回路的设定值。由闭循环动态模拟的结果得知在产量增减时产物纯度的规格均能维持，故并不需要此前馈控制。

四、小结

本节以两个反应精馏过程为例来说明如何建立此类过程的适宜控制架构，其中

第一小节简介了工业界各类反应精馏过程的流程形式，第二小节以只有一塔的三醋酸甘油酯反应精馏塔为实例，而第三小节以流程中含两塔的醋酸异丙酯反应精馏过程为实例，两塔反应精馏过程可以进一步耦合强化成为一个分隔壁反应精馏塔。两个实例均完整说明了设计概念，然后进一步利用前一章的基础，详细说明了两个实例的合适控制架构。

本节内容可以应用于建立其他各类反应精馏过程的控制架构。

参考文献

[1] Seider W D, Seader J D, Lewin D R, Widagdo S. Product and Process Design Principles[M]. 3rd ed. Hoboken, New Jersey: Wiley, 2009.

[2] Luyben W L. Principles and Case Studies of Simultaneous Design[M]. Chap 5. New York: Wiley, 2011.

[3] Turton R, Bailie R C, Whiting W B, Shaeiwitz J A. Analysis, Synthesis, and Design of Chemical Processes[M]. Boston: Pearson Education, 2009.

[4] Luyben W L. Distillation Design and Control Using Aspen Simulation[M]. New Jersey: John Wiley & Sons, 2006.

[5] Tyreus B D, Luyben W L. Tuning PI controllers for integrator/deadtime processes[J]. Ind Eng Chem Res, 1992, 31: 2625-2628.

[6] Arifin S, Chien I L. Combined preconcentrator/recovery column design for isopropyl alcohol dehydration process[J]. Ind Eng Chem Res, 2007, 46: 2535-2543.

[7] Chien I L, Zeng K L, Chao H Y. Design and control of a complete heterogeneous azeotropic distillation column system[J]. Ind Eng Chem Res, 2004, 43:2160-2174.

[8] Wu Y C, Chien I L. Design and control of heterogeneous azeotropic column system for the separation of pyridine and water[J]. Ind Eng Chem Res, 2009, 48: 10564-10576.

[9] Wu Y C, Lee H Y, Huang H P, Chien I L. Energy-Saving Diving-Wall column design and control for heterogeneous azeotropic distillation system[J]. Ind Eng Chem Res, 2014, 53(4): 1537-1552.

[10] Chen Y C, Yu B Y, Hsu C C, Chien I L. Comparison of heterogeneous and extractive distillation for the dehydration of propylene glycol methyl ether[J]. Chem Eng Res Des, 2016, Ⅲ: 184-195.

[11] Hsu K Y, Hsiao Y C, Chien I L. Design and control of dimethyl carbonate-methanol separation via extractive distillation in the dimethyl carbonate reactive-distillation process[J]. Ind Eng Chem Res, 2010, 49(2): 735-749.

[12] Luyben W L. Effect of solvent on controllability in extractive distillation[J]. Ind Eng Chem Res, 2008, 47: 4425-4439.

[13] Wu Y C, Hsu P H C, Chien I L. Critical assessment of the energy-saving potential of an extractive dividing-wall column[J]. Ind Eng Chem Res, 2013, 52(15): 5384-5399.

[14] Agreda V H, Partin L R. Reactive distillation process for the production of methyl acetate[P], US 4435595A. 1984.

[15] Tang Y T, Chen Y W, Huang H P, Yu C C, Hung S B, Lee M J. Design of reactive distillations for acetic acid esterification[J]. AIChE J, 2005, 51: 1683-1699.

[16] Hung S B, Lee M J, Tang Y T, Chen Y W, Lai I K, Hung W J, Huang H P, Yu C C. Control of different reactive distillation configurations[J]. AIChE J, 2006, 52: 1423-1440.

[17] Luyben W L, Yu C C. Reactive Distillation Design and Control[M]. Hoboken, NJ: Wiley, 2008.

[18] Wei H Y, Rokhman A, Handogo R, Chien I L. Design and control of reactive-distillation process for the production of diethyl carbonate via two consecutive trans-esterification reactions[J]. J Proc Cont, 2011, 21: 1193-1207.

[19] Tang Y T, Huang H P, Chien I L. Design of a complete ethyl acetate reactive distillation system[J]. J Chem Eng Japan, 2003, 35: 1352-1363.

[20] Tang Y T, Huang H P, Chien I L. Plant-wide control of a complete ethyl acetate reactive distillation process[J]. J Chem Eng Japan, 2005, 38: 130-146.

[21] Gelosa D, Ramaioli M, Valente G, Morbidelli M. Chromatographic reactors: Esterification of glycerol with acetic acid using acidic polymeric resins[J]. Ind Eng Chem Res, 2003, 42: 6536-6544.

[22] Hung S K, Lee C C, Lee H Y, Lee C L, Chien I L. Improved design and control of triacetine reactive distillation process for the utilization of glycerol[J]. Ind Eng Chem Res, 2014, 53: 11989-12002.

[23] Lai I K, Hung S B, Hung W J, Yu C C, Lee M J, Huang H P. Design and control of reactive distillation for ethyl and isopropyl acetate production with azeotropic feeds[J]. Chem Eng Sci, 2007, 62: 878-898.

[24] Lee H Y, Lai I K, Huang H P, Chien I L. Design and control of thermally coupled reactive distillation for the production of isopropyl acetate[J]. Ind Eng Chem Res, 2012, 51: 11753-11763.

索　引